平面代数曲線入門

INTRODUCTION TO PLANE ALGEBRAIC CURVES

Ernst Kunz 著

新妻 弘 訳

共立出版

Translation from the English language edition:
"Introduction to Plane Algebraic Curves" by Ernst Kunz;
ISBN 978-0-8176-4381-2
Copyright © 2005 Kluwer Birkhäuser Boston
as a part of Springer Science+Business Media
All Rights Reserved

我が友
Hans-Joachim Nastold (1929–2004)
と我が師
Friedrich Karl Schmidt (1901–1977)
の思い出に

序　文

　本書は，レーゲンスブルク大学 (University of Regensburg) において，代数の基礎的な知識をもつ学生に対して何回かにわたって行った，可換環論と平面代数曲線についての講義を少し拡張し詳述したものである．ドイツ語の講義ノートを英語に翻訳し，また本書の多くの曲線の図を作成してくれた Richard Belshoff に感謝する．

　前著である『可換環と代数幾何入門』という私の本でそうしたように，可換代数を紹介する最良の方法は，可換代数を用いて代数幾何学におけるいくつかの応用を示すことにある，という考え方に従っている．このことは，以前に私が書いた本におけるよりも実質的により初等的な水準にあるということに現れている．なぜならば，たとえば，平面曲線の抽象的なリーマン面は「実際」高次元空間の中の滑らかな曲線である，というようなときおり証明なしに述べる注意以外に，平面幾何を決して忘れたわけではないからである．曲線論の他書の説明に比べて，本書では代数的な見方が前面に強く出ている．このことは，たとえば Brieskorn-Knörrer [BK] の『平面代数曲線論』とは完全に異なっている．彼等の本では 幾何-位相-解析的な側面が特に強調されており，またその話題についての歴史がさらに強調されている．これらの事柄がそこで詳細に，そしてたくさんの美しい絵によって説明されているのであるから，本書で位相的でかつ解析的な関係に立ち入らなければならないという義務感から解放されるのを感じる．私が行った講義においては，学生に Brieskorn-Knörrer [BK] の関連している適当な部分を読むように推薦した．G. Fischer [F] による本もこの目的に役立つであろう．

　我々は代数的閉体 K 上の代数曲線を考察するであろう．$\mathbb{C}$ 上の曲線論の詳

細と任意の代数的閉体上の曲線論の詳細との間に密接な対応があるということは，少しも先験的に明らかなことではなく，そのことはむしろ驚異として見るべきである．標数が素数である体上の曲線と，標数0の体上の曲線の間の類似性はわりあいと早くに終焉を迎える．過去数十年の間に，素数標数の代数曲線は符号理論や暗号理論への入り口となり，ゆえにまた応用数学への入り口となった．

本書では，私が知っている平面代数曲線論入門と異なるいくつかの方法を採用している．フィルター代数や，それに付随した次数環，そしてリース環が平面代数曲線の交叉理論についての基本的な事実を導くためにかなりの程度まで用いられるであろう．それはこのテーマについての多くの古典的定理に対して現代的な証明となるであろう．我々が適用した手法は今日では計算機代数の標準的な道具でもある．

アフィン平面における代数的留数理論の説明もまた与えられ，交叉理論へのその応用も考察される．二つの平面曲線の交点について，ここで証明された定理の多くは比較的少ない変更でn次元空間のn個の超曲面の交点，言い換えると，n個の未知数のn個の代数方程式の解の集合に対して成り立つ．

リーマン・ロッホの定理とその応用の論じ方は1936年にF. K. Schmidtにより与えられた証明のアイデアにもとづいている．彼の証明の方法はここで与えた説明には特に適しており，この説明はフィルターと付随した次数環の術語で定式化されている．

本書は平面曲線の特異点の分類への入門を含んでいる．この問題については近年非常にたくさんの文献が出版され，また引用されている．この講義はあるところまでで終わりにしなければならないので，特異点の解消は扱われていない．この問題については Brieskorn-Knörrer かまたは Fulton [Fu] を参照していただきたい．それにもかかわらず，私は読者がその問題に対する考え方と，高次元代数幾何学の方法のいくつかを理解することを希望している．

本書で用いられており，かつ通常の代数のコースを越えている代数的事実は付録Aから付録Lに一緒に集めて編成されている．本書の三分の一を構成しているこの付録は本論で必要なときに引用される．第II部の最初の「代数的な基礎」におけるキーワードのリストにより，代数のどんな部分が読者にとってはよく知られている事柄であると私が考えているか明確になるであろう．本書はこれらの基礎にもとづいて，完全でかつ詳細な証明を与えるよう常に努力

した．

　私の以前の学生であるMarkus Nübler, Lutz Pinkofsky, Ulrich Probst, Wolfgang Rauscher, Alfons Schambergerたちは，本書を部分的に一般化し，学位取得論文を書いた．彼らは本書の明確さと読みやすさのために非常に大きな貢献をしてくれた．彼らと，私の講義に出席した学生たちに対して，私は彼らの批判的な意見に感謝の意を表したい．私の同僚のRolf Waldiは，彼のセミナーにおいてドイツ語のこの講義ノートを用いてくれた．また彼には，いくつかの改良を提案してくれたことに対して感謝したい．

Regensburg
December 2004

Ernst Kunz

約束と記号

(a) **環**という術語によって，つねに結合的で単位元をもつ可換環を意味するものとする．

(b) 環 R に対して，$\operatorname{Spec} R$ という記号により，R のすべての素イデアル $\mathfrak{p} \neq R$ の集合を表す（これを R の**スペクトラム**という）．すべての極大（極小）イデアルの集合を $\operatorname{Max} R$ （それぞれ $\operatorname{Min} R$）で表す．

(c) 環準同型写像 $\rho : R \to S$ はつねに R の単位元を S の単位元に写像する．また，S/R は ρ によって与えられる R 上の**代数** (algebra) であるという言い方をする．すべての環は $\mathbb{Z}$-代数である．

(d) 体 K 上の代数 S に対して，K-ベクトル空間としての S の次元を $\dim_K S$ により表す．

(e) 多項式代数 $R[X_1, \ldots, X_n]$ の多項式 f に対して，$\deg f$ は f の**次数** (total degree) を表し，$\deg_{X_i} f$ は X_i に関する**次数**を表す．

(f) K を体とし，K 上の変数 $X_1, \ldots, X_n$ に関する**有理関数体**を $K(X_1, \ldots, X_n)$ により表す（すなわち，$K[X_1, \ldots, X_n]$ の商体である）．

(g) イデアル I を含んでいるすべての素イデアルの集合の中の極小なものを I の**極小素因子** (minimal prime divisor) という．

ギリシャ文字一覧

大文字	小文字	読み方	大文字	小文字	読み方
A	α	アルファ	N	ν	ニュー
B	β	ベータ	Ξ	ξ	クシー, グザイ
Γ	γ	ガンマ	O	o	オミクロン
Δ	δ	デルタ	Π	π, ϖ	パイ
E	ϵ, ε	エプシロン, イプシロン	P	ρ, ϱ	ロー
Z	ζ	ゼータ, ジータ	Σ	σ, ς	シグマ
H	η	イータ, エータ	T	τ	タウ
Θ	θ, ϑ	シータ, テータ	Υ	υ	ユプシロン
I	ι	イオタ	Φ	ϕ, φ	ファイ, フィー
K	κ	カッパ	X	χ	カイ
Λ	λ	ラムダ	Ψ	ψ	プサイ, プシー
M	μ	ミュー	Ω	ω	オメガ

ドイツ文字一覧

大文字	小文字	読み方	大文字	小文字	読み方
𝔄	𝔞	アー (a)	𝔑	𝔫	エヌ (n)
𝔅	𝔟	ベー (b)	𝔒	𝔬	オー (o)
ℭ	𝔠	ツェー (c)	𝔓	𝔭	ペー (p)
𝔇	𝔡	デー (d)	𝔔	𝔮	クー (q)
𝔈	𝔢	エー (e)	ℜ	𝔯	エール (r)
𝔉	𝔣	エフ (f)	𝔖	𝔰	エス (s)
𝔊	𝔤	ゲー (g)	𝔗	𝔱	テー (t)
ℌ	𝔥	ハー (h)	𝔘	𝔲	ウー (u)
ℑ	𝔦	イー (i)	𝔙	𝔳	ファウ (v)
𝔍	𝔧	ヨット (j)	𝔚	𝔴	ヴェー (w)
𝔎	𝔨	カー (k)	𝔛	𝔵	イクス (x)
𝔏	𝔩	エル (l)	𝔜	𝔶	エプシロン (y)
𝔐	𝔪	エム (m)	ℨ	𝔷	ツェット (z)

目　次

序　文 $\cdots\cdots\cdots\cdots\cdots\cdots\cdots\cdots\cdots\cdots\cdots\cdots\cdots\cdots\cdots\cdots\cdots$　v
約束と記号 $\cdots\cdots\cdots\cdots\cdots\cdots\cdots\cdots\cdots\cdots\cdots\cdots\cdots\cdots$　ix
ギリシャ文字一覧，ドイツ文字一覧 $\cdots\cdots\cdots\cdots\cdots\cdots$　x

第 I 部　平面代数曲線　　　　　　　　　　　　　　　　1

第 1 章　アフィン代数曲線 $\cdots\cdots\cdots\cdots\cdots\cdots\cdots\cdots\cdots\cdots$　3
第 2 章　射影代数曲線 $\cdots\cdots\cdots\cdots\cdots\cdots\cdots\cdots\cdots\cdots\cdots$　17
第 3 章　代数曲線の座標環と 2 曲線の交点 $\cdots\cdots\cdots\cdots\cdots$　29
第 4 章　代数曲線上の有理関数 $\cdots\cdots\cdots\cdots\cdots\cdots\cdots\cdots$　39
第 5 章　交叉重複度と 2 曲線の交叉サイクル $\cdots\cdots\cdots\cdots$　49
第 6 章　代数曲線の正則点と特異点．接線 $\cdots\cdots\cdots\cdots\cdots$　65
第 7 章　交叉理論(続)と応用 $\cdots\cdots\cdots\cdots\cdots\cdots\cdots\cdots$　79
第 8 章　有理写像と曲線の助変数表示 $\cdots\cdots\cdots\cdots\cdots\cdots$　95
第 9 章　代数曲線の極線とヘッセ曲線 $\cdots\cdots\cdots\cdots\cdots\cdots$　107
第 10 章　楕円曲線 $\cdots\cdots\cdots\cdots\cdots\cdots\cdots\cdots\cdots\cdots\cdots\cdots$　117
第 11 章　留数計算 $\cdots\cdots\cdots\cdots\cdots\cdots\cdots\cdots\cdots\cdots\cdots\cdots$　129
第 12 章　曲線に対する留数理論の応用 $\cdots\cdots\cdots\cdots\cdots\cdots$　151
第 13 章　リーマン・ロッホの定理 $\cdots\cdots\cdots\cdots\cdots\cdots\cdots$　169
第 14 章　代数曲線とその関数体の種数 $\cdots\cdots\cdots\cdots\cdots\cdots$　185
第 15 章　標準因子類 $\cdots\cdots\cdots\cdots\cdots\cdots\cdots\cdots\cdots\cdots\cdots$　193

第 16 章　曲線特異点の分枝 ・・・・・・・・・・・・・・・・・・・・・・・・・・・ 209
第 17 章　曲線特異点の導手と値半群 ・・・・・・・・・・・・・・・・・・・ 227

第 II 部　代数的な基礎　　　　　　　　　　　　　243

代数的な基礎 ・・・・・・・・・・・・・・・・・・・・・・・・・・・・・・・・・・・・・・・ 245
付録 A　次数代数と次数加群 ・・・・・・・・・・・・・・・・・・・・・・・・・ 247
付録 B　フィルター代数 ・・・・・・・・・・・・・・・・・・・・・・・・・・・・・ 257
付録 C　商環と局所化 ・・・・・・・・・・・・・・・・・・・・・・・・・・・・・・・ 269
付録 D　中国式剰余の定理 ・・・・・・・・・・・・・・・・・・・・・・・・・・・ 281
付録 E　ネーター局所環と離散付値環 ・・・・・・・・・・・・・・・・・ 287
付録 F　環の整拡大 ・・・・・・・・・・・・・・・・・・・・・・・・・・・・・・・・・ 297
付録 G　代数のテンソル積 ・・・・・・・・・・・・・・・・・・・・・・・・・・・ 309
付録 H　トレース ・・・・・・・・・・・・・・・・・・・・・・・・・・・・・・・・・・・ 321
付録 I　イデアル商 ・・・・・・・・・・・・・・・・・・・・・・・・・・・・・・・・・ 337
付録 K　完備環と完備化 ・・・・・・・・・・・・・・・・・・・・・・・・・・・・・ 341
付録 L　リーマン・ロッホの定理の証明のための道具 ・・・・・・・ 359

引用文献 ・・ 371
訳者あとがき ・・・・・・・・・・・・・・・・・・・・・・・・・・・・・・・・・・・・・・ 377
記号索引 ・・ 381
五十音索引 ・・ 383

第 I 部
平面代数曲線

第 1 章
アフィン代数曲線

本章はいくつかの概念と代数からの事実のみを用いる．ここでは，読者が体 K 上の多項式環 $K[X_1, \ldots, X_n]$ について多少学習していることを仮定している．特に，$K[X]$ は単項イデアル整域であること，$K[X_1, \ldots, X_n]$ は一般に一意分解整域であることを用いる．また，イデアルや商環なども用いられる．最後に，代数的閉体は無限に多くの元をもつ，ということを知っていることを仮定している．

我々は任意の代数的閉体 K 上の代数曲線を考察する．$\mathbb{C}$ 上の曲線にのみ興味があるときでさえも，「p を法とする還元」(reduction mod p) によって曲線の $\mathbb{Z}$-有理点を考察すると，素数標数 p の上の曲線論に導かれる．

このような曲線は代数的符号理論 (Pretzel [P], Stichtenoth [St]) や暗号理論 (Koblitz [K], Washington [W]) においても現れる．

$\mathbb{A}^2(K) := K^2$ は K 上のアフィン平面を表し，$K[X,Y]$ は K 上の 2 変数 X と Y の多項式代数を表すものとする．$f \in K[X,Y]$ に対して，

$$\mathcal{V}(f) := \{(x,y) \in \mathbb{A}^2(K) \mid f(x,y) = 0\}$$

を f の **零点集合** (zero set) と呼ぶ．f が零にならない点の集合を $D(f) := \mathbb{A}^2(K) \setminus \mathcal{V}(f)$ とおく．

定義 1.1. Γ を $\mathbb{A}^2(K)$ の部分集合とする．定数でない多項式 $f \in K[X,Y]$ が存在して $\Gamma = \mathcal{V}(f)$ をみたすとき，Γ は（平面）**アフィン代数曲線**（簡単にし

て曲線) (affine algebraic curve) であるという．この曲線を $\Gamma : f = 0$ と表し，$f = 0$ を Γ に対する**定義方程式**または単に**方程式**という．

$K_0 \subset K$ が部分環で，定数でない多項式 $f \in K_0[X, Y]$ に対して $\Gamma = \mathcal{V}(f)$ が成り立つならば，Γ は K_0 上で**定義されている**といい，$\Gamma_0 := \Gamma \cap K_0^2$ を Γ の K_0-**有理点** (rational point) の集合という．

例 1.2.

(a) 1 次多項式 $aX + bY + c = 0, (a, b) \neq (0, 0)$ の零点集合を**直線** (line) という．$K_0 \subset K$ を部分体とし，$a, b, c \in K_0$ とするとき，直線 $g : aX + bY + c = 0$ は確かに K_0-有理点をもつ．$\mathbb{A}^2(K_0)$ の異なる二つの点を通るただ一つの（K_0 上で定義された）直線が存在する．

(b) $\Gamma_1, \ldots, \Gamma_h$ をそれぞれ各方程式 $f_i = 0$ $(i = 1, \ldots, h)$ によって定義された代数曲線とすると，$\Gamma := \bigcup_{i=1}^{h} \Gamma_i$ もまた一つの代数曲線である．この曲線は方程式 $\prod_{i=1}^{h} f_i = 0$ によって定義される．特に，有限個の直線の和集合は代数曲線である（図 1.1 を参照せよ）．

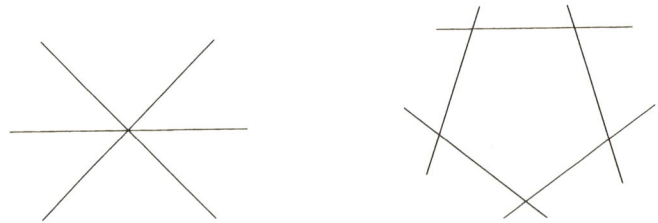

図 1.1　有限個の直線の和集合は代数曲線である

(c) $\Gamma = \mathcal{V}(f)$ を定数でない多項式 $f \in K[Y]$ によって定まる曲線とする（ゆえに f は X に依存しない）．f を 1 次因数に分解すると，

$$f = c \cdot \prod_{i=1}^{d}(Y - a_i) \quad (c \in K^* := K \setminus \{0\},\ a_1, \ldots, a_d \in K)$$

より，Γ は X-軸に平行な直線 $g_i : Y - a_i = 0$ の和集合である．

(d) 2 次多項式

$$f = aX^2 + bXY + cY^2 + dX + eY + g \quad (a, b, \ldots, g \in K;\ (a, b, c) \neq (0, 0, 0))$$

の零点集合は **2 次曲線** (quadrics) という．$K = \mathbb{C}, K_0 = \mathbb{R}$ である場合は円錐曲線が得られ，その $\mathbb{R}$-有理点は図 1.2 から図 1.5 に示されている．

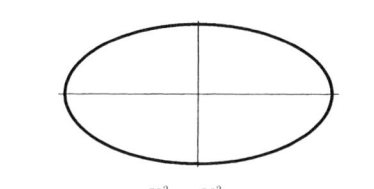

図 1.2　楕円：$\frac{X^2}{a^2} + \frac{Y^2}{b^2} = 1,\ (a, b \in \mathbb{R}_+)$

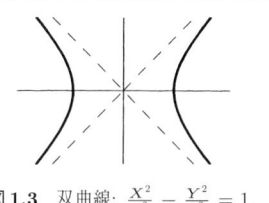

図 1.3　双曲線：$\frac{X^2}{a^2} - \frac{Y^2}{b^2} = 1,$ $(a, b \in \mathbb{R}_+)$

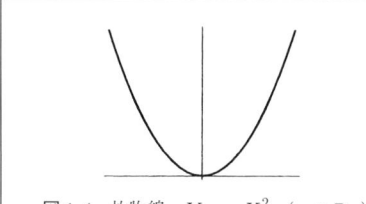

図 1.4　放物線：$Y = aX^2,\ (a \in \mathbb{R}_+)$

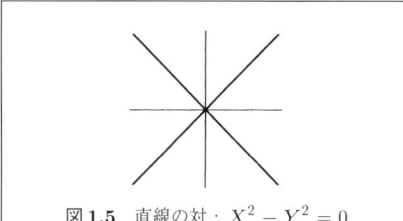

図 1.5　直線の対：$X^2 - Y^2 = 0$

2 次曲線は平面による円錐の切断として定義され，それらは古代ギリシャの数学において完全に考察されていた．何世紀も経た後，それらは惑星運動のケプラーの法則，そしてまたニュートンの力学において大きな役割を果たした．$\mathbb{R}$-有理点と異なり，2 次曲線の $\mathbb{Q}$-有理点に関する問題は，一般に自明ではない解をもつ（練習問題 2-4 参照）．

(e) 次数 3 の多項式の零点集合は **3 次曲線** (cubics) という．ある 3 次曲線の $\mathbb{R}$-有理点の集合は図 1.6 から図 1.9 に示されている．3 次曲線は定理 7.17 と第 10 章で考察される．

(f) 高次曲線のいくつかは図 1.10 から図 1.15 に示されている．これらの曲線と上にあげた曲線についての出所は Brieskorn-Knörrer [BK] にあるので，興味のある方はそちらを参照せよ．また，Xah Lee の「特殊な平面曲線の視覚的辞書」http://xahlee.org と，Mathematics archive の MacTutor History における「有名な曲線の索引」http://www-history.mcs.st-and.ac.uk/history. を参照せよ．

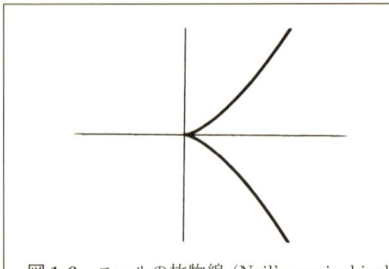

図 1.6　ニールの放物線 (Neil's semicubical parabola): $X^3 - Y^2 = 0$

図 1.7　デカルトの葉線：$X^3 + X^2 - Y^2 = 0$

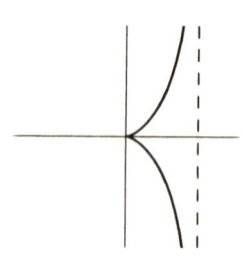

図 1.8　ディオクレティアヌスの疾走線（シッソイド）：
$Y^2(1 - X) - X^3 = 0$

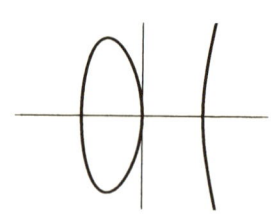

図 1.9　ワイエルシュトラス標準形の楕円曲線：$(e_1 < e_2 < e_3,$ 実数$)$：$Y^2 = 4(X - e_1)(X - e_2)(X - e_3)$

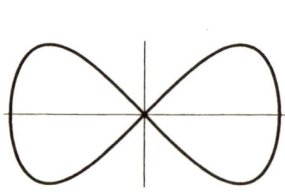

図 1.10　レムニスケート：
$X^2(1 - X^2) - Y^2 = 0$

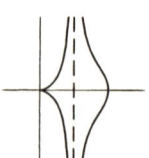

図 1.11　ニコメデスのコンコイド：
$(X^2 + Y^2)(X - 1)^2 - X^2 = 0$

(g)　**フェルマー曲線** F_n $(n \geq 3)$ は方程式 $X^n + Y^n = 1$ によって与えられる．それは近年における曲線論のもっともはなばなしいもののいくつかと関連している．フェルマーの最終定理（1621 年）は，この曲線上の $\mathbb{Q}$-有理点は n が奇数の場合には自明な零点 $(1, 0)$ と $(0, 1)$ のみであり，n が偶数の場合には自明な零点 $(\pm 1, 0)$ と $(\pm 0, 1)$ のみであるということを主張

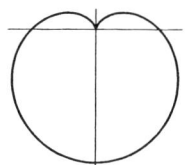

図 1.12　心臓形（カーディオイド）：
$(X - 2 + Y^2 + 4Y)^2 - 16(X^2 + Y^2) = 0$

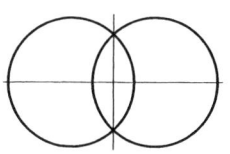

図 1.13　円の合体：$(X^2-4)^2+(Y^2-9)^2 +2(X^2+4)(Y^2-9)=0$

図 1.14　3 葉のバラ：
$(X^2 + Y^2)^2 + 3X^2Y - Y^3 = 0$

図 1.15　4 葉のバラ：
$(X^2 + Y^2)^3 - 4X^2Y^2 = 0$

している．Faltings [Fa] は 1983 年に，有限体 F_n 上の $\mathbb{Q}$-有理点は有限個しか存在しないことを証明した．これは彼によって証明された**モーデル予想**（Mordell's conjecture）の特別な場合である．1986 年に G. Frey は，フェルマーの最終定理は楕円曲線に関する一つの予想（**志村 – 谷山の定理**）から得られることに気がついた．1995 年に，A. ワイルズはこれに対する証明を与え，したがってフェルマーの最終定理をも証明した（[Wi], [TW] を参照せよ）．これらの結果は，本書の展望のはるかかなたにあるので扱えない．この問題とその解決の歴史に興味のある読者はサイモン・シンのベストセラーである「フェルマーの最終定理」[Si] という本をお薦めする．

多くの側面をもつ代数曲線のいくつかを見た後で，これらの曲線の一般論を考察する．曲線 $X^2 + Y^2 = 0$ と $X^2 + Y^2 + 1 = 0$ の例より，一つの曲線の $\mathbb{R}$-有理点の集合は有限の場合もあるし，また空集合になることさえあるかもしれない，ということがわかる．代数的閉体に座標をもつ点については，このようなことは起こらない．

定理 1.3. すべての代数曲線 $\Gamma \subset \mathbb{A}^2(K)$ は無限に多くの点からなり、また $\mathbb{A}^2(K) \setminus \Gamma$ もまた無限集合である.

(証明)　$f = a_0 + a_1 X + \cdots + a_p X^p, a_i \in K[Y]$ $(i = 0, \ldots, p), a_p \neq 0$ によって定まる曲線を $\Gamma = \mathcal{V}(f)$ とする. $p = 0$ ならば、上で見た例 1.2 (c) の状況である. また、代数的閉体は無限に多くの元をもつのであるから、この場合証明すべきことは何もない. したがって、$p > 0$ とする. a_p は K に有限個の零点をもつのみであるから、$a_p(y) \neq 0$ をみたす $y \in K$ は無限にある. このとき、

$$f(X, y) = a_0(y) + a_1(y)X + \cdots + a_p(y)X^p$$

は $K[X]$ の定数でない多項式である. $x \in K$ がこの多項式の零点ならば、$(x, y) \in \Gamma$ である. ゆえに Γ は無限に多くの元をもつ. $x \in K$ がこの多項式の零点でないとき、$(x, y) \in D(f)$ である. したがって、$\mathbb{A}^2(K) \setminus \Gamma$ においてもまた無限に多くの点をもつ. ∎

曲線論におけるもっとも重要なテーマの一つは二つの曲線の交点の考察である. これに関する最初の例は次の定理によって与えられる. 一意分解整域 (UFD) に精通していることを仮定する.

定理 1.4. f と g を $K[X, Y]$ において互いに素な非定数多項式とする. このとき、次が成り立つ.

(a)　$\mathcal{V}(f) \cap \mathcal{V}(g)$ は有限集合である. 言い換えると、連立方程式

$$f(X, Y) = 0, \qquad g(X, Y) = 0$$

は $\mathbb{A}^2(K)$ に有限個の解をもつ.

(b)　K-代数 $K[X, Y]/(f, g)$ は有限次元である.

証明に関しては次の補題を用いる.

補題 1.5. R は K を商体とする一意分解整域とする. $f, g \in R[X]$ が互いに素であるならば、それらは $K[X]$ においても互いに素であり、またある

$d \in R \setminus \{0\}$ が存在し，適当な多項式 $a, b \in R[X]$ に対して

$$d = af + bg$$

が成り立つ．

（証明） 多項式 $\alpha, \beta, h \in K[X]$ に対して，$f = \alpha h$, $g = \beta h$ と仮定する．ただし，h は定数多項式ではない．h に現れる分母は α と β のほうにもっていけるので，$h \in R[X]$ と仮定することができる．すると，次のように表すことができる．

$$\alpha = \sum \alpha_i X^i, \quad \beta = \sum \beta_j X^j \quad (\alpha_i, \ \beta_j \in K).$$

$\delta \in R \setminus \{0\}$ をすべての α_i と β_j の表現における分母の最小公倍数とする．このとき，次の式が成り立つ．

$$\delta f = \phi h, \qquad \delta g = \psi h.$$

ここで，$\phi := \delta \alpha \in R[X]$, $\psi := \delta \beta \in R[X]$ である．δ は最小公倍数であるから，δ を割り切る R の素元は ϕ と ψ を同時に割り切ることはできない．これより，δ のすべての素因数は h を割り切らなければならない．したがって，δ は h の約数であり，適当な定数でない多項式 $h_1 \in R[X]$ によって $f = \phi h_1$ と $g = \psi h_1$ が成り立つ．これは矛盾である．以上より，f と g もまた $K[X]$ において互いに素である．

$K[X]$ において次の式が成り立つ．

$$1 = Af + Bg \quad (A, B \in K[X]).$$

A と B のすべての係数にある公倍数をかけると，等式 $d = af + bg$, $a, b \in R[X]$ を得る．ただし，$d \neq 0$ である． ■

定理 1.4 の証明：

(a) 補題 1.5 より次の式が成り立つ．

$$d_1 = a_1 f + b_1 g, \qquad d_2 = a_2 f + b_2 g. \tag{1}$$

ただし，$d_1 \in K[X] \setminus \{0\}$, $d_2 \in K[Y] \setminus \{0\}$ であり，また $a_i, b_i \in K[X,Y]$ ($i = 1, 2$) である．$(x, y) \in \mathcal{V}(f) \cap \mathcal{V}(g)$ ならば，x は d_1 の零点であり，y は d_2 の零点である．したがって，$(x, y) \in \mathcal{V}(f) \cap \mathcal{V}(g)$ となるのは有限個のみである．

(b) (1) において，多項式 d_k の次数を m_k ($k = 1, 2$) とする．除法の定理を用いて，多項式 $F \in K[X,Y]$ を d_1 で割ると，等式 $F = Gd_1 + R_1$ を得る．ただし，$G, R_1 \in K[X,Y]$ でかつ $\deg_X R_1 < m_1$ である．同様にして，等式 $R_1 = Hd_2 + R_2$ を得る．ただし，$H, R_2 \in K[X,Y]$ でかつ $\deg_X R_2 < m_2$, $\deg_Y R_2 < m_2$ である．これより，$F \equiv R_2 \mod (f, g)$ が成り立つ．ξ, η を $A := K[X,Y]/(f, g)$ における X, Y の剰余類とする．すると，$\{\xi^i \eta^j \mid 0 \leq i \leq m_1, 0 \leq j \leq m_2\}$ は K-ベクトル空間 A の生成系をなす． ∎

たとえば，定理 1.4 を使うと，直線 g は代数曲線 Γ と有限個の点で交わるか，または Γ に完全に含まれる．なぜならば，$\Gamma = \mathcal{V}(f)$ とすれば，1 次多項式 g は f の因数であるか，または f と g は互いに素であるからである．（もちろん，この単純な場合には，定理 1.4 を使わない直接的な証明がある．）正弦曲線は X-軸との交点を無限に多くもつので，$\mathbb{A}^2(\mathbb{C})$ における代数曲線の実部であることはできない．

次に，どのような多項式が与えられた代数曲線 Γ を定義するかという問題を考察しよう．f が Γ に対する方程式であるとしよう．f を次のように既約多項式のベキ積に分解する．

$$f = cf_1^{\alpha_1} \cdots f_h^{\alpha_h} \quad (c \in K^*, f_i \in K[X,Y] \text{ は既約}, \alpha_i \in \mathbb{N}_+).$$

ただし，$i \neq j$ のとき f_i と f_j は同伴ではないものとする．

定義 1.6. $\mathcal{I}(\Gamma) := \{g \in K[X,Y] \mid g(x,y) = 0, \forall (x,y) \in \Gamma\}$ は Γ の**零化イデアル** (vanishing ideal) という．

定理 1.7. $\mathcal{I}(\Gamma)$ は $f_1 \cdots f_h$ により生成される単項イデアルである．

（証明）明らかに $\Gamma = \mathcal{V}(f_1 \cdots f_h) = \mathcal{V}(f_1) \cup \cdots \cup \mathcal{V}(f_h)$ であるから，これより $f_1 \cdots f_h \in \mathcal{I}(\Gamma)$ であることがわかる．$g \in \mathcal{I}(g)$ ならば，$\Gamma \subset \mathcal{V}(g)$ が成り立つ．ある $j \in \{1, \ldots, h\}$ について，f_j が g の因数ではないと仮定しよう．

このとき，集合 $\mathcal{V}(f_j) = \mathcal{V}(f_j) \cap \mathcal{V}(g)$ は定理 1.4 によって有限である．ところが，これは定理 1.3 より起こりえない．したがって，$f_1 \cdots f_h$ は g の因数となり，$\mathcal{I}(\Gamma) = (f_1 \cdots f_h)$ であることがわかる． ■

定義 1.8. $f \in K[X, Y]$ によって $\mathcal{I}(\Gamma) = (f)$ が成り立つとき，f は Γ の**最小多項式** (minimal polynomial) といい，その次数を Γ の**次数** (degree) という．また，$K[\Gamma] := K[X, Y]/(f)$ を Γ の（アフィン）**座標環** (coordinate ring) という．

最小多項式は K^* の元である定数を除いて Γ によって一意的に定まるから，Γ の次数は矛盾なく定義される．定理 1.7 より，Γ に対する与えられた任意の方程式 $f = 0$ から，いかにして Γ に対する最小多項式が得られるかがわかる．逆に，どの多項式が Γ を定義するかも明らかである．

$K[X, Y]$ のある多項式は，それがある既約多項式の平方を因数として含まないとき，**被約多項式** (reduced polynomial) であるという．

定理 1.7 より，次のことが推論できる．

系 1.9. すべての代数曲線 $\Gamma \subset \mathbb{A}^2(K)$ の集合は定数でない被約多項式により生成された $K[X, Y]$ のすべての単項イデアルの集合と 1 対 1 の対応がある． ■

以下においては，$\Gamma \subset \mathbb{A}^2(K)$ を固定された代数曲線とする．

定義 1.10. Γ_i $(i = 1, 2)$ を代数曲線として，$\Gamma = \Gamma_1 \cup \Gamma_2$ ならば，$\Gamma = \Gamma_1$ であるか，または $\Gamma = \Gamma_2$ となるとき，Γ は**既約** (irreducible) であるという．

定理 1.11. f を Γ に対する最小多項式とする．このとき，Γ が既約であるための必要十分条件は，f が既約多項式となることである．

(証明) Γ が既約であると仮定する．$f_i \in K[X, Y]$ $(i = 1, 2)$ を多項式として，$f = f_1 f_2$ と仮定する．このとき，$\Gamma = \mathcal{V}(f_1) \cup \mathcal{V}(f_2)$ が成り立つ．f_1 と f_2 が定数でなければ，$\mathcal{V}(f_1) = \Gamma$ であるか，または $\mathcal{V}(f_2) = \Gamma$ が成り立つ．ゆえ

に，このとき $f_1 \in (f)$ であるか，または $f_2 \in (f)$ が成り立つ．ところが，これは起こりえない．なぜなら，f_1 と f_2 は f の真の因数であるからである．したがって，f は既約多項式である．

逆に，f を既約であるとし，$\Gamma = \Gamma_1 \cup \Gamma_2$ を Γ の曲線 Γ_i ($i=1,2$) への分解とする．f_i を Γ_i に対する最小多項式とすれば，$f \in \mathcal{I}(\Gamma_i) = (f_i)$ となる．すなわち，f は f_1 によって割り切れる（また f_2 でも割り切れる）．f は既約であるから，f はある i によって f_i の同伴元となるはずである．したがって，$\Gamma = \Gamma_i$ が得られる．以上より，Γ は既約である． ■

これまであげた例の中に，多くの既約代数曲線を見出すであろう．適当な既約判定法を用いて，それらの定義方程式が既約であるかどうかを調べることができる．

系 1.12. 次の条件は同値である．

(a) Γ は既約曲線である．
(b) $\mathcal{I}(\Gamma)$ は $K[X,Y]$ の素イデアルである．
(c) $K[\Gamma]$ は整域である．

すべての既約代数曲線 $\Gamma \subset \mathbb{A}^2(K)$ の集合は，$K[X,Y]$ における (0) と (1) とは異なるすべての単項イデアルでかつ素イデアルである集合と1対1の対応がある． ■

定理 1.13. すべての代数曲線 Γ は，既約曲線 Γ_i によって順序を除いて次のように一意的に表現される．

$$\Gamma = \Gamma_1 \cup \cdots \cup \Gamma_h.$$

ただし，既約曲線 Γ_i ($i=1,\ldots,h$) は Γ の最小多項式の既約因数への分解に対応しているものである．

（証明） 一意性の証明は任意の表現 $\Gamma = \Gamma_1 \cup \cdots \cup \Gamma_h$ から出発する．f と，それぞれの f_i ($i=1,\ldots,h$) を Γ と Γ_i の最小多項式とすると，$(f) = (f_1,\ldots,f_h)$ となる．なぜなら，f と $f_1 \cdots f_h$ が同じ零点集合をもつ被約多項式であるから

である．したがって，$f_1, \ldots, f_h$ は正確に f の既約因数全体である．その結果，$\varGamma_1, \ldots, \varGamma_h$ は $\varGamma$ によって一意的に定まる． ∎

定理における $\varGamma_i$ を $\varGamma$ の**既約成分** (irreducible component) という．すると，定理 1.4 (a) は次のように言い換えることができる．「共通の既約成分をもたない二つの代数曲線は有限個の点で交わる．」

これまでの考察から，$K[X, Y]$ の素イデアルについて次のような定理を得る．

定理 1.14.

(a) $K[X, Y]$ のすべての極大イデアルの集合と $\mathbb{A}^2(K)$ のすべての点の間には 1 対 1 の対応がある．すなわち，点 $P = (a, b) \in \mathbb{A}^2(K)$ に対して $\mathfrak{M}_P := (X - a, Y - b) \in \operatorname{Max} K[X, Y]$ が対応し，逆にすべての極大イデアルは一意的に定まる点 $P = (a, b) \in \mathbb{A}^2(K)$ によってこの形で表される．

(b) $K[X, Y]$ の極大イデアルでない素イデアル ($\neq (0), (1)$) 全体の集合は，$\mathbb{A}^2(K)$ のすべての既約曲線全体と 1 対 1 の対応がある．これらの素イデアルは既約多項式により生成される単項イデアル (f) 全体と一致する．

（証明）$X \mapsto a, Y \mapsto b$ によって定まる K-準同型写像 $K[X, Y] \longrightarrow K$ は全射であり，かつその核は $\mathfrak{M}_P$ である．$K[X, Y]/\mathfrak{M}_P \cong K$ は体であるから，$\mathfrak{M}_P$ は極大イデアルである．

ここで，$\mathfrak{p} \in \operatorname{Spec} K[X, Y]$, $\mathfrak{p} \neq (0)$ とする．すると，$\mathfrak{p}$ は定数でないある多項式を含む．ゆえに，ある既約多項式 f を含む．$\mathfrak{p} = (f)$ ならば，$\mathfrak{p}$ は極大ではない．なぜなら，すべての $P \in \mathcal{V}(f)$ に対して $\mathfrak{p} \subset \mathfrak{M}_P$ であり，また定理 1.3 より，$\mathcal{V}(f)$ は無限に多くの点 P を含むからである．

一方，$\mathfrak{p}$ が f で生成されないならば，$\mathfrak{p}$ は f で割り切れない多項式 g を含む．定理 1.4 と同様にして，数式番号 (1) と同じ形の二つの方程式をもつ．$d_1 \in K[X]$ は 1 次因数に分解するから，適当な $a \in K$ があって $\mathfrak{p}$ は $X - a$ を含む．同様にして，$\mathfrak{p}$ は多項式 $Y - b$ ($b \in K$) を含む．したがって，$\mathfrak{p} = (X - a, Y - b)$ が得られる． ∎

Γ が代数曲線ならば，$\mathcal{I}(\Gamma)$ を含んでいる $K[X,Y]$ の極大イデアルの全体は，$P \in \Gamma$ とする $\mathfrak{M}_P$ の全体と一致する．任意の $\mathcal{I}(\Gamma)$ を含んでいる $\operatorname{Spec} K[X,Y]$ のほかの元は，Γ_i を Γ の既約成分として $\mathcal{I}(\Gamma_i)$ という形をしている．Γ の座標環 $K[\Gamma]$ より，Γ の点と Γ の既約成分がわかる．すなわち，次が成り立つ．

系 1.15.

(a) $\operatorname{Max} K[\Gamma] = \{\, \mathfrak{M}_P/\mathcal{I}(\Gamma) \mid P \in \Gamma \,\}$.
(b) $\operatorname{Spec} K[\Gamma] \setminus \operatorname{Max} K[\Gamma] = \{\, \mathcal{I}(\Gamma_i)/\mathcal{I}(\Gamma) \,\}_{i=1,\ldots,h}$. ■

もう少し代数曲線を学習したとき，$\mathbb{A}^2(K)$ における代数曲線と $K[X,Y]$ におけるイデアルの間のさらに深い関係を考察するであろう．

定義 1.16. $\mathbb{A}^2(K)$ の**因子群** (divisor group) $\mathcal{D}$ とは，$\mathbb{A}^2(K)$ におけるすべての既約曲線の集合上の自由アーベル群のことである．その元を $\mathbb{A}^2(K)$ 上の**因子** (divisor) という．

したがって，因子 D は次のような形をしている．

$$D = \sum_{\Gamma: \text{既約}} n_\Gamma \Gamma \qquad (n_\Gamma \in \mathbb{Z}).$$

ただし，有限個の Γ に対してのみ $n_\Gamma \neq 0$ である．$\deg D := \sum n_\Gamma \deg \Gamma$ を因子 D の**次数**という．すべての Γ に対して $n_\Gamma \geq 0$ であるとき，D を**有効因子** (effective divisor)，または**正因子**という．このような D に対して

$$\operatorname{Supp}(D) := \bigcup_{n_\Gamma > 0} \Gamma$$

を D の**台**または**サポート** (support) という．これは $D = 0$ が零因子であるとき，すなわち，すべての Γ に対して $n_\Gamma = 0$ であるとき以外は代数曲線である．

因子を，その既約因子が正または負の重複度（重さ）の付いた代数曲線として考えることができる．たとえば，ときどき方程式 $X^2 = 0$ は Y-軸を「2 回数える」ことを意味するということがあるが，これは妥当な表現である．

$D = \sum_{i=1}^{h} n_i \Gamma_i$ を有効因子，f_i を Γ_i に対する最小多項式としたとき，$f_1^{n_1} \cdots f_h^{n_h}$ を D に対する多項式といい，

$$\mathcal{I}(D) := (f_1^{n_1} \cdots f_h^{n_h})$$

を D のイデアル（零化イデアル），

$$K[D] := K[X,Y]/\mathcal{I}(D)$$

を D の**座標環**という．これらの概念は前に曲線に対して導入した座標環の一般化になっている．

明らかに，$\mathbb{A}^2(K)$ の有効因子は $K[X,Y]$ の単項イデアル $\neq (0)$ と 1 対 1 に対応している．また，イデアル (1) は零因子に対応している．$K[D]$ の極大イデアルは $\mathrm{Supp}(D)$ の点と 1 対 1 に対応し，極大でない素イデアル $\neq (0),(1)$ は $n_\Gamma > 0$ をみたす D の成分 Γ と 1 対 1 に対応する．

演習問題

1. K を代数的閉体で $K_0 \subset K$ を部分体とする．$\Gamma \subset \mathbb{A}^2(K)$ を次数 d の代数曲線とし，L をちょうど d 個の点で Γ と交わる直線とする．Γ と L は $K_0[X,Y]$ に最小多項式をもつと仮定する．このとき，交点の $d-1$ 個の点が K_0-有理点であるとき，すべての交点が K_0-有理点であることを証明せよ．

2. K を標数 $\neq 2$ の代数的閉体で，$K_0 \subset K$ を部分体とする．このとき，曲線 $\Gamma : X^2 + Y^2 = 1$ の K_0-有理点は $(0,1)$ と
$$\left(\frac{2t}{t^2+1}, \frac{t^2-1}{t^2+1}\right), \quad t \in K_0, \quad t^2+1 \neq 0$$
であることを証明せよ．
（$(0,-1)$ を通り，K_0 上で定義されたすべての曲線と，Γ とのそれらの交点を考えよ．）

3. （アレクサンドリアのディオファントス，〜250 AD）三つの整数の組 $(a,b,c) \in \mathbb{Z}^3$ は $a^2 + b^2 = c^2$ が成り立つとき**ピタゴラス数**(Pythagorian number) という．演習問題 2 を用いて，$(\lambda, u, v) \in \mathbb{Z}^3$ に対して三つの整数の組 $\lambda(2uv, u^2-v^2, u^2+v^2)$ がピタゴラス数であること，またすべてのピタゴラス数 (a,b,c) に対して，(a,b,c) かまたは (b,a,c) はこのように表されることを証明せよ．

4. 方程式 $X^2 + Y^2 = 3$ をもつ $\mathbb{A}^2(K)$ における曲線は $\mathbb{Q}$-有理点をもたないことを証明せよ．

5. 例 1.2 (e) と例 1.2 (f) における曲線が実際に図に示されたような形になることを自分自身で確かめよ．また，これらの曲線のどれが既約であるかを調べよ．

6. 次の曲線を描け．
   (a) $\quad 4[X^2 + (Y+1)^2 - 1]^2 + (Y^2 - X^2)(Y+1) = 0.$
   (b) $\quad (X^2 + Y^2)^5 - 16X^2Y^2(X^2 - Y^2)^2 = 0.$

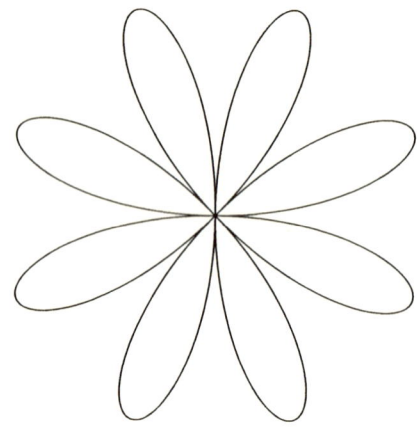

第 2 章
射影代数曲線

線形代数からの事実のほかに，斉次多項式の概念を用いるであろう．これについては，付録 A の最初の部分を参照せよ．特に，補題 A.3 と定理 A.4 がある役割を果たす．

代数曲線を考察する際に，局所的な性質と大域的な性質を区別しなければならない．美しい大域的な定理は，アフィン曲線に「無限遠点」(point at infinity) を付け加え，射影曲線を完成させることによって得られる．ここでは，これらの「コンパクト化」(compactification) を議論する．射影平面の幾何学をよく知っていることが役に立つであろう．射影幾何学の歴史的発展は Brieskorn-Knörrer [BK] において概略が述べられている．射影幾何学についての現代的な理解は長い歴史的経過を経た後に得られたものである．

体 K 上の射影平面 $\mathbb{P}^2(K)$ は，原点を通る K^3 におけるすべての曲線の集合である．点 $P \in \mathbb{P}^2(K)$ は，$(x_0, x_1, x_2) \in K^3$, $(x_0, x_1, x_2) \neq (0, 0, 0)$ をみたす三つの組 $\langle x_0, x_1, x_2 \rangle$ によって与えられる．ただし，$\langle x_0, x_1, x_2 \rangle = \langle y_0, y_1, y_2 \rangle$ であるための必要十分条件は，適当な $\lambda \in K^*$ が存在して $(y_0, y_1, y_2) = \lambda(x_0, x_1, x_2)$ が成り立つことである．$P = \langle x_0, x_1, x_2 \rangle$ をみたす三つの元の組 (x_0, x_1, x_2) を点 P に対する**斉次座標系** (system of homogeneous coordinate) という．$\mathbb{P}^2(K)$ においては

$\langle 0, 0, 0 \rangle$ なる点は存在しないことに注意しよう．二つの点 $P = \langle x_0, x_1, x_2 \rangle$ と $Q = \langle y_0, y_1, y_2 \rangle$ が異なるための必要十分条件は，(x_0, x_1, x_2) と (y_0, y_1, y_2) が K 上 1 次独立になることである．

$\mathbb{P}^2(K)$ を一般化して, n 次元射影空間 $\mathbb{P}^n(K)$ を K^{n+1} において原点を通るすべての直線の集合として定義することができる. $\mathbb{P}^n(K)$ の点は $(x_0, \ldots, x_n) \neq (0, \ldots, 0)$ をみたす「斉次 $(n+1)$-列」$\langle x_0, \ldots, x_n \rangle$ である. 特別な場合として, 次の式によって与えられる**射影直線** (projective line) $\mathbb{P}^1(K)$ がある.

$$\mathbb{P}^1(K) = \{\langle x_0, x_1 \rangle \mid (x_0, x_1) \in K^2 \setminus (0, 0)\}.$$

さらに一般に, 任意の K-ベクトル空間 V に対して, V のすべての 1 次元部分空間全体の集合として定義される V に付随した射影空間 $\mathbb{P}(V)$ がある.

以下において, K を再び代数的閉体とし, $K[X_0, X_1, X_2]$ を変数 X_0, X_1, X_2 における K 上の多項式代数とする. $F \in K[X_0, X_1, X_2]$ が斉次多項式で, $P = \langle x_0, x_1, x_2 \rangle$ を $\mathbb{P}^2(K)$ の点とする. $F(x_0, x_1, x_2) = 0$ であるとき, P を F の**零点**という. $\deg F = d$ とすると, 任意の $\lambda \in K$ に対して $F(\lambda X_0, \lambda X_1, \lambda X_2) = \lambda^d F(X_0, X_1, X_2)$ が成り立つ. ゆえに, 条件 $F(x_0, x_1, x_2) = 0$ は P に対する斉次座標の特別な選択には依存しない. したがって, $F(P) = 0$ と書くことができる. 集合

$$\mathcal{V}_+(F) := \{P \in \mathbb{P}^2(K) \mid F(P) = 0\}$$

を $\mathbb{P}^2(K)$ における F の**零点集合** (zero set) という.

定義 2.1. 部分集合 $\Gamma \subset \mathbb{P}^2(K)$ は $\Gamma = \mathcal{V}_+(F)$ をみたす斉次多項式 $F \in K[X_0, X_1, X_2]$, $\deg F > 0$ が存在するとき, **射影代数曲線** (projective algebraic curve) という. このような最小の次数をもつ多項式を Γ の**最小多項式**という. その次数を Γ の**次数**といい, $\deg \Gamma$ と表す.

後で証明する系 2.10 によって, 最小多項式は定数 $\lambda \in K^*$ を除いて一意的に定まることがわかる.

$K_0 \subset K$ が部分環で, Γ が $F \in K_0[X_0, X_1, X_2]$ である最小多項式 F をもつとき, Γ は K_0 上で**定義される**という. $P = \langle x_0, x_1, x_2 \rangle$, $x_i \in K_0$ と表される点 $P \in \Gamma$ は Γ の K_0-**有理点**という.

例 2.2. $\mathbb{P}^2(K)$ における次数 1 の曲線を**射影直線** (projective line) という. 射影直線は次のような斉次 1 次方程式の解の集合である.

$$a_0X_0 + a_1X_1 + a_2X_2 = 0 \qquad (a_0, a_1, a_2) \neq (0,0,0).$$

一つの直線は，定数 $\lambda \in K^*$ を除いてその方程式を一意的に定める．さらに，$P \neq Q$ である任意の二つの点 $P = \langle x_0, x_1, x_2 \rangle$ と $Q = \langle y_0, y_1, y_2 \rangle$ に対して，P と Q を通るただ一つの直線 g がある．なぜなら，連立方程式

$$a_0x_0 + a_1x_1 + a_2x_2 = 0$$
$$a_0y_0 + a_1y_1 + a_2y_2 = 0$$

は定数因数を除いてただ一つの解 $(a_0, a_1, a_2) \neq (0,0,0)$ をもつからである．このとき，直線は

$$g = \{\langle \lambda(x_0, x_1, x_2) + \mu(y_0, y_1, y_2) \rangle \mid \lambda, \mu \in K, (\lambda, \mu) \neq (0,0)\}$$

という形で表される．これを簡単にして $g = \lambda P + \mu Q$ と書く．三つの点 $P_i = \langle x_{0i}, x_{1i}, x_{2i} \rangle$ $(i = 1, 2, 3)$ は，(x_{0i}, x_{1i}, x_{2i}) が K 上1次従属であるときはいつでも一つの直線上にあることにも注意しよう．

二つの射影直線はつねに交わり，またそれらの直線が異なれば交点はただ一つである．このことは明らかである．なぜなら，連立方程式

$$a_0X_0 + a_1X_1 + a_2X_2 = 0$$
$$b_0X_0 + b_1X_1 + b_2X_2 = 0$$

はつねに非自明な解 (x_0, x_1, x_2) をもち，この解は係数行列の階数が2であるとき定数因数を除いて一意的だからである．

写像 $c: \mathbb{P}^2(K) \to \mathbb{P}^2(K)$ は，ある行列 $A \in GL(3, K)$ が存在して，任意の点 $\langle x_0, x_1, x_2 \rangle \in \mathbb{P}^2(K)$ に対して

$$c\langle x_0, x_1, x_2 \rangle = \langle (x_0, x_1, x_2)A \rangle$$

が成り立つとき，(**射影**)**座標変換**((projective) coordinate transformation) という．行列 A は写像 c によって因数 $\lambda \in K^*$ を除いて一意的に定まる．とりわけ，λA は A と同じ座標変換を定義する．$B \in GL(3, K)$ を c を定義するもう一つの行列とすれば，BA^{-1} は，原点を通るすべての直線をそれ自身へ移す K^3 の自己同型写像である1次変換の行列である．したがって，適当な $\lambda \in K^*$ によって $B = \lambda A$ と表される．

座標変換を適用すると点と曲線の形状がよりわかりやすい位置にもってくることができる．$\Gamma = \mathcal{V}_+(F)$ を曲線とする．ただし，F は斉次多項式である．また，c を行列 A をもつ座標変換とする．このとき，

$$c(\Gamma) = \mathcal{V}_+(F^A)$$

が成り立つ．ただし，（上の記号において）F^A は

$$F^A(X_0, X_1, X_2) = F((X_0, X_1, X_2)A^{-1})$$

により定義されるものである．このとき，F^A は $\deg F^A = \deg F$ という性質をもつ斉次多項式である．座標変換は射影曲線を同じ次数をもつ射影曲線に移す．我々は座標変換によって移る二つの曲線を同一視することが多い．

以上簡単に射影空間の復習をしたが，以下ではこれらのことを知っているものとして，「アフィン空間から射影空間への移行」を行う．

次の式によって与えられるアフィン平面から射影平面への埋込みがある．

$$i : \mathbb{A}^2(K) \longrightarrow \mathbb{P}^2(K), \qquad i(x,y) = \langle 1, x, y \rangle.$$

このとき，$\mathbb{A}^2(K)$ は $\mathbb{P}^2(K)$ における直線 $X_0 = 0$ の補集合である．この直線を $\mathbb{P}^2(K)$ の**無限遠直線** (line at infinity) といい，この直線上の点を**無限遠点** (point at infinity) という．$\mathbb{A}^2(K)$ の点を**有限の距離** (point at finite distance) をもつ点という．$P = \langle 1, x, y \rangle \in \mathbb{P}^2(K)$ に対して，(x, y) を P の**アフィン座標** (affine coordinate) という．

次数 $\deg f = d$ をもつ多項式 $f \in K[X, Y]$ が与えられたとき，

$$\hat{f}(X_0, X_1, X_2) := X_0^d f\left(\frac{X_1}{X_0}, \frac{X_2}{X_0}\right) \tag{1}$$

として，次数 $\deg \hat{f} = d$ をもつ斉次多項式 $\hat{f} \in K[X_0, X_1, X_2]$ を定義することができる．これを f の**斉次化** (homogenization) という．

定義 2.3. $\Gamma \subset \mathbb{A}^2(K)$ を代数曲線とし，$f \in K[X, Y]$ をその最小多項式とする．$\hat{f}$ を f の斉次化とするとき，射影代数曲線 $\widehat{\Gamma} = \mathcal{V}_+(\hat{f})$ を f の**射影閉包** (projective closure) という．

曲線 $\widehat{\Gamma}$ は曲線 Γ にのみ依存し, Γ の最小多項式の選び方には依存しない. 定義 1.8 によって, この多項式は因数 $\lambda \in K^*$ を除いて Γ によって一意的に定まり, 明らかに $\widehat{\lambda f} = \lambda \hat{f}$ が成り立つ.

$\hat{f}$ に対して次のような表現を与えることができる. f の次数が d で,

$$f = f_0 + f_1 + \cdots + f_d \tag{2}$$

とする. ただし, f_i は次数 i の斉次多項式である (ゆえに, 特に $f_d \neq 0$ である). このとき, $\hat{f}$ は次のように表される.

$$\hat{f} = X_0^d f_0(X_1, X_2) + X_0^{d-1} f_1(X_1, X_2) + \cdots + X_0 f_{d-1}(X_1, X_2) + f_d(X_1, X_2). \tag{3}$$

以上より, 次の補題が得られる.

補題 2.4. $\Gamma = \widehat{\Gamma} \cap \mathbb{A}^2(\mathbb{K})$. ∎

$\widehat{\Gamma} \setminus \Gamma$ の点は Γ の**無限遠点** (point at infinity) という.

次の補題はそれらをどのようにして計算するかを示している.

補題 2.5. 次数を d とするすべてのアフィン曲線 Γ は少なくとも一つ, 高々 d 個の無限遠点をもつ. これらは $\langle 0, a, b \rangle$ という形で表される点である. ただし, $\Gamma = \mathcal{V}(f)$ でかつ f が (2) で表されるとき, (a, b) は f_d のすべての零点を動くものとする.

(証明) $\widehat{\Gamma} \setminus \Gamma$ は, $x_0 = 0$ とする方程式 $\hat{f} = 0$ の解 $\langle x_0, x_1, x_2 \rangle$ の集合からなる. (3) によって, 補題の第 2 の主張は満足される. 定理 A.4 によって, 次数 d の斉次多項式 f_d は d 個の斉次 1 次因数に分解する. この補題の最初の主張はこれから得られる. ∎

例 2.6.

(a) すべての曲線

$$g : aX + bY + c = 0, \qquad (a, b) \neq (0, 0)$$

に対して，その射影閉包は次の式で与えられる．

$$\hat{g} : cX_0 + aX_1 + bX_2 = 0.$$

g 上の無限遠点は $\langle 0, b, -a \rangle$ である．二つのアフィン直線が平行であるための必要十分条件は，それらが無限に交わる，言い換えると，それらの無限遠点が一致することである．

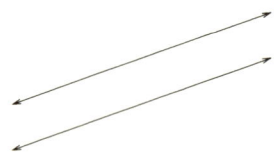

(b) 楕円 $\frac{X^2}{a^2} + \frac{Y^2}{b^2} = 1$ $(a, b \in \mathbb{R}_+)$ は二つの無限遠点 $\langle 0, a, \pm ib \rangle$ をもつ．しかしながら，これらは $\mathbb{R}$-有理点ではない．双曲線 $\frac{X^2}{a^2} - \frac{Y^2}{b^2} = 1$ $(a, b \in \mathbb{R}_+)$ は二つの無限遠点 $\langle 0, a, \pm b \rangle$ をもち，これらは二つとも $\mathbb{R}$-有理点である．放物線 $Y = aX^2$ $(a \in \mathbb{R}_+)$ はただ一つの無限遠点，すなわち $\langle 0, 0, 1 \rangle$ をもつ．すべての円 $(X - a)^2 + (Y - b)^2 = r^2$ $(a, b, r \in \mathbb{R})$ は同じ無限遠点 $\langle 0, 1, \pm i \rangle$ をもつ．

$h : a_0 X_0 + a_1 X_1 + a_2 X_2 = 0$ が無限遠直線 $h_\infty : X_0 = 0$ と異なる射影直線ならば，$(a_1, a_2) \neq (0, 0)$ であり，また $h = \hat{g}$ と表される．ただし，g は方程式 $a_1 X + a_2 Y + a_0 = 0$ で与えられるアフィン直線である．したがって，すべてのアフィン直線の集合からすべての射影直線 $\neq h_\infty$ の集合への全単射が $g \mapsto \hat{g}$ によって与えられる．任意の代数曲線に対しても，これから以下で見るように同様な結果がある．

斉次多項式 $F \in K[X_0, X_1, X_2]$ に対して，$f(X, Y) = F(1, X, Y)$ によって与えられる $K[X, Y]$ の多項式 f を（X_0 に関して）F の**非斉次化** (dehomogenization) という．X_0 が F の因数でなければ，

$$\deg f = \deg F$$

であり，方程式 (3) からすぐにわかるように

$$F = \hat{f}$$

が成り立つ．

定理 2.7. Δ を最小多項式 F をもつ射影代数曲線とし,$\Gamma := \Delta \cap \mathbb{A}^2(\mathbb{K})$ とおく.

(a) Δ が無限遠直線でなければ,Γ はアフィン代数曲線である.
(b) Δ が無限遠直線を含まなければ,F の非斉次化 f は Γ の最小多項式であり,Δ は Γ の射影閉包に等しい.すなわち,
$$\Delta = \widehat{\Gamma}.$$

(証明) (a) Δ についての仮定より,f は定数ではなく,$\Gamma = \mathcal{V}(f)$ はアフィン曲線である.

 (b) まず最初に多項式 $f_1, f_2 \in K[X, Y]$ に対して,斉次化の定義 (1) により容易にわかるように,公式
$$\widehat{f_1 f_2} = \hat{f_1} \hat{f_2} \tag{4}$$
が成り立つ.

 $f = c f_1^{\alpha_1} \cdots f_h^{\alpha_h}$ を f の既約因数への分解とする ($c \in K^*, \alpha_i \in \mathbb{N}_+, f_i$: 既約, $i \neq j$ のとき $f_i \not\propto f_j$).X_0 は F の因数ではないから,上の公式 (4) より
$$F = c \hat{f}_1^{\alpha_1} \cdots \hat{f}_h^{\alpha_h}$$
を得る.F は Δ の最小多項式であるから,$\alpha_1 = \cdots = \alpha_h = 1$ でなければならない.また,$\widehat{\Gamma}$ の定義によって $\Delta = \widehat{\Gamma}$ が成り立つ.∎

系 2.8. すべてのアフィン代数曲線の集合は無限遠直線 h_∞ を含まないすべての射影代数曲線の集合と 1 対 1 の対応がある.h_∞ 以外のほかの射影曲線は $\widehat{\Gamma} \cup h_\infty$ という形をしているものだけである.ただし,Γ はアフィン曲線である.∎

系 2.9. すべての射影曲線 Δ は無限に多くの点からなり,$\mathbb{P}^2(K) \setminus \Delta$ もまた無限である.

(証明) この系はアフィン曲線に対応している結果,定理 1.3 より得られる.∎

射影座標変換によって，無限遠直線 $X_0 = 0$ は一般にほかの直線に移り，逆に，新しい座標系における無限遠直線はほかのある直線から生じる．ある座標系を適当に選べば，任意の直線は無限遠直線となり得る．具体的には次のようである．どの3点も一直線上にない四つの点 $P_i \in \mathbb{P}^2(K)$ ($i = 0, 1, 2, 3$) に対して，$c(P_0) = \langle 1, 0, 0 \rangle, c(P_1) = \langle 0, 1, 0 \rangle, c(P_2) = \langle 0, 0, 1 \rangle$, かつ $c(P_3) = \langle 1, 1, 1 \rangle$ をみたす $\mathbb{P}^2(K)$ のただ一つの座標変換 c がある．g を射影直線とし，$P \neq Q$ を g 上の点ではないとするとき，g を無限遠直線に，P をアフィン平面の原点 $(0, 0)$ に，そして Q を任意の与えられた点 $(a, b) \neq (0, 0)$ に写像する射影座標変換を求めることができる．我々はこの事実を多くの場合に用いる．

系 2.10. 射影曲線 Δ の最小多項式は定数因数 $\neq 0$ を除き Δ によって一意的に定まる．

（証明）F を Δ の最小多項式で c を行列 A をもつ座標変換とすれば，F^A は $c(\Gamma)$ の最小多項式である．$c(\Gamma)$ は（新しい座標系における）無限遠直線を含まないと仮定することができる．このとき，定理 2.7 によって，F^A は $c(\Gamma)$ のアフィン部分の最小多項式の斉次化である．これは定数因数 $\neq 0$ を除いて一意的である．したがって，F^A と F もそうである．∎

定義 2.11. 射影曲線 Δ の**零化イデアル**とは，Δ のすべての点で零となるすべての斉次多項式によって生成されるイデアル $\mathcal{I}_+(\Delta) \subset K[X_0, X_1, X_2]$ のことである．

したがって，$\mathcal{I}_+(\Delta)$ は斉次イデアルである（補題 A.7）．

定理 2.12. $\mathcal{I}_+(\Delta)$ は Δ の任意の最小多項式によって生成される単項イデアルである．

（証明）Δ は無限遠直線を含まないと仮定することができる．F を Δ の最小多項式とし，$G \in \mathcal{I}_+(\Delta)$ を斉次多項式とする．$G = X_0^\alpha H$ と表す．ただし，H は X_0 で割り切れない．このとき，$h := H(1, X, Y)$ は $\Gamma := \Delta \cap \mathbb{A}^2(K)$ の零化イデアルに含まれる．これは $f := F(1, X, Y)$ によって生成される．

ゆえに，適当な $g \in K[X,Y]$ によって $h = fg$ と表される．(4) によって，$H = \hat{h} = \hat{f}\hat{g} = F\hat{g}$ が成り立つ．したがって，$G \in (F)$ を得る．■

アフィンの場合と同様に，曲線 $\Delta \subset \mathbb{P}^2(K)$ は，射影曲線 Δ_i $(i=1,2)$ に対して $\Delta = \Delta_1 \cup \Delta_2$ ならば $\Delta = \Delta_1$ であるかまたは $\Delta = \Delta_2$ となるとき，**既約**であるという．

系 2.13. 次の条件は同値である．

(a) Δ は既約である．
(b) Δ の最小多項式は既約多項式である．
(c) $\mathcal{I}_+(\Delta)$ は（斉次）素イデアルである．

(証明) (a) $\Rightarrow$ (b)．F を Δ の最小多項式として，$F = F_1 F_2, F_i \in K[X_0, X_1, X_2]$ $(i=1,2)$ と仮定する．これらの多項式は補題 A.3 より斉次多項式であり，$\Delta = \mathcal{V}_+(F_1) \cup \mathcal{V}_+(F_2)$ が成り立つ．ゆえに，一般性を失わずに，$\Delta = \mathcal{V}_+(F_1)$ としてよい．このとき，F_1 は F で割り切れる．したがって，F_2 は定数である．以上より，F は既約である．

(b) $\Rightarrow$ (c) は明らかである．

(c) $\Rightarrow$ (a)．$\Delta = \Delta_1 \cup \Delta_2$ とする．ただし，曲線 Δ_i は最小多項式 F_i $(i=1,2)$ をもつものとする．$F := F_1 F_2$ に対して $F \in \mathcal{I}_+(\Delta)$ である．ゆえに，$F_1 \in \mathcal{I}_+(\Delta)$ であるかまたは $F_2 \in \mathcal{V}_+(\Delta)$ でなければならない．なぜなら，$\mathcal{I}_+(\Delta)$ は素イデアルだからである．しかしながら，このときある $i \in \{1,2\}$ に対して，$\Delta \subset \mathcal{V}_+(F) = \Delta_i$ が成り立つ．したがって，$\Delta = \Delta_i$ を得る．■

系 2.14. (a)（既約成分への分解）すべての射影代数曲線は，Δ_i $(i=1,\ldots,h)$ を既約曲線として（順序を除き）次のような一意的な表現をもつ．

$$\Delta = \Delta_1 \cup \cdots \cup \Delta_h.$$

これらは Δ に対する最小多項式の既約因数と 1 対 1 に対応する．

(b) Γ が次のような既約分解

$$\Gamma = \Gamma_1 \cup \cdots \cup \Gamma_h$$

をもつアフィン曲線とすれば,

$$\widehat{\Gamma} = \widehat{\Gamma}_1 \cup \cdots \cup \widehat{\Gamma}_h$$

と表される. ただし, $\widehat{\Gamma}_i$ は $\widehat{\Gamma}$ の既約成分である.

(証明) この系は定理 1.13 と, アフィン空間と射影空間の場合の最小多項式に関する前述の考察より得られる. ∎

定理 1.14 において, $K[X, Y]$ の素イデアルについて詳述した. これから, $K[X_0, X_1, X_2]$ における**斉次素イデアル**について同じことをしよう.

定理 2.15. $K[X_0, X_1, X_2]$ には次のような斉次素イデアルがあり, ほかにはない.

(a) 零イデアル.
(b) 既約斉次多項式 $F \neq 0$ によって生成される単項イデアル (F). これらは $\mathbb{P}^2(K)$ における既約曲線と 1 対 1 の対応がある.
(c) イデアル $\mathfrak{p}_P := (aX_1 - bX_0, aX_2 - cX_0, bX_2 - cX_1)$. ただし, $P = \langle a, b, c \rangle \in \mathbb{P}^2(K)$. これらの素イデアルは $\mathbb{P}^2(K)$ の点と 1 対 1 の対応がある.
(d) 斉次極大イデアル (X_0, X_1, X_2).

(証明) $\mathfrak{p}$ を $K[X_0, X_1, X_2]$ の斉次素イデアルとする. $\mathfrak{p} \neq (0)$ とすると, $\mathfrak{p}$ は既約斉次多項式 $F \neq 0$ を含む. $\mathfrak{p} \neq (F)$ とすると, $\mathfrak{p}$ の中に F で割り切れない既約な斉次多項式 G がある. 補題 1.5 によって, イデアル (F, G) は, したがって $\mathfrak{p}$ も, X_2 が現れない斉次多項式 $d_1 \neq 0$ と X_1 が現れない斉次多項式 $d_2 \neq 0$ を含んでいる. さて, d_1 と d_2 は定理 A.4 によって斉次 1 次因数に分解し, ゆえに $\mathfrak{p}$ は $aX_1 - bX_0 \neq 0, a'X_2 - b'X_0 \neq 0$ という形の 1 次多項式を含むはずである. このとき, $\mathfrak{p}_P (P \in \mathbb{P}^2(K))$ という形のイデアルも $\mathfrak{p}$ に含まれる. このような素イデアルはすでに二つの 1 次斉次多項式によって生成されている. したがって, $K[X_0, X_1, X_2]/\mathfrak{p}_P \cong K[T]$ が得られ, これは 1 変数の多項式環である. この環における斉次素イデアルは (0) と (T) だけである. ゆえに, これ

らの素イデアルの $K[X_0, X_1, X_2]$ における原像は $\mathfrak{p}_P$ と (X_0, X_1, X_2) である．したがって，$\mathfrak{p} = \mathfrak{p}_P$ または $\mathfrak{p} = (X_0, X_1, X_2)$ でなければならない． ∎

アフィンの場合と同様に，$\mathbb{P}^2(K)$ の**因子群**は既約射影曲線 Δ の集合上の自由アーベル群として定義される．因子 $D = \sum n_\Delta \Delta$ に対して，D の**次数**が次の式によって定義される．

$$\deg D := \sum n_\Delta \deg \Delta.$$

すべての Δ に対して $n_\Delta \geq 0$ であるとき，D は**有効因子**または**正因子**という．有効因子 D に対して，$n_\Delta > 0$ をみたす Δ を D の**成分**といい，

$$\mathrm{Supp}(D) := \bigcup_{n_\Delta > 0} \Delta$$

を D の台または**サポート**という．ある因子が $D = \sum_{i=1}^{h} n_i \Delta_i$ という形で与えられ，F_i を Δ_i $(i=1,\ldots,h)$ の最小多項式とするとき，D に対して多項式 $F := \prod_{i=1}^{h} F_i$ を対応させる．逆に，斉次多項式の因数はそれ自身斉次多項式であるから (定理 A.3)，すべての斉次多項式 $F \neq 0$ は，既約因数への分解によってただ一つの有効因子を定義する．簡単のため，これもまた同じ F で表す．以上より，F を $K[X_0, X_1, X_2]$ における斉次多項式 $\neq 0$ であるか，または付随している $\mathbb{P}^2(K)$ の有効因子として考えることができる．以下において，$\mathbb{P}^2(K)$ の有効因子を「$\mathbb{P}^2(K)$ の曲線」という．これらは以前に考察した曲線であり，その既約成分は $\mathbb{N}$ による**重み** (weight) をもつ．Δ の既約成分への分解を $\Delta = \Delta_1 \cup \cdots \cup \Delta_h$ とするとき，D は有効因子 $\Delta_1 + \cdots + \Delta_h$ と同一視される．将来，この種の因子を「被約曲線」(reduced curve) と呼ぶことにする．これらは $K[X_0, X_1, X_2]$ における被約斉次多項式 $(\neq 0)$ に対応している．曲線 Δ は，部分体 $K_0 \subset K$ において対応している適当な多項式を $K_0[X_0, X_1, X_2]$ の中から選ぶことができるとき，K_0 上で**定義されている**という．

無限遠直線が曲線 $\Delta = \sum_{i=1}^{h} \Delta_i$ の成分に含まれないならば（これは適当な座標系を選ぶことによっていつでも調整することができる），$\Gamma_i := \Delta_i \cap \mathbb{A}^2(K)$ として $\Gamma = \sum_{i=1}^{h} n_i \Gamma_i$ を Γ に属する**アフィン曲線**と呼ぶ．これは Δ に付随した多項式の非斉次化に対応している．

演習問題

1. 例 1.2 (e) と例 1.2 (f) における曲線の無限遠点を求めよ．

2. **射影 2 次曲線** (projective quadric) とは $\mathbb{P}^2(K)$ における次数 2 の曲線 Q（すなわち，有効因子）のことである．$\operatorname{char} K \neq 2$ であるとき，適当な座標系において，Q は次の定義方程式の一つをもつことを証明せよ．

    (a) $X_0^2 + X_1^2 + X_2^2 = 0$ （非特異 2 次曲線, nonsingular quadric）．

    (b) $X_0^2 + X_1^2 = 0$ （直線の組, pair of line）．

    (c) $X_0^2 = 0$ （2 重直線, double line）．

3. $\operatorname{char} K \neq 2$ かつ $i := \sqrt{-1}$ であるとき，
$$\alpha : \mathbb{P}^1(K) \longrightarrow \mathbb{P}^2(K), \qquad \alpha(\langle u, v \rangle) = \langle 2uv, u^2 - v^2, i(u^2 + v^2) \rangle$$
により定義される写像は，射影直線 $\mathbb{P}^1(K)$ と非特異 2 次曲線との間に全単射を与える（第 1 章の演習問題 2 と 3 を参照せよ）．

4. $c : \mathbb{P}^2(K) \longrightarrow \mathbb{P}^2(K)$ は，次の点
$$\langle 1, 0, 0 \rangle, \quad \langle 0, 1, 0 \rangle, \quad \langle -1, 0, 1 \rangle, \quad \langle 0, 1, 1 \rangle$$
を点
$$\langle 1, 0, 0 \rangle, \quad \langle 0, 1, 0 \rangle, \quad \langle 0, 0, 1 \rangle, \quad \langle 1, 1, 1 \rangle$$
に移す座標変換とする．

    (a) 曲線の定義方程式
    $$X_0^2 X_2 - X_0^2 X_1^2 + X_0 X_2^2 - 2 X_0 X_1 X_2 - X_1^2 X_2 - 2 X_1 X_2^2 = 0$$
    の新しい座標系における定義方程式を求めよ．

    (b) この曲線は既約か？

第3章

代数曲線の座標環と2曲線の交点

以下においては，付録AとBにおける知識に精通していることを仮定する．とりわけ，付録Bに含まれている方法を繰返し用いる．また，補題D.5と補題I.4も応用するであろう．

F を $\mathbb{P}^2(K)$ における代数曲線とする．すなわち，F は第2章の約束によって有効因子である．同時に，F はその曲線を定義する $K[X_0, X_1, X_2]$ の斉次多項式を表す．$\mathrm{Supp}(F)$ のかわりに $\mathcal{V}_+(F)$ とも書く．すなわち，

$$\mathrm{Supp}(F) = \mathcal{V}_+(F) = \{P \in \mathbb{P}^2(K) \mid F(P) = 0\}.$$

定義 3.1. 剰余環 $K[F] := K[X_0, X_1, X_2]/(F)$ を F の **射影座標環** (projective coordinate ring) という．

F は斉次多項式であるから，$K[F]$ は次数 K-代数である（補題A.7）．行列 A をもつ $\mathbb{P}^2(K)$ 上の座標変換は

$$(X_0, X_1, X_2) \longmapsto (X_0, X_1, X_2) \cdot A^{-1}$$

によって与えられる $K[X_0, X_1, X_2]$ の K-自己同型写像を定義する．この自己同型写像のもとで，F は F^A となり，これは新しい座標系で一つの曲線に対応している．そしてまた，この自己同型写像は次のような K-同型写像を誘導する．

$$K[X_0, X_1, X_2]/(F) \cong K[X_0, X_1, X_2]/(F^A).$$

したがって，K-同型写像を除いて，座標環は座標の選び方には依存しない．

以上より，我々は X_0 が F を割り切らないような座標を選ぶことができるし，そのようにするであろう．そのとき，F に対応している $\mathbb{A}^2(K) = \mathbb{P}^2(K) \setminus \mathcal{V}_+(X_0)$ の曲線 f は F の非斉次化 f である．すなわち，f は

$$f(X,Y) = F(1,X,Y)$$

をみたす $K[X,Y]$ の多項式である．

我々はすでに第 1 章で，アフィン座標環 $K[f] = K[X,Y]/(f)$ を導入した．点 $P = (a,b) \in \mathbb{A}^2(K)$ が $\mathrm{Supp}(f) = \mathcal{V}(f)$ に属するための必要十分条件は，$f \in \mathfrak{M}_P = (X-a, Y-b)$ となることである．この場合，$\mathfrak{M}_P$ の $K[f]$ への像を $\mathfrak{m}_P := \mathfrak{M}_P/(f)$ によって表す．このとき，$\mathfrak{m}_P \in \mathrm{Max}\, K[f]$ であり，$K[f]$ のすべての極大イデアルは一意的に定まる $P \in \mathrm{Supp}(f)$ によってこの形で表される．

g をもう一つの曲線として，ψ を $K[f]$ における多項式 g の剰余類とすると，$g \in \mathfrak{m}$ をみたす $K[f]$ の極大イデアル $\mathfrak{m}$ と $\mathcal{V}(f) \cap \mathcal{V}(g)$ の点の間に 1 対 1 の対応がある．「これらの曲線はどのぐらい多くの交点をもつか？」(言い換えると，「連立方程式 $f = 0, g = 0$ はどのぐらい多くの解をもつか？」) という問題は次のように言い換えることができる．「$K[f]$ には ψ を含んでいるどのぐらい多くの極大イデアルがあるか？」.

$K[X,Y]$ に次数フィルター $\mathcal{G}$ を付与し，$K[f]$ に $\mathcal{G}$ によって導入された対応する剰余類のフィルター $\mathcal{F}$ を付与する (付録 B を参照せよ)．例 B.4 (a) によって，$K[X_0, X_1, X_2]$ はリース代数 $\mathcal{R}_\mathcal{G} K[X,Y]$ として説明することができ，付録 B の意味で $K[X,Y]$ の多項式の斉次化は通常のものになる．F は f の斉次化 f^* であるから，定理 B.8 と定理 B.12 により次が成り立つ．

注意 3.2. $K[F] \cong \mathcal{R}_\mathcal{F} K[f]$.

(証明)

$$K[F] = K[X_0, X_1, X_2]/(F) = \mathcal{R}_\mathcal{G} K[X,Y]/(f^*)$$
$$\cong \mathcal{R}_\mathcal{F}(K[X,Y]/(f)) = \mathcal{R}_\mathcal{F} K[f].$$

定理 B.5 よりすぐに次の命題を導くことができる．

注意 3.3. X_0 の $K[F]$ への像 x_0 は零因子ではないから，$K[x_0]$ は多項式代数であり，次の K-同型写像がある．

$$K[f] \cong K[F]/(x_0 - 1),$$
$$\mathrm{gr}_{\mathcal{F}} K[f] \cong K[F]/(x_0).$$

f_p が f の最大次数をもつ斉次成分ならば（ゆえに次数フィルターを用いて先導形式 $L_{\mathcal{G}} f$ ならば），定理 B.8 と定理 B.12 により次が成り立つ．

注意 3.4. $\mathrm{gr}_{\mathcal{F}} K[f] \cong K[X, Y]/(f_p)$.

f_p は f の無限遠点を表しているから，$\mathrm{gr}_{\mathcal{F}} K[f]$ は無限遠点と何らかの関係がある．例 A.12 (a) によって，$\mathrm{gr}_{\mathcal{F}} K[f]$ のヒルベルト関数がわかっている．このとき，次が成り立つ．

注意 3.5.

$$\dim_K \mathcal{F}_k/\mathcal{F}_{k-1} = \begin{cases} k+1 & (0 \leq k < p \text{ のとき}), \\ p & (p \leq k \text{ のとき}). \end{cases}$$

$\mathbb{P}^2(K)$ の二つの曲線 F, G が与えられたとき，それらが共通の成分をもたないと仮定する．

定義 3.6. $K[F \cap G] := K[X_0, X_1, X_2]/(F, G)$ を F と G の共通部分の**射影座標環** (projective coordinate ring) という．

Ψ を $K[F]$ への G の像，Φ を $K[G]$ への F の像とするとき，ネーターの同型定理によって次の同型がある．

$$K[F \cap G] \cong K[F]/(\Psi) \cong K[G]/(\Phi).$$

ただし，Φ は $K[G]$ において零因子ではなく，また Ψ も $K[F]$ において零因子ではない．

さていま，f と g をそれぞれ次数が $\deg f =: p$, $\deg g =: q$ である二つのアフィン曲線とし，それらが共通の成分をもたないと仮定する．

定義 3.7. $K[f \cap g] := K[X,Y]/(f,g)$ を f と g の共通部分の**アフィン座標環** (affine coordinate ring) という．

このとき，次の同型がある．$K[f \cap g] \cong K[f]/(\psi) \cong K[g]/(\phi)$．ただし，$\psi$ は $K[f]$ への g の像，ϕ は $K[g]$ への f の像を表している．f と g は互いに素であるから，ϕ と ψ はそれぞれの環において零因子ではない．

上で述べたことより，$\mathcal{V}(f) \cap \mathcal{V}(g)$ の点と $K[f \cap g]$ の極大イデアルとの間には1対1の対応がある．また，定理 1.4 より $K[f \cap g]$ は有限次元の K-代数である．その次元の大きさはどのぐらいのものであろうか？ f と g が共通の無限遠点をもたなければ，付録 B のリース代数と付随した次数代数に関する考察より，ただちにその答えが得られる．それをこれから証明しよう．

$\mathcal{F}$ を $K[X,Y]$ の次数フィルター $\mathcal{G}$ によって $K[f \cap g]$ 上に導入された剰余フィルターを表すものとする．$f_p = L_\mathcal{G} f$ と $g_q = L_\mathcal{G} g$ をそれぞれ f と g の最大次数の斉次成分とする．

f と g が共通の無限遠点をもたないということは，補題 2.5 によって，f_p と g_q が互いに素であることと同値である．具体的な場合においては，この条件が満たされるかどうかを，無限遠点を明示的に計算することなしに，ユークリッドのアルゴリズム（除法の定理）を用いて決定することができる（演習問題 4）．f_p と g_q が互いに素であることは，g_q を法として f_p が零因子ではなく，かつ f_p を法として g_q が零因子ではないということと同値である．

F と G をそれぞれ f と g に付随している射影曲線とする．すなわち，$K[X_0, X_1, X_2]$ における f と g の斉次化である．すると，$\deg F = p$ でかつ $\deg G = q$ である．このとき，再び定理 B.5 と定理 B.8，そして定理 B.12 を適用することができ，次の定理が得られる．

定理 3.8. f と g は共通の無限遠点をもたないと仮定する．このとき，次が成り立つ．

(a) $K[F \cap G] \cong \mathcal{R}_\mathcal{F} K[f \cap g]$.

(b) X_0 の $K[F \cap G]$ における像 x_0 は零因子ではなく，$K[x_0]$ は多項式代数であり，また次の同型写像がある．

$$K[f \cap g] \cong K[F \cap G]/(x_0 - 1),$$
$$\mathrm{gr}_{\mathcal{F}} K[f \cap g] \cong K[F \cap G]/(x_0) \cong K[X,Y]/(f_p, g_q).$$ ■

例 A.12 (b) によって，$\dim_K K[X,Y]/(f_p, g_q) = p \cdot q$ が成り立つ．したがって，系 B.6 より，上記の問に対する答えが得られる．

定理 3.9. f と g は共通の無限遠点をもたないと仮定する．このとき，次が成り立つ．

(a) $\dim_K K[f \cap g] = p \cdot q$.
(b) $K[F \cap G]$ は階数 $p \cdot q$ の自由 $K[x_0]$-加群である． ■

F と G を次数がそれぞれ $\deg F = p > 0$, $\deg G = q > 0$ とする $\mathbb{P}^2(K)$ の任意の二つの曲線とし，共通の成分をもたないと仮定する（多項式として，それらは互いに素である）．このとき，$\mathcal{V}_+(F) \cap \mathcal{V}_+(G)$ は有限個のアフィン空間の点からなり（定理 1.4 により），それらの曲線の一つは無限遠直線を含まないので，$\mathcal{V}_+(F) \cap \mathcal{V}_+(G)$ もまた有限個の無限遠点しか含まない．ゆえに，$\mathcal{V}_+(F) \cap \mathcal{V}_+(G)$ におけるすべての点が有限の距離をもつように座標系を選ぶことができる．このとき，f と g をそれぞれ F と G に付随しているアフィン曲線とすると，$\mathcal{V}_+(F) \cap \mathcal{V}_+(G) = \mathcal{V}(f) \cap \mathcal{V}(g)$ が成り立ち，定理 3.8 と定理 3.9 が使える状況になる．このとき，次の命題が得られる．

系 3.10. F と G は共通の成分をもたないと仮定する．このとき，共通部分 $\mathcal{V}_+(F) \cap \mathcal{V}_+(G)$ は少なくとも一つ，かつ高々 $p \cdot q$ 個の点をもつ．

（証明）$K[f,g]$ は零-代数ではないので，これは少なくとも一つの極大イデアルをもつ．これは $\mathcal{V}(f) \cap \mathcal{V}(g)$ におけるある点に対応する．ゆえに，補題 D.5 と定理 3.9 (a) から，$K[f,g]$ は高々 $p \cdot q$ 個の極大イデアルをもつことがわかる．したがって，$\mathcal{V}(f) \cap \mathcal{V}(g)$ は高々 $p \cdot q$ 個の点を含んでいる． ■

この系の主張は，後のベズーの定理 5.7 でその詳細を考察しようとしている

ベズーの定理の弱い形である．射影平面においては，二つの直線はつねに交わるばかりでなく，正の次数をもつ任意の二つの曲線もまた交わる．ゆえに，この系は次のように言い換えることができる．F と G をそれぞれ次数を p, q とする互いに素な斉次多項式とするとき，連立方程式

$$F(X_0, X_1, X_2) = 0, \qquad G(X_0, X_1, X_2) = 0$$

は $\mathbb{P}^2(K)$ において少なくとも一つ，かつ高々 $p \cdot q$ 個の解をもつ．

本章の残りにおいて，定理 3.8 と定理 3.9 と同様に f と g は共通の無限遠点をもたないと仮定する．さて次に，射影座標環 $K[F \cap G]$ とアフィン座標環 $K[f \cap g]$ の構造について，もう少し正確な命題を求めるように努力したい．これらのことは付録 B における定理から得られ，それらは後に述べる幾何学的応用も可能にする．

$B := \mathrm{gr}_{\mathcal{F}} K[f \cap g]$ とおく．例 A.12 (b) によって，B のヒルベルト関数が正確にわかっている．$B_k := \mathrm{gr}_{\mathcal{F}}^k K[f \cap g]$ が次数 k の斉次成分で，かつ一般性を失わずに，$p \leq q$ と仮定することができ，例 A.12 (b) と定理 3.8 (b) によって次の式が得られる．

$$\chi_B(k) = \dim_K B_k = \begin{cases} k+1 & (0 \leq k < p \text{ のとき}), \\ p & (p \leq k < q \text{ のとき}), \\ p+q-k-1 & (q \leq k < p+q-1 \text{ のとき}), \\ 0 & (p+q-1 \leq k \text{ のとき}). \end{cases}$$

系 B.6 の応用として，次の定理が得られる．

定理 3.11.

(a) $K[x_0]$-加群として，$K[F \cap G]$ は斉次元 $s_i (i = 1, \ldots, p \cdot q)$ からなる基底 $\{s_1, \ldots, s_{p \cdot q}\}$ をもつ．ただし，

$$0 = \deg s_1 \leq \deg s_2 \leq \cdots \leq \deg s_{p \cdot q} = p + q - 2$$

でかつ，$i = 1, \ldots, p \cdot q$ に対して

$$\deg s_i + \deg s_{p \cdot q - i} = p + q - 2$$

という関係がある．各 $k \in \{0,\ldots,p+q-2\}$ に対して，$\{s_1,\ldots,s_{p\cdot q}\}$ の中に次数が k である基底を構成する要素が正確に $\chi_B(k)$ 個ある．

(b) $K[f \cap g]$ は K-基底 $\{\overline{s}_1,\ldots,\overline{s}_{p\cdot q}\}$ をもつ．ただし，

$$0 = \mathrm{ord}_{\mathcal{F}}\,\overline{s}_1 \leq \mathrm{ord}_{\mathcal{F}}\,\overline{s}_2 \leq \cdots \leq \mathrm{ord}_{\mathcal{F}}\,\overline{s}_{p\cdot q} = p+q-2$$

でかつ，$i=1,\ldots,p\cdot q$ に対して

$$\mathrm{ord}_{\mathcal{F}}\,\overline{s}_i + \mathrm{ord}_{\mathcal{F}}\,\overline{s}_{p\cdot q-i} = p+q-2$$

という関係がある．各 $k \in \{0,\ldots,p+q-2\}$ に対して，次数が k の基底を構成する要素が正確に $\chi_B(k)$ 個ある．さらに，$k \geq p+q-2$ に対して次が成り立つ．

$$\mathcal{F}_k = \mathcal{F}_{p+q-2}. \qquad \blacksquare$$

B の次数が $(p+q-2)$ の成分は特に興味深い．その成分は 1 次元であり，これからそれに対する一つの基底を求めてみよう．そのために，$c_{ij} \in K[X,Y]$ を斉次多項式として，

$$f_p = c_{11}X + c_{12}Y,$$
$$g_q = c_{21}X + c_{22}Y$$

と表す．このとき，$\det(c_{ij})$ は次数 $p+q-2$ の斉次多項式であり，この行列式の B における像 Δ はいずれにせよ B_{p+q-2} に含まれる．Δ が f_p と g_q にのみ依存し，特別な c_{ij} の選択に依存しないことは容易に検証することができる（補題 I.4）．Δ は，X,Y に関する f_p と g_q のヤコビ行列式の一般化としてみることができる．

例 3.12.

(a) f_p と g_q を斉次 1 次因数に分解する（定理 A.4）．

$$f_p = \prod_{i=1}^{p}(a_iX + b_iY) = \frac{f_p}{a_iX + b_iY} \cdot (a_iX + b_iY),$$
$$g_q = \prod_{j=1}^{q}(c_jX + d_jY) = \frac{g_q}{c_jX + d_jY} \cdot (c_jX + d_jY).$$

このとき，Δ は

$$(a_id_j - b_ic_j) \cdot \frac{f_p \cdot g_q}{(a_iX + b_iY)(c_jX + d_jY)}$$

の B への像である．これは i と j には依存しない．

(b) オイラーの関係式によって次の式が成り立つ（付録 A の例 A.2 の公式 (2)）．

$$p \cdot f_p = \frac{\partial f_p}{\partial X} \cdot X + \frac{\partial f_p}{\partial Y} \cdot Y,$$
$$q \cdot g_q = \frac{\partial g_q}{\partial X} \cdot X + \frac{\partial g_q}{\partial Y} \cdot Y.$$

ヤコビ行列式 $\frac{\partial(f_p, g_q)}{\partial(X,Y)}$ の B への像を j で表せば，次の式が成り立つ．

$$j = p \cdot q \cdot \Delta.$$

K の標数が $p \cdot q$ を割り切らないならば，次のように表すことができる．

$$\Delta = \frac{1}{p \cdot q} \cdot j.$$

さて，$B_+ := \oplus_{k>0} B_k$ を B の斉次極大イデアルとする．

定義 3.13. $\mathfrak{S}(B) := \{z \in B \mid B_+ \cdot z = 0\}$ を B の底 (socle) という．

$\mathfrak{S}(B)$ は B の斉次イデアルであり，$B_{p+q-2} \subset \mathfrak{S}(B)$ が成り立つ．なぜなら，$k > p+q-2$ に対して $B_k = 0$ となり，$B \cdot B_{p+q-2} = 0$ が成り立つからである．

定理 3.14. $\mathfrak{S}(B) = B_{p+q-2} = K \cdot \Delta$ が成り立つ．特に，$\mathfrak{S}(B)$ は 1 次元の K-ベクトル空間で，$\Delta \neq 0$ である．K の標数が $p \cdot q$ を割り切らなければ，ヤコビ行列式 j は零ではなく，かつ $\mathfrak{S}(B) = K \cdot j$ が成り立つ．

(証明) すべての斉次元 $\eta \in \mathfrak{S}(B)$ が (Δ) に含まれることだけを示せばよい．このことは定理 I.5 より得られるが，ここでは簡単で，より直接的な証明を与えよう．$H \in K[X,Y]$ を η に対する斉次形の原像とする．例 3.12 のよ

うに, $f_p = \Phi \cdot L_1$, $g_q = \Psi \cdot L_2$ とする. ただし, L_1 と L_2 は斉次 1 次因数 $L_1 = aX + bY, L_2 = cX + dY$ で, $\Phi, \Psi \in K[X,Y]$ は斉次多項式である. すると,

$$\Delta = (ad - bc) \cdot \phi \cdot \psi$$

が成り立つ. ただし, ϕ と ψ はそれぞれ B における Φ と Ψ の像である. f_p と g_q は互いに素であるから, $ad - bc \neq 0$ である.

η についての仮定より, $(X,Y) \cdot H \subset (f_p, g_q)$ という関係が得られ, ゆえに,

$$L_1 H = R_1 \Phi L_1 + R_2 \Psi L_2,$$
$$L_2 H = S_1 \Phi L_1 + S_2 \Psi L_2$$

なる式が成り立つ. ただし, $R_i, S_i \in K[X,Y]$ $(i = 1, 2)$ は斉次多項式である. L_1 は Ψ の因子ではなく, L_2 も Φ の因子ではないから, 次の式が得られる.

$$H = R_1 \Phi + R_2^* \Psi L_2 \qquad (R_2^* := L_1^{-1} R_2),$$
$$H = S_1^* \Phi L_1 + S_2 \Psi \qquad (S_1^* := L_2^{-1} S_1).$$

したがって,

$$\Phi \cdot (R_1 - S_1^* L_1) = \Psi \cdot (S_2 - R_2^* L_2)$$

が成り立つ. Φ と Ψ は互いに素であるから, 適当な斉次多項式 $T \in K[X,Y]$ があって

$$R_1 - S_1^* L_1 = T \cdot \Psi$$

が成り立ち, また

$$H = T \cdot \Phi \cdot \Psi + S_1^* \cdot f_p + R_2^* \cdot g_q$$

が成り立つ. 以上より, $\eta \in (\phi \cdot \psi) = (\Delta)$ が得られる. ∎

演習問題

1. K を体とする．このとき，K-代数
$$K[X,Y]/(f,g)$$
の基底を求めよ．ただし，$f = X^4 - Y^4 + X$, $g = X^2Y^3 - X + 1$ とする．

2. 次の連立方程式の $\mathbb{A}^2(\mathbb{C})$ における解を求め，その状況を概略図で示せ．

   (a)
   $$X_1^2 + X_2^2 - X_0^2 = 0,$$
   $$(X_1^2 + X_2^2)^3 - \lambda X_0^2 X_1^2 X_2^2 = 0 \quad (\lambda \in \mathbb{C}).$$

   (b)
   $$X_1 X_2 (X_1^2 - X_2^2) = 0,$$
   $$(X_1 + 2X_2)((X_1 + X_2)^2 - X_0^2) = 0 \quad (\lambda \in \mathbb{C}).$$

   (c) F と G を $\mathbb{P}^2(K)$ における被約曲線とし，その成分はすべて曲線とする．$P \in \mathbb{P}^2(K)$ に対して，正確に m 個の F の成分が P を含んでいるとき，$m_P(F) = m$ とする．$m_p(F)$ と $m_p(G)$ に関係した F と G の交点の数に対する公式を求めよ．

   (d) 曲線 f と g は共通の無限遠点をいくつもつか．ただし，
   $$f = X^5 - X^3Y^2 + X^2Y^3 - 2XY^4 - 2Y^5 + XY,$$
   $$g = X^4 + X^3Y - X^2Y^2 - 2XY^3 - 2Y^4 + Y^2.$$

第 4 章

代数曲線上の有理関数

　座標環のほかに，代数曲線上の有理関数のつくる環は，代数曲線を考察し分類するために用いられるもう一つの不変量である．本章では商環に関する付録 C と中国式剰余の定理に関する付録 D が用いられる．

　$\mathbb{P}^2(K)$ 上の**有理関数体** (field of rational functions) とは，
$$\frac{\phi}{\psi} \in K(X_0, X_1, X_2)$$
という形のすべての分数の集合である．ただし，$\phi, \psi \in K[X_0, X_1, X_2]$ は互いに素な同じ次数の斉次多項式で $\psi \neq 0$ をみたすものである．これらの分数は $K(X_0, X_1, X_2)$ の部分体をつくることは明らかである．$\psi(P) \neq 0$ をみたす点 $P = \langle x_0, x_1, x_2 \rangle \in \mathbb{P}^2(K)$ に対して，
$$\frac{\phi(x_0, x_1, x_2)}{\psi(x_0, x_1, x_2)}$$
は P の斉次座標の選び方には依存しない．したがって，実際に $\frac{\phi}{\psi}$ は $\mathcal{V}_+(\phi)$ 上で零になる関数
$$r : \mathbb{P}^2(K) \setminus \mathcal{V}_+(\psi) \longrightarrow K \quad \left(P \longmapsto \frac{\phi(P)}{\psi(P)} \right)$$
を与える．この r を射影平面上の有理関数という．その定義域 $\mathrm{Def}(r)$ は $\mathbb{P}^2(K) \setminus \mathcal{V}_+(\psi)$ である．ψ を r の**極因子** (pole divisor)，また ϕ を r の**零因子** (zero divisor) という．$\mathbb{P}^2(K)$ の因子群 $\mathcal{D}$ における差 $\phi - \psi$ を r に属する**主因**

子 (principal divisor) という．$\mathbb{P}^2(K)$ 上の有理関数の主因子は $\mathcal{D}$ の部分群 $\mathcal{H}$ をつくる．剰余群 $\mathrm{Cl}(\mathbb{P}^2) = \mathcal{D}/\mathcal{H}$ は $\mathbb{P}^2(K)$ の**因子類群** (divisor class group) という．因子の次数を用いて，容易に次の同型を示すことができる．

$$\mathrm{Cl}(\mathbb{P}^2) \cong (\mathbb{Z}, +).$$

$\mathbb{P}^2(K)$ 上の有理関数体を $\mathcal{R}(\mathbb{P}^2)$ によって表す．体 K は定数関数として $\mathcal{R}(\mathbb{P}^2)$ に埋め込むことができる．$\frac{\phi}{\psi} \in \mathcal{R}(\mathbb{P}^2)$ に対して ϕ と ψ は互いに素であることを仮定していることを思いだしておこう．

$P \in \mathbb{P}^2(K)$ に対し，$\mathcal{O}_P \subset \mathcal{R}(\mathbb{P}^2)$ によって，定義域が P を含んでいるすべての有理関数のつくる環を表すことにする．すなわち，

$$\mathcal{O}_P = \left\{ \frac{\phi}{\psi} \in \mathcal{R}(\mathbb{P}^2) \mid \psi(P) \neq 0 \right\}.$$

$\mathcal{O}_P$ を $\mathbb{P}^2(K)$ 上点 P の**局所環** (local ring) という．付録 C の言葉では，環 $\mathcal{O}_P$ は点 P に対応している素イデアル

$$\mathfrak{p}_P := (\{\psi \in K[X_0, X_1, X_2] \mid \psi \text{ は斉次多項式でかつ } \psi(P) = 0\})$$

による $K[X_0, X_1, X_2]$ の斉次局所化である．すなわち，

$$\mathcal{O}_P = K[X_0, X_1, X_2]_{(\mathfrak{p}_P)}. \tag{1}$$

$\mathcal{O}_P$ の極大イデアルは

$$\mathfrak{m}_P = \left\{ \frac{\phi}{\psi} \in \mathcal{O}_P \mid \phi(P) = 0 \right\}.$$

座標変換 $c \colon \mathbb{P}^2(K) \longrightarrow \mathbb{P}^2(K)$ が行列 A によって与えられるものとする．第 2 章において導入された記号を用いる．c から K-自己同型写像

$$\gamma \colon \mathcal{R}(\mathbb{P}^2) \longrightarrow \mathcal{R}(\mathbb{P}^2) \quad \left(\frac{\phi}{\psi} \longmapsto \frac{\phi^A}{\psi^A} \right)$$

が次のようにして得られる．$\mathbb{P}^2(K)$ 上のすべての有理関数 r は，γ によって $r \circ c^{-1}$ に移される．特に，γ は各 $P \in \mathbb{P}^2(K)$ に対して次の K-同型写像を引き起こす．

$$\gamma_P \colon \mathcal{O}_P \longrightarrow \mathcal{O}_{c(P)}.$$

さてここで我々は，$\mathbb{P}^2(K)$ 上の有理関数体 $\mathcal{R}(\mathbb{P}^2)$ と局所環 $\mathcal{O}_P$ の「アフィン的表現」をする準備が整った．

補題 4.1. 非斉次化の操作により次の K-同型写像が得られる.
$$\rho : \mathcal{R}(\mathbb{P}^2) \xrightarrow{\cong} K(X,Y) \qquad \left(\frac{\phi}{\psi} \longmapsto \frac{\phi(1,X,Y)}{\psi(1,X,Y)} \right).$$

$P = (a,b)$ を有限な距離をもつ点で, $\mathfrak{M}_P = (X-a, Y-b)$ をその $K[X,Y]$ における極大イデアルとすれば, ρ は $\mathcal{O}_P$ から $\mathfrak{M}_P$ に関する $K[X,Y]$ の局所化の上への K-同型写像を引き起こす.
$$\mathcal{O}_P \xrightarrow{\cong} K[X,Y]_{\mathfrak{M}_P}.$$

(証明) 写像 ρ は矛盾なく定義され, 分数に関する計算規則によって K-同型写像である. ρ は明らかに単射であるから, ρ が全射であることを示せば十分である. $f,g \in K[X,Y]$, $g \neq 0$ に対して, ϕ と ψ を $K[X_0, X_1, X_2]$ における f と g の斉次化とする. $\deg \phi \leq \deg \psi$ であるとき,
$$\rho \left(\frac{X_0^{\deg \psi - \deg \phi} \cdot \phi}{\psi} \right) = \frac{f}{g}$$

であるか, そうでないとき次が成り立つ.
$$\rho \left(\frac{\phi}{X_0^{\deg \phi - \deg \psi} \cdot \psi} \right) = \frac{f}{g}.$$

$\frac{\phi}{\psi} \in \mathcal{O}_P$ であるから, $\psi(1,a,b) \neq 0$ である. ゆえに, $\psi(1,X,Y) \notin \mathfrak{M}_P$ を得る. したがって, $\mathcal{O}_P$ は ρ によって, $K[X,Y]_{\mathfrak{M}_P}$ の上に写像される. ∎

$K(X,Y)$ の各元は, 明らかに $\mathbb{A}^2(K)$ 上の関数として考えることができる. そして, ρ は $\mathbb{P}^2(K)$ 上の各有理関数に対して, その $\mathbb{A}^2(K)$ への制限を対応させる.
$$\mathcal{R}(\mathbb{A}^2) = K(X,Y)$$

を $\mathbb{A}^2(K)$ 上の**有理関数体** (field of rational functions) という. $P \in \mathbb{A}^2(K)$ に対して,
$$\mathcal{O}'_P := K[X,Y]_{\mathfrak{M}_P}$$

は P において定義されている $\mathcal{R}(\mathbb{A}^2)$ のすべての関数のつくる部分環である.

別の観点からみると, 有理関数 $r = \frac{\phi}{\psi} \in \mathcal{R}(\mathbb{P}^2)$ を, $\mathbb{P}^2(K) \setminus (\mathcal{V}_+(\phi) \cap \mathcal{V}_+(\psi))$ から $\mathbb{P}^1(K)$ への関数として解釈することができる. この関数は各点 $P \in$

$\mathbb{P}^2(K) \setminus (\mathcal{V}_+(\phi) \cap \mathcal{V}_+(\psi))$ に対して点 $\langle \psi(P), \phi(P) \rangle \in \mathbb{P}^1(K)$ を対応させるものである．この写像もまた同じ r で表すことにする．仮定によって，ϕ と ψ は互いに素であるから，$\mathcal{V}_+(\phi) \cap \mathcal{V}_+(\psi)$ は系 3.10 によって有限である．ゆえに，r はある有限集合上，すなわち，r の**不確定点** (indeterminate point) の集合上でのみ定義されない．さらに，r は定数であるか，または全射である．なぜなら，$\deg \phi = \deg \psi > 0$ でかつ $\langle a, b \rangle \in \mathbb{P}^1(K)$ が与えられたとする．ただし，$a \neq 0$ かつ $b \neq 0$ である．すると，方程式 $a\phi - b\psi = 0$ は，系 2.9 と系 3.10 によって解 $P \notin \mathcal{V}_+(\phi) \cap \mathcal{V}_+(\psi)$ をもつ．ゆえに，$\langle a, b \rangle = \langle \psi(P), \phi(P) \rangle$ を得るからである．$\langle 1, 0 \rangle$ と $\langle 0, 1 \rangle$ は r の像に属していることも明らかである．

F を正の次数をもつ $\mathbb{P}^2(K)$ の曲線とする．このとき，

$$\mathcal{O}_F := \left\{ \frac{\phi}{\psi} \in \mathcal{R}(\mathbb{P}^2) \mid F \text{ と } \psi \text{ は互いに素} \right\}$$

は $\mathcal{R}(\mathbb{P}^2)$ の部分環であり，また

$$I_F := \left\{ \frac{\phi}{\psi} \in \mathcal{O}_F \mid \phi \in (F) \right\}$$

は $\mathcal{O}_F$ のイデアルである．環 $\mathcal{O}_F$ は有限個の例外を除いて $\mathcal{V}_+(F)$ 上で定義されている有理関数の全体であり，I_F は $\mathcal{V}_+(F)$ 上で零になる関数の全体からなる．

定義 4.2. 剰余環 $\mathcal{R}(F) := \mathcal{O}_F / I_F$ を F 上の有理関数のつくる環，略して**有理関数環** (ring of rational functions) という．

各剰余類 $\frac{\phi}{\psi} + I_F$ は，$\frac{\phi}{\psi}$ を $\mathcal{V}_+(F)$ に制限することによって関数 $\mathcal{V}_+(F) \setminus \mathcal{V}_+(\psi) \longrightarrow K$ を定義する．剰余類の異なる代表元は定義域の共通部分の上で一致し，ゆえに，各剰余類は定義域の和集合上で一つの関数，「剰余類に付随した有理関数」を定義する．異なる剰余類が同じ関数を与えることもあり得る．しかし，このことは次の補題が示しているように，被約曲線に対しては起こらない．

$\mathcal{V}_+(F)$ の部分集合 F^* は，F^* が F の各既約成分からの無限個の点を含むとき，$\mathcal{V}_+(F)$ で**稠密** (dense) であるという．$\mathcal{R}(F)$ の関数の定義域は $\mathcal{V}_+(F)$ において有限な補集合をもち，よって特にそれは $\mathcal{V}_+(F)$ で稠密である．

補題 4.3. F を被約であるとする．$r, \overline{r} \in \mathcal{R}(\mathbb{P}^2)$ が $\mathcal{V}_+(F)$ の稠密な集合上で

一致しているならば，次が成り立つ．

$$r|_{\mathcal{V}_+(F)\cap \mathrm{Def}(r)\cap \mathrm{Def}(\overline{r})} = \overline{r}|_{\mathcal{V}_+(F)\cap \mathrm{Def}(r)\cap \mathrm{Def}(\overline{r})}.$$

（証明） $r = \frac{\phi}{\psi}$, $\overline{r} = \frac{\tilde{\phi}}{\tilde{\psi}}$ とする．仮定によって，$\phi\tilde{\psi} - \tilde{\phi}\psi$ は $\mathcal{V}_+(F)$ の稠密部分集合の上で零になる．すると系 3.10 によって，F のすべての既約因子は $\phi\tilde{\psi} - \tilde{\phi}\psi$ の因子でなければならない．F は被約であるから，F 自身 $\phi\tilde{\psi} - \tilde{\phi}\psi$ を割り切るはずである．したがって，ある斉次元 $A \in K[X_0, X_1, X_2]$ が存在して，次が成り立つ．

$$\frac{\phi}{\psi} - \frac{\tilde{\phi}}{\tilde{\psi}} = \frac{AF}{\psi\tilde{\psi}} \in I_F. \qquad\blacksquare$$

この補題を使うと，被約曲線に対して $\mathcal{R}(F)$ の元を，それによって定義される関数と同一視することができる．同様にして，このような関数を，$\mathcal{V}_+(F)$ の有限個の点を除くすべての点で定義されている $\mathbb{P}^1(K)$ への関数として考えることができる．関数 $r \in \mathcal{R}(F)$ が $\frac{\phi}{\psi}$，かつ $\phi(P) \neq 0, \psi(P) = 0$ により代表されるならば，$r(P)$ は $\mathbb{P}^1(K)$ の無限遠点 $\langle 0, 1 \rangle$ である．r の「極」は射影直線の無限遠点に写像され，そしてこれらの極だけが無限遠点に写像される．一方，P を $\frac{\phi}{\psi}$ の不確定点とすると，r は $\mathbb{P}^1(K)$ におけるどんな関数値も指定しないが，有理関数の別な代表に変えれば一つの関数値を与える可能性はある．

次の定理は曲線 F の有理関数のつくる環のアフィン表現を与える．

定理 4.4. X_0 は F の成分ではないと仮定し，f を F に付随したアフィン曲線とする．また，$K[f]$ をその座標環とし，$Q(K[f])$ を $K[f]$ の全商環とする．このとき，次の K-同型写像がある．

$$\mathcal{R}(F) \;\cong\; Q(K[f]).$$

（証明） 非斉次化 $\frac{\phi}{\psi} \mapsto \frac{\phi(1,X,Y)}{\psi(1,X,Y)}$ は，$\mathcal{O}_F$ から $\phi, \psi \in K[X,Y]$ でかつ $\gcd(f, \psi) = 1$ をみたすすべての分数 $\frac{\phi}{\psi}$ のつくる環への K-同型写像を定義する．これは $\bmod (f)$ とするすべての非零因子 ψ の集合 N に関する $K[X,Y]$ の局所化である．上の同型写像はイデアル I_F を単項イデアル (f) へ写像し，したがって，次の K-同型写像を誘導する．

44 第4章 代数曲線上の有理関数

$$\mathcal{R}(F) = \mathcal{O}_F/I_F \xrightarrow{\cong} K[X,Y]_N/(f).$$

局所化と商環をとる操作は可換であるという理由により（定理 C.8），次の K-同型写像もある.

$$K[X,Y]_N/(f) \xrightarrow{\cong} (K[X,Y]/(f))_{\overline{N}} = K[f]_{\overline{N}}.$$

ただし，$\overline{N}$ は $K[f]$ のすべての非零因子の集合である．これより，定理は証明された． ∎

再び，$Q(K[f])$ の一つの元に対して $\mathcal{V}(f)$ 上の一つの関数，すなわち，対応している関数を $\mathcal{V}_+(F)$ から $\mathcal{V}(f)$ へ制限した関数を対応させることができる．それゆえ，$\mathcal{R}(f) := Q(K[f])$ を f の**有理関数環** (ring of rational functions) という．さらに f が被約ならば，$\mathcal{R}(f)$ の元をその付随した関数と同一視することができる．

$K[f]$ は $\mathcal{R}(f)$ の部分環であるから，アフィン座標環 $K[f]$ の元は特に $\mathcal{V}(f)$ のすべての点で定義されている $\mathcal{V}(f)$ 上の関数に対応させることができる．例として，$K[f]$ における X と Y のそれぞれの剰余類 x と y は，各点 $P \in \mathcal{V}(f)$ に対してそれぞれその X-座標と Y-座標を対応させる「座標関数」である．対照的に，射影曲線 F の座標環 $K[F]$ は $\mathcal{V}_+(F)$ 上の関数の環ではない．

$f = c \cdot f_1^{\alpha_1} \cdots f_h^{\alpha_h}$ ($c \in K^*$, $\alpha_i \in \mathbb{N}_+$) を f の既約因子 f_i への分解とし，$\overline{f}_i$ を $K[f]$ における f_i の剰余類とする ($i = 1, \ldots, h$)．すると，単項イデアル $(\overline{f}_i)$ は $K[f]$ のすべての極小素イデアルであり（系 1.15），$\overline{N} = K[f] \setminus \bigcup_{i=1}^{h} (\overline{f}_i)$ が成り立つ．以上より，定理 C.9 によって $K[f]_{\overline{N}}$ は有限個の素イデアル $\mathfrak{p}_i = (\overline{f}_i) K[f]_{\overline{N}}$ をもつ環である．また，中国式剰余の定理（定理 D.3）より，$Q(K[f]) = K[f]_{\overline{N}}$ はこれらの素イデアルに関して局所化したものの直積である．定理 C.8 によって，$(K[f]_{\overline{N}})_{\mathfrak{p}_i} \cong K[f]_{(\overline{f}_i)}$ が成り立つ．ところがこのとき，次のような同型変形ができる．

$$\begin{aligned} K[f]_{(\overline{f}_i)} &\cong K[X,Y]_{(f_i)}/(f)K[X,Y]_{(f_i)} \\ &\cong K[X,Y]_{(f_i)}/(f_i^{\alpha_i})K[X,Y]_{(f_i)} \cong Q(K[f_i^{\alpha_i}]). \end{aligned}$$

ゆえに，K-同型写像

$$Q(K[f]) \cong Q(K[f_1^{\alpha_1}]) \times \cdots \times Q(K[f_h^{\alpha_h}])$$

がある．したがって，射影的な場合には次の定理が成り立つ．

定理 4.5. $F = cF_1^{\alpha_1} \cdots F_h^{\alpha_h}$ が F の既約因子への分解ならば，次の K-同型写像がある．
$$\mathcal{R}(F) \cong \mathcal{R}(F_1^{\alpha_1}) \times \cdots \times \mathcal{R}(F_h^{\alpha_h}).$$ ∎

F が被約ならば，言い換えると，$\alpha_1 = \cdots = \alpha_h = 1$ ならば，上の同型写像は各 $r \in \mathcal{R}(F)$ に対して F の既約成分への制限写像の組 $(r|_{F_1}, \ldots, r|_{F_h})$ を定めることを示すのは難しいことではない．

系 4.6. 曲線 F が既約であるための必要十分条件は $\mathcal{R}(F)$ が体となることである．この体はこのとき $Q(K[f])$ に K-同型である．x と y がそれぞれ $K[f]$ における X と Y の剰余類を表すものとすれば，$\mathcal{R}(F) \cong K(x,y)$ である．この場合，(一般性を失わずに) x は K 上超越的であり，体 $\mathcal{R}(F)$ は $K(x)$ の分離代数拡大である．

(証明) 最後の主張のみ示せばよい．x と y は二つ同時に K 上で代数的であることはできない．なぜなら，そうでないとすると，f は K 上 x と y の最小多項式を割り切ることになる．ここでこれらの多項式は，それぞれ X のみ，Y のみが現れる多項式である．このとき，f は定数でなければならないが，これは矛盾である．

偏導関数 $\frac{\partial f}{\partial X}$ と $\frac{\partial f}{\partial Y}$ は二つとも零になることはない．なぜなら，そうでないとすると，f は X^p と Y^p の多項式になる．ただし，$p := \mathrm{Char}\,K > 0$ である．K は代数的閉体であるから，このとき f は p のベキ乗となり，既約ではなくなるからである．したがって，一般性を失うことなく，$\frac{\partial f}{\partial Y} \neq 0$ と仮定することができる．そのとき，x は K 上超越的であり，y は $K(x)$ 上分離代数的である． ∎

L を K の拡大体とする．K 上超越的な元 $x \in L$ が存在して，L が $K(x)$ 上有限次代数拡大であるとき，L/K を **1 変数代数関数体**という．上の系によって，既約曲線の関数体 $\mathcal{R}(F)$ はこのような体である．体論からのある定理によれば，代数的閉体 K 上のすべての 1 変数の代数関数体は $L = K(x,y)$ という

形で表される.ただし,xはK上超越的であり,yはK上代数的である(原子元の定理の一般化である).

定理 4.7. すべての代数関数体L/Kは$\mathbb{P}^2(K)$の適当に選ばれた既約代数曲線Fの有理関数体$\mathcal{R}(F)$にK-同型である.

(証明) 上で述べたように,$L = K(x, y)$と表し,$K(x)$上yの最小多項式$\phi \in K(x)[Y]$を考える.$K(x)$からの係数に対する共通分母にϕをかけると,既約多項式$f \in K[X, Y]$を得る.このとき,$L \cong Q(K[X, Y]/(f))$が成り立つ.fの斉次化により,求める曲線Fが得られる. ∎

上記定理の状況のもとで,Fを関数体L/Kの**平面射影モデル**(plane projective model)という.これらの体拡大が射影代数曲線の関数体として現れたとき,研究の対象となる.逆に,これらの関数体により既約な曲線が分類される.

定義 4.8.

(a) FとGを$\mathbb{P}^2(K)$における二つの曲線とする.K-同型写像$\mathcal{R}(F) \cong \mathcal{R}(G)$が存在するとき,$F$と$G$は**双有理同値**(birationally equivalent)であるという.

(b) 既約曲線Fは,多項式環$K[T]$の商体$K(T)$とK-同型写像$\mathcal{R}(F) \cong K(T)$が存在するとき,**有理的**(rational)であるという.

これらの概念はアフィン曲線に対しても同様に拡張される.もちろん,座標変換によって生じる曲線は双有理同値であるが,双有理同値は射影同値よりも弱い条件である.あとで,双有理同値のより幾何学的な説明を与えるであろう.

双有理同値を除いて曲線を分類しようとするのであるが,このことは曲線に対しては同型を除いて1変数の代数関数体を分類することと同値である.射影直線は確かに有理的であるから,曲線が有理的であるための必要十分条件は,その曲線がある直線に双有理同値になることである.我々は後で,この場合になるための必要十分条件は,その曲線が「有理的助変数表示」(rational

例 4.9. 「既約 2 次曲線は有理的である」($\operatorname{Char} K \neq 2$). 適当な座標変換により, 2 次曲線を $Q = X_1^2 + X_2^2 - X_0^2$ と仮定することができる. これはアフィン的には $q := X^2 + Y^2 - 1$ として与えられる. 第 1 章, 演習問題 2 において, q の点は $(1,0)$ と

$$\left(\frac{2t}{t^2+1}, \frac{t^2-1}{t^2+1}\right) \quad (t \in K,\ t^2+1 \neq 0)$$

によって与えられることが示された. 代入することによって, ただちに q は K-準同型写像

$$\alpha: K[X,Y] \longrightarrow K(T) \quad \left(\alpha(X) = \frac{2T}{T^2+1},\ \alpha(Y) = \frac{T^2-1}{T^2+1}\right)$$

の核に含まれることがわかる. また, q は既約であるから, $\ker \alpha = (q)$ でなければならない. すると, K-単射準同型写像 $K[q] = K[X,Y]/(q) \hookrightarrow K(T)$ が得られ, ゆえに K-準同型写像 $\mathcal{R}(Q) = Q(K[q]) \hookrightarrow K(T)$ も得られる.

$$\frac{\alpha(Y)+1}{\alpha(X)} = \left(\frac{T^2-1}{T^2+1}+1\right)\frac{T^2+1}{2T} = T$$

であるから, この準同型写像もまた全射であり, したがって同型写像である.

演習問題

1. 既約アフィン代数曲線が方程式 $f_{n+1} + f_n = 0$ によって与えられていると仮定する. ただし, $f_i \in K[X,Y]$ は次数 i ($i = n, n+1; n \in \mathbb{N}$) の斉次多項式である. この曲線は有理的であることを示せ. (これは, 図 1.6-1.15 における曲線のいくつかについての有理性を示している.)

2. f を方程式
$$(X^2+Y^2)^2 = \alpha(X^2-Y^2) \quad (\alpha \in K^*)$$
によるレムニスケートとして, $x, y \in K[f]$ をその付随した座標関数とする. このとき, $t := \frac{x^2+y^2}{x-y}$ として $\mathcal{R}(f) = K(t)$ を証明することによって, f が有理的であることを証明せよ.

第5章

交叉重複度と2曲線の交叉サイクル

共通の成分をもたない次数 p と q の二つの射影曲線は，少なくとも一つ，また高々 pq 個の点で交わる（系 3.10）．

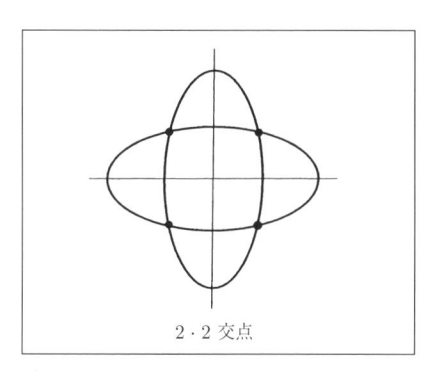

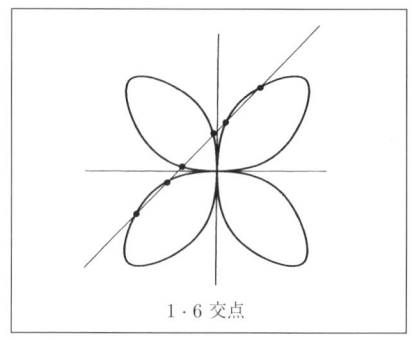

2・2 交点

1・6 交点

交点数が最大数 pq より小さいとき，ある交点は「一致」しているか，またはそれらの曲線はある点で「高位」において交わる．

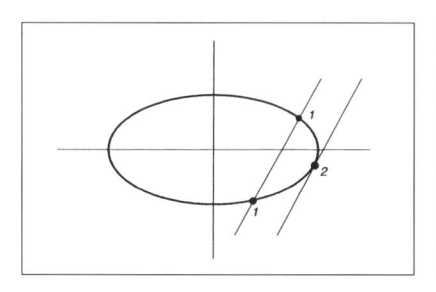

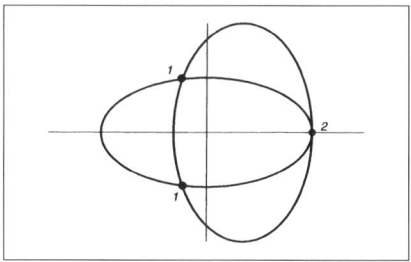

本章では，二つの曲線の交点に対して，交点の数がちょうど pq となるように「重複度をもつ点」として数え，交点の「重複度」を定めることができることを考察する．このために，いくつか準備することがある．

$\mathcal{O}_P$ を $\mathbb{P}^2(K)$ の点 P の局所環とし，$\mathfrak{m}_P$ をその極大イデアルとする．$\mathbb{P}^2(K)$ の曲線 F に対して，

$$I(F)_P := \left\{ \frac{\phi}{\psi} \in \mathcal{O}_P \mid \phi \in (F) \right\}$$

を $\mathcal{O}_P$ における F の**イデアル**という．$\mathbb{P}^2(K)$ の曲線 $F_1, \ldots, F_m$ に対して，

$$\mathcal{O}_{F_1 \cap \cdots \cap F_m, P} := \mathcal{O}_P / (I(F_1)_P + \cdots + I(F_m)_P)$$

とおく．$P \notin \mathcal{V}_+(F_1) \cap \cdots \cap \mathcal{V}_+(F_m)$ ならば，これは零環になる．なぜなら，イデアル $I(F_j)_P$ の少なくとも一つは $\mathcal{O}_P$ に等しくなるからである．逆に，$P \in \mathcal{V}_+(F_1) \cap \cdots \cap \mathcal{V}_+(F_m)$ ならば，$\mathcal{O}_{F_1 \cap \cdots \cap F_m, P} \neq 0$ となる．局所環 $\mathcal{O}_{F_1 \cap \cdots \cap F_m, P}$ と合わせて，$\mathcal{V}_+(F_1) \cap \cdots \cap \mathcal{V}_+(F_m)$ の点の集合を，曲線 $F_1, \ldots, F_m$ の**交叉スキーム** (intersection scheme) といい，$F_1 \cap \cdots \cap F_m$ によって表す．また，$\mathcal{O}_{F_1 \cap \cdots \cap F_m, P}$ をこの**交叉スキーム上点 P の局所環**という．特に，これは曲線 F 上の点 P の局所環 $\mathcal{O}_{F, P}$ も定義する．$P \in \mathcal{V}_+(F_1) \cap \cdots \cap \mathcal{V}_+(F_m)$ に対して，点 P に付随した局所環を考えることができる．交叉スキームは単なる交点の集合であるということ以上に，交叉の状況についてのはるかに多くの情報を含んでいる．

さて，$P = (a, b)$ を有限の距離をもつ点とし，f_j を F_j に属しているアフィン曲線とする．$\mathfrak{M}_P = (X - a, Y - b)$ が P に対応している極大イデアルであるとき，補題4.1によって次の K-同型写像がある．

$$\mathcal{O}_P \xrightarrow{\sim} \mathcal{O}'_P := K[X, Y]_{\mathfrak{M}_P}.$$

この同型写像は $I(F_j)_P$ を f_j によって生成された $\mathcal{O}'_P$ の単項イデアルに写像する．

$$K[f_1 \cap \cdots \cap f_m] := K[X, Y]/(f_1, \ldots, f_m)$$

とおき，$K[f_1 \cap \cdots \cap f_m]$ における $\mathfrak{M}_P$ の像を $\overline{\mathfrak{M}}_P$ によって表すと，商環をとる操作と剰余環をつくる操作は可換であることを用いて（定理C.8），次の定理を得る．

定理 5.1. 次のような K-同型写像がある.
$$\mathcal{O}_{F_1 \cap \cdots \cap F_m, P} \cong K[f_1 \cap \cdots \cap f_m]_{\overline{\mathfrak{M}}_P}.$$ ∎

F_j^* を, P を含まない既約成分を除くことにより F_j から得られる曲線とする. f_j^* を F_j^* の非斉次化とすると,
$$f_j \mathcal{O}_P' = f_j^* \mathcal{O}_P'$$
が成り立つ. なぜなら, f_j から除外された因数は $\mathcal{O}_P'$ で単元となるからである. 定理 5.1 より次の系が得られる.

系 5.2.
$$\mathcal{O}_{F_1 \cap \cdots \cap F_m, P} \cong \mathcal{O}_{F_1^* \cap \cdots \cap F_m^*, P}.$$ ∎

ゆえに, 次の有限性定理が得られる.

定理 5.3. $m \geq 2$ として, $\{F_1, \ldots, F_m\}$ のどの二つの曲線も共通に P を含んでいる既約成分をもたないと仮定する. このとき, 次が成り立つ.
$$\dim_K \mathcal{O}_{F_1 \cap \cdots \cap F_m, P} < \infty.$$

(証明) F_1 と F_2 は共通に P を含んでいる既約成分をもたないと仮定することができる. $\mathcal{O}_{F_1 \cap \cdots \cap F_m, P}$ は $\mathcal{O}_{F_1 \cap F_2, P}$ の準同型像であるから, $\dim_K \mathcal{O}_{F_1 \cap F_2, P} < \infty$ であることを示せば十分である. 系 5.2 によって, F_1 と F_2 はまったく共通の成分をもたないと仮定することができる. しかしながら, このとき定理 1.4 (b) によって, $K[f_1 \cap f_2]$ は有限次元 K-代数である. 中国式剰余の定理 D.4 によって, $K[f_1 \cap f_2]_{\overline{\mathfrak{M}}_P}$ は $K[f_1 \cap f_2]$ の直和因子である. したがって, $\mathcal{O}_{F_1 \cap F_2, P} \cong K[f_1 \cap f_2]_{\overline{\mathfrak{M}}_P}$ は有限次元であることもわかる. ∎

以下の注意は $\mathcal{O}_{F_1 \cap \cdots \cap F_m, P}$ の定義からすぐにわかる.

注意 5.4. (a) $\dim_K \mathcal{O}_{F_1 \cap \cdots \cap F_m, P} = 0$ であるための必要十分条件は, 次の式が成り立つことである.

$$P \notin \mathcal{V}_+(F_1) \cap \cdots \cap \mathcal{V}_+(F_m).$$

(b) $\dim_K \mathcal{O}_{F_1 \cap \cdots \cap F_m, P} = 1$ であるための必要十分条件は，次の式が成り立つことである．

$$\mathfrak{m}_P = I(F_1)_P + \cdots + I(F_m)_P.$$

定義 5.5. $\mathbb{P}^2(K)$ の二つの曲線 F_1 と F_2 に対して，

$$\mu_P(F_1, F_2) := \dim_K \mathcal{O}_{F_1 \cap F_2, P}$$

を点 P における F_1 と F_2 の**交叉重複度** (intersection multiplicity) という．$\mu_P(F_1, F_2) = \mu$ であるとき，P は $F_1 \cap F_2$ の μ-**重点**(μ-fold point) であるという．二つのアフィン曲線 f_1 と f_2 の交叉重複度 $\mu_P(F_1, F_2)$ は同様に定義される．

この定義はいくぶん抽象的であるが，まもなくこの概念は我々が求める幾何学的な性質をもつことがわかるであろう．実際，この定義の大きな利点は座標の選択に依存しないことが容易にわかるという点にある．行列 A により与えられる座標変換 $c \colon \mathbb{P}^2(K) \longrightarrow \mathbb{P}^2(K)$ は K-同型写像

$$\mathcal{O}_P \xrightarrow{\sim} \mathcal{O}_{c(P)} \qquad \left(\frac{\phi}{\psi} \mapsto \frac{\phi^A}{\psi^A} \right)$$

を引き起こし，各曲線 F に対してこの写像はイデアル $I(F)_P$ を $I(c(F))_{c(P)}$ に写像するという性質をもつ．したがって，$\mathcal{O}_{F_1 \cap \cdots \cap F_m, P}$ と $\mathcal{O}_{c(F_1) \cap \cdots \cap c(F_m), c(P)}$ は K-同型であり，ゆえに，特にそれらは同じ次元をもつ．

注意 5.4 (a) によって，$\mu_P(F_1, F_2) = 0$ が成り立つのは，$P \notin \mathcal{V}_+(F_1) \cap \mathcal{V}_+(F_2)$ のときであり，かつこのときに限る．さらに，$\mu_P(F_1, F_2) = 1$ が成り立つのは，

$$\mathfrak{m}_P = I(F_1)_P + I(F_2)_P$$

のときであり，かつこのときに限る．後の章で（定義 7.6 と系 7.7 を参照せよ），この条件が満足されるための必要十分条件は，F_1 と F_2 が P において**横断的** (transversally) に交わることであることがわかる．

定理 5.3 によって，F_1 と F_2 が点 P を含んでいる共通の既約成分をもたないならば，$\mu_P(F_1, F_2) < \infty$ が成り立つ．一方，F_1 と F_2 がこのような共通の既

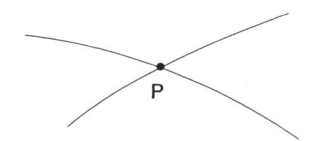

約成分をもつとき，$I(F_1)_P + I(F_2)_P \subset I(F)_P$ となり，また $\mathcal{O}_{F_1 \cap F_2, P}$ は準同型像として $\mathcal{O}_{F,P}$ をもつ．これは商体として $\mathcal{R}(F)$ をもつ整域であるから，K-代数として有限次元であることはできない．したがって，$\mu_P(F_1, F_2) = \infty$ である．

二つの射影曲線の交点を大域的に考察するために，次の概念を導入すると便利である．

定義 5.6. $\mathbb{P}^2(K)$ における**サイクル** (cycle) Z とは，$\mathbb{P}^2(K)$ のすべての点の集合上の自由アーベル群の元のことである．すなわち，

$$Z = \sum_{P \in \mathbb{P}^2(K)} m_P \cdot P \quad (m_P \in \mathbb{Z}, \text{有限個の } P \text{ に対してのみ } m_P \neq 0).$$

Z の**次数**を $\deg Z := \sum m_P$ として定義する．$\mathbb{P}^2(K)$ において共通の成分をもたない曲線 F_1 と F_2 に対して，

$$F_1 \star F_2 = \sum_{P \in \mathbb{P}^2(K)} \mu_P(F_1, F_2) \cdot P$$

を F_1 と F_2 の**交叉サイクル** (intersection cycle) という．

ここで，記号 $F_1 \star F_2$ は二つの斉次多項式の積とは無関係である．交叉サイクルは，$\mathcal{V}_+(F_1) \cap \mathcal{V}_+(F_2)$ の点とその交叉重複度を指示することによって，F_1 と F_2 の交点を説明する．その情報は交叉スキーム $F_1 \cap F_2$ より少ないが，$\mathcal{V}_+(F_1) \cap \mathcal{V}_+(F_2)$ よりは多い．さてここで我々は本章の主要定理にたどり着いた．その証明は今まで述べたことによりきわめて容易である．

ベズーの定理 5.7. 共通の成分をもたない $\mathbb{P}^2(K)$ の二つの曲線 F_1 と F_2 に対して，次が成り立つ．

$$\deg(F_1 \star F_2) = \deg F_1 \cdot \deg F_2.$$

$\mathbb{P}^2(K)$ の二つの曲線 F_1 と F_2 に対して, F_1 と F_2 が共通の成分をもたず, またそれらの交点を適切な交叉重複度により数えたとき, F_1 と F_2 はつねに $\deg F_1 \cdot \deg F_2$ 個の点で交差する.

(証明)
$$\mathcal{V}_+(F_1) \cap \mathcal{V}_+(F_2) = \{P_1, \ldots, P_r\}$$
は有限な距離にある点のみをもつと仮定することができる. f_1 と f_2 が対応しているアフィン曲線ならば, 定理 3.9 (a) によって, $\dim_K K[f_1 \cap f_2] = p \cdot q$ が成り立つ. さらに, $\operatorname{Max} K[f_1 \cap f_2] = \{\overline{\mathfrak{M}}_{P_1}, \ldots, \overline{\mathfrak{M}}_{P_r}\}$ である. ゆえに, 中国式剰余の定理によって,
$$K[f_1 \cap f_2] = K[f_1 \cap f_2]_{\overline{\mathfrak{M}}_{P_1}} \times \cdots \times K[f_1 \cap f_2]_{\overline{\mathfrak{M}}_{P_r}} \tag{1}$$
が成り立つ. したがって, 求める等式が得られる.
$$\deg F_1 \cdot \deg F_2 = p \cdot q = \sum_{i=1}^r \mu_{P_i}(F_1, F_2) = \deg(F_1 \star F_2).$$
∎

次に, 「交叉重複度と交叉サイクルの加法性」を示す.

定理 5.8. F, G と H を $\mathbb{P}^2(K)$ における曲線とする. $F + G$ を因子 F と G の和とする. すなわち, $F \cdot G$ に対応する曲線とする. $F + G$ と H が P を含んでいる共通の成分をもたないならば, 次の式が成り立つ.
$$\mu_P(F + G, H) = \mu_P(F, H) + \mu_P(G, H).$$

(証明) 系 5.2 によって, $F+G$ と H は共通の成分をまったくもたないと仮定することができる. $P = (a, b)$ をアフィン空間の点とし, f, g, h は F, G, H に対応するアフィン曲線とする. すると, $f \cdot g$ は因子 $F+G$ に対応する $K[X, Y]$ の多項式である. f と g の $K[h] = K[X, Y]/(h)$ における剰余類をそれぞれ ϕ と ψ とする. $f \cdot g$ と h は互いに素であるから, ϕ と ψ は $K[h]$ で零因子ではなく, $\phi \cdot \psi$ も零因子ではない. $\mathfrak{m}_P$ を P に対応する $K[h]$ の極大イデアルとし, $R := K[h]_{\mathfrak{m}_P}$ とおく. 商環をつくる操作と剰余環をつくる操作は可換であるから (定理 C.8), 次のような K-同型写像が存在する.

$$\mathcal{O}_P/I(F+G)_P + I(H)_P \cong R/(\phi \cdot \psi),$$

$$\mathcal{O}_P/I(F)_P + I(H)_P \cong R/(\phi), \qquad \mathcal{O}_P/I(G)_P + I(H)_P \cong R/(\psi).$$

すると，定理は交叉重複度の定義と次の補題より成り立つ． ∎

補題 5.9. R を K-代数とし，また $\phi, \psi \in R$ とする．ϕ が R の非零因子でかつ $\dim_K R/(\phi \cdot \psi) < \infty$ ならば，次の式が成り立つ．

$$\dim_K R/(\phi \cdot \psi) = \dim_K R/(\phi) + \dim_K R/(\psi).$$

（証明） $(\phi \cdot \psi) \subset (\phi) \subset R$ が成り立つ，よって

$$\dim_K R/(\phi \cdot \psi) = \dim_K R/(\phi) + \dim_K (\phi)/(\phi \cdot \psi)$$

を得る．ϕ は R 上で非零因子であるから，ϕ をかけることにより K-同型写像 $R \xrightarrow{\sim} (\phi)$ を引き起こす．これにより，(ψ) は $(\phi \cdot \psi)$ に写像される．したがって，

$$\dim_K (\phi)/(\phi \cdot \psi) = \dim_K R/(\psi).$$ ∎

系 5.10. $F+G$ と H が共通の成分をもたないと仮定する．このとき，次が成り立つ．

$$(F+G) \star H = F \star H + G \star H.$$ ∎

定理 5.8 は，特に，P を含んでいる重複成分が F（または G に）に現れるならば，$\mu_P(F, H) > 1$ であることを意味している．

系 5.11. ベズーの定理の仮定のもとで，$\mathcal{V}_+(F_1) \cap \mathcal{V}_+(F_2)$ は有限の距離をもつ点の集合と仮定する．また，f_1 と f_2 をそれぞれ F_1 と F_2 に対応するアフィン曲線とする．このとき，次の条件は同値である．

(a) $\mathcal{V}_+(F_1) \cap \mathcal{V}_+(F_2)$ は $\rho := \deg F_1 \cdot \deg F_2$ 個の相異なる点からなる．

(b) F_1 と F_2 は被約な曲線であり，また $K[f_1 \cap f_2]$ は ρ 個の体 K と同型な体の直積である．すなわち，

$$K[f_1 \cap f_2] = \prod_{i=1}^{\rho} K.$$

(証明) ベズーの定理によって，(a) が成り立つのは，すべての $P \in \mathcal{V}_+(F_1) \cap \mathcal{V}_+(F_2)$ に対して $\mu_P(F_1, F_2) = 1$ が成り立つとき，すなわち，$\mathcal{O}_{F_1 \cap F_2, P} \cong K$ のときであり，かつそのときに限る．上の注意によって，F_1 と F_2 は被約である．$\mathcal{V}_+(F_1) \cap \mathcal{V}_+(F_2) = \mathcal{V}_+(f_1) \cap \mathcal{V}_+(f_2)$ であるから，(1) より，条件 (a) が成り立つための必要十分条件は，$K[f_1 \cap f_2] = \prod_{i=1}^{\rho} K$ が成り立つことであることがわかる． ■

後になって，この定理の系の結論が起こるのは，本章の冒頭における図によって暗示しているように，F_1 と F_2 が「いたるところ横断的に交叉する」被約な曲線であるときであり，かつそのときに限ることがわかるであろう．

代数曲線に関する多くの定理は**補間問題** (interpolation problem) を扱っている．すなわち，ある次数をもつ代数曲線が，平面においていくつかの与えられた点を通るかどうかという問題である．ただし，それらの点において曲線の挙動（場合によってはその方向）が指示されている．ここでは，与えられた点がちょうど共通成分をもたない二つの曲線 F_1 と F_2 の交点であるような場合を考察する．

定義 5.12. G をもう一つの曲線とする．すべての点 $P \in \mathcal{V}_+(F_1) \cap \mathcal{V}_+(F_2)$ に対して，

$$\dim_K \mathcal{O}_{F_1 \cap F_2 \cap G, P} = \mu_P(F_1, F_2) \tag{2}$$

が成り立つとき，$F_1 \cap F_2$ は G の**部分スキーム** (subscheme) であるという．

条件 (2) は，すべての点 $P \in \mathcal{V}_+(F_1) \cap \mathcal{V}_+(F_2)$ に対して

$$I(G)_P \subset I(F_1)_P + I(F_2)_P, \text{ ゆえに } \mathcal{O}_{F_1 \cap F_2, P} = \mathcal{O}_{F_1 \cap F_2 \cap G, P} \tag{3}$$

と同値である．$\mu_P(F_1, F_2) = 1$ であるとき，これは $P \in \mathcal{V}_+(G)$ であることと同じである．ゆえに，G は P を通る．

補題 5.13. $\mathcal{V}_+(F_1) \cap \mathcal{V}_+(F_2)$ は有限の距離をもつ点からなると仮定する．

f_1, f_2 と g をそれぞれ F_1, F_2 と G に対応する $K[X, Y]$ の多項式とする．このとき，$F_1 \cap F_2$ が G の部分スキームであるための必要十分条件は，$g \in (f_1, f_2)$ となることである．

(証明) ψ を g の $K[f_1 \cap f_2]$ における像とする．このとき，条件 (3) は，ψ の $K[f_1 \cap f_2]_{\overline{\mathfrak{m}}_P}$ における像が零になるということと同値である．ただし，$\overline{\mathfrak{m}}_P$ は P に対応する $K[f_1 \cap f_2]$ の極大イデアルである．中国式剰余の定理 (1) より，式 (3) がすべての $P \in \mathcal{V}_+(F_1) \cap \mathcal{V}_+(F_2)$ に対して成り立つための必要十分条件は $\psi = 0$ であること，すなわち，$g \in (f_1, f_2)$ であることがわかる． ∎

M. ネーターの基本定理 5.14. 次の条件は同値である．

(a) $F_1 \cap F_2$ は G の部分スキームである．
(b) $G \in (F_1, F_2)$．
(c) 次数を $\deg A = \deg G - \deg F_1$, $\deg B = \deg G - \deg F_2$ とする斉次多項式 $A, B \in K[X_0, X_1, X_2]$ が存在して，次の式をみたす．
$$G = A \cdot F_1 + B \cdot F_2.$$

(証明) 補題の状況にあると仮定することができる．$G \in (F_1, F_2)$ とすると，非斉次化によって $g \in (f_1, f_2)$ を得る．逆に，この条件が満足されていると仮定する．$g = af_1 + bf_2, a, b \in K[X, Y]$ と表す．すると，斉次化によって次の形の式が得られる．
$$X_0^\nu G = A \cdot F_1 + B \cdot F_2.$$
ただし，$\nu \in \mathbb{N}$ で，かつ $A, B \in K[X_0, X_1, X_2]$ は斉次多項式である．定理 3.8 (b) より，X_0 は (F_1, F_2) を法として零因子ではない．ゆえに，$G \in (F_1, F_2)$ を得る．したがって，補題 5.13 によって，定理の主張 (a) と (c) は同値である．次に，多項式 F_1, F_2 と G は斉次形であるから，(b) ⇒ (c) が成り立つ．また，(c) ⇒ (b) であることは自明である． ∎

系 5.15. G と F_1 は共通成分をもたないと仮定する．$F_1 \cap F_2$ が G の部分スキームならば，$\deg H = \deg G - \deg F_2$ をみたす曲線 H が存在して次の式が成り立つ．

$$G \star F_1 = H \star F_1 + F_2 \star F_1.$$

（証明） 定理 5.14 (c) のように等式を選び，$H := B$ とおく．ここで，補題 5.13 の状況にあると仮定することができる．a と h によって，それぞれ A と H の非斉次化を表す．このとき，すべての $P \in \mathbb{P}^2(K)$ に対して

$$\mu_P(G, F_1) = \dim_K \mathcal{O}'_P/(g, f_1) = \dim_K \mathcal{O}'_P/(af_1 + hf_2, f_1)$$
$$= \dim_K \mathcal{O}'_P/(hf_2, f_1) = \mu_P(H + F_2, F_1) = \mu_P(H, F_1) + \mu_P(F_2, F_1).$$

したがって，主張は成り立つ． ∎

例 5.16.

(a) M. ネーターの定理 5.14 の状況において，$\mathcal{V}_+(F_1) \cap \mathcal{V}_+(F_2)$ が $\deg F_1 \cdot \deg F_2$ 個の相異なる点からなると仮定する．曲線 G がこれらのすべての点を通るための必要十分条件は $G \in (F_1, F_2)$ となることである．

(b) $F_1 \cap F_2$ は曲線 G の部分スキームで，かつ $Z := \mathcal{V}_+(F_1) \cap \mathcal{V}_+(G)$ が $\deg F_1 \cdot \deg G$ 個の相異なる点からなると仮定する．このとき，$\mathcal{V}_+(F_1) \cap \mathcal{V}_+(F_2)$ に属さない Z のすべての点を通る次数 $\deg H = \deg G - \deg F_2$ の曲線 H が存在する．

(c) ちょうど 9 個の点で交わる二つの 3 次曲線があり，それらのなかの 6 個の点はある 2 次曲線上にあると仮定する．すると，残りの 3 個の交点は一つの直線上にある．

(d) **パスカルの定理**（～1639）(c) における二つの 3 次曲線はそれぞれ三つの異なる直線の和集合であると仮定する．このとき，この状況は次のような図で表される．

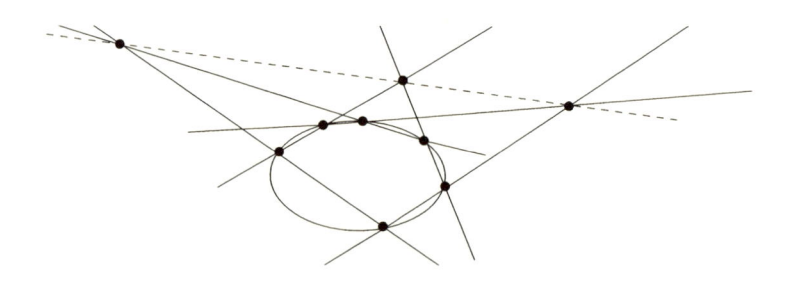

この図で，2次曲線の上にのっていない3点は一つの直線上にある．

通常，パスカルの定理は次のように述べられる．6個の点を2次曲線上にとり，それらを頂点とする6角形がその2次曲線上にあるように選ぶと，図で示されているように，反対の辺は同一1直線上の点で交わる．2次曲線が二つの直線の和集合であるような特別な場合において，パスカルの定理は古代において知られていた（パップスの定理）．次の図を見ていただきたい．

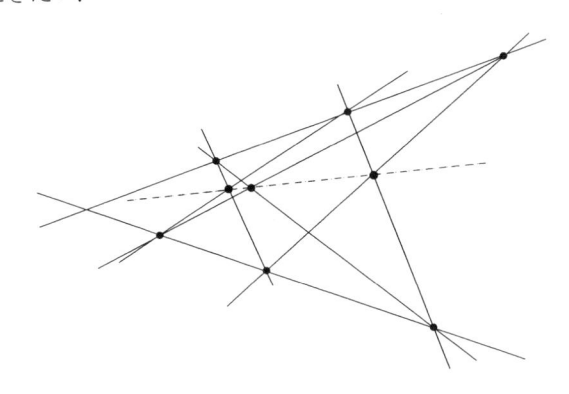

次の定理を得るためにはもう少し努力が必要である．我々の証明の方法はフィルター代数についての事実を用いている．

Cayley-Bacharach の定理 5.17. $\mathbb{P}^2(K)$ の二つの曲線 F_1, F_2 が共通の成分をもたないと仮定する．$\deg F_1 =: p$, $\deg F_2 =: q$ とし，G を次数が $\deg G =: h < p + q - 2$ であるもう一つの曲線とする．このとき，次の式

$$\sum_{P \in \mathcal{V}_+(F_1) \cap \mathcal{V}_+(F_2)} \dim_K \mathcal{O}_{F_1 \cap F_2 \cap G, P} \geq (p-1)(q-1) + h + 1 \quad (4)$$

が成り立つならば，$F_1 \cap F_2$ は G の部分スキームである．

（証明）2曲線の共通部分の座標環についての構造に関する第3章からの結果を用いる．通常のように，$\mathcal{V}_+(F_1) \cap \mathcal{V}_+(F_2)$ に無限遠点がないと仮定する．f_1, f_2 と g を，それぞれ F_1, F_2 と G に対応する $K[X, Y]$ の多項式とする．

$$A := K[f_1 \cap f_2] = K[X, Y]/(f_1, f_2),$$

$$B := \mathrm{gr}_{\mathcal{F}} A = K[X,Y]/(L_{\mathcal{F}} f_1, L_{\mathcal{F}} f_2)$$

とおく．ただし，$\mathcal{F}$ は $K[X,Y]$ 上の次数フィルターと環 $K[f_1 \cap f_2]$ 上の誘導されたフィルターの両方を表している．

γ を A における g の像とする．補題 5.13 により，定理の仮定のもとで，γ が零になることを示さなければならない．$\gamma \neq 0$ であったと仮定する．すると，$\gamma^0 := L_{\mathcal{F}} \gamma \neq 0$ もまた成り立つ．これは次数が $< p+q-2$ である B の斉次元である．

定理 3.14 より，B_{p+q-2} は B の底である．ξ と η がそれぞれ B における X と Y の像ならば，$(\xi, \eta) \cdot \gamma^0 \neq 0$ となる．なぜなら，$\gamma \notin B_{p+q-2}$ であるからである．ゆえに，$\alpha_1 \cdot \gamma^0 \neq 0$ をみたす元 $\alpha_1 \in B_1$ が存在する．すると帰納法によって，次のことがわかる．すなわち，$i=0,\dots,p+q-2-h$ に対して，$\alpha_i \cdot \gamma^0 \neq 0$ をみたす元 $\alpha_i \in B_i$ ($\alpha_0 = 1$) が存在する．これらの元は異なる次数をもつので，それらは K 上 1 次独立である．したがって，$\dim_K(\gamma) \geq p+q-1-h$ であり，また

$$\dim_K A/(\gamma) \leq p \cdot q - (p+q-1-h) = (p-1)(q-1) + h$$

が成り立つ．

さてここで中国式剰余の定理 (1) を適用し，局所環 $K[f_1 \cap f_2]_{\overline{\mathfrak{M}}_P}$ における γ の像を考えると，定理の仮定 (4) より，$\dim_K A/(\gamma) \geq (p-1)(q-1) + h + 1$ であることがわかる．ところが，これは矛盾である．以上より，$\gamma = 0$ でなければならない． ∎

例 5.18.

(a) 定理 5.17 の仮定のもとで，$\mathcal{V}_+(F_1) \cap \mathcal{V}_+(F_2)$ は $p \cdot q$ 個の異なる点からなり，$\mathcal{V}_+(G)$ はこれらの $(p-1)(q-1)+h+1$ 個の点を含んでいると仮定する．このとき，$\mathcal{V}_+(G)$ は $\mathcal{V}_+(F_1) \cap \mathcal{V}_+(F_2)$ の $p \cdot q$ 個のすべての点を含んでいる．

これらの主張は連立代数方程式に関する定理として理解することができる，ということを思いだそう．すなわち，次のような方程式の系が与えられたと仮定する．

$$F_1(X_0, X_1, X_2) = 0,$$

$$F_2(X_0, X_1, X_2) = 0, \tag{5}$$
$$G(X_0, X_1, X_2) = 0.$$

F_1, F_2 と G をそれぞれ次数 p, q と $h < p + q - 2$ とする斉次多項式とする. 連立方程式 $F_1 = F_2 = 0$ は $\mathbb{P}^2(K)$ にちょうど $p \cdot q$ 個の異なる点 P_i をもち, またこれらの $(p-1)(q-1) + h + 1$ 個の点は方程式 $G = 0$ の解にもなっていると仮定する. このとき, すべての点 P_i は連立方程式 (5) の解である.

(b) $p = q = h = n \geq 3$ とする. このとき, 条件 $h < p + q - 2$ は満足される. $\mathcal{V}_+(F_1) \cap \mathcal{V}_+(F_2)$ が n^2 個の異なる点からなり, またこれらの $(n-1)^2 + n + 1 = n(n-1) + 2$ 個の点は $\mathcal{V}_+(G)$ に含まれていると仮定すると, すべての n^2 個の点は $\mathcal{V}_+(G)$ に含まれる.

(c) 二つの 3 次曲線は 9 個の異なる点で交わり, 別の 3 次曲線がこれらの交点の 8 個を含んでいるならば, それは 9 個のすべての点を含む. これは $n = 3$ である (b) の特別な場合である. また, 例 5.16 (c) も導くことができ, パスカルの定理はこれより得られる.

演習問題

1. A を体 K 上の代数とし, 次の性質をもつと仮定する.
   (a) A はネーター環である.
   (b) A はただ一つの素イデアル $\mathfrak{m}$ をもつ (ゆえに, 局所環である).
   (c) 合成写像 $K \to A \twoheadrightarrow A/\mathfrak{m}$ は全単射である.

   このとき, $\dim_K A < \infty$ であることを証明せよ. ($\mathfrak{m}$ は有限生成であり, また系 C.12 より A のベキ零元からなるという事実を用いる.)

2. K は代数的閉体とする. $\mathbb{A}^2(K)$ の **0-次元部分スキーム**とは $Z = (P_1, \ldots, P_t; A_1, \ldots, A_t)$ なる系のことである. ただし, $P_1, \ldots, P_t$ は $\mathbb{A}^2(K)$ の相異なる点であり, $A_1, \ldots, A_t$ は演習問題 1 の性質 (a)-(c) をもつ K-代数のことである. さらに, 各 A_i の極大イデアルは (高々) 2 個の元で生成されている.

$$A := A_1 \times \cdots \times A_t$$

を Z の**アフィン代数** (affine algebra) という．また，$\sum_{i=1}^{t} \dim_K A_i \cdot P_i$ を Z の**サイクル** (cycle)，$\dim_K A$ を Z の**次数** (degree) という．

(a) 次の K-同型写像があることを証明せよ．

$$A \cong K[X,Y]/I.$$

ただし，I は多項式環 $K[X,Y]$ のあるイデアルである．

(b) 逆に，$K[X,Y]/I$ の形の各有限次元 K-代数に対して $\mathbb{A}^2(K)$ の 0-次元部分スキームを求めよ．

3. $F,G \in \mathbb{R}[X_0, X_1, X_2]$ を斉次多項式とする．点 $P = \langle x_0, x_1, x_2 \rangle \in \mathbb{P}^2(\mathbb{C})$ に対して，$\overline{P} = \langle \overline{x}_0, \overline{x}_1, \overline{x}_2 \rangle$ によって P の複素共役を表す．($\overline{x}_i$ は複素数 x_i の共役を表す．)

(a) $\mu_P(F,G) = \mu_{\overline{P}}(F,G)$ を示せ．

(b) F と G が奇数次ならば，連立方程式

$$F(X_0, X_1, X_2) = 0, \qquad G(X_0, X_1, X_2) = 0$$

は $\mathbb{P}^2(\mathbb{R})$ に解をもつことを証明せよ．

4. **ニュートンの定理**（1704 年）．次数 d のアフィン曲線 f は d 個の点 $P_1, \ldots, P_d$ で直線 g と交わる．ただし，これらの点は交叉重複度が >1 ならば一致する．d が K の標数を割り切らないと仮定する．このとき，$f \cap g$ の**重心** (centroid) は $P^{(g)} := \frac{1}{d} \sum_{i=1}^d P_i$ である．ただし，和は K^2 のベクトル加法を用いて構成される．平行直線の帯が g を通るならば，すべての重心 $P^{(g)}$ は一つの直線上にあることを証明せよ（これはニュートンによって「f の直径」と呼ばれている）．（ヒント：g は $Y = 0$ により与えられると仮定できる．$f = \phi_0 X^d + \phi_1 X^{d-1} + \cdots + \phi_d$ ($\phi_i \in K[Y]$) と表したとき，ϕ_0 と ϕ_1 を考えよ，もっとも重要なものは ϕ_1 である．)

5. **マクローリンの定理**（1748 年）．演習問題 4 の仮定のもとに，$(0,0) \notin \mathrm{Supp}(f)$ と仮定する．g を $(0,0)$ と $P_i = (x_i, y_i)$ $(i = 1, \ldots, d)$ を通る直線とする．g が X-軸でも Y-軸でもないとき，$f \cap g$ の**調和中心** (harmonic center) とは

$$H^{(g)} = (x^{(g)}, y^{(g)}), \quad x^{(g)} := d \left(\sum_{i=1}^d x_i^{-1} \right)^{-1}, \quad y^{(g)} := d \left(\sum_{i=1}^d y_i^{-1} \right)^{-1}$$

なる点のことである．g が X-軸または Y-軸のときは，それぞれ

$$H^{(g)} = \left(d \left(\sum x_i^{-1} \right)^{-1}, 0 \right), \quad H^{(g)} = \left(0, d \left(\sum y_i^{-1} \right)^{-1} \right)$$

である．g が，f と d 個のアフィン空間の点で交わり原点を通るすべての直線を動くならば，そのとき，点 $H^{(g)}$ はすべて一つの直線上にある．(ヒント：この定理については ϕ_{d-1} と ϕ_d を考えよ．)

6. $P = (0, 0)$ であるとき，次の式で与えられる曲線に対して $\mu_P(f, g)$ を求めよ．

$$f = (X^2 + Y^2)^3 - 4X^2Y^2,$$
$$g = (X^2 + Y^2)^3 - X^2Y^2.$$

7. パスカルの定理の逆を証明せよ：六角形の向かい合っている 3 辺の三つの組の交点が一直線上にあると仮定する．このとき，その六角形のすべての頂点は一つの 2 次曲線上にある (例 5.16 の (d) を参照せよ)．

第6章
代数曲線の正則点と特異点. 接線

　代数曲線上の点は「単純点」であるか，または「特異点」である．単純点においてその曲線は「滑らか」である．一般に，曲線上の点に対して，その点が曲線上の点として何回数えられるかを示している「重複度」が定められる．曲線の「接線」もまた説明される．ある点が単純点であるか特異点であるかは，その点における局所環によって決定することができる．本章では，ネーター環と離散付値環についての付録Eにおける事実が一つの役割を果たす．章の終りに向けて，環の整拡大についての付録Fのいくつかの定理もまた必要となる．

定義 6.1. $\mathbb{P}^2(K)$ の曲線 F と点 $P \in \mathbb{P}^2(K)$ に対して，
$$m_P(F) := \mathrm{Min}\{\mu_P(F, G) \mid G \text{ は } P \text{ を通る直線}\}$$
を F 上 P の**重複度** (multiplicity) という（または P における曲線 F の重複度という）．

　以下において，F はつねに $\mathbb{P}^2(K)$ の曲線を表す．注意 5.4 (a) によって，$m_P(F) = 0$ であるための必要十分条件は $P \notin \mathcal{V}_+(F)$ であることは明らかである．P を通り F の成分ではない直線 G がつねに存在するから，$\mu_P(F, G) < \infty$ が成り立ち，ゆえに，$m_P(F) < \infty$ であることがわかる．

定義 6.2. $P \in \mathcal{V}_+(F)$ とし，G を P を通る直線とする．
$$\mu_P(F, G) > m_P(F)$$

であるとき，G を P における F の**接線** (tangent) という．

「重複度」と「接線」の概念はまさにそれらの定義によって座標の選び方に無関係であることに注意しよう．次の定理により，重複度と接線を具体的に決定する実際的な方法が与えられる．$P = (0,0)$ をアフィン空間の原点とし，f を F に対応するアフィン曲線とする．Lf によって，$K[X,Y]$ の (X,Y)-進フィルターに対する f の**先導形式** (leading form) を表す．すなわち，Lf は多項式環の標準的な次数付けに関して最小次数の斉次成分のことである．以下において，$\deg Lf$ をこの次数付けに関する Lf の次数とする．そして，付録 B とは異なり，この次数は負の数ではない．

定理 6.3. 以上の仮定のもとで，次が成り立つ．

(a) $m_P(F) = \deg Lf$．

(b) $\deg Lf =: m > 0$ で，かつ $Lf = \prod_{j=1}^{m}(a_j X - b_j Y)$ を Lf の 1 次因数への分解とすると，直線
$$t_j : a_j X - b_j Y = 0$$
はすべて P における F の接線である．

（証明） 主張 (a) は $\deg Lf = 0$ に対しては自明である．したがって，$m > 0$ であり，$P \in \mathcal{V}_+(F)$ と仮定することができる．P を通る直線 G に対して，
$$\mu_P(F,G) \begin{cases} = m & (G \notin \{t_1,\ldots,t_m\} \text{ のとき}), \\ > m & (G \in \{t_1,\ldots,t_m\} \text{ のとき}) \end{cases} \tag{1}$$
であることを以下で示そう．これより定理は証明される．

G が方程式 $aX - bY = 0$ によって与えられるものとする．ただし，一般性を失わずに $b \neq 0$ としてよい．すると，この方程式は $Y = aX$ という形にすることができる．$\mathfrak{M}_P := (X,Y)$ とすれば，定理 5.1 によって次を得る．
$$\mu_P(F,G) = \dim_K K[X,Y]_{\mathfrak{M}_P}/(f, Y - aX) = \dim_K K[X,Y]_{(X)}/(f(X,aX)).$$
また，$f = f_m + \cdots + f_d \, (d \geq m)$ を f の斉次成分への分解とすれば，
$$f(X,aX) = X^m f_m(1,a) + X^{m+1} f_{m+1}(1,a) + \cdots + X^d f_d(1,a)$$

と表される.特に,$Lf = f_m$ である.ここで,$K[X]_{(X)}$ は極大イデアルが X により生成される離散付値環である.対応している付値を ν で表し,$f(X, aX)$ を

$$f(X, aX) = X^m \cdot [f_m(1,a) + X f_{m+1}(1,a) + \cdots + X^{d-m} f_d(1,a)]$$

と変形する.このとき,次のことがわかる.

$$\nu_P(f(X,aX)) \begin{cases} = m & (f_m(1,a) \neq 0 \text{ のとき}), \\ > m & (\text{そうでないとき}). \end{cases} \quad (2)$$

なぜなら,上式の大括弧 [ ] の中の表現が $K[X]_{(X)}$ において単元であるための必要十分条件は,$f_m(1,a) \neq 0$ だからである.式 (2) の後者の場合は,$Y - aX$ が Lf の因数である場合に起こり,かつそのときに限る.すなわち,$G \notin \{t_1, \ldots, t_m\}$ のときである.しかしながら,定理 E.13 によって,次が成り立つ.

$$\dim_K K[X]_{(X)}/(f(X,aX)) = \nu(f(X,aX)).$$

これより (1) が成り立つことがわかり,定理の証明は完成する.∎

系 6.4. 代数曲線上の重複度 $m > 0$ の点においては,少なくとも一つ,高々 m 個の接線が存在する.∎

系 6.5. $i = 1, \ldots, t$ に対して F_i を既約曲線,$n_i \in \mathbb{N}_+$ とし,$F = \prod_{i=1}^t F_i^{n_i}$ とおく.このとき,すべての点 $P \in \mathbb{P}^2(K)$ に対して,次が成り立つ.

$$m_P(F) = \sum_{i=1}^t n_i \cdot m_P(F_i).$$

(証明) $P = (0,0)$ とし,無限遠直線は F の成分ではないと仮定することができる.このとき,F のアフィン多項式 f は既約分解 $f = \prod_{i=1}^t f_i^{n_i}$ をもつ.ただし,f_i は F_i に対応している既約多項式である.$Lf = \prod_{i=1}^t (Lf_i)^{n_i}$ であるから,求める結果は定理 6.3 (a) から得られる.∎

定理 6.3 の仮定の下で,Lf を,その既約成分が P を通る直線として考えることができる.これを $P = (0,0)$ における F の **接錐** (tangent cone) という.

変換によって，接錐は F の任意の点で定義される．Lf を次のように互いに同伴でない1次因数のベキ積に分解する．

$$Lf = c \cdot \prod_{i=1}^{\rho}(a_i X - b_i Y)^{\nu_i} \qquad (c \in K^*, \ (a_i, b_i) \in K^2).$$

このとき，$a_i X - b_i Y$ は P において異なる接線を定義し，ν_i は接線が数えられるべき重複度を与える．これらの接線が重複度で数えられるとき，重複度 m の点においてはつねに m 個の接線が存在する．

例．

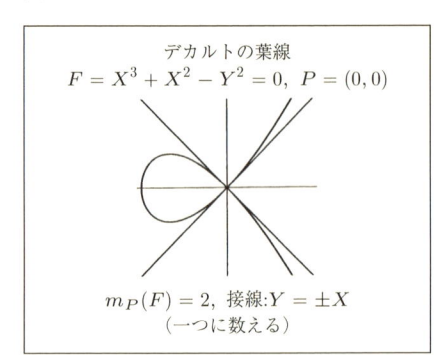

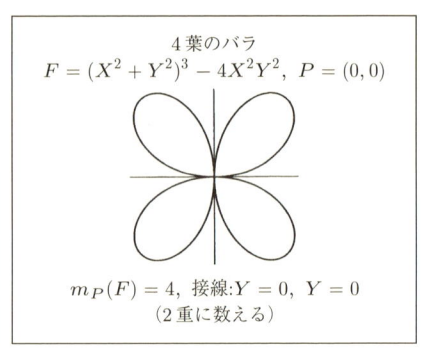

デカルトの葉線	4葉のバラ
$F = X^3 + X^2 - Y^2 = 0, \ P = (0,0)$	$F = (X^2 + Y^2)^3 - 4X^2 Y^2, \ P = (0,0)$
$m_P(F) = 2$, 接線:$Y = \pm X$	$m_P(F) = 4$, 接線:$Y = 0, \ Y = 0$
（一つに数える）	（2重に数える）

定義 6.6. $P \in \mathcal{V}_+(F)$ とする．点 P は $m_P(F) = 1$ であるとき，F の**単純点** (simple point)，または**正則点** (regular point) という．この場合，F は P において**滑らか** (smooth)（あるいは正則）であるという．$m_P(F) > 1$ であるとき，P は F の**重複点** (multiple point) あるいは**特異点** (singular point, singularity) であるという．特異点をもたない曲線は滑らかまたは**非特異** (nonsingular) であるという．F のすべての特異点の集合は $\mathrm{Sing}(F)$ で表され，すべての単純点の集合は $\mathrm{Reg}(F)$ で表される．

系 6.4 によって，曲線は単純点においては一意的に定まる接線をもつ．

系 6.7.

(a) F の単純点は F の異なる二つの成分の上にはなく，また F の重複成分の上にもない．

(b) すべての滑らかな射影曲線は既約である.

(証明) (a)は系6.5の公式からすぐに得られる. 滑らかな曲線は(a)によって重複成分をもつことはできない. それが二つの異なる成分をもてば, これらの成分は交わりをもつことになり (ベズーの定理), 各交点は特異点になる. したがって, (b)が成り立つ. ∎

次の定理により, 特異点を計算することが可能となる.

ヤコビ判定定理 6.8. $P = \langle x_0, x_1, x_2 \rangle \in \mathcal{V}_+(F)$ とする. $i = 0, 1, 2$ に対して, $\frac{\partial F}{\partial x_i} := \frac{\partial F}{\partial X_i}(x_0, x_1, x_2)$ とおく. このとき, $P \in \mathrm{Sing}(F)$ であるための必要十分条件は, 次の式が成り立つことである.

$$\frac{\partial F}{\partial x_0} = \frac{\partial F}{\partial x_1} = \frac{\partial F}{\partial x_2} = 0.$$

(証明) 一般性を失わずに, $x_0 = 1$ とすることができる. $(1, x_1, x_2)$ における F のテイラー級数を考える.

$$F = F(1, x_1, x_2) + \frac{\partial F}{\partial x_0} \cdot (X_0 - 1) + \frac{\partial F}{\partial x_1} \cdot (X_1 - x_1) + \frac{\partial F}{\partial x_2} \cdot (X_2 - x_2) + \cdots. \quad (3)$$

F を X_0 に関して非斉次化し, $X := X_1 - x_1, Y := X_2 - x_2$ とおけば, $P = (0, 0)$ とする座標系において F に対応するアフィン多項式を得る. $F(1, x_1 x_2) = 0$ であるから, それは

$$\frac{\partial F}{\partial x_1} \cdot X + \frac{\partial F}{\partial x_2} \cdot Y + \cdots$$

という形をしている. ただし, $\cdots$ は次数が1より大きい多項式を表している. 定理6.3より, $m_P(F) > 1$ であるための必要十分条件は $\frac{\partial F}{\partial x_1} = \frac{\partial F}{\partial x_2} = 0$ である. ところが, オイラーの等式によって

$$\frac{\partial F}{\partial x_0} \cdot 1 + \frac{\partial F}{\partial x_1} \cdot x_1 + \frac{\partial F}{\partial x_2} \cdot x_2 = (\deg f) \cdot F(1, x_1, x_2) = 0$$

となり, これは

$$\frac{\partial F}{\partial x_0} = \frac{\partial F}{\partial x_1} = \frac{\partial F}{\partial x_2} = 0$$

と同値である. ∎

系 6.9. 被約代数曲線は有限個の特異点しかもたない.

(証明) F は既約成分を $F_i\,(i=1,\ldots,t)$ とする被約曲線とする. 点 $P \in \mathbb{P}^2(K)$ に対して, 系 6.5 より
$$m_P(F) = \sum_{i=1}^{t} m_P(F_i)$$
が成り立つ. よって,
$$\mathrm{Sing}(F) = \bigcup_{i=1}^{t} \mathrm{Sing}(F_i) \,\cup\, \bigcup_{i \neq j} (\mathcal{V}_+(F_i) \cap \mathcal{V}_+(F_j)) \tag{4}$$
を得る. したがって, $\mathrm{Sing}(F_i)$ の有限性のみ示せばよい. なぜなら, $i \neq j$ に対して $\mathrm{Sing}(F_i) \cap \mathrm{Sing}(F_j)$ はベズーの定理によって有限だからである.

そこで, F は次数 $d>0$ の既約曲線であると仮定する. 偏導関数 $\frac{\partial F}{\partial X_i}$ $(i=0,1,2)$ のすべてが零であることはできない. すべてが零であると仮定すると, F は適当な多項式 H によって $F=H^p$ という形をしていることになる. ただし, $p>0$ は K の標数である. このとき, F は既約ではないからである. そこで, $\frac{\partial F}{\partial X_0} \neq 0$ とすると, $\deg \frac{\partial F}{\partial X_0} = d-1$ となる. F と $\frac{\partial F}{\partial X_0}$ は互いに素であるから, 連立方程式 $F=0, \frac{\partial F}{\partial X_0}=0$ はベズーの定理によって高々 $d(d-1)$ 個の解をもつ. したがって, ヤコビ判定法によって, $\mathrm{Sing}(F)$ は有限である. ■

例. 曲線 $F_n := X_1^n + X_2^n - X_0^n$ $(n \in \mathbb{N}_+)$ は, n が K の標数で割り切れなければ滑らかである. このとき, F_n の各偏導関数は $X_0 = X_1 = X_2 = 0$ に対してのみ零となる. したがって, それらは射影平面において零となる点をもたない. 特に, F_n は既約である. 逆に, $\mathrm{Char}\, K$ が n の因数ならば, F_n のすべての点は特異点である.

ここで導入された接線は, $\mathbb{R}$ 上で定義された曲線に対しては解析学において考察されている接線の一般化になっている.

定理 6.10 (正則点における接線).

(a) $P=(x,y)$ をアフィン曲線 f の正則点とする. このとき, P における f の接線は次の式で与えられる.

$$\frac{\partial f}{\partial x} \cdot (X-x) + \frac{\partial f}{\partial y} \cdot (Y-y) = 0.$$

ただし，$\frac{\partial f}{\partial x} := \frac{\partial f}{\partial X}(x,y)$, $\frac{\partial f}{\partial y} := \frac{\partial f}{\partial Y}(x,y)$ である．

(b) $P = \langle x_0, x_1, x_2 \rangle$ を射影曲線 F の正則点とする．このとき，P における F の接線は次の式で与えられる．

$$\frac{\partial f}{\partial x_0} \cdot X_0 + \frac{\partial f}{\partial x_1} \cdot X_1 + \frac{\partial f}{\partial x_2} \cdot X_2 = 0.$$

(証明) (a) (x,y) を $(0,0)$ に写像する変換は $\frac{\partial f}{\partial x} \cdot (X-x) + \frac{\partial f}{\partial y} \cdot (Y-y)$ をアフィン曲線を定義している多項式の先導項に移すから，主張 (a) は定理 6.3 (b) における接線の表現から得られる．

(b) 一般性を失わずに，$x_0 \neq 0$ と仮定することができる．$f(X,Y) := F(1,X,Y)$ とする．アフィン座標における接線は，$x := \frac{x_1}{x_0}$, $x := \frac{x_2}{x_0}$ として，(a) により

$$\frac{\partial f}{\partial x} \cdot (X-x) + \frac{\partial f}{\partial y} \cdot (Y-y) = 0$$

で与えられる．したがって，射影的には次の式で与えられる．

$$\frac{\partial f}{\partial x} \cdot X_1 + \frac{\partial f}{\partial y} \cdot X_2 - \left(\frac{\partial f}{\partial x}x + \frac{\partial f}{\partial y}y\right) \cdot X_0 = 0. \tag{5}$$

いま，$\frac{\partial f}{\partial x} = \frac{\partial F}{\partial X_1}(1, \frac{x_1}{x_0}, \frac{x_2}{x_0})$, $\frac{\partial f}{\partial y} = \frac{\partial F}{\partial X_2}(1, \frac{x_1}{x_0}, \frac{x_2}{x_0})$ であるから，オイラーの等式によって次の式が成り立つ．

$$\frac{\partial f}{\partial x} \cdot x + \frac{\partial f}{\partial y} \cdot y = \frac{\partial F}{\partial X_1}\left(1, \frac{x_1}{x_0}, \frac{x_2}{x_0}\right) \cdot \frac{x_1}{x_0} + \frac{\partial F}{\partial X_2}\left(1, \frac{x_1}{x_0}, \frac{x_2}{x_0}\right) \cdot \frac{x_2}{x_0}$$
$$= -\frac{\partial F}{\partial X_0}\left(1, \frac{x_1}{x_0}, \frac{x_2}{x_0}\right).$$

偏導関数は次数 $\deg F - 1$ の斉次式であることを考えれば，$x_0^{\deg F - 1}$ を両辺にかけると，求める接線の方程式が得られる． ∎

次に，局所環 $\mathcal{O}_{F,P}$ を用いて正則点 P を特徴づけよう．以下においては，$\mathcal{O}_{F,P}$ の極大イデアルをつねに $\mathfrak{m}_{F,P}$ で表すことにする．$P = (a,b)$ をアフィン空間の点，f を F に対応する $K[X,Y]$ の多項式とすると，次の同型写像がある．

$$\mathcal{O}_{F,P} \cong K[f]_{\overline{\mathfrak{m}}_P}.$$

ただし,$K[f] = K[X,Y]/(f)$ で,$\overline{\mathfrak{M}}_P$ は極大イデアル $\mathfrak{M}_P \subset K[X,Y]$ の像である.系 1.15 と系 C. 10 によって,$\mathcal{O}_{F,P}$ の素イデアルはわかっている.極大イデアル $\mathfrak{m}_{F,P}$ のほかに,局所環 $\mathcal{O}_{F,P}$ は有限個の極小素イデアルをもち,これらは P を通る F の成分と 1 対 1 に対応している.特に,$\mathcal{O}_{F,P}$ は 1 次元の局所環である(例 E. 10(b)).$\mathfrak{M}_P = (X - a, Y - b)$ であるから,$\mathfrak{m}_P$ も 2 個の元によって生成され,したがって,$\operatorname{edim} \mathcal{O}_{F,P} = 2$ かまたは $\operatorname{edim} \mathcal{O}_{F,P} = 1$ である.

正則判定定理 6.11. $P \in \mathcal{V}_+(F)$ とするとき,次の条件は同値である.

(a) P は F の正則点である.
(b) $\mathcal{O}_{F,P}$ は離散付値環である.
(c) $\operatorname{edim} \mathcal{O}_{F,P} = 1$.

(証明) (a) $\Rightarrow$ (b). $P = (0,0)$ と仮定することができる.このとき,$K[f]_{\overline{\mathfrak{M}}_P}$ は離散付値環であることを示さねばならない.$f = cf_1^{n_1} \cdots f_h^{n_h}$ を f の既約多項式への分解とする($c \in K^*$, $n_i > 0$).P は F の正則点であるから,$f_i(P) = 0$ はただ一つの $i \in \{1, \ldots, h\}$ に対して成り立ち,この i に対して $n_i = 1$ である(系 6.7 (a) によって).したがって,

$$(f) \cdot K[X,Y]_{\mathfrak{M}_P} = (f_i) \cdot K[X,Y]_{\mathfrak{M}_P}.$$

$m_P(F) = 1$ であるから,$\deg Lf = \deg Lf_i = 1$ が成り立つ.$Lf_i = Y$ であるように座標系を選ぶことができる.すなわち,P における F の接線は X-軸である.このとき,f_i は次のような形をしている.

$$f_i = \phi_1 \cdot X - \phi_2 \cdot Y, \quad \phi_1, \phi_2 \in K[X,Y], \quad \phi_1(0,0) = 0, \phi_2(0,0) \neq 0. \quad (6)$$

ξ, η を X, Y の $K[f]_{\overline{\mathfrak{M}}_P}$ における剰余類とすると,この環の極大イデアル $\mathfrak{m} = \mathfrak{m}_{F,P}$ は ξ と η で生成される.なぜなら,X と Y はイデアル $\mathfrak{M}_P$ を生成するからである.ϕ_2 の $K[f]_{\overline{\mathfrak{M}}_P}$ への像は単元であるから,(6) より,$K[f]_{\overline{\mathfrak{M}}_P}$ において等式 $\eta = r \cdot \xi$ が成り立つ(適当な $r \in K[f]_{\overline{\mathfrak{M}}_P}$ に対して).ゆえに,$\mathfrak{m}$ は単項イデアルである.$\mathcal{O}_{F,P}$ は 1 次元の局所環で,体ではないから,$\xi \neq 0$ である.したがって,$\operatorname{edim} \mathcal{O}_{F,P} = 1$ となる.以上で,$\mathcal{O}_{F,P}$ は離散付値環であることが示された.

(b) ⇒ (c) の証明は明らかである．(c) ならば (a) であることを示すためには，P が F の特異点であるとき edim $\mathcal{O}_{F,P} = 2$ を示せば十分である．この場合，$\deg Lf \geq 2$ であるから，$f \in (X^2, XY, Y^2) = \mathfrak{M}_P^2$ である．したがって，次が成り立つ．

$$\mathfrak{m}/\mathfrak{m}^2 \cong (X,Y)K[X,Y]_{\mathfrak{M}_P}/(X^2, XY, Y^2)K[X,Y]_{\mathfrak{M}_P}.$$

$(X,Y)K[X,Y]_{\mathfrak{M}_P}$ が単項イデアルでないことは容易にわかる．すると，中山の補題 (E.1) によって，$\mathfrak{m}/\mathfrak{m}^2$ は次元 2 の K-ベクトル空間となる．すると，この補題の第 2 の応用として，$\mathfrak{m}$ が単項でないこともわかる． ∎

F が既約曲線ならば，その関数体 $\mathcal{R}(F)$ は局所環 $\mathcal{O}_{F,P}$ の全体を含んでいる．ここで，$P \in \mathcal{V}_+(F)$ である．なぜなら，P が有限の距離をもつ点ならば（アフィン空間の点），F に対応する $K[X,Y]$ の多項式を f，また $K[f] = K[X,Y]/(f) = K[x,y]$ とすると，このとき $\mathcal{R}(F) = K(x,y)$ となり，$\mathcal{O}_{F,P}$ は定理 5.1 によって，$K[x,y]$ の局所化であり，ゆえに，これは確かに $K(x,y)$ の部分環である．それはちょうど $P \in \mathrm{Def}(r)$ をみたすすべての有理関数 $r \in \mathcal{R}(F)$ からなる．P が F の滑らかな点ならば，このとき，$\mathcal{O}_{F,P}$ は $K \subset \mathcal{O}_{F,P}$ をみたし，商体を $\mathcal{R}(F)$ とする離散付値環である．

一般に，$Q(R) = \mathcal{R}(F)$ でかつ $K \subset R$ をみたす離散付値環 R を $\mathcal{R}(F)/K$ の**離散付値環** (discrete valuation ring) という．$\mathcal{R}(F)/K$ のすべての離散付値環の集合 $\mathfrak{X}(F)$ を $\mathcal{R}(F)/K$ の**抽象リーマン面** (abstract Riemann surface) という．定理 6.11 によれば，$\mathcal{O}_{F,P}$ が $\mathfrak{X}(F)$ に属するための必要十分条件は，P が F の正則点になることである．次に，$\mathcal{R}(F)/K$ の抽象リーマン面の既約曲線 F に関する挙動をより正確に調べていこう．

定理 6.12. F を既約曲線とする．このとき，次が成り立つ．

(a) 各 $R \in \mathfrak{X}(F)$ に対して，$\mathcal{O}_{F,P} \subset R$ と $\mathfrak{m}_{F,P} = \mathfrak{m} \cap \mathcal{O}_{F,P}$ をみたすただ一つの点 $P \in \mathcal{V}_+(F)$ が存在する．ただし，$\mathfrak{m}$ は R の極大イデアルである．したがって，次のような自然な写像がある．

$$\pi : \mathfrak{X}(F) \longrightarrow \mathcal{V}_+(F) \quad (R \longmapsto P).$$

(b) π は全射である．$P \in \mathrm{Reg}(F)$ に対して，集合 $\pi^{-1}(P)$ はただ一つの「点」

R からなる.すなわち,$R = \mathcal{O}_{F,P}$ である.$P \in \mathrm{Sing}(F)$ に対して,$\pi^{-1}(P)$ は有限である.

(証明) (a) $\mathcal{R}(F) = K(x,y)$ と表す.ただし,$K[x,y]$ は無限遠直線 $X_0 = 0$ に関する F のアフィン座標環である.かわりに,無限遠直線を $X_1 = 0$ に選べば,$K[\frac{1}{x}, \frac{y}{x}]$ が対応する座標環であり,$X_2 = 0$ に対する場合,座標環は $K[\frac{x}{y}, \frac{1}{y}]$ となる.

さて,$v_R : \mathcal{R}(F) \to \mathbb{Z} \cup \infty$ を R に属している付値とする.$v_R(x) \geq 0$ でかつ $v_R(y) \geq 0$ ならば,$K[x,y] \subset R$ であり,$\mathfrak{m} \cap K[x,y]$ は $K[x,y]$ の素イデアルである.それは零イデアルになることはない.というのは,その場合 $K(x,y) \subset R$ となってしまうからである.ゆえに,$\mathfrak{m} \cap K[x,y] = \mathfrak{m}_P$ はある $P \in \mathcal{V}_+(F)$ の極大イデアルである.したがって,次のように表される.

$$\mathcal{O}_{F,P} = K[x,y]_{\mathfrak{m}_P} \subset R, \qquad \mathfrak{m} \cap \mathcal{O}_{F,P} = \mathfrak{m}_{F,P}.$$

$v_R(x) \geq 0 > v_R(y)$ である場合は,$K[\frac{x}{y}, \frac{1}{y}] \subset R$ となる.一方,$v_R(x) \leq v_R(y) < 0$ である場合は $K[\frac{1}{x}, \frac{y}{x}] \subset R$ となる.それぞれの場合に,上と同様にして $\mathcal{O}_{F,P} \subset R$ と $\mathfrak{m}_{F,P} = \mathfrak{m} \cap \mathcal{O}_{F,P}$ をみたす点 $P \in \mathcal{V}_+(F)$ を見つけることができる.

もう一つのこのような点 $P' \in \mathcal{V}_+(F)$ が存在したと仮定する.適当な座標の選択によって,P と P' は両方とも $X_0 = 0$ に相補的なアフィン平面上にある.このとき,$\mathfrak{m}_{P'} = K[x,y] \cap \mathfrak{m} = \mathfrak{m}_P$ となり,ゆえに $P = P'$ を得る.これより写像 π の存在が証明された.

(b) $P \in \mathrm{Reg}(F)$ に対して,$\mathcal{O}_{F,P} \in \mathfrak{X}(F)$ である.離散付値環はその商体の極大な部分環であるから(定理 E.14),$\mathcal{O}_{F,P} \subset R$,すなわち,$R = \mathcal{O}_{F,P}$ をみたすただ一つの $R \in \mathfrak{X}(F)$ がある.したがって,この場合に $\pi^{-1}(P)$ はただ一つの点からなる.

さらに,F の特異点を調べなければならない.$P \in \mathrm{Sing}(F)$ とする.座標系を適当に選べば $P = (0,0)$ としてよい.また,F に対応している多項式 $f \in K[X,Y]$ は Y に関する多項式としてモニックであり,かつ $\frac{\partial f}{\partial Y} \neq 0$ とすることができる(系 4.6).このとき,$K[f] = K[x,y]$ は $K[x]$ 上整であり,有限 $K[x]$-加群である.S を $\mathcal{R}(F)$ における $K[x]$ の整閉包とすれば,$K[f] \subset S$ である.また,$\mathcal{R}(F)$ は $K(x)$ 上分離代数的である.定理 F.7 によって,S は

$K[x]$-加群として有限生成である．すると，S は $K[f]$-加群としても有限生成となる．

$\overline{\mathcal{O}}_{F,P}$ を $\mathcal{R}(F)$ における $\mathcal{O}_{F,P}$ の整閉包とする．$\mathcal{O}_{F,P}$ は $K[x,y]$ の局所化であるから，環 $\overline{\mathcal{O}}_{F,P}$ は同じ分母の集合による S の局所化である（定理 F.11 (a)）．特に，$\overline{\mathcal{O}}_{F,P}$ は有限生成 $\mathcal{O}_{F,P}$-加群である．定理 F.10 (a) によって，$\overline{\mathcal{O}}_{F,P}$ は少なくとも一つ，高々有限個の極大イデアル $\mathfrak{M}$ をもち，これらは $\mathfrak{m}_{F,P}$ の上にある．すなわち，すべての $\mathfrak{M} \in \mathrm{Max}(\overline{\mathcal{O}}_{F,P})$ に対して $\mathfrak{M} \cap \mathcal{O}_{F,P} = \mathfrak{m}_{F,P}$ である．さらに，それぞれ定理 F.10 (b)，系 F.6 と定理 F.8 によって $(\overline{\mathcal{O}}_{F,P})_{\mathfrak{M}}$ は離散付値環であることがわかり，したがって，$\mathfrak{X}(F)$ の元である．以上より，写像 π が全射であることが証明された．

最後に，$R \in \mathfrak{X}(F)$ を $\pi(R) = P$ をみたす任意の元とし，$\mathfrak{m}$ を R の極大イデアルとする．このとき，$\overline{\mathcal{O}}_{F,P} \subset R$ であることを証明する．$z \in \overline{\mathcal{O}}_{F,P}$ に対して，$v_R(z) \geq 0$ を示さねばならない．ただし，v_R は R に属している付値を表している．

$$z^n + a_1 z^{n-1} + \cdots + a_n = 0$$

を $\mathcal{O}_{F,P}$ 上 z に対する整従属方程式とする．$a_i \in \mathcal{O}_{F,P} \subset R$ であることより，$v_R(a_i) \geq 0$ $(i = 1, \ldots, n)$ であることがわかる．$v_R(z) < 0$ とすると，

$$v_R(z^n) = \mathrm{Min}\{v_R(z^n),\ v_R(a_i z^{n-i}) \mid i = 1, \ldots, n\}$$

となる．付録 E の規則 (c′) によって，$\infty = v_R(0) = n \cdot v_R(z)$ を得る．これは矛盾である．

$\mathcal{O}_{F,P} \subset \overline{\mathcal{O}}_{F,P} \subset R$ であるから，$\mathfrak{M} := \mathfrak{m} \cap \overline{\mathcal{O}}_{F,P}$ は $\mathfrak{m}_{F,P}$ の上にある $\overline{\mathcal{O}}_{F,P}$ の極大イデアルの一つである．$(\overline{\mathcal{O}}_{F,P})_{\mathfrak{M}}$ は，すでに示されたように，それ自身離散付値環であるから，$(\overline{\mathcal{O}}_{F,P})_{\mathfrak{M}} = R$ が成り立つ．以上より，R はこの環の有限個の極大イデアルの一つで $\overline{\mathcal{O}}_{F,P}$ を局所化したものである．すなわち，$\pi^{-1}(P)$ は有限である．■

系 6.13. 曲線 F が滑らかならば，写像 $\pi : \mathfrak{X} \longrightarrow \mathcal{V}_+(F)$ は全単射である．■

注意． 一般に，$\mathfrak{X}(F)$ は，高次元射影空間のなかで，あるなめらかな曲線 C のすべての局所環の集合であり，F は C からもとの平面への適当な写像によっ

て平面曲線として現れることが証明される．この写像のもとで，C のいくつかの点が同じ像をもつならば，この結果として現れた点は特異点となる．

定理 6.12 の証明より，$R \in \mathfrak{X}(F)$ は環 $\overline{\mathcal{O}}_{F,P}$ ($P \in \mathcal{V}_+(F)$) の極大イデアルによる局所化であることがわかる．したがって，各 $R \in \mathfrak{X}(F)$ は同型をのぞきその剰余体として K をもつことは明らかである．v_R を R に付随した付値とし，また $r \in \mathcal{R}(F)$ を有理関数とするとき，$v_R(r)$ を零点 R における r の**位数** (order) という．$v_R(r) > 0$ ならば，R を r の位数 $v_R(r)$ の零点という．$v_R(r) < 0$ のとき，R を r の**位数** $-v_R(r)$ **の極**という．F の正則点 P に対して $R = \mathcal{O}_{F,P}$ であるならば，v_R のかわりに v_P と表すこともあり，点 P における r の位数という．

各 $r \in \mathcal{R}(F)$ に対して，$\mathfrak{X}(F)$ 上の一つの関数を次のようにして指定することができる．$v_R(r) \geq 0$ であるとき，$r(R)$ を標準的な全射準同型写像 $R \to K$ による r の像を表すものとする．$R = \mathcal{O}_{F,P}$ に対して，これは，すでに説明したように，実質上零点 P におけるその関数の値に等しい．$r \in \mathcal{R}(F)$ を $\mathfrak{X}(F)$ 上の関数として見ることはいくつかの利点がある．r は $\mathfrak{X}(F)$ の各点において位数をもつ．したがって，R が r^{-1} の零点であるとき，かつそのときに限り $R \in \mathfrak{X}(F)$ は r の極となる．また，すべての $r, s \in \mathcal{R}(F)$ に対して $v_R(r \cdot s) = v_R(r) + v_R(s)$ が成り立つ．

定理 6.14. 零でない有理関数 $r \in \mathcal{R}(F)$ は $\mathfrak{X}(F)$ 上で有限個の零点と極をもつ．

(証明) f を F に属するアフィン曲線とする．最初に $r \in K[f]$ である場合を考察する．このとき，有限の距離をもつ F のすべての点 P に対して，r は局所環 $\mathcal{O}_{F,P}$ に属しており，かつまた，r は $\pi^{-1}(P)$ の点においては極をもたない．$g \in K[X, Y]$ を r を代表する多項式とする．$r \neq 0$ であるから，g は f で割り切れない．アフィン曲線 g と f は有限個の点において交わる．すなわち，有限個の点 $P \in \mathcal{V}(f)$ に対してのみ $r \in \mathfrak{m}_{F,P}$ となる．言い換えると，r は有限の距離をもつ零点を有限個だけもつ．F は無限遠点を有限個しかもたないから，それらの各点は有限個の π による原像 $R \in \mathfrak{X}(F)$ をもつ．要するに，r は有限個の零点と極をもつ．

$\mathcal{R}(F)$ における任意の関数は $\frac{r}{s}$ という形をしている．ただし，$r, s \in K[f]$ でかつ $s \neq 0$ である．このとき，明らかにこのような零でない関数は有限個の零点と極をもつ． ■

射影平面の場合のように，$\mathfrak{X}(F)$ の**因子群**を $\mathfrak{X}(F)$ の点の集合上の自由アーベル群として定義する（これを $\mathcal{R}(F)/K$ の因子群ともいう）．因子 $D = \sum_{R \in \mathfrak{X}(F)} n_R \cdot R$ の次数は $\sum_{R \in \mathfrak{X}(F)} n_R$ である．定理 6.14 より，各関数 $r \in \mathcal{R}(F) \setminus \{0\}$ に対して**主因子**

$$(r) := \sum_{R \in \mathfrak{X}(F)} v_R(r) \cdot R$$

が定義される．ここで，$v_R(r) \neq 0$ となる $R \in \mathfrak{X}(F)$ は有限個である．主因子は因子群の部分群をつくる．その剰余群は**因子類群** (divisor class group) といい，$\mathfrak{X}(F)$ （または関数体 $\mathfrak{X}(F)/K$ の，曲線 F の）の重要な不変量である．この因子類群はもはや第 4 章の最初に説明した射影平面の因子類群ほど単純ではない．$\mathbb{P}^2(K)$ における双有理同値な曲線（定義 4.8 (a) 参照）は明らかに同型な因子類群をもつ．

演習問題

1. 例 1.2 (e) と例 1.2 (f) における曲線の射影閉包の実特異点と複素特異点を求めよ．また，特異点における重複度と接線を計算せよ．パスカルのリマソン（渦巻き）$(X^2 + Y^2 + 2Y)^2 - (X^2 + Y^2) = 0$ に対しても，同じことをせよ．

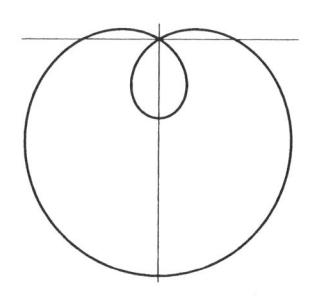

2. $\mathcal{O}_{F,P}$ を代数曲線 F の正則点 P の局所環とする．$\mathcal{O}_{F,P}$ から K 上 1 変数 t のすべてのベキ級数のつくる環 $K[[t]]$ への K-代数としての単射準同型写像が存在す

ることを証明せよ．（$\mathcal{O}_{F,P}$ は離散付値環である事実を用いる，またベキ級数環の素元を用いて $\mathcal{O}_{F,P}$ の元を「拡張」せよ．）

3. $f = f_1 \cdots f_h$ を被約アフィン曲線とする．f が特異点をもたないための必要十分条件は，標準的準同型写像

$$K[f] \longrightarrow K[f_1] \times \cdots \times K[f_h]$$

が全単射であり，かつ $K[f_i]$ がそれらの商体において整閉になることである．これを証明せよ．

第7章

交叉理論（続）と応用

前章において代数曲線上の点の重複度を導入した．重複度の概念を用いれば，二つの曲線の交点の性質について，これまでよりもさらに正確に命題を述べることができる．また，ベズーの定理のさらにいくつかの応用をも紹介しよう．

最初に付値を用いて交叉重複度の表現を与える．F を $\mathbb{P}^2(K)$ における曲線，P をその局所環 $\mathcal{O}_{F,P}$ が整域であるような F の点とする．これは点 P が曲線 F のただ一つの既約成分の上にあるといっても同じことである．$R_1,\ldots,R_h \in \mathfrak{X}(F)$ を $\mathcal{O}_{F,P}$ 上にある離散付値環とする（すなわち，定理 6.12 の写像 π を用いると，$\pi(R_i) = P$ なる離散付値環のことである）．さらに，ν_{R_i} を R_i に属する付値とする $(i=1,\ldots,h)$．R_i は $\mathcal{R}(F)$ において，まさしく $\mathcal{O}_{F,P}$ の整閉包 $\overline{\mathcal{O}}_{F,P}$ をその極大イデアルで局所化したものである．

補題 7.1. K-ベクトル空間 $\overline{\mathcal{O}}_{F,P}/\mathcal{O}_{F,P}$ は有限次元である．

（証明）$\overline{\mathcal{O}}_{F,P}$ は $\mathcal{O}_{F,P}$-加群として有限生成であり，この二つの環は同じ商体をもつ．ゆえに，$a_i, b \in \mathcal{O}_{F,P}, b \neq 0$ とする $\overline{\mathcal{O}}_{F,P}$ の元 $\omega_i = \frac{a_i}{b}$ $(i=1,\ldots,n)$ が存在して，$\overline{\mathcal{O}}_{F,P}$ は次のように表される．

$$\overline{\mathcal{O}}_{F,P} = \sum_{i=1}^{n} \mathcal{O}_{F,P} \cdot \omega_i.$$

このとき，$b\overline{\mathcal{O}}_{F,P} \subset \mathcal{O}_{F,P} \subset \overline{\mathcal{O}}_{F,P}$ が成り立つ．

b が $\mathcal{O}_{F,P}$ で単元ならば，$\overline{\mathcal{O}}_{F,P} = \mathcal{O}_{F,P}$ となるので，このとき何も証明することはない．b が $\mathcal{O}_{F,P}$ で単元でないならば，$\overline{\mathcal{O}}_{F,P}/b\overline{\mathcal{O}}_{F,P}$ は有限個の素イデアルをもつ K-代数であり，これらのイデアルは $\overline{\mathcal{O}}_{F,P}$ の極大イデアルの像である．定理 D.3 によって，

$$\overline{\mathcal{O}}_{F,P}/b\overline{\mathcal{O}}_{F,P} \cong R_1/(b) \times \cdots \times R_h/(b)$$

なる同型写像がある．ただし，$R_i/(b)$ は有限次元 K-代数である（定理 E.13）．このとき，$\overline{\mathcal{O}}_{F,P}/b\overline{\mathcal{O}}_{F,P}$，したがって $\overline{\mathcal{O}}_{F,P}/\mathcal{O}_{F,P}$ も有限次元 K-ベクトル空間である． ∎

補題 7.1 の仮定のもとで，G を F と共通に点 P を含んでいる成分をもたない曲線とする．$I(G)_P \subset \mathcal{O}_P$ を G に属している単項イデアルとする（第5章）．

定理 7.2. $I(G)_P$ の $\mathcal{O}_{F,P}$ における像が γ によって生成されていると仮定する．このとき，次が成り立つ．

$$\mu_P(F,G) = \sum_{i=1}^{h} \nu_{R_i}(\gamma).$$

（証明） 交叉重複度の定義によって，$\mu_P(F,G) = \dim_K \mathcal{O}_{F,P}/(\gamma)$ である．ここで，次の図式を考える．

$$\begin{array}{ccc} \gamma\mathcal{O}_{F,P} & \hookrightarrow & \mathcal{O}_{F,P} \\ \cap & & \cap \\ \gamma\overline{\mathcal{O}}_{F,P} & \hookrightarrow & \overline{\mathcal{O}}_{F,P} \end{array}$$

補題 7.1 を用いると次の式を得る．

$$\dim_K \frac{\overline{\mathcal{O}}_{F,P}}{\mathcal{O}_{F,P}} + \dim_K \frac{\mathcal{O}_{F,P}}{(\gamma)} = \dim_K \frac{\overline{\mathcal{O}}_{F,P}}{(\gamma)} + \dim_K \frac{\gamma\overline{\mathcal{O}}_{F,P}}{\gamma\mathcal{O}_{F,P}}.$$

γ は $\overline{\mathcal{O}}_{F,P}$ の零因子ではないから，K-ベクトル空間 $\overline{\mathcal{O}}_{F,P}/\mathcal{O}_{F,P}$ と $\gamma\overline{\mathcal{O}}_{F,P}/\gamma\mathcal{O}_{F,P}$ は同型である．ゆえに，

$$\mu_P(F,G) = \dim_K \overline{\mathcal{O}}_{F,P}/(\gamma).$$

補題 7.1 の証明と同様にして

$$\dim_K \overline{\mathcal{O}}_{F,P}/(\gamma) \cong R_1/(\gamma) \times \cdots \times R_h/(\gamma)$$

が成り立つ．すると，定理 E.13 より次が得られる．

$$\dim_K \overline{\mathcal{O}}_{F,P}/(\gamma) = \sum_{i=1}^{h} \dim_K(R_i/(\gamma)) = \sum_{i=1}^{h} \nu_{R_i}(\gamma).$$ ∎

定理 7.3. F を既約曲線とし，$r \in \mathcal{R}(F) \setminus \{0\}$ とする．このとき，$\mathfrak{X}(F)$ 上 r の主因子は次数 0 である．言い換えると，零点と極をそれらのそれぞれの位数で数えるとき，関数 r は零点と極を同じ個数もつ．$a \in K$ かつ $r \neq a$ であるとき，r は極と同じ個数の a-座 (a-place) をもつ．

(証明) r を $\mathbb{P}^2(K)$ 上の有理関数 $\frac{\Phi}{\Psi}$ によって代表させる．$\deg \Phi = \deg \Psi =: q$, $\deg F =: p$ とし，Φ と Ψ はつねに互いに素であると仮定する．さて，$r \neq 0$ であるから，F は Ψ の因数ではなく，Φ の因数でもない．ゆえに，F のすべての無限遠点 P に対して，$\Phi(P) \neq 0$ かつ $\Psi(P) \neq 0$ であるように無限遠直線を選ぶことができる．P がこのような点の一つとすると，r は $\mathcal{O}_{F,P}$ で単元である．

$\phi, \psi, f \in K[X, Y]$ をそれぞれ Φ, Ψ, F の非斉次化，$\overline{\phi}, \overline{\psi}$ を $K[f]$ における ϕ, ψ の標準的な像とする．このとき，$r = \frac{\overline{\phi}}{\overline{\psi}}$ と表され，定理 7.2 とベズーの定理によって，因子 (r) の次数に対して次が成り立つ．

$$\deg(r) = \deg(\overline{\phi}) - \deg(\overline{\psi}) = \sum_{R \in \mathfrak{X}(F)} \nu_R(\overline{\phi}) - \sum_{R \in \mathfrak{X}(F)} \nu_R(\overline{\psi})$$
$$= \sum_{P \in \mathcal{V}_+(F)} \mu_P(F, \Phi) - \sum_{P \in \mathcal{V}_+(F)} \mu_P(F, \Psi) = p \cdot q - p \cdot q = 0.$$

r の a-座は $r - a$ の零点であり，$r - a$ は r と同じ極をもつので，a-座に関する主張は証明された． ∎

特に，$\mathfrak{X}(F)$ 上に極をもたない有理関数 r は定数関数でなければならない．

次の定理は交叉重複度と重複度の間の関係を表している．

定理 7.4. $\mathbb{P}^2(K)$ における二つの曲線 F, G と，点 $P \in \mathbb{P}^2(K)$ に対して，つ

ねに
$$\mu_P(F,G) \geq m_P(F) \cdot m_P(G)$$
が成り立つ．等号は F と G が点 P において共通の接線をもたないときに成り立ち，かつそのときに限る．

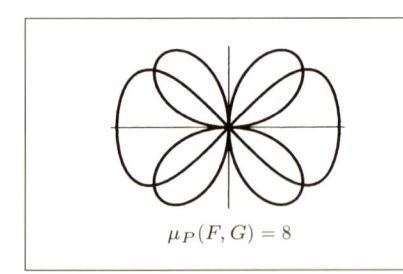

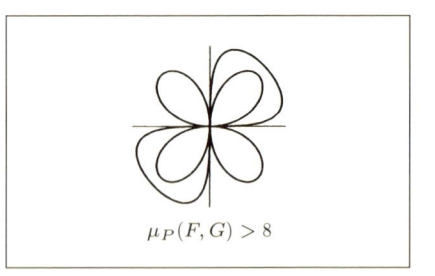

$\mu_P(F,G) = 8$ $\mu_P(F,G) > 8$

（証明）　一般性を失わずに，$P = (0,0)$ であり，F と G は P を含んでいる共通の成分をもたないと仮定することができる．f と g をそれぞれ F と G に対応するアフィン曲線とする．$\mathfrak{M} := (X,Y)$ を P に属する $K[X,Y]$ の極大イデアルとし，$\mathcal{F}$ を $K[X,Y]$ 上の $\mathfrak{M}$-進フィルターとする．このとき，定理 6.3 (a) によって（符号の変更の後に）次が成り立つ．
$$m_P(F) = \deg L_\mathcal{F} f, \quad m_P(G) = \deg L_\mathcal{F} g.$$
$m := m_P(F)$，また $n := m_P(G)$ とおく．定理 5.1 と交叉重複度の定義を用いると，次のように計算できる．

$$\begin{aligned}
\mu_P(F,G) &= \dim_K K[X,Y]_\mathfrak{M}/(f,g) \geq \dim_K K[X,Y]/(f,g,\mathfrak{M}^{m+n}) \\
&= \dim_K K[X,Y]/\mathfrak{M}^{m+n} - \dim_K(f,g,\mathfrak{M}^{m+n})/\mathfrak{M}^{m+n} \quad (1) \\
&= \binom{m+n+1}{2} - \dim_K((f,g,\mathfrak{M}^{m+n})/\mathfrak{M}^{m+n}).
\end{aligned}$$

K-線形写像
$$\begin{aligned}
\alpha : K[X,Y] \times K[X,Y] &\longrightarrow (f,g,\mathfrak{M}^{m+n})/\mathfrak{M}^{m+n}, \\
(a,b) &\longmapsto af + bg + \mathfrak{M}^{m+n}
\end{aligned}$$
は全射である．また，$a \in \mathfrak{M}^n$ でかつ $b \in \mathfrak{M}^m$ ならば，$\alpha(a,b) = 0$ となる．ゆえに，誘導された全射
$$\overline{\alpha} : K[X,Y]/\mathfrak{M}^n \times K[X,Y]/\mathfrak{M}^m \longrightarrow (f,g,\mathfrak{M}^{m+n})/\mathfrak{M}^{m+n}$$

がある．これより次のことがわかる．

$$\dim_K((f,g,\mathfrak{M}^{m+n})/\mathfrak{M}^{m+n}) \leq \dim_K K[X,Y]/\mathfrak{M}^n + \dim_K K[X,Y]/\mathfrak{M}^m$$
$$= \binom{n+1}{2} + \binom{m+1}{2}.$$

(1) によって，この式は次のことを意味している．

$$\mu_P(F,G) \geq \binom{m+n+1}{2} - \binom{n+1}{2} - \binom{m+1}{2} = m \cdot n.$$

これで定理の最初の部分は証明された．

$L_\mathcal{F} f$ と $L_\mathcal{F} g$ が定数でない共通因数をもつと仮定する．すると，F と G は P において共通の接線をもつ．このとき，$a \cdot L_\mathcal{F} f + b \cdot L_\mathcal{F} g = 0$ をみたす次数がそれぞれ $\deg a = n-1, \deg b = m-1$ である斉次多項式 $a,b \in K[X,Y]$ が存在する．ゆえに，$(a,b) \in \ker \alpha$ となり，したがって $\overline{\alpha}$ は単射ではない．このことは $\mu_P(F,G) > m_P(F) \cdot m_P(G)$ の場合でなければならないことを意味している．

一方，$L_\mathcal{F} f$ と $L_\mathcal{F} g$ が互いに素であるならば，定理 B.12 によって，$\mathrm{gr}_\mathcal{F}(f,g) = (L_\mathcal{F} f, L_\mathcal{F} g)$ となる．また，同じ $\mathcal{F}$ によって極大イデアルに関する局所環 $K[X,Y]_\mathfrak{M}$ 上のフィルターを表す．例 C.14 をみると，容易に次のことがわかる．自然なやり方で，

$$\mathrm{gr}_\mathcal{F} K[X,Y]_\mathfrak{M} \cong \mathrm{gr}_\mathcal{F} K[X,Y] \cong K[X,Y]$$

なる同型写像があり，また，$L_\mathcal{F} f$ と $L_\mathcal{F} g$ は $K[X,Y]_\mathfrak{M}$ の元として f と g の先導形式である．系 B.6 によって，K-ベクトル空間 $K[X,Y]_\mathfrak{M}/(f,g)$ と $\mathrm{gr}_{\overline{\mathcal{F}}} K[X,Y]_\mathfrak{M}/(f,g)$ は同じ次元をもつことがわかる．ただし，$\overline{\mathcal{F}}$ は誘導された剰余環のフィルターである．定理 B.8 によって，

$$\mathrm{gr}_{\overline{\mathcal{F}}} K[X,Y]_\mathfrak{M}/(f,g) \cong \mathrm{gr}_\mathcal{F} K[X,Y]_\mathfrak{M}/\mathrm{gr}_\mathcal{F}(f,g).$$

したがって，

$$\mu_P(F,G) = \dim_K(K[X,Y]_\mathfrak{M}/(f,g)) = \dim_K(K[X,Y]/(L_\mathcal{F} f, L_\mathcal{F} g))$$

が成り立つ．付録 A の等式 (3) から，この最後の空間の次元は $m \cdot n$ であり，ゆえに，$\mu_P(F,G) = m_P(F) \cdot m_P(G)$ が成り立つ． ∎

系 7.5. F と G が共通の成分をもたなければ,
$$\deg F \cdot \deg G \geq \sum_{P \in \mathbb{P}^2(K)} m_P(F) \cdot m_P(G)$$
が成り立つ. ここで, 等号が成り立つための必要十分条件は, F と G がそれらのすべての交点において共通の接線をもたないことである. ∎

定義 7.6. P が F と G の正則点で, かつ P における F と G の接線が異なるとき, F と G は P において**横断的に交わる** (intersect transversally) という.

系 7.7. 二つの曲線 F と G が P において横断的に交わるための必要十分条件は $\mu_P(F,G) = 1$ となることである. 点 P が有限の距離をもち, f と g を F と G に対応するアフィン曲線とすれば, F と G が P において横断的に交わるための必要十分条件は, ヤコビ行列式 $\frac{\partial(f,g)}{\partial(X,Y)}$ が P において零でないことである.

(証明) 最初の主張は定理 7.4 からすぐに得られる. 点 P においてヤコビ行列式が零でないことは, 先導形式 $L_{\mathcal{F}} f$ と $L_{\mathcal{F}} g$ が次数 1 でかつ 1 次独立であること, 言い換えると, $m_P(F) = m_P(G) = 1$ でかつ P における F と G の接線が異なることである. ∎

系 7.8. F と G が共通の成分をもたないと仮定する. このとき, $\mathcal{V}_+(F) \cap \mathcal{V}_+(G)$ が $\deg F \cdot \deg G$ 個の点からなる必要十分条件は, F と G がそれらの交点において横断的に交わることである. ∎

次に, 我々の目標はベズーの定理のより強い形の定理を与えることである. これにより, 被約代数曲線の特異点の数をより正確に数えることができる.

定理 7.9. F を $\mathbb{P}^2(K)$ における次数 d の既約曲線とし, $\mathrm{Sing}(F) = \{P_1, \ldots, P_s\}$ とする. このとき, 次が成り立つ.
$$\sum_{i=1}^{s} m_{P_i}(F) \cdot (m_{P_i}(F) - 1) \leq d(d-1).$$

(証明) P_i は有限の距離をもつ点と仮定することができる. $f \in K[X,Y]$ を

F の非斉次化とする．f は既約であるから，f の二つの偏導関数は同時に零ではない．なぜなら，そうでないとき K は標数 $p > 0$ の体となり，f は p-次ベキとなってしまうからである．

そこで，$\frac{\partial f}{\partial X} \neq 0$ と仮定する．すると，$\frac{\partial F}{\partial X_1} \neq 0$ もまた成り立つから，$\deg \frac{\partial F}{\partial X_1} = d - 1$ を得る．さらに，F と $\frac{\partial F}{\partial X_1}$ は共通の成分をもたない．ベズーの定理と定理 7.4 によって，次が成り立つ．

$$\deg F \cdot \deg \frac{\partial F}{\partial X_1} = d(d-1) = \sum_P \mu_P\left(F, \frac{\partial F}{\partial X_1}\right) \geq \sum_P m_P(F) \cdot m_P\left(\frac{\partial F}{\partial X_1}\right).$$

$P = (0,0)$ とする．このとき，$m_P(F) = \deg L_{\mathcal{F}} f$ であり，かつ $m_P(\frac{\partial F}{\partial X_1}) = \deg L_{\mathcal{F}} \frac{\partial f}{\partial X}$ である．$\deg \frac{\partial F}{\partial X_1} = d - 1$ であるから，$m_P(\frac{\partial F}{\partial X_1}) \geq m_P(F) - 1$ が成り立つ．したがって，次の式が得られる．

$$\deg F \cdot \deg \frac{\partial F}{\partial X_1} \geq \sum_P m_P(F) \cdot (m_P(F) - 1).$$

F の特異点のみがこの和に影響を与えるのであるから，これで定理が証明された． ■

系 7.10. 次数 d の被約曲線は高々 $\binom{d}{2}$ 個の特異点をもつ．

(証明) 各 $P \in \mathrm{Sing}(F)$ に対して $m_P(F) \geq 2$ であるから，既約曲線 F に対して系 7.10 は定理 7.9 からすぐに得られる．F_1 と F_2 を，すでに主張が証明されている共通の成分をもたない二つの被約曲線と仮定し，$F := F_1 \cdot F_2$ とする．

F の特異点の数を s によって表し，$d_i := \deg F_i\,(i = 1, 2)$ でかつ $d := \deg F = d_1 + d_2$ とおく．系 6.9 の証明における式 (4) を用いると，次を得る．

$$s \leq \binom{d_1}{2} + \binom{d_2}{2} + d_1 d_2 = \frac{(d_1 + d_2)^2 - (d_1 + d_2)}{2} = \binom{d}{2}.$$

次に任意の被約曲線に対して，系の主張は既約成分の個数に関する帰納法により得られる． ■

例 7.11.

(a) 被約な 2 次曲線は高々一つの特異点をもつ．実際，二つの直線の組に対して，その交点は特異点である．

(b) 被約 3 次曲線は重複度 2 の三つの特異点をもつか，

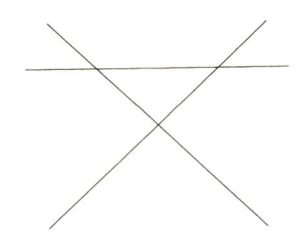

または重複度 3 の一つの特異点をもつことができる．

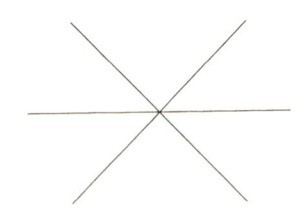

既約曲線に対して，特異点の個数はより正確に評価される．このためには少し準備が必要である．まず基本的な概念から始めよう．

定義 7.12. L を $\mathbb{P}^2(K)$ における次数 d の曲線のある集合とする．$K[X_0, X_1, X_2]$ における次数 d のすべての斉次多項式のつくる K-ベクトル空間の部分空間 V が存在して，L が $F \in V \setminus \{0\}$ をみたすすべての曲線 F からなるとき，L を次数 d の**線形系** (linear system of degree d) という．$\dim V := \delta + 1$ とするとき，$\dim L := \delta$ とおく．

L の次元が V の次元より 1 小さいように定められていることは，零でない定数因数しか異ならない二つの多項式は同じ曲線を定義するという事実によって説明することができる．実際，$L = \mathbb{P}^2(V)$ は V に付随した射影空間である．

注意 7.13. $P_1, \ldots, P_s \in \mathbb{P}^2(K)$ に対して，L を $\{P_1, \ldots, P_s\} \subset \mathrm{Supp}(F)$ をみたす次数 d のすべての曲線 F の線形系とする．このとき，次が成り立つ．

$$\dim L \geq \binom{d+2}{2} - s - 1.$$

(証明) 最初に，$\dim_K K[X_0, X_1, X_2]_d = \binom{d+2}{2}$ である．ゆえに，次数 d の斉次多項式 F は K に $\binom{d+2}{2}$ 個の係数をもつ．このとき，$\{P_1, \ldots, P_s\} \subset \mathrm{Supp}(F)$ という条件より，係数に関する s 個の 1 次式が得られる．すると，少なくとも $\binom{d+2}{2} - s$ 個の 1 次独立な多項式がこれらの条件を満足する． ∎

2 個の点を通る直線が一つあり，5 個の点を通る 2 次曲線が一つ，そして 9 個の点を通る 3 次曲線が一つ，などがある．

d	1	2	3	4	$\cdots$
$\binom{d+2}{d} - 1$	2	5	9	14	$\cdots$

次に，次数 d の曲線上 F の点 $P_1, \ldots, P_s \in \mathbb{P}^2(K)$ に加えて，以下の条件をみたす与えられた整数 $m_1, \ldots, m_s \geq 1$ を考える．

$$m_{P_i}(F) \geq m_i \quad (i = 1, \ldots, s).$$

$F = \sum_{\nu_0 + \nu_1 + \nu_2 = d} a_{\nu_0 \nu_1 \nu_2} X_0^{\nu_0} X_1^{\nu_1} X_2^{\nu_2}$ とし，$P = \langle 1, a, b \rangle$ とおく．このとき，$m_P(F) \geq m$ が成り立つための必要十分条件は，多項式

$$F(1, X+a, Y+b) = \sum_{\nu_0 + \nu_1 + \nu_2 = d} a_{\nu_0 \nu_1 \nu_2} (X+a)^{\nu_1} (Y+b)^{\nu_2} = \sum b_{\mu_1 \mu_2} X^{\mu_1} Y^{\mu_2}$$

の先導形式が (標準的な次数付けに関して) 次数 $\geq m$ となること，すなわち，$\mu_1 + \mu_2 < m$ に対して $b_{\mu_1 \mu_2} = 0$ となることである．この $b_{\mu_1 \mu_2}$ は K に係数をもつ $a_{\nu_0 \nu_1 \nu_2}$ の 1 次結合である．条件 $m_P(F) \geq m$ は F の係数について $\binom{m+1}{2}$ 個の線形条件を与える．以上より次の定理が得られた．

定理 7.14. $m_{P_i}(F) \geq m_i \ (i = 1, \ldots, s)$ をみたす次数 d の曲線 F の集合は，以下の条件をみたす線形系 L をつくる．

$$\dim L \geq \binom{d+2}{d} - \sum_{i=1}^{s} \binom{m_i + 1}{2} - 1.$$

∎

さて，前に予告した系 7.10 のより精密化された次の定理を証明することができる．

定理 7.15. F を次数 d の既約曲線とし．$\mathrm{Sing}(F) = \{P_1, \ldots, P_s\}$ とする．このとき，次が成り立つ．

$$\binom{d-1}{2} \geq \sum_{i=1}^{s} \binom{m_{P_i}(F)}{2}.$$

(証明) 定理7.9より確かに $\binom{d+1}{2} > \binom{d}{2} \geq \sum_{i=1}^{s} \binom{m_{P_i}(F)}{2}$ が成り立つ．定理7.14より，$m_{P_i}(G) \geq m_{P_i}(F) - 1$ $(i=1,\ldots,s)$ をみたす次数 $d-1$ のすべての曲線 G のつくる線形系は空集合ではなく，さらに加えて F 上の指定された

$$\binom{d+1}{2} - \sum_{i=1}^{s} \binom{m_{P_i}(F)}{2} - 1$$

個の単純点を通る曲線 G を求めることもできる．

F は既約でかつ $\deg G = \deg F - 1$ であるから，曲線 F と G は共通の成分をもたない．したがって，ベズーの定理5.7と定理7.4より，

$$\begin{aligned}d(d-1) &\geq \sum_{i=1}^{s} m_{P_i}(F)(m_{P_i}(F)-1) + \binom{d+1}{2} - \sum_{i=1}^{s} \binom{m_{P_i}(F)}{2} - 1 \\ &= \sum_{i=1}^{s} \binom{m_{P_i}(F)}{2} + \binom{d+1}{2} - 1.\end{aligned}$$

ゆえに，求める次の不等式が得られる．

$$\binom{d-1}{2} \geq \sum_{i=1}^{s} \binom{m_{P_i}(F)}{2}. \blacksquare$$

系 7.16. 次数 d の既約曲線は高々 $\binom{d-1}{2}$ 個の特異点をもつ． ■

たとえば，既約な3次曲線は重複度2をもつ特異点を高々一つもつ．その特異点において，3次曲線は二つの異なる接線をもつか（デカルトの葉線），または2重の接線をもつことができる（ニールの放物線）．4次の既約曲線（4次曲線）は重複度2の特異点を3個まで，または重複度3の特異点を1個もつことができる．

次の定理は特異点のある3次曲線を分類する．

定理 7.17. $\operatorname{Char} K \neq 3$ の場合に，$\mathbb{P}^2(K)$ におけるすべての特異点のある既約な3次曲線は，適当な座標系において，次の二つの方程式のいずれかによっ

て与えられる.

$$(a)\ X_0X_1X_2 + X_1^3 + X_2^3 = 0,$$
$$(b)\ X_0X_2^2 - X_1^3 \qquad\quad\ = 0.$$

$\operatorname{Char} K = 3$ならば,その曲線は方程式 $(a),(b)$ の一つか,または次の方程式 (c) によって与えられる.

$$(c)\ X_0X_2^2 - X_1^3 - X_1^2X_2 = 0.$$

(証明) F を特異点 P をもつ既約 3 次曲線とする.一般性を失わずに $P = (0,0)$ と仮定することができる.

(a) F が P において二つの異なる接線をもつとき,一般性を失わずにこれらを X-軸と Y-軸にとることができる.このとき,F に付随したアフィン多項式は次の形をしている.

$$XY + aX^3 + bX^2Y + cXY^2 + dY^3 \qquad (a,b,c,d \in K).$$

ここで,$a \neq 0$ でかつ $d \neq 0$ である.なぜなら,そうでないとすると F は可約となるからである.$a = \alpha^3, d = \delta^3$ ($\alpha, \delta \in K$) とおくと,この多項式は

$$XY(1 + bX + cY) + (\alpha X)^3 + (\delta Y)^3$$

となり,さらに $\alpha X \mapsto X, \delta Y \mapsto Y$ と置き換えれば

$$X \cdot Y \cdot \left(\frac{1}{\alpha\delta} + \frac{b}{\alpha^2\delta}X + \frac{c}{\alpha\delta^2}Y\right) + X^3 + Y^3$$

となる.この多項式を斉次化して,括弧の中の表現を X_0 と名前を付け替えると次の式を得る.

$$X_0X_1X_2 + X_1^3 + X_2^3 = 0.$$

(b) F が P において 2 重接線をもつとき,その付随したアフィン多項式は,適当な座標系において次の形をとる.

$$Y^2 + aX^3 + bX^2Y + cXY^2 + dY^3 \qquad (a,b,c,d \in K,\ a \neq 0).$$

$\operatorname{Char} K \neq 3$ ならば,$X \mapsto X - \frac{b}{3a}Y$ と置き換えることによって $b = 0$ と仮定することができる.そこでこの多項式を

$$Y^2 \cdot (1 + cX + dY) + aX^3 + bX^2Y$$

という形に表し,(a) と同様にすると表現 (b) と (c) を得る. ∎

第10章で詳細に非特異3次曲線（楕円曲線）を考察するであろう．次の定理は，二つの曲線の交叉スキームがさらにある曲線の部分スキームとなるための十分条件を与え，したがって，ネーターの定理5.14とCayley-Bacharachの定理5.17を補完する．

定理 7.18. F_1, F_2 と G を $\mathbb{P}^2(K)$ における曲線とする．次にあげる条件の一つが点 $P \in \mathcal{V}_+(F_1) \cap \mathcal{V}_+(F_2)$ に対して満足されていると仮定する．

(a) P は F_1 の単純点であり，かつ $\mu_P(F_1, G) \geq \mu_P(F_1, F_2)$ である．

(b) F_1 と F_2 は P において共通の接線をもたず，次の式をみたしている．
$$m_P(G) \geq m_P(F_1) + m_P(F_2) - 1.$$

このとき，以下の式が成り立つ．
$$\dim_K \mathcal{O}_{F_1 \cap F_2 \cap G, P} = \mu_P(F_1, F_2).$$

（証明）仮定 (a) のもとで，$\mathcal{O}_{F_1, P}$ は離散付値環である．$I = (\gamma)$ と $J = (\eta)$ をそれぞれ F_2 と G に対応している $\mathcal{O}_{F_1, P}$ のイデアルとする．このとき，定理7.2によって
$$\nu_P(\eta) = \mu_P(F_1, G) \geq \mu_P(F_1, F_2) = \nu_P(\gamma).$$
ゆえに，$J \subset I$ が得られる．したがって，次が成り立つ．
$$\dim_K \mathcal{O}_{F_1 \cap F_2 \cap G, P} = \dim_K \mathcal{O}_{F_1, P}/(I+J) = \dim_K \mathcal{O}_{F_1, P}/I = \mu_P(F_1, F_2).$$

(b) の仮定のもとで，一般性を失わずに，$P = (0, 0)$ と仮定できる．f_1, f_2, g を対応しているアフィン曲線とする．局所環 $\mathcal{O}'_P$ の極大イデアルを $\mathfrak{M}$ で表し，Lf_1, Lf_2, Lg を $\mathcal{O}'_P$ の $\mathfrak{M}$-進フィルターに関する f_1, f_2, g の先導形式とする．すると，$\mathrm{gr}_\mathfrak{M} \mathcal{O}'_P \cong K[X, Y]$ が成り立つ．F_1 と F_2 は P において共通接線をもたないから，Lf_1 と Lf_2 は $K[X, Y]$ において互いに素な多項式である．このとき，定理B.12によって
$$\mathrm{gr}_\mathfrak{M} \mathcal{O}'_P/(f_1, f_2) \cong K[X, Y]/(Lf_1, Lf_2)$$

が成り立つ．$\deg Lf_1 = m_P(F_1) =: m, \deg Lf_2 = m_P(F_2) =: n$ とおけば，$K[X, Y]/(Lf_1, Lf_2)$ において最大次数をもつ斉次成分は（底，定理3.14参

照)，例 A.12 (b) によって，次数 $m+n-2$ である．仮定によって，$\deg Lg \geq m+n-1$ であるから，$Lg \in (Lf_1, Lf_2)$ でなければならない．ゆえに，$g \in (f_1, f_2)\mathcal{O}'_P + \mathfrak{M}^{m+n}$ である．帰納法によって，$g \in \bigcap_{i=m+n}^{\infty}(f_1, f_2)\mathcal{O}'_P + \mathfrak{M}^i$ が得られ，クルルの共通集合定理である系 E.8 によって，$g \in (f_1, f_2)\mathcal{O}'_P$ が成り立つ．ところが，このとき $\dim_K \mathcal{O}_{F_1 \cap F_2 \cap G, P} = \dim_K \mathcal{O}'_P/(f_1, f_2, g) = \dim_K \mathcal{O}'_P/(f_1, f_2) = \mu_P(F_1, F_2)$ となる． ∎

系 7.19. F_1 と F_2 は共通の成分をもたない曲線とし，さらに G をもう一つの曲線とする．各点 $P \in \mathcal{V}_+(F_1) \cap \mathcal{V}_+(F_2)$ に対して，次の条件の一つが満足されていると仮定する．

(a) F_1 は P で滑らかであり，かつ $\mu_P(F_1, G) \geq \mu_P(F_1, F_2)$ である．

(b) F_1 と F_2 は P において共通の接線をもたず，次の式をみたしている．
$$m_P(G) \geq m_P(F_1) + m_P(F_2) - 1.$$

このとき，$F_1 \cap F_2$ は G の部分スキームである． ∎

系 7.19 は，Cayley-Bacharach の定理 5.17 と同様に，$F_1 \cap F_2$ が G の部分スキームであるための十分条件を与える．定理 7.18 それ自身は，ときどき Cayley-Bacharach の定理 5.17 の条件 (4) が成り立つということの簡単な証明を与えるために用いられる．

パスカルの定理を使って，定理 7.18 と系 7.19 をどのように適用するかを説明しよう．

例 7.20.

(a) F_1 と F_2 はそれぞれ三つの直線の和集合とする．また，F_1 と F_2 は次のページの図のように交点をもつと仮定する．

この図で，P は F_2 の重複度が 2 である点であり，一方，F_1 上では単純点である．この点のほかに，$\mathcal{V}_+(F_1) \cap \mathcal{V}_+(F_2)$ は交叉重複度 1 の点を 7 個もつ．

2 次曲線 Q は A, B, C 以外の 5 個の異なる交点をもち，P において

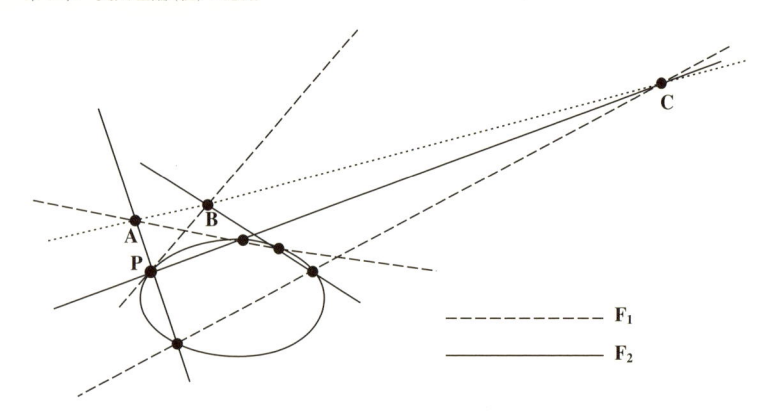

F_1 に接する．このとき，定理 7.18 (a) によって $\dim_K \mathcal{O}_{F_1 \cap F_2 \cap Q, P} = \mu_P(F_1, F_2) = 2$ である．G を Q と A と B を通る直線との和集合とする．すると，Cayley-Bacharach の定理 5.17 の仮定は F_1, F_2, G に対して満足され，したがって，$C \in \mathrm{Supp}(G)$ であることがわかる．すなわち，A, B, C は一つの直線上にある．

このパスカルの定理の「退化した場合」は，直定規のみを用いて，与えられた点 P を通り 2 次曲線 Q に対する接線を引くために用いることができる．

(b) この状況はより強い形で「退化」させることもできる．

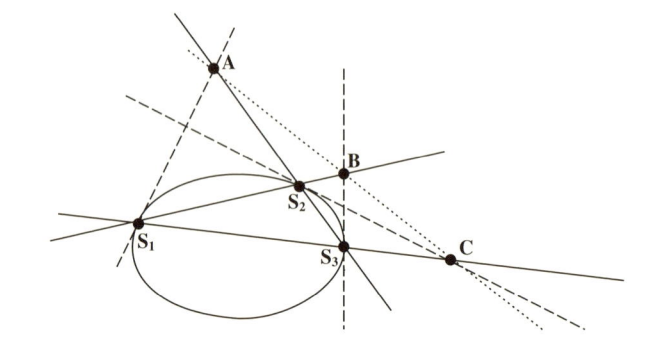

2 次曲線 Q は F_2 の重複点 S_1, S_2 と S_3 をもち，またこれらの点において F_1 に接している．このとき，A, B, C は一つの直線上にある．

演習問題

1. 原点において次の曲線の交叉重複度を計算せよ（補題 5.9 と定理 7.4 を用いる）．
$$Y^2 - X^3 = 0, \qquad Y^p - X^2 = 0 \qquad (3 \leq p \leq q \neq 3 \cdot \frac{p}{2}).$$

2. 上で述べた2次曲線上の接線の作図を実行せよ．

3. 2点の間の線分で，その2点間の距離よりも小さい線分は定規によってどのようにしたら作図できるか（パップスの定理）．

4. 定理 7.18 から，円の幾何における以下の定理を導け．

    (a) Miguel's theorem : $\mathbb{R}^2$ において与えられた三角形を $\{A, B, C\}$ として，A' を B と C を通る直線上に，B' を A と C を通る直線上に，C' を A と B を通る直線上にとる．さらに，$A', B', C' \notin \{A, B, C\}$ と仮定する．このとき，A, B', C' を通る円，A', B, C' を通る円，A', B', C を通る円を考える．これらの円は1点において交わる．

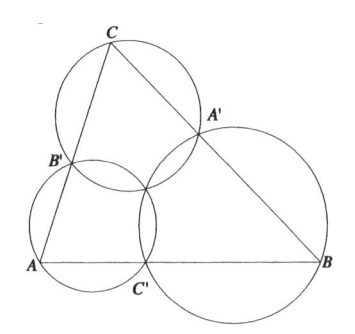

    (b) $\mathbb{R}^2$ において，三つの円を考え，それらの任意の二つは2点で交わると仮定する．このとき，二つの円のすべての共通弦は1点において交わる．

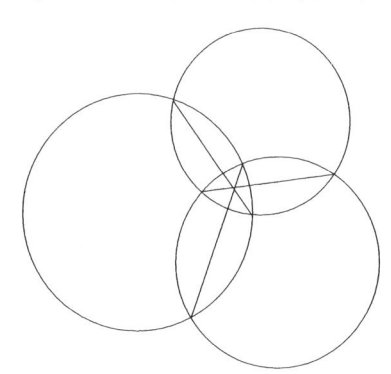

5. 2次曲線が円である場合に，例 7.20 (b) に対して初等幾何を用いた証明を与えよ．

第8章
有理写像と曲線の助変数表示

　射影平面の有理写像は同じ次数をもつ斉次多項式によって与えられる．とりわけ，我々は有理写像による双有理同値の特徴付けに関心がある．曲線が有理的であるのは，その曲線が「助変数表示」をもつときであり，そのときに限ることも示される．本章は第4章に依存しており，第6章も部分的に用いられる．

定義 8.1. 同じ次数をもつ互いに素である斉次多項式 $\Phi_0, \Phi_1, \Phi_2 \in K[X_0, X_1, X_2]$ に対して，$\Phi(\langle x_0, x_1, x_2 \rangle) = \langle \Phi_0(x_0, x_1, x_2), \Phi_1(x_0, x_1, x_2), \Phi_2(x_0, x_1, x_2) \rangle$ で定義される写像

$$\Phi : \mathbb{P}^2(K) \setminus \bigcap_{i=0}^{2} \mathcal{V}_+(\Phi_i) \longrightarrow \mathbb{P}^2(K)$$

を $\Phi = \langle \Phi_0, \Phi_1, \Phi_2 \rangle$ によって表す．これを Φ_0, Φ_1, Φ_2 によって与えられる**有理写像** (rational map) という．また，$\mathrm{Def}(\Phi) := \mathbb{P}^2(K) \setminus \bigcap_{i=0}^{2} \mathcal{V}_+(\Phi_i)$ を Φ の**定義域** (domain of definition)，$\bigcap_{i=0}^{2} \mathcal{V}_+(\Phi_i)$ を Φ の**不確定点**の集合という．

　Φ_0, Φ_1, Φ_2 は互いに素であるから，Φ は有限個の不確定点しかもたないことは明らかである．

例 8.2.

(a) $\mathbb{P}^2(K)$ の**座標変換**は有理写像である．c が座標変換で Φ が有理写像ならば，$c \circ \Phi$ と $\Phi \circ c$ もまた有理写像である．写像の有理性を証明するため

に，「適当」な座標系を選ぶことができる．

(b) 一つの点から一つの直線の上への**中心射影** (central projection). G を $\mathbb{P}^2(K)$ における一つの直線とし，$P \in \mathbb{P}^2(K) \setminus G$ とする．P を通る各直線 G' に対して，$G' \setminus \{P\}$ 上の点である G と G' の交点 P' を対応させる．

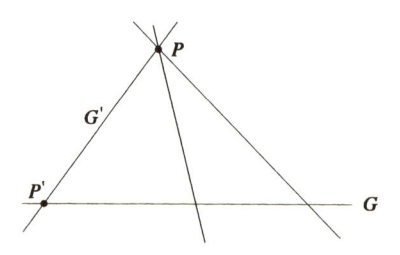

ここで与えられた写像 $\mathbb{P}^2(K) \setminus \{P\} \to G \subset \mathbb{P}^2(K)$ は有理的である．すなわち，適当な座標系において $P = \langle 0, 0, 1 \rangle$ とし，G を直線 $X_2 = 0$ とする．このとき，P から G の上への中心射影は $\langle x_0, x_1, x_2 \rangle \mapsto \langle x_0, x_1, 0 \rangle$ によって与えられる．言い換えると，$\Phi = \langle X_0, X_1, 0 \rangle$ である．P はその射影の**中心** (center) という．

(c) 2次変換 (quadratic transformation)（クレモナ変換 (Cremona transformation)）．これらは，次数2の互いに素である斉次多項式を Φ_i として，$\Phi = \langle \Phi_0, \Phi_1, \Phi_2 \rangle$ と表される写像である．具体的に，次の写像をある程度詳細に考察しよう．

$$\Phi = \langle X_1 X_2, X_0 X_2, X_0 X_1 \rangle.$$

その不確定点は以下のようである．

$$P_0 = \langle 1, 0, 0 \rangle, \quad P_1 = \langle 0, 1, 0 \rangle, \quad P_2 = \langle 0, 0, 1 \rangle.$$

直線 $X_i = 0$ は Φ によって P_i $(i = 0, 1, 2)$ の上に写像される．

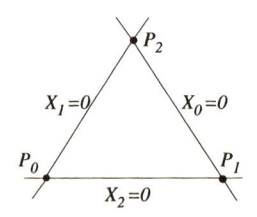

$\mathcal{V}_+(X_0X_1X_2)$ に属さない点に対して，写像 Φ^2 は

$$\langle x_0, x_1, x_2 \rangle \longmapsto \langle x_0^2 x_1 x_2, x_0 x_1^2 x_2, x_0 x_1 x_2^2 \rangle$$

によって与えられるので，恒等写像になる．ゆえに，関数 Φ は $\mathbb{P}^2(K) \setminus \mathcal{V}_+(X_0X_1X_2)$ をそれ自身の上に全単射に写像する．

しばらくの間，次の記号を用いる．$A \in K[X_0, X_1, X_2]$ を斉次多項式，$\Phi = \langle \Phi_0, \Phi_1, \Phi_2 \rangle$ を有理写像とするとき，

$$A^{\Phi} := A(\Phi_0, \Phi_1, \Phi_2)$$

とおく．これもまた斉次多項式であり，$\langle x_0, x_1, x_2 \rangle \in \mathrm{Def}(\Phi)$ に対して次が成り立つ．

$$A^{\Phi}(x_0, x_1, x_2) = A(\Phi(x_0, x_1, x_2)). \tag{1}$$

次に，以下のことを証明する．$\mathbb{P}^2(K)$ における二つの被約曲線が双有理同値であるための必要十分条件は，それらの曲線から有限個の点を除いた後，残りの点が平面の有理写像によって互いに全単射に写像されることである．ここで，ふたたび被約曲線をそれらの台 $\mathcal{V}_+(F)$ と同一視する．第 4 章と同様に，部分集合 $F^* \subset F$ は，F^* が F の各既約成分の点を無限に多く含むとき稠密であるという．したがって，既約曲線の稠密な部分集合は無限部分集合である．

定理 8.3. $\mathbb{P}^2(K)$ における二つの被約曲線 F と G に対して，次の条件は同値である．

(a) F と G は双有理同値である．

(b) それぞれその補集合が有限な部分集合 $F^* \subset F$, $G^* \subset G$ と，$F^* \subset \mathrm{Def}(\Phi)$, $G^* \subset \mathrm{Def}(\Psi)$ をみたす $\mathbb{P}^2(K)$ の有理写像 Φ, Ψ が存在して，$\Phi|_{F^*}$ と $\Psi|_{G^*}$ は全単射であり，互いに逆写像である．

(c) 稠密な部分集合 $F^* \subset F$, $G^* \subset G$ と Φ, Ψ が存在して，(b) で与えられた条件が満足される．

（証明）(c) $\Rightarrow$ (a)．$A \in K[X_0, X_1, X_2]$ が G と共通の成分をもたない斉次多項式ならば，F と A^{Φ} もまた共通の成分をもたない．なぜなら，もしそうでな

いとすると，(1) によって，A は $G^* = \Phi(F^*)$ の無限に多くの点で零となり，したがって，G と共通の成分をもつことになるからである（系 3.10）．これより，Φ によって定義される K-準同型写像

$$\mathcal{O}_G \longrightarrow \mathcal{O}_F \quad \left(\frac{A}{B} \longmapsto \frac{A^\Phi}{B^\Phi}\right)$$

があることがわかる．この写像は I_G を I_F に移す．なぜなら，A が G によって割り切れるならば，(1) によって A^Φ は F^* 上で零になる．ゆえに，F が被約であることより，A^Φ は F で割り切れるからである．剰余環のほうに移行すると，次の K-準同型写像を得る．

$$\Phi^* : \mathcal{R}(G) \longrightarrow \mathcal{R}(F).$$

同様にして，Ψ は K-準同型写像

$$\Psi^* : \mathcal{R}(F) \longrightarrow \mathcal{R}(G)$$

を誘導する．$\frac{A}{B} \in \mathcal{O}_G$ に対して，有理関数 $\frac{A}{B}$ と $\frac{(A^\Phi)^\Psi}{(B^\Phi)^\Psi}$ は稠密な部分集合 $G^* \subset G$ の上で一致する．補題 4.3 によって，これらの分数は $\mathcal{R}(G)$ の同じ関数を与える．これより，Φ^* と Ψ^* は互いに逆 K-同型写像であることがわかる．言い換えると，F と G は双有理同値である．

(a) $\Rightarrow$ (b)．逆に，二つの逆 K-同型写像

$$\alpha : \mathcal{R}(G) \longrightarrow \mathcal{R}(F) \quad \text{と} \quad \beta : \mathcal{R}(F) \longrightarrow \mathcal{R}(G)$$

が与えられたと仮定する．さらに，一般性を失わずに，X_0 は F または G の成分ではないと仮定できる．このとき，$K\left[\frac{X_1}{X_0}, \frac{X_2}{X_0}\right] \subset \mathcal{O}_F \cap \mathcal{O}_G$ となっている．$\tilde{\alpha}$ によって，次のような K-準同型写像の合成写像を表す．

$$K\left[\frac{X_1}{X_0}, \frac{X_2}{X_0}\right] \hookrightarrow \mathcal{O}_G \xrightarrow{\text{can.}} \mathcal{R}(G) \xrightarrow{\alpha} \mathcal{R}(F).$$

すると，$\ker(\tilde{\alpha}) = I_G \cap K\left[\frac{X_1}{X_0}, \frac{X_2}{X_0}\right] = \left(G\left(1, \frac{X_1}{X_0}, \frac{X_2}{X_0}\right)\right)$ が成り立つ．このとき，

$$\tilde{\alpha}\left(\frac{X_i}{X_0}\right) = \frac{\Phi_i}{\Phi_0} + I_F$$

と表す．ただし，$\frac{\Phi_i}{\Phi_0} \in \mathcal{O}_F$ $(i=1,2)$ である．最小の共通分母を求めて，二つの分数が同じ分母をもち，また $\gcd(\Phi_0, \Phi_1, \Phi_2) = 1$ とすることができる．$\frac{\Phi_i}{\Phi_0} \in \mathcal{O}_F$ $(i=1,2)$ であるから，$\gcd(\Phi_0, F) = 1$ もまた成り立つ．

有理写像 $\Phi := (\Phi_0, \Phi_1, \Phi_2)$ に対して，$G(1, \frac{\Phi_1}{\Phi_0}, \frac{\Phi_2}{\Phi_0}) \in I_F$ であるから，$\Phi_0(P) \neq 0$ をみたすすべての $P \in F$ に対して $G^{\Phi}(P) = G(\Phi(P)) = 0$ が成り立つ．ゆえに，補集合が有限な F のある部分集合の上で成り立ち，したがって，F のすべての点で成り立つ．ところが，P は Φ の不確定点であり得る．いずれにしても，Φ の不確定点ではないすべての $P \in F$ に対して，$\Phi(P) \in G$ が成り立つ．

$\tilde{\beta}$ と $\Psi = (\Psi_0, \Psi_1, \Psi_2)$ が同様に定義されたものとすると，Ψ の不確定点ではないすべての $Q \in G$ に対して $\Psi(Q) \in F$ もまた成り立つ．また，$\tilde{\beta}(\frac{X_i}{X_0}) = \frac{\Psi_i}{\Psi_0} + I_G$ より

$$\tilde{\beta}\left(\frac{\Phi_i}{\Phi_0}\right) = \frac{\Phi_i^{\Psi}}{\Phi_0^{\Psi}} + I_G \qquad (i = 1, 2)$$

が成り立つ．特に，$\frac{\Phi_i^{\Psi}}{\Phi_0^{\Psi}} \in \mathcal{O}_G$ であり，ゆえに $\gcd(\Phi_0^{\Psi}, G) = 1$ である．

G^* を Ψ の不確定点ではなく，また Ψ によって Φ の不確定点に写像されない G のすべての点の集合とする．さらに，この除外されている後者の集合は有限である．なぜなら，$\gcd(\Phi_0^{\Psi}, G) = 1$ であるから，有限個の点 $P \in G$ に対してのみ $\Phi_0(\Psi(P)) = \Phi_0^{\Psi}(P) = 0$ となるからである．集合 $F^* \subset F$ も同様に定義される．このとき，それぞれ $F^* \subset F$ と $G^* \subset G$ はそれらの補集合が有限な部分集合である．

$\beta \circ \alpha = \mathrm{id}$ であるから，有理関数 $\frac{\Phi_i^{\Psi}}{\Phi_0^{\Psi}}$ と $\frac{X_i}{X_0}$ は一致する ($i = 1, 2$)．このとき，すべての $P \in G^*$ に対して $\Phi(\Psi(P)) = P$ が成り立つ．したがって，$\Phi|_{F^*}$ と $\Psi|_{G^*}$ は全単射であり，互いに逆写像である．

(b) $\Rightarrow$ (c) は自明であるので，定理は証明された． ∎

以上のことから，$\mathbb{P}^2(K)$ における既約曲線 F が有理的であるための必要十分条件は，それが直線 $X_2 = 0$ に双有理同値になることである．我々は $\mathbb{P}^1(K)$ を次の写像

$$\mathbb{P}^1(K) \longrightarrow \mathbb{P}^2(K) \qquad (\langle u, v \rangle \longmapsto \langle u, v, 0 \rangle)$$

によって直線 $X_0 = 0$ と同一視する．F が有理的ならば，定理 8.3 によって，同じ次数をもつ斉次多項式 $\Phi_0, \Phi_1, \Phi_2 \in K[U, V]$ が存在して，有限個の点を除き，F のすべての点 P は一意的に定まる $\langle u, v \rangle \in \mathbb{P}^1(K)$ によって

$$P = \langle \Phi_0(u, v), \Phi_1(u, v), \Phi_2(u, v) \rangle$$

と表現することができる．一般性を失わずに，Φ_0, Φ_1, Φ_2 は互いに素であるように選ぶことができる．なぜなら，その最大公約数を消去してもその表現は変わらないからである．$F(\Phi_0, \Phi_1, \Phi_2)$ は無限に多くの点 $\langle u,v \rangle \in \mathbb{P}^1(K)$ で零になるので，$K[U,V]$ におけるこの多項式は零多項式となる．以上より，$\mathbb{P}^1(K)$ の補集合が有限な部分集合と F の上で全単射である写像

$$\Phi : \mathbb{P}^1(K) \longrightarrow F \qquad (\langle u,v \rangle \longmapsto \langle \Phi_0(u,v), \Phi_1(u,v), \Phi_2(u,v) \rangle) \qquad (2)$$

をもつ．

逆に，同じ次数をもつ任意の斉次多項式 $\Phi_0, \Phi_1, \Phi_2 \in K[U,V]$ が与えられたと仮定し，それらが互いに素であり，かつ写像

$$\Phi : \mathbb{P}^1(K) \longrightarrow \mathbb{P}^2(K)$$

が (2) で与えられたものと仮定する．このとき，Φ の像が $\mathbb{P}^2(K)$ において既約曲線であることを示す．しかし，最初にその像が一意的に定まる既約曲線に含まれることだけを証明する．

$\phi_0, \phi_1, \phi_2 \in K[T]$ を U に関する Φ_0, Φ_1, Φ_2 の非斉次化とする．すなわち，$\phi_i(T) = \Phi_i(1,T)$ $(i=0,1,2)$ である．一般性を失わずに，有理関数

$$\frac{\phi_1}{\phi_0}, \frac{\phi_2}{\phi_0} \in K(T)$$

は少なくとも一つは定数でないと仮定することができる．なぜなら，そうでないときはそれらを V に関して非斉次化すればよいからである．すると，Φ の像は無限に多くの点（アフィン座標において）$\left(\frac{\phi_1(t)}{\phi_0(t)}, \frac{\phi_2(t)}{\phi_0(t)}\right)$ $(t \in K, \phi_0(t) \neq 0)$ を含んでいる．K-準同型写像

$$\phi^* : K[X,Y] \longrightarrow K(T) \qquad \left(X \longmapsto \frac{\phi_1}{\phi_0},\ Y \longmapsto \frac{\phi_2}{\phi_0}\right)$$

は単射ではない．なぜなら，$K(T)$ における任意の二つの元は K 上代数的に従属していることは，よく知られているからである．実際，このことは容易に示される．加えて，$\ker(\phi^*)$ は極大イデアルではない．なぜなら，仮定より $\frac{\phi_1}{\phi_0}$ は少なくとも一つは定数ではないからである．したがって，ある既約多項式 $f \in K[X,Y]$ によって $\ker(\phi^*) = (f)$ と表される．次に，$F \in K[X_0, X_1, X_2]$ をその斉次化とする．$f\left(\frac{\phi_1}{\phi_0}, \frac{\phi_2}{\phi_0}\right) = 0$ であることより，

$$F(\Phi_0, \Phi_1, \Phi_2) = 0$$

であることがわかる．ゆえに，im$\Phi \subset F$ となる．Φ の像は無限に多くの点を含むので，この種の既約曲線 F はただ一つ存在することができる．

定義 8.4. 上記の説明において曲線 F は**助変数表示** (parametric representation)
$$X_i = \Phi_i(U, V) \qquad (i = 0, 1, 2)$$
によって与えられるという．任意の曲線は助変数表示によって与えられるとき，**助変数表示**，またはパラメーター表示をもつという．

　確かに，直線 $F : a_0X_0 + a_1X_1 + a_2X_2 = 0$ $(a_i \in K)$ は媒介変数表示 $\Phi : \mathbb{P}^1(K) \to F$ をもち，これはさらに全単射である．たとえば，$a_2 \neq 0$ とするとき，その助変数表示は $X_0 = U, X_1 = V, X_2 = -\frac{1}{a_2}(a_0U + a_1V)$ によって与えられる．

定理 8.5. $\mathbb{P}^2(K)$ における既約曲線 F が有理的であるための必要十分条件は，F が助変数表示をもつことである．

（証明）定理 8.3 より，有理曲線は助変数表示をもつことはすでに示されている．逆を証明するために，その曲線を上と同様に助変数表示 $X_i = \Phi_i(U, V)$ $(i = 0, 1, 2)$ によって与えられた曲線とみなす．ϕ^* によって誘導された $K[f] = K[X, Y]/(f)$ から $K(T)$ への単射 K-準同型写像があり，ゆえに $\mathcal{R}(F) = Q(K[f])$ から $K(T)$ への単射がある．

　体論からのリューローの定理により（ここでは知られているものと仮定する），$K(T)$ に含まれている K のすべての拡大体は一つの元によって生成される．ゆえに，適当な $T' \in K(T) \setminus K$ によって $\mathcal{R}(F) = K(T')$ と表される．したがって，F は有理曲線である．■

　第 6 章からの付値論的議論を用いて，次の定理を示す．

定理 8.6. 曲線 F を助変数表示 $X_i = \Phi_i(U, V)$ $(i = 0, 1, 2)$ によって与えられていると仮定する．このとき，写像

$$\Phi : \mathbb{P}^1(K) \longrightarrow F, \qquad \langle u, v \rangle \longmapsto \langle \Phi_0(u,v), \Phi_1(u,v), \Phi_2(u,v) \rangle$$

は全射である．すなわち，この助変数表示は F のすべての点を表現する．

この定理の証明はもう少し準備を必要とする．$\mathbb{P}^1$ 上の有理関数のつくる体 $\mathcal{R}(\mathbb{P}^1)$ は $\frac{a}{b}$ なるすべての分数の集合である．ただし，$a, b \in K[U, V]$ は同じ次数の斉次多項式でかつ $b \neq 0$ である．このような分数は，通常のように，分母が零とならない $\mathbb{P}^1$ の部分集合上で定義された関数として考えられる．このとき，明らかに

$$\mathcal{R}(\mathbb{P}^1) = K\left(\frac{V}{U}\right) = K(T), \qquad T := \frac{V}{U}$$

と表される．

定理のように曲線 F が与えられたとき，上で構成した埋込み $\mathcal{R}(F) \hookrightarrow K(T)$ を，各有理関数 $r \in \mathcal{R}(F)$ に対して合成写像 $r \circ \Phi \in \mathcal{R}(\mathbb{P}^1)$ を対応させる写像

$$\mathcal{R}(F) \hookrightarrow \mathcal{R}(\mathbb{P}^1)$$

と同一視する．これは $\mathbb{P}^2(K)$ と $\mathbb{P}^1(K)$ における座標の選び方には独立である．

$K(T)/K$ の離散付値環は点 $\langle u, v \rangle \in \mathbb{P}^1(K)$ と 1 対 1 に対応しており，またこの離散付値環は $\langle u, v \rangle$ で定義される $\mathcal{R}(\mathbb{P}^1)$ 上のすべての有理関数のつくる環 $R_{\langle u, v \rangle}$ である．それらの $K(T)$ の部分環としての表現は次のようである．$u \neq 0$ ならば，$R_{\langle u, v \rangle} = K[T]_{(uT-v)}$，すなわち，素イデアル $(uT - v)$ による $K[T]$ の局所環である．$u = 0$ ならば，$R_{\langle u, v \rangle} = K[T^{-1}]_{(T^{-1})}$ である．$\mathbb{P}^1(K)$ は任意の直線 $F \subset \mathbb{P}^2(K)$ と同一視できるから，これらの事実は系 6.13 から導かれる．また，第 6 章の演習問題 1 も参照せよ．

$R_{\langle u, v \rangle}$ の極大イデアルを $\mathfrak{m}_{\langle u, v \rangle}$ によって表す．定理 8.6 の証明は助変数表示 Φ の付値論的表現に基づいている．

補題 8.7. 各 $\langle u, v \rangle \in \mathbb{P}^1(K)$ に対して，次の条件をみたす点 $P \in F$ がただ一つ存在する．

$$\mathcal{O}_{F,P} \subset R_{\langle u, v \rangle}, \qquad \mathfrak{m}_{F,P} = \mathfrak{m}_{\langle u, v \rangle} \cap \mathcal{O}_{F,P}.$$

ここで，

$$P = \Phi(\langle u, v \rangle)$$

は「助変数」$\langle u,v \rangle$ に対応する点である.

(証明) P が $\langle u,v \rangle$ によって一意的に定まることを示すために, 定理 6.12 (a) における対応の一意性を用いて証明する.

P の存在を証明するために, 適当な座標系を選ぶことによって $u \neq 0$ と仮定することができる. $t := \frac{v}{u}$ と $\phi_i(T) := \Phi_i(1,T)$ ($i=0,1,2$) とおくとき, さらに $\phi_0(t) \neq 0$ と仮定することができる. このとき, 埋込み $\mathcal{R}(F) \hookrightarrow \mathcal{R}(\mathbb{P}^1) = K(T)$ によって, アフィン座標環 $K[f] = K[X,Y]/(f) = K[x,y]$ は $K[\frac{\phi_1}{\phi_0}, \frac{\phi_2}{\phi_0}] \subset \mathcal{R}_{\langle u,v \rangle}$ と同一視することができる. $K[x,y] \to \mathcal{R}_{\langle u,v \rangle}$ と標準全射 $\mathcal{R}_{\langle u,v \rangle} \to K$ の合成写像は x を $a := \frac{\phi_1}{\phi_0}$ に, y を $b := \frac{\phi_2}{\phi_0}$ に写像する. この写像の核は $\mathfrak{m}_P := (x-a, y-b)$ である. したがって, 次が得られる.

$$\mathcal{O}_{F,P} \subset K[x,y]_{\mathfrak{m}_P} \subset R_{\langle u,v \rangle}, \qquad \mathfrak{m}_{F,P} = \mathfrak{m}_{\langle u,v \rangle} \cap \mathcal{O}_{F,P}. \qquad\blacksquare$$

定理 8.6 の証明.

定理 6.12 (b) によって, 各 $P \in F$ に対して $\mathcal{R}(F)/K$ の離散付値環 R' が存在して, その極大イデアルを $\mathfrak{m}'$ とすると,

$$\mathcal{O}_{F,P} \subset R', \qquad \mathfrak{m}_{F,P} = \mathfrak{m}' \cap \mathcal{O}_{F,P}$$

が成り立つ. ある $T' \in K(T) \setminus K$ に対して $\mathcal{R}(F) = K(T') \subset K(T)$ が成り立つ. したがって, 極大イデアルを $\mathfrak{m}$ とする $K(T)/K$ の離散付値環 R が存在して

$$R' \subset R, \qquad \mathfrak{m}' = \mathfrak{m} \cap R'$$

が成り立つことを示せばよい. 一般性を失わずに $R' = K[T']_{(T')}$ と仮定することができる. 簡単に $T' = \frac{f}{g}$ ($f,g \in K[T], g \neq 0$) と表す. f が定数でないとすると, $f(a) = 0, g(a) \neq 0$ をみたす元 $a \in K$ が存在する. この場合, $R' \subset K[T]_{(T-a)}$ であり, かつ $\mathfrak{m}' = (T-a)K[T]_{(T-a)} \cap R'$ となっている. f が定数ならば, g は定数でない. この場合, $R' \subset K[T^{-1}]_{(T^{-1})}$ で, かつ $\mathfrak{m}' = (T^{-1})K[T^{-1}]_{(T^{-1})} \cap R'$ である. $\qquad\blacksquare$

アフィン平面における曲線の助変数表示は二つの有理関数 $\alpha, \beta \in K(T)$ によって与えられる. ただし, 少なくとも α, β の一つは定数ではない. K-準同

型写像
$$K[X,Y] \longrightarrow K(T) \qquad (X \longmapsto \alpha,\ Y \longmapsto \beta)$$

の核は既約多項式 f によって生成された単項イデアル (f) である.$f(\alpha,\beta) = 0$ であるから,曲線 $f = 0$ はすべての点 $(\alpha(t),\beta(t))$ を含んでいる.ただし,$t \in K$ は α と β の極ではない.このようにして f は一意的に定まる.f は(有理的)助変数

$$X = \alpha(T), \qquad Y = \beta(T)$$

によって与えられるという.

　射影的な場合と比較してアフィン曲線の場合には,助変数の値 t が与えられたとき,必ずしもその曲線上の点に対応するとは限らない.また,曲線上のすべての点が助変数表示によって必然的に与えられるとは限らない.たとえば,第 1 章の演習問題 2 を参照せよ.しかしながら,その曲線が「多項式」による助変数表示をもつとき,曲線上のすべての点が助変数表示によって与えられる(以下の演習問題 1 を参照せよ).アフィン既約曲線が助変数表示をもつための必要十分条件は,その射影閉包が助変数表示をもつことであることは明らかである.

演習問題

1. $\mathbb{A}^2(K)$ における曲線 f が「多項式」による助変数表示

$$X = \alpha(T), \qquad Y = \beta(T) \qquad (\alpha,\beta \in K[T])$$

によって与えられていると仮定する.このとき,写像 $K \to \mathcal{V}(f)$ $(t \mapsto (\alpha(t),\beta(t)))$ は全射であることを示せ.

2. すべての既約な特異 3 次曲線は有理的であることを示せ(定理 7.17).

3. 読者はすでに**外サイクロイド** (epicycloid) と**内サイクロイド** (hypocycloid) をよく知っているかもしれない.$r, \rho, a \in \mathbb{R}_+$ と変数 $t \in \mathbb{R}$ に対して,外サイクロイドは以下の助変数表示をもつ平面(一般には超越的)曲線である.

$$x = (r+\rho)\cos t - a\cos\left(\frac{r+\rho}{\rho}t\right),$$
$$y = (r+\rho)\sin t - a\sin\left(\frac{r+\rho}{\rho}t\right).$$

内サイクロイドは以下の助変数表示によって与えられる.

$$x = (r-\rho)\cos t + a\cos\left(\frac{r-\rho}{\rho}t\right),$$
$$y = (r-\rho)\sin t - a\sin\left(\frac{r-\rho}{\rho}t\right).$$

$\frac{r}{\rho}$ が有理数ならば,これらは有理代数曲線である(またそのときに限る).第1章において概形が示されている曲線のどれがこの形の曲線か?

4. 2次変換 $\phi = \langle X_1X_2, X_0X_2, X_0X_1 \rangle$ による2次曲線 $X_0^2 + X_1^2 + X_2^2 = 0$ の像の概形を描け.

5. $K(T)/K$ の因子類群を求めよ.

第9章
代数曲線の極線とヘッセ曲線

本章では代数曲線の接線を引き続き考察する．平面上で与えられた一つの点を通る代数曲線の接線がいくつあるか，という問題を考える．また，「変曲接線」(flex tangent)，すなわち，変曲点における接線もまた考察する．

点 $P \in \mathbb{P}^2(K)$ と $P \notin G$ をみたす直線 G に対して，

$$\pi_P : \mathbb{P}^2(K) \setminus \{P\} \longrightarrow G$$

を P から G への中心射影とする（例 8.2 (b)）．

F が $P \notin \mathcal{V}_+(F)$ をみたす次数 d の射影代数曲線ならば，そのとき π_P は次の写像を誘導する．

$$\pi_P : \mathcal{V}_+(F) \longrightarrow G.$$

この写像は全射である．なぜなら，P を通る各直線 G' は曲線 F と交わり，任意の $Q \in G$ に対して，集合 $\pi_P^{-1}(Q)$ は d 個の点 P' からなるからである．ただし，これらの点は $G' := g(Q,P)$ とする重複度 $\mu_{P'}(F,G')$ によって数えられる．このとき，$\pi_P : \mathcal{V}_+(F) \longrightarrow G$ は d-**重被覆** (d-fold covering) であるという．

$\pi_P^{-1}(Q)$ が d 個の異なる点より少ないならば，少なくとも一つの点 $P' \in \pi_P^{-1}(Q)$ に対しては $\mu_{P'}(F,G') > 1$ となる．すなわち，「射影直線」G' は P' において F に接していなければならない，言い換えると，P' は F の特異点である．問題は，どのぐらい多くの点 $Q \in G$ に対してこの場合が起こるか，ということである．

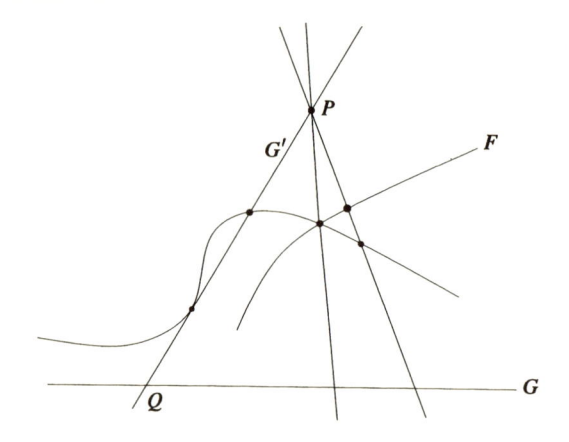

$P = \langle x_0, x_1, x_2 \rangle$ に対して，次数 $\deg D_P = \deg F - 1$ をもつ斉次多項式

$$D_P := x_0 \frac{\partial F}{\partial X_0} + x_1 \frac{\partial F}{\partial X_1} + x_2 \frac{\partial F}{\partial X_2}$$

を考える．F が次数 $\deg F > 1$ の既約曲線で，かつ K の標数が 0 かまたは $> \deg F$ ならば，すべての $P \in \mathbb{P}^2(K)$ に対して D_P は零ではない．なぜなら，そうでないとすると（適当な座標系において），F は二つの変数にのみ依存することになり，可約となるからである．

定義 9.1. 点 $P \in \mathbb{P}^2(K)$ に対して D_P が零ではないとき，D_P に付随している曲線を極 P に関する F の**極線** (polar curve) という．

極線は射影座標系の選択に依存しない．$A \in GL(3, K)$ を射影座標変換の行列とし，$(y_0, y_1, y_2) = (x_0, x_1, x_2) \cdot A$ とおくと，不定元 Y_0, Y_1, Y_2 によって

$$F^A(Y_0, Y_1, Y_2) = F((Y_0, Y_1, Y_2) \cdot A^{-1})$$

と表される．このとき，連鎖律によって（省略表現 $YA^{-1} = (Y_0, Y_1, Y_2) \cdot A^{-1}$ を用いて），

$$\left(\frac{\partial F^A}{\partial Y_0}, \frac{\partial F^A}{\partial Y_1}, \frac{\partial F^A}{\partial Y_2} \right)^t = A^{-1} \cdot \left(\frac{\partial F}{\partial X_0}(YA^{-1}), \frac{\partial F}{\partial X_1}(YA^{-1}), \frac{\partial F}{\partial X_2}(YA^{-1}) \right)^t.$$

したがって，

$$\sum_{i=0}^{2} y_i \frac{\partial F^A}{\partial Y_i} = (x_0, x_1, x_2) A A^{-1} \left(\frac{\partial F}{\partial X_0}(YA^{-1}), \frac{\partial F}{\partial X_1}(YA^{-1}), \frac{\partial F}{\partial X_2}(YA^{-1}) \right)^t$$

$$= D_P(YA^{-1}).$$

極線の幾何学的な意味は次の定理によって与えられる.

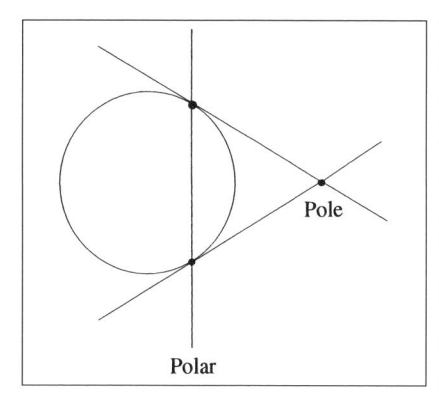

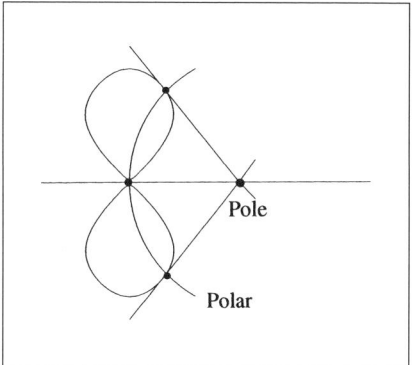

定理 9.2. $P \in \mathbb{P}^2(K)$ に対して F の極線 D_P が定義されていると仮定する(すなわち, $D_P \neq 0$). このとき, $\mathcal{V}_+(D_P) \cap \mathcal{V}_+(F)$ は次のような点から構成される.

(a) F の特異点,
(b) P を通る F のすべての接線の接点.

K の標数が $\deg F$ で割り切れなければ, $P \in \mathcal{V}_+(D_P)$ であるための必要十分条件は $P \in \mathcal{V}_+(F)$ となることである.

(証明) $Q = \langle y_0, y_1, y_2 \rangle \in \mathcal{V}_+(F)$ とする. Q が F の特異点ならば, ヤコビ判定法の定理 6.8 によって $Q \in \mathcal{V}_+(D_P)$ となる. 一方, Q が F の正則点ならば,
$$X_0 \frac{\partial F}{\partial y_0} + X_1 \frac{\partial F}{\partial y_1} + X_2 \frac{\partial F}{\partial y_2} = 0$$
は Q における F の接線の方程式である. これが点 P を含んでいるための必要十分条件は $Q \in \mathcal{V}_+(D_P)$ となることである.

オイラーの公式
$$X_0 \frac{\partial F}{\partial X_0} + X_1 \frac{\partial F}{\partial X_1} + X_2 \frac{\partial F}{\partial X_2} = (\deg F) \cdot F$$
より, 定理の最後の主張の証明は得られる. ■

系 9.3. F を次数 $d > 1$ の滑らかな曲線とし，$\operatorname{Char} K = 0$ かまたは $\operatorname{Char} K > d$ であると仮定する．このとき，任意の点 $P \in \mathbb{P}^2(K)$ に対して，P を通る F の接線が高々 $d(d-1)$ 個ある．

（証明） F と D_P は互いに素である．ベズーの定理 5.7 によって，集合 $\mathcal{V}_+(D_P) \cap \mathcal{V}_+(F)$ は高々 $d(d-1)$ の点をもつ． ∎

 $P \notin \mathcal{V}_+(F)$ とし，$\pi_P : \mathcal{V}_+(F) \to G$ を直線 G の上への中心射影とすると，$\pi_P^{-1}(Q)$ が d 個の異なる点より少ないという条件をみたす点 $Q \in G$ は高々 $d(d-1)$ 個ある．標数についての条件が成り立たないとき，上の系はもはやそのままでは成り立たない．P を通る滑らかな曲線に対して無限に多くの接線が存在することさえある（章末の演習問題 1 を参照せよ）．

この章の残りにおいては，変曲点と変曲点における接線（変曲接線）を考察する．

定義 9.4. 点 $P \in \mathbb{P}^2(K)$ は次の条件 (a), (b) をみたすとき，F の**変曲点** (flex or inflection point) という．

(a) P は F の単純点である．
(b) G が P における F の接線ならば，$\mu_P(F, G) > 2$ が成り立つ．

変曲点における接線を**変曲接線** (flex tangent) という．

定義より，接線 G が F の成分であることもある．接線が F の成分ではないような変曲点を**真の変曲点** (proper flex) という．

たとえば，直線のすべての点は真の変曲点ではない変曲点である．次数 2 の曲線 F は真の変曲点をもたない．なぜなら，直線 G が F の成分でないとすれば，ベズーの定理 5.7 によって $\sum_P \mu_P(F, G) = 2$ となる．ゆえに，すべての $P \in \mathcal{V}_+(F)$ に対して $\sum_P \mu_P(F, G) \leq 2$ となるからである．明らかに，変曲点の概念は座標系の選び方には依存しない．

以下において，P は F の正則点で，$\deg F \geq 3$ と仮定する．G を P における F の接線とする．どのような条件のもとで点 P が F の変曲点となるかという

条件を求めるために，$P=(0,0)$ であり，G はアフィン方程式 $Y=0$ によって与えられていると仮定しよう．また，f を F に付随しているアフィン曲線とする．二つの場合が考えられる．

(I) P が F の真の変曲点ではない．これが起こるための必要十分条件は，Y が F の因数となることである．

(II) G が F の成分ではない．この場合，f は $\mu \in \mathbb{N}, \mu \geq 2$ として

$$f = X^\mu \cdot \phi(X) + Y \cdot \psi(X,Y)$$

という形で表される．ただし，ϕ は $\phi(0) \neq 0$ をみたす X のみの多項式で，ψ は $\psi(0,0) \neq 0$ をみたす多項式である．

このとき，局所環 $\mathcal{O}'_P$ において，ϕ と ψ は単元である．また，次が成り立つ．

$$\mu_P(F,G) = \dim_K \mathcal{O}'_P/(f,Y) = \dim_K K[X]_{(X)}/(X^\mu) = \mu.$$

すると，P が F の（真の）変曲点であるための必要十分条件は $\mu > 2$ である．

F の変曲点は**ヘッセの行列式** (Hessian determinant)

$$H_F := \det\left(\frac{\partial^2 F}{\partial X_i \partial X_j}\right)_{i,j=0,1,2}$$

によって求めることができる．H_F の次数は $\deg H_F = 3 \cdot (\deg F - 2)$ である．$H_F = 0$ となることもありうることを後で見るであろう．しかしながら，$H_F \neq 0$ であるとき，H_F に対応している $\mathbb{P}^2(K)$ の曲線を F の**ヘッセ曲線** (Hessian curve, or Hessian) という．これは座標系の選び方に無関係である．なぜなら，$F^A(Y_0, Y_1, Y_2)$ を定義 9.1 で与えられたものとすると，連鎖律を用いた簡単な計算によって次が成り立つからである．

$$H_{F^A}(Y_0, Y_1, Y_2) = (\det A)^2 \cdot H_F\bigl((Y_0, Y_1, Y_2) \cdot A^{-1}\bigr).$$

以下において，$F_{X_i} := \frac{\partial F}{\partial X_i}, F_{X_i X_j} := \frac{\partial^2 F}{\partial X_i \partial X_j}$ と書くことにする．

補題 9.5. 上記の記号を用いると，次の式が常に成り立つ．

$$X_0^2 \cdot H_F = \begin{vmatrix} n(n-1)F & (n-1)F_{X_1} & (n-1)F_{X_2} \\ (n-1)F_{X_1} & F_{X_1 X_1} & F_{X_1 X_2} \\ (n-1)F_{X_2} & F_{X_1 X_2} & F_{X_2 X_2} \end{vmatrix}.$$

(証明) ヘッセの行列式の第1行に X_0 をかけ,それに第2行に X_1 倍,第3行に X_2 倍して加える.オイラーの公式を用いると,式

$$(n-1)F_{X_i} = \sum_{j=0}^{2} F_{X_i X_j} \cdot X_j \qquad (i=0,1,2)$$

より次の行列式が得られる.

$$X_0 \cdot \begin{vmatrix} (n-1)F_{X_0} & (n-1)F_{X_1} & (n-1)F_{X_2} \\ F_{X_0 X_1} & F_{X_1 X_1} & F_{X_1 X_2} \\ F_{X_0 X_2} & F_{X_1 X_2} & F_{X_2 X_2} \end{vmatrix}.$$

次に,この行列式の列について同じ操作を実行して,$nF = \sum_{i=0}^{2} F_{X_i} \cdot X_i$ を用いると,補題の中で与えられた形の $X_0^2 H_F$ が得られる. ∎

系 9.6. F のすべての特異点 P に対して,$H_F(P) = 0$ が成り立つ.また,K の標数が $n-1$ を割り切るならば,$H_F = 0$ である. ∎

さて,次の定理を証明しよう.

定理 9.7. F を次数 $n \geq 3$ の被約曲線とする.p を K の標数とし,p は $p = 0$ であるか,または $p > n$ と仮定する.このとき,次が成り立つ.

(a) $H_F \equiv 0 \pmod{F}$ であるための必要十分条件は,F が直線の和集合となることである.

(b) $H_F \not\equiv 0 \pmod{F}$ ならば,F とそのヘッセ曲線との共通集合は F の特異点と F の変曲点からなる.

(c) F の点 P における接線 G が F の成分ではない F のすべての正則点 P に対して,次が成り立つ.

$$\mu_P(F, G) = \mu_P(F, H_F) + 2.$$

(証明) P を F の正則点とし,G を P における F の接線とする.P が F の変曲点であるかどうか,また $H_F(P) = 0$ であるかどうかを決定するために,$P = (0,0)$ でかつ G は $Y = 0$ によって与えられていると仮定することができる.f を F に対応しているアフィン曲線とする.

補題 9.5 によって，$H_F(P)$ は点 $(0,0)$ における次の行列式

$$\Delta := \begin{vmatrix} n(n-1)f & (n-1)f_X & (n-1)f_Y \\ (n-1)f_X & f_{XX} & f_{XY} \\ (n-1)f_Y & f_{XY} & f_{YY} \end{vmatrix}$$
$$= n(n-1)f(f_{XX}f_{YY} - f_{XY}^2) - (n-1)^2(f_X^2 f_{YY} + f_Y^2 f_{XX} - 2f_X f_Y f_{XY})$$

の値である．P が F の真の変曲点でないならば（前に述べた (I) の場合），Y は f の因数である．この場合，f, f_X, そして f_{XX} は点 P で零となり，ゆえに，$H_F(P) = 0$ を得る．

上での (II) の場合がまだ残っている．いま，f をそこで表された表現を用いる．偏微分による計算によって，次の式が得られる．

$$f_X = \mu X^{\mu-1}\phi + X^\mu \phi' + Y \cdot \psi_X,$$
$$f_{XX} = \mu(\mu-1)X^{\mu-2}\phi + 2\mu X^{\mu-1}\phi' + X^\mu \phi'' + Y \cdot \psi_{XX},$$
$$f_Y = \psi + Y \cdot \psi_Y,$$
$$f_{YY} = 2\psi_Y + Y \cdot \psi_{YY},$$
$$f_{XY} = \psi_X + Y \cdot \psi_{XY}.$$

さて，付随した付値のもとで，$\mathcal{O}_{F,P} \cong K[X,Y]_{(X,Y)}/(f)$ における Δ の像の値を考察する．ϕ と ψ は単元であるから，合同式

$$Y \cdot \psi(X,Y) \equiv -X^\mu \phi(X) \mod (f)$$

より，$\mathcal{O}_{F,P}$ の極大イデアルは X の像によって生成されることがわかる．また，$\mathcal{O}_{F,P}$ における Y の像は値 μ をとる．いま Δ に対する上の表現において $f_Y^2 f_{XX}$ の像は値 $\mu - 2$ をとり，一方，残りの項の像はより高い値をとることがわかる．したがって，Δ の像は値 $\mu - 2$ をとる．

特に，これは $\Delta \not\equiv 0 \mod (f)$ であることを示している．ゆえに，接線が F の成分ではない F の正則点 P が存在するならば，$H_F \not\equiv 0 \mod (F)$ が成り立つ．そして，接線が F の成分ではない F の正則点 P が存在するのは，F が直線の和集合でないときであり，かつそのときに限る．

一方，F がこのような直線の和集合ならば，$H_F \equiv 0 \mod (F)$ であることを以下のようにして直接に計算することができる．一般性を失わずに $F = X_0 G$

と仮定することができる．ただし，G は 1 次斉次多項式の積である．補題 9.5 より，次が成り立つ．

$$X_0^2 \cdot H_F \equiv \left(\frac{n-1}{n-2}\right)^2 X_0^5 \cdot H_G \mod (F).$$

帰納法によって，$H_G \equiv 0 \mod (G)$ と仮定することができる．したがって，$H_F \equiv 0 \mod (F)$ を得る．以上より定理の (a) の部分が証明された．次に，公式

$$\mu_P(F, H_F) = \dim_K K[X,Y]_{(X,Y)}/(f, \Delta) = \mu - 2$$

より，定理の主張 (c) もまた正しいことがわかる．さらにこの公式は，$P \in \mathcal{V}_+(F) \cap \mathcal{V}_+(H_F)$ が成り立つのは $\mu > 2$ のとき，すなわち P は F の変曲点であり，かつそのときに限ることを示している．系 9.6 と合わせると，このことより定理の主張 (b) が得られる． ∎

例 9.8. 標数についての仮定を外すと，定理は一般に成り立たない．$\operatorname{Char} K = 3$ でかつ $F := X_0^2 X_2 - X_1^3$ と仮定する．この曲線は既約であり，その特異点 $\langle 0, 0, 1 \rangle$ はただ一つの無限遠点である．また，$H_F = 0$ であることが容易にわかる．

F の正則点は有限の距離をもつ点である．それらの点は方程式 $Y = X^3$ をみたす．明らかに，$(0, 0)$ は F の変曲点である．有限の距離をもつ F の任意の点 (a, b) に対して，

$$Y - X^3 = Y - X^3 - (b - a^3) = (Y - b) - (X - a)^3.$$

したがって，(a, b) もまた F の変曲点である．

これと対照的に，次が成り立つ．

系 9.9. 定理 9.7 の仮定のもとで，F は既約とし，s を F の特異点の数とする．このとき，F は高々 $3n(n-2) - s$ 個の変曲点をもつ．

(証明) 定理 9.7 (a) より，$H_F \not\equiv 0 \pmod F$ である．また定理 9.7 (c) より，F のすべての正則点に対して $\mu_P(F, H_F) < \infty$ が成り立つ．特に，F は H_F の

因数ではない．ゆえに，ベズーの定理5.7によって，

$$\sum_P \mu_P(F, H_F) = \deg F \cdot \deg H_F = 3n(n-2).$$

この和における s 個の項は F の特異点から生じるから，このことより系の主張は得られる． ∎

系 9.10. 定理 9.7 の仮定のもとで，F は滑らかな曲線であると仮定する．このとき，F は少なくとも一つの変曲点をもつ．$\{P_1, \ldots, P_r\}$ を F のすべての変曲点の集合とし，$\{G_1, \ldots, G_r\}$ を対応している変曲接線の集合とする．このとき，次が成り立つ．

$$\sum_{i=1}^r (\mu_{P_i}(F, G_i) - 2) = 3n(n-2).$$

演習問題

1. F を $\mathbb{P}^2(K)$ における曲線とする．点 $P \in \mathbb{P}^2(K)$ は，P を通る F の接線が無限に多くあるとき **strange** であるという．

    (a) F に対する strange point が存在するならば，$\operatorname{Char} K > 0$ であることを証明せよ．

    (b) strange point をもつ滑らかな曲線の例をあげよ．

2. 例 1.2 における曲線の変曲点を求めよ．

3. F を既約 2 次曲線 $X_0^2 + X_1^2 + X_2^2 = 0$ $(\operatorname{Char} K \neq 2)$ とする．$P \in \mathbb{P}^2(K)$ に対して，D_P を F に関する P の極線を表すものとする．このとき，写像 $P \mapsto D_P$ は $\mathbb{P}^2(K)$ から $\mathbb{P}^2(K)$ のすべての直線の集合の上への全単射を与えることを示せ．この写像のもとで $\mathbb{P}^2(K)$ の直線の像は何になるか？ 写像 $P \mapsto D_P$ の初等的な幾何学的説明を与えよ．

第10章
楕円曲線

　2次曲線の次にもっとも研究されているのは楕円曲線である．楕円曲線は解析学や数論に多くの関連をもつ広範囲でかつ深い理論の対象である (Husemöller [Hus], Lang [L], Silverman [S_1], [S_2]). 暗号理論における楕円曲線の役割については，Koblitz [K]やWashington [W]を参照せよ．点Oを選べば，楕円曲線には幾何学的構成を用いて群構造が与えられる．最初にこの群の構成法を考える．最後に，座標変換を除いて楕円曲線を分類する．本章では楕円曲線の代数的理論の基礎のみを考察する．

定義 10.1. $\mathbb{P}^2(K)$ における**楕円曲線** (elliptic curve) とは次数3の滑らかな曲線のことである．

定理 10.2. $\operatorname{Char} K \neq 2$ または $\operatorname{Char} K \neq 3$ と仮定する．このとき，すべての楕円曲線はちょうど9個の変曲点をもつ．

(証明) $P_1, \ldots, P_r$ を楕円曲線 E の変曲点とし，$G_1, \ldots, G_r$ を対応している変曲接線とする．$\deg E = 3$ であるから，$i = 1, \ldots, r$ に対して $\mu_{P_i}(E, G_i) = 3$ が成り立つ．系9.10における公式から $r = 9$ であることがわかる．∎

例 10.3. $\mathbb{P}^2(\mathbb{C})$ におけるフェルマー曲線 $X_0^3 + X_1^3 + X_2^3 = 0$ は楕円曲線である．対応しているヘッセ曲線は $X_0 X_1 X_2 = 0$ によって与えられる．フェルマー曲線の変曲点は

$$\langle 1, \xi, 0 \rangle, \quad \langle 1, 0, \xi \rangle, \quad \langle 0, 1, \xi \rangle$$

である．ただし，ξ は方程式 $X^3 + 1 = 0$ の解集合を動く．

さて，E を楕円曲線とし，G を $\mathbb{P}^2(K)$ における直線とする．ベズーの定理 5.7 によって，G は 3 個の点 P, Q, R で曲線 E と交わる．ただし，これらのうち 2 個またはすべての 3 個の点は一致してもよい．$P = Q$ となる場合は，G が P における E の接線となるときであり，そのときに限る．また，$P = Q = R$ となるのは G が P における変曲接線になるときである．いずれにしても，$G \cap E = \{P, Q, R\}$ と表すことにする．ただし，一つの点は E と G の交叉重複度に応じて繰り返し数えられる．

次に，$O \in E$ を任意に選ばれた点とする．$A, B \in E$ に対して，$g(A, B)$ によって，$A \neq B$ であるとき A と B を通る直線を，また $A = B$ のとき A における E の接線を表す．さらに，

$$g(A, B) \cap E = \{A, B, R\},$$
$$g(O, R) \cap E = \{O, R, S\}$$

とする．このとき，矛盾なく定義される演算

$$E \times E \longrightarrow E, \quad (A, B) \longmapsto S$$

がある．この演算を（O に関する）E 上の**加法**といい，これを和 $S = A + B$ として表すことにする．

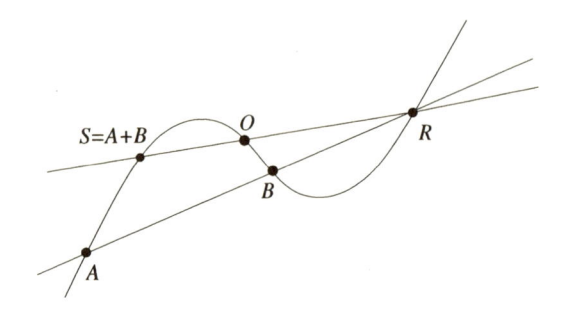

定理 10.4. $(E, +)$ は単位元を O とするアーベル群である．

（証明）(a) 定義によって，すべての $B \in E$ に対して $O + B = B$ が成り立つ．加法の可換性は同様に明らかである．

(b) 逆元の存在：$A \in E$ を与えられたものとし，$g(O,O) \cap E = \{O, O, R\}$ と仮定する．さらに，$g(A,R) \cap E = \{A, R, B\}$ と仮定する．すると，加法の定義によって $A + B = O$ であり，ゆえに，$B = -A$ である．

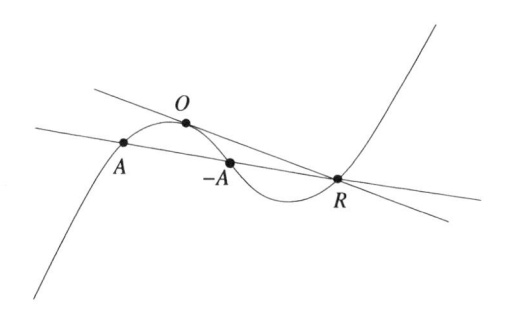

(c) 結合律の検証は幾分複雑である．これは Cayley-Bacharach の定理 5.17 の特別な場合を用いる．$A, B, C \in E$ が与えられたとする．ただし，これらの点の二つ，あるいは三つすべてが一致していてもよい．

次の図と説明にしたがって，直線と E との交点を次々に定義する．

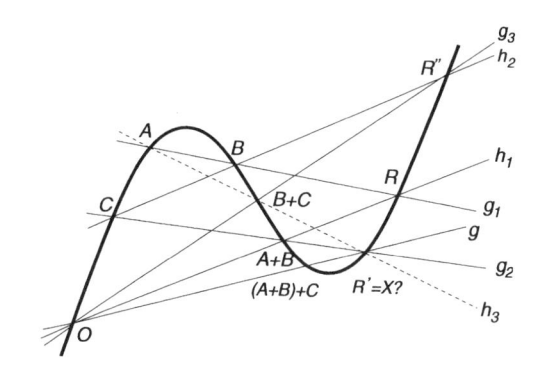

$$g_1 := g(A, B), \qquad g_1 \cap E = \{A, B, R\},$$
$$h_1 := g(O, R), \qquad h_1 \cap E = \{O, R, A + B\},$$
$$g_2 := g(C, A + B), \qquad g_2 \cap E = \{C, A + B, R'\},$$
$$g := g(O, R'), \qquad g \cap E = \{O, R', (A + B) + C\},$$
$$h_2 := g(B, C), \qquad h_2 \cap E = \{B, C, R''\},$$

$$g_3 := g(O, R''), \qquad g_3 \cap E = \{O, R'', B+C\},$$
$$h_3 := g(A, B+C), \qquad h_3 \cap E = \{A, B+C, X\}.$$

$X = R'$ であることを示そう. これより,
$$(A+B)+C = A+(B+C)$$
が成り立つことがわかる. そこで, 次の3次曲線を考える.
$$\Gamma_1 := g_1 + g_2 + g_3, \qquad \Gamma_2 := h_1 + h_2 + h_3.$$
このとき, 次が成り立つ.
$$\mathcal{V}_+(E) \cap \mathcal{V}_+(\Gamma_1) = \{O,\ A,\ B,\ C,\ R,\ R',\ R'',\ A+B,\ B+C\},$$
$$\mathcal{V}_+(E) \cap \mathcal{V}_+(\Gamma_2) = \{O,\ A,\ B,\ C,\ R,\ X,\ R'',\ A+B,\ B+C\}.$$

ここで, これらの点のいくつかは一致しているかもしれない. そのときはそれらを, それらの交叉重複度に従って数える. 次の交叉サイクルの等式を証明しなければならない.
$$E * \Gamma_1 = E * \Gamma_2.$$
これを示すために, Cayley-Bacharach の定理 5.17 と定理 7.18 を用いるであろう.

$S := \{O,\ A,\ B,\ C,\ R,\ R'',\ A+B,\ B+C\}$ とする. このとき, すべての $P \in S$ に対して
$$\mu_P(E, \Gamma_1) = \mu_P(E, \Gamma_2)$$
が成り立つ. すると, 定理 7.18 によって, この数は $\dim_K \mathcal{O}_{\Gamma_1 \cap \Gamma_2 \cap E, P}$ に等しい. さらに, $\sum_{P \in S} \dim_K \mathcal{O}_{\Gamma_1 \cap \Gamma_2 \cap E, P} \geq 8$ であり, ゆえに Cayley-Bacharach の定理 5.17 により, $E \cap \Gamma_1$ は Γ_2 の部分スキームである. すなわち, すべての $P \in \mathcal{V}_+(E) \cap \mathcal{V}_+(\Gamma_1)$ に対して $\dim_K \mathcal{O}_{\Gamma_1 \cap \Gamma_2 \cap E, P} = \mu_P(E, \Gamma_1)$ が成り立つ. 特に, $R' \in \mathcal{V}_+(E) \cap \mathcal{V}_+(\Gamma_2)$ である. 同様にして, すべての $P \in \mathcal{V}_+(E) \cap \mathcal{V}_+(\Gamma_2)$ に対して $\dim_K \mathcal{O}_{\Gamma_1 \cap \Gamma_2 \cap E, P} = \mu_P(E, \Gamma_2)$ が成り立つ. そして, 特に $X \in \mathcal{V}_+(E) \cap \mathcal{V}_+(\Gamma_1)$ である. したがって, $E * \Gamma_1 = E * \Gamma_2$ が成り立つ.

注意 10.5.

(a) E を部分体 $K_0 \subset K$ 上で定義された楕円曲線とし，$E(K_0)$ を E の K_0-有理点全体の集合とする．$O \in E(K_0)$ ならば，$A, B \in E(K_0)$ に対して $A + B \in E(K_0)$ かつ $-A \in E(K_0)$ が成り立つ．ゆえに，$(E(K_0), +)$ は $(E, +)$ の部分群である．

特に，$\mathbb{Q}$ 上で定義された楕円曲線 E に対して，E のすべての $\mathbb{Q}$-有理点の集合は $(E, +)$ の部分群である．深遠なモーデル・ヴェイユの定理によって，この群は有限生成である（Silverman [S_1]，第 VIII 章を参照せよ）．

(b) 定理 10.4 の仮定のもとで，$O^* \in E$ をもう一つの点とし，$+^*$ を E 上に O^* によって定義される加法とする．c を与えられた $\mathbb{P}^2(K)$ の座標変換とし，$c(E) = E$ と $c(O) = O^*$ をみたしていると仮定すると，c は $(E, +)$ と $(E, +^*)$ の群の同型写像を引き起こす．このことは明らかである．なぜなら，和のつくりかたは座標変換と適合しているからである．

しかしながら，$c(E) = E$ をみたす E の座標変換 c によって任意の点をほかの任意の点に写像することはできない．たとえば，変曲点は変曲点でない任意の点に写像されることはない．それにもかかわらず，$(E, +)$ と $(E, +^*)$ はつねに同型な群である（演習問題 3）．

定理 10.6. E を楕円曲線とする．$O \in E$ に対して，$g(O, O) \cap E = \{O, O, T\}$ と仮定する．このとき，点 $A, B, C \in E$ に対して次の条件は同値である．

(a) 直線 g が存在して，$g \cap E = \{A, B, C\}$ をみたす．
(b) 加法群 $(E, +)$ において，$A + B + C = T$ が成り立つ．

（証明）$g(A, B) = \{A, B, R\}$ と仮定する．すると，加法の定義によって $T = A + B + R$ である．このとき，$T = A + B + C$ が成り立つのは $R = C$ のとき，すなわち，$g(A, B) \cap E = \{A, B, C\}$ のときであり，かつそのときに限る． ∎

系 10.7. O を E の変曲点とするとき，$A + B + C$ が直線 g と E の交叉サイ

クルであるための必要十分条件は，加法群 $(E, +)$ において $A + B + C = O$ となることである． ∎

系 10.8.　O が E の変曲点であると仮定する．このとき，$P \in E$ が変曲点であるための必要十分条件は，$3P = O$ となることである．すべての変曲点の集合は，$\mathbb{Z}_3 \times \mathbb{Z}_3$ に同型である加法群 $(E, +)$ の部分群をつくる．

（証明）　P が E の変曲点であるための必要十分条件は，$3P$ がある一つの直線と E の交叉サイクルになることである．系 10.7 により，これは $(E, +)$ において $3P = O$ と同値である．

E の各変曲点は $(E, +)$ の位数 3 のねじれのある点 (torsion point) である．9 個の変曲点があるから，これらは $\mathbb{Z}_3 \times \mathbb{Z}_3$ に同型である群をつくる． ∎

9 個の変曲点に関しては，それらのすべての二つの組は第 3 の点と同一直線上にあり，$\mathbb{R}^2$ における図で説明することはできない状況にあることに注意しよう．$\mathbb{C}$ 上の曲線は実曲面として考えることができ，複素直線は実平面として考えることができることを思い出しておこう．

さて，我々は次に $\mathrm{Char}\, K \neq 2$ または $\mathrm{Char}\, K \neq 3$ である場合に，楕円曲線を分類しよう（$\mathrm{Char}\, K = 2, 3$ の場合には Husemöller [Hus] を参照せよ）．P が楕円曲線 E の変曲点ならば，座標系は $P = \langle 0, 0, 1 \rangle$ で，かつ $X_0 = 0$ が P における E の変曲接線であるように選ぶことができる．このような座標系において，E は次の定義方程式をもつ．

$$a_0 X_2^3 + a_1 X_2^2 + a_2 X_2 + a_3 = 0. \tag{1}$$

ただし，$a_i \in K[X_0, X_1]$ は次数 i $(i = 0, \ldots, 3)$ の斉次式である．$P = \langle 0, 0, 1 \rangle \in E$ であるから，$a_0 = 0$ でなければならない．X_2 に関して非斉次化して，アフィン方程式

$$a_1(X, Y) + a_2(X, Y) + a_3(X, Y) = 0$$

を得る．$X_0 = 0$ は P における E の接線であるから，適当な $c \in K^*$ によって $a_1 = cX$ が成り立つ．しかしながら，$\mu_P(E, X_0) = 3$ であり，ゆえに，X は a_2

の因数でなければならない．一般性を失わずに，$c=1$ とすることができる．このとき，定義方程式 (1) は

$$X_0 X_2^2 + X_0(\alpha X_0 + \beta X_1)X_2 + a_3(X_0, X_1) = 0 \qquad (\alpha, \beta \in K)$$

という形で表される．そこで代入写像

$$X_2 \longmapsto X_2 - \frac{1}{2}(\alpha X_0 + \beta X_1), \qquad X_1 \longmapsto X_1, \quad X_0 \longmapsto X_0$$

によって，方程式

$$X_0 X_2^2 + a_3(X_0, X_1) = 0 \qquad (\deg a_3 = 3)$$

を得る．X_0 は a_3 の因数でないから，もう一度代入操作をすると，この方程式は最後に次の形に表される．

$$X_0 X_2^2 - (X_1 - aX_0)(X_1 - bX_0)(X_1 - cX_0) = 0 \qquad (a, b, c \in K). \qquad (2)$$

ここで，a, b, c は相異なる．なぜなら，たとえば $a = b$ とすると，偏微分をとると容易にわかるように，$\langle 1, a, 0 \rangle$ は E の特異点になるからである．

$P = \langle 0, 0, 1 \rangle$ に関する E の極線 D_P は $\frac{\partial E}{\partial X_2} = 2X_0 X_2 = 0$ によって与えられる．それは無限遠直線 $X_0 = 0$ とアフィン X-軸からなる．点 P に加えて，その極線はアフィン座標をもつ点

$$(a, 0), \quad (b, 0), \quad (c, 0)$$

で曲線 E と交わる．定理 9.2 によって，これらは P を通り変曲接線とは異なる E の接線のすべての接点である．それらは変曲点 P に対して座標系には無関係に与えられる．以上より，次の定理が証明された．

定理 10.9. P が楕円曲線 E の変曲点ならば，変曲接線を除いて点 P を含む E の接線がさらに正確に三つ存在する．これらの接線の接点は一直線上にある． ■

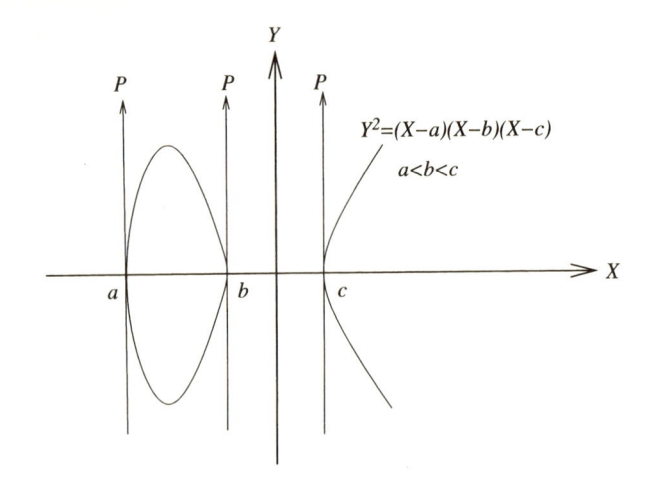

[図: $Y^2 = (X-a)(X-b)(X-c)$, $a<b<c$ のグラフ]

$$X_0' = (b-a)X_0, \quad X_1' = X_1 - aX_0, \quad X_2' = (\sqrt{b-a})^{-1} \cdot X_2$$

と置き換えると，方程式 (2) は次のようになる．

$$X_0' X_2'^2 - X_1'(X_1' - X_0')(X_1' - \lambda X_0') = 0, \qquad \lambda := \frac{c-a}{b-a} \neq 0, 1. \quad (3)$$

以上より次の定理を示したことになる．

定理 10.10. すべての楕円曲線は適当な座標系において，次の形の方程式によって与えられる．

$$E_\lambda : Y_0 Y_2^2 - Y_1(Y_1 - Y_0)(Y_1 - \lambda Y_0) = 0, \qquad \lambda \in K \setminus \{0, 1\}. \quad \blacksquare$$

どのようなときに，E_λ は $E_{\bar{\lambda}}$ ($\bar{\lambda} \in K \setminus \{0,1\}$) と射影的に同値となるか，という問題が生じる．そこで次に，以下の補題を証明する．

補題 10.11. A と B が E の二つの変曲点ならば，$c(E) = E$ と $c(A) = B$ をみたす $\mathbb{P}^2(K)$ の座標変換が存在する．

(証明) $A \neq B$ と仮定してよい．点 A と B は第 3 の変曲点 P と同一直線上にある．上と同様にして，この点 P を無限遠点 $P = \langle 0, 0, 1 \rangle$ とし，E の方程式を (3) の形で表す．このとき，対応しているアフィン方程式は

$$Y^2 - X(X-1)(X-\lambda) = 0 \quad (4)$$

である．直線 $g(A,B)$ は P を含んでいるから，Y-軸に平行である．置き換え $Y \mapsto -Y$ によって，方程式 (4) は不変であり，直線 $g(A,B)$ はそれ自身に移される．また，変曲点は変曲点に写像され，かつ $A \neq B$ であるから，点 A と B はこの置き換えによって必然的に入れ替わる． ∎

点 $P = \langle 0,0,1 \rangle$ は E_λ と $E_{\overline{\lambda}}$ の変曲点である．$c(E_\lambda) = E_{\overline{\lambda}}$ をみたす座標変換が存在すれば，$c(P) = P$ となる．X-軸の点 $(0,0)$, $(1,0)$ と $(\lambda,0)$ は P を通る E_λ の接線の接点である．同様にして，X-軸の点 $(0,0)$, $(1,0)$ と $(\overline{\lambda},0)$ は P を通る $E_{\overline{\lambda}}$ の接線の接点である．したがって，変換 c は X-軸を固定し，$\{(0,0),(1,0),(\overline{\lambda},0)\}$ を $\{(0,0),(1,0),(\lambda,0)\}$ に写像する．

X-軸上で，変換 c は $\gamma(X) = aX + b$ $(a \in K^*, b \in K)$ とする置き換え $X \mapsto \gamma(X)$ によって与えられる．ただし，$\gamma(\{0,1,\lambda\}) = \{0,1,\overline{\lambda}\}$ であり，すべてのこのような変換は $E_{\overline{\lambda}}$ に対する方程式 (4) に導かれる．このような γ が存在するための必要十分条件は，$\overline{\lambda}$ が次の集合に属することであることは容易に示すことができる．

$$M_\lambda := \{\lambda, \lambda^{-1}, 1-\lambda, (1-\lambda)^{-1}, \lambda(\lambda-1)^{-1}, (\lambda-1)\lambda^{-1}\}.$$

以上より，次のことを証明した．

定理 10.12. E_λ がある座標変換によって $E_{\overline{\lambda}}$ に写像されるための必要十分条件は，$\overline{\lambda} \in M_\lambda$ となることである． ∎

$$j(\lambda) = 2^8 \frac{(\lambda^2 - \lambda + 1)^3}{\lambda^2(\lambda-1)^2} \qquad (\lambda \neq 0, 1)$$

によって与えられる関数 j は，置き換え $\lambda \mapsto \lambda$，$\lambda \mapsto \lambda^{-1}$，$\lambda \mapsto 1-\lambda$ などによって不変である．したがって，それは E_λ に「射影同値」である曲線の類，すなわち，座標変換によって E_λ の上に写像される曲線の同値類の不変量である．E_λ の同値類におけるすべての楕円曲線 E に対して $j(E) = j(\lambda)$ とおく．（数 2^8 は「正規化因子」であるが，ここではこれ以上立ち入らない．）

定義 10.13. $j(E)$ を楕円曲線 E の j-**不変量**(j-invariant) という．

定理 10.14. 各 $a \in K$ に対して，$j(E) = a$ をみたす楕円曲線 E が一つ，そし

(証明) 各 $a \in K$ に対して，次数 6 の方程式

$$2^8(\lambda^2 - \lambda + 1)^3 - a\lambda^2(\lambda - 1)^2 = 0 \tag{5}$$

は解 $\lambda_0 \neq 0, 1$ をもち，M_{λ_0} のすべての元もまた解である．$j(E_{\lambda_0}) = a$ が成り立ち，$j(E_{\lambda_0'}) = a$ をみたす各 λ_0' は (5) の解となる．

M_{λ_0} が 6 個の異なる値からなるとき，これらはすべて対応している方程式の解であり，証明は終わる．M_{λ_0} が次の場合にのみ 6 個の元より少ないことは容易に確認できる．

$$M_{-1} = M_{\frac{1}{2}} = M_2 = \left\{-1, \frac{1}{2}, 2\right\}$$
$$M_\rho = M_{\rho^{-1}} = \{\rho, \rho^{-1}\}, \qquad \rho := \frac{1}{2} + \frac{1}{2}\sqrt{-3}.$$

最初の場合は $a = 2^6 \cdot 3^3$ で，2番目の場合は $a = 0$ である．すべての場合において，M_{λ_0} は対応している方程式 (5) のすべての解の集合である． ∎

これまで述べてきたことにより，次の意味において「楕円曲線の分類問題」を解決したことになる．すなわち，楕円曲線の射影同値類の集合から体 K の上への全単射の写像 j が存在する．

複素数において，楕円曲線は楕円関数によって助変数表示することができる．このことは楕円曲線というその名前の由来を説明している．$\Omega = \mathbb{Z}\omega_1 \oplus \mathbb{Z}\omega_2$ を「束」(lattice) とする．すなわち，$\omega_1, \omega_2 \in \mathbb{C}$ は $\mathbb{R}$ 上 1 次独立である．束 Ω のワイエルシュトラス $\mathfrak{p}$-関数 (Weierstraß $\mathfrak{p}$-function) は微分方程式

$$\mathfrak{p}'^2 - 4(\mathfrak{p} - e_1)(\mathfrak{p} - e_2)(\mathfrak{p} - e_3) = 0$$

を解くためによく知られている．ただし，$e_1 := \mathfrak{p}(\frac{\omega_1}{2})$, $e_2 := \mathfrak{p}(\frac{\omega_2}{2})$, $e_3 := \mathfrak{p}(\frac{\omega_1+\omega_2}{2})$ である．したがって，$z \notin \Omega$ に対して，点 $(\mathfrak{p}(z), \mathfrak{p}'(z))$ は方程式

$$E_\Omega : Y^2 - 4(X - e_1)(X - e_2)(X - e_3) = 0$$

をもつアフィン曲線の上にある．E_λ の無限遠点に対して $z \in \Omega$ を対応させれば，$\mathbb{C}/\Omega$ と，E_Ω の射影完備化である $\widehat{E}_\Omega$ との間の全単射があることを示すこ

とができる．$\mathbb{C}/\Omega$ の群構造は無限遠点を O とする楕円曲線 $\widehat{E}_\Omega$ の群構造に対応している．

楕円関数についてのよく知られた定理から，定理 10.12 を用いて，$\mathbb{C}$ 上のすべての楕円曲線は $\mathbb{C}$ の適当に選ばれた束 Ω に対する曲線 $\widehat{E}_\Omega$ に射影同値であることがわかる．すなわち，数 e_1, e_2, e_3 は，Ω を適切に選んだとき，$\mathbb{C}$ の任意の異なる数 a, b, c と仮定することができる．

演習問題

1. F を既約な特異 3 次曲線とする．重複度を考慮して数えたとき，すべての直線は 3 点で F と交わる．このとき，楕円曲線と同様の類推によって，F 上に群構造を構成することができる．$F \setminus \mathrm{Sing}\, F$ を考えて，この構造をつくることを実行せよ．どのようなことが結論されるか？

2. K を標数 3 の体とし，$E \subset \mathbb{A}^2(K)$ を楕円曲線とする．いかなる点 $P \in \mathbb{A}^2(K)$ も E に対する strange point ではないことを示せ（第 9 章の演習問題 1 を参照せよ）．

3. 注意 10.5 (b) の仮定のもとで，$g(O, O^*) \cap E = \{O, O^*, T\}$ とする．各 $P \in E$ に対して，$\alpha(P) \in E$ を $g(P, T) \cap E = \{P, T, \alpha(P)\}$ によって定義されるものとする．このとき，$\alpha : E \to E$ は $(E, +)$ から $(E, +^*)$ の上への同型写像であることを示せ．

4. O を楕円曲線 E の上での加法に対する単位元とする．ただし，ここで加法は $\tilde{+}$ で表すことにする．因子群 $\mathrm{Div}(E)$ 上の加法は $+$ で表される．$\mathrm{Div}^0(E)$ を次数 0 の因子群，$\mathcal{H}(E)$ を主因子のつくる群，$\mathrm{Cl}^0(E) := \mathrm{Div}^0(E)/\mathcal{H}(E)$ を次数 0 の因子類群とする．このとき，次を示せ．

    (a) $P, Q \in E$ ならば，$(P \tilde{+} Q) + O - P - Q \in \mathcal{H}(E)$ が成り立つ．

    (b) 写像
    $$(E, +) \longrightarrow \mathrm{Cl}^0(E) \qquad (P \longmapsto (P - O) + \mathcal{H}(E))$$
    は群の同型写像である．

5. $\mathbb{R}$ 上で定義された楕円曲線は 3 個の実数の変曲点をもつことを示せ．

第11章

留数計算

二つのアフィン代数曲線の交点に対して「留数」を対応させる．留数はさらにある曲線に依存する（あるいはより正確に言えば，微分形式 $\omega = h\,dX\,dY$ に依存する）．それらはある意味で二つの曲線の交叉重複度を一般化し，交叉している状況についてのより正確な情報を含んでいる．ここで紹介する留数の初歩的でかつ純粋代数的な構成は付録 H に基礎をおき，Scheja and Storch [SS$_1$], [SS$_2$] にまでさかのぼる．彼らの研究は高次元のアフィン空間における留数理論の基礎にもなっている．それらはここで説明するやり方と同様にして展開される．我々がここで説明する内容はしばしばグロタンディーク留数理論と呼ばれている．それはもともとは [H]，第3章，§9 において，非常に一般的な形で導入された．異なった方法については [Li$_1$] と [Li$_2$] も参照せよ．第11章と第12章は第13章と以後の章では使われない．読者はここから直接第13章のリーマン・ロッホの定理に読み進めることも可能である．

F と G は $\mathbb{P}^2(K)$ における二つの代数曲線で，それぞれ次数を $\deg F =: p > 0$ と $\deg G =: q > 0$ とし，それらは共通成分をもたないとする．座標系は，F と G が無限遠直線 $X_0 = 0$ 上で共通点をもたないように選ばれていると仮定する．f と g を X_0 に関する F と G の非斉次化とする．すると，定理3.8によって，$F \cap G$ の射影座標環

$$S := K[X_0, X_1, X_2]/(F, G)$$

は次数フィルター $\mathcal{F}$ に関する $f \cap g$ のアフィン座標環

$$A := K[X,Y]/(f,g)$$

のリース代数である．また，$\mathcal{F}$ に関する A の付随した次数環は

$$B := \mathrm{gr}_{\mathcal{F}} A = K[X,Y]/(Gf, Gg)$$

である．ただし，Gf と Gg はそれぞれ f と g の次数形式 (degree form) である．定理 3.9 によって，A/K と B/K は有限次元の代数であり，$S/K[X_0]$ は斉次元からなる有限の基底をもつ．さらに，$A \cong S/(X_0 - 1)$ と $B \cong S/X_0 S$ が成り立つ．正準加群 (canonical module)（付録 H 参照）$\omega_{S/K[X_0]}$ と $\omega_{B/K}$ は次数加群である．正準加群と標準トレースの間の次の関係は定理 H.5 と規則 H.6 から得られる．

定理 11.1. 次数 B-加群の標準的同型写像

$$\omega_{B/K} \cong \omega_{S/K[X_0]}/X_0 \omega_{S/K[X_0]}$$

と A-加群の標準的同型写像

$$\omega_{A/K} \cong \omega_{S/K[X_0]}/(X_0 - 1)\omega_{S/K[X_0]}$$

が存在する．ここで，標準トレース $\sigma_{S/K[X_0]}$ は $\omega_{B/K}$ において標準トレース $\sigma_{B/K}$ に対応する．また，標準トレース $\sigma_{S/K[X_0]}$ は $\omega_{A/K}$ において標準トレース $\sigma_{A/K}$ に対応する． ∎

定理 3.14 より，B の底 $\mathfrak{S}(B)$ は次元 1 の K-ベクトル空間であり，$\mathfrak{S}(B) = B_{p+q-2}$ は次数 $p+q-2$ をもつ B の斉次成分である．ゆえに，系 H.18 より次の結果が得られる．

定理 11.2. 代数 $S/K[X_0]$ と B/K は次数 $-(p+q-2)$ をもつ斉次トレースをもつ．特に，次のような次数加群の同型写像がある．

$$\omega_{S/K[X_0]} \cong S, \qquad \omega_{B/K} \cong B.$$

代数 A/K もまた次のトレースをもつ．

$$\omega_{A/K} \cong A.$$
∎

さて、F と G を $\mathbb{P}^2(K)$ における任意の二つの曲線とする．点 $P \in \mathcal{V}_+(F) \cap \mathcal{V}_+(G)$ において，曲線 F と G は共通の成分をもたないと仮定する．このとき，$\mathcal{O}_{F \cap G, P}$ は K 上有限次元の代数である（定理 5.3 参照）．

系 11.3. $\mathcal{O}_{F \cap G, P}/K$ はトレースをもつ．

（証明）系 5.2 によって，F と G は共通成分をまったくもたないと仮定することができる．$\mathcal{O}_{F \cap G, P}$ は座標系には依存しないから，さらに F と G は無限遠直線上で交わらないと仮定することができる．このとき，上で述べた状況にある．$\mathcal{O}_{F \cap G, P}$ は A の直和因子であり，かつ A/K はトレースをもつので（定理 11.2），規則 H.10 より，これは $\mathcal{O}_{F \cap G, P}/K$ の場合にも成り立つ． ∎

f と g を，共通の成分をもたない任意の二つのアフィン曲線とする．しかし，それらは共通の無限遠点をもつ可能性はある．このとき，$A := K[X,Y]/(f,g)$ はつねに有限次元 K-代数であり，また $\mathcal{V}(f) \cap \mathcal{V}(g)$ の各点における局所環の直積である．系 11.3 によって，これらはそれぞれ K 上のトレースをもつから，定理 11.2 を媒介として，規則 H.10 により，もう少し一般的な状況においてもまた，次の系を得る．

系 11.4. 代数 A/K はトレースをもつ． ∎

系 11.3 の仮定のもとで，$\mathcal{O} := \mathcal{O}_{F \cap G, P}$ とおく．$\mathfrak{m}$ を $\mathcal{O}$ の極大イデアルとし，$R := \mathcal{R}_{\mathfrak{m}} \mathcal{O} = \bigoplus_{k \in \mathbb{N}} \mathfrak{m}^k T^{-1} \oplus \bigoplus_{k=1}^{\infty} \mathcal{O} T^k$ をリース代数，$G := \mathrm{gr}_{\mathfrak{m}} \mathcal{O}$ を $\mathfrak{m}$-進フィルターに関する $\mathcal{O}$ に付随している次数代数とする．P を有限の距離をもつ点とし，$\mathfrak{M}$ を P に対応している $K[X,Y]$ の極大イデアルとすれば，$\mathcal{O}'_P = K[X,Y]_{\mathfrak{M}}$ として $\mathcal{O} \cong \mathcal{O}'_P/(f,g)$ が成り立つ．m を P における F の重複度，n を P における G の重複度とする．すると，$\mathrm{ord}_{\mathfrak{M}} f = -m$ であり，$\mathrm{ord}_{\mathfrak{M}} g = -n$ である．

代数 $\mathrm{gr}_{\mathfrak{m}} \mathcal{O}$ は有限次元 K-代数であり，$\mathcal{R}_{\mathfrak{m}} \mathcal{O}$ は $K[T]$-加群として斉次元からなる基底をもつ．定理 11.1 と同様にして，次の標準的な同型写像

$$\begin{aligned}
\omega_{\mathcal{O}/K} &\cong \omega_{R/K[T]}/(T-1)\omega_{R/K[T]}, \\
\omega_{G/K} &\cong \omega_{R/K[T]}/T\omega_{R/K[T]}
\end{aligned} \tag{1}$$

があり，標準トレースに関して対応している命題も成り立つ．

定理 11.5. 曲線 F と G は点 P において共通の接線をもたないと仮定する．このとき，代数 $\mathcal{R}_\mathfrak{m}\mathcal{O}/K[T]$ と $\mathrm{gr}_\mathfrak{M}\mathcal{O}/K$ は次数 $m+n-2$ の斉次トレースをもつ．

（証明）接線についての仮定より，$\mathfrak{M}$-先導形式 Lf と Lg は $K[X,Y]$ において互いに素な多項式である（定理 6.3 (b) を参照せよ）．定理 B.12 より，$G = \mathrm{gr}_\mathfrak{m}\mathcal{O} \cong K[X,Y]/(Lf, Lg)$ が成り立つ．また，底 $\mathfrak{S}(G)$ は次元 1 の K-ベクトル空間である．ゆえに，$\mathfrak{S}(G) = G_{-(m+n-2)}$ となる．残りの証明は定理 11.2 の証明と同様にすればよい．■

注意. 一般に，代数 $\mathrm{gr}_\mathfrak{M}\mathcal{O}/K$ はトレースをもつとは限らない（演習問題 1）．

以下においては，ある特定したトレースを具体的に調べることが重要である．このために少し準備が必要である．本章の最初に述べたような状況において，$S/K[X_0]$ の包絡代数 (enveloping algebra)（付録 G 参照）

$$S^e := S \otimes_{K[X_0]} S = S \otimes_{K[X_0]} K[X_0, X_1, X_2]/(F, G) = S[X_1, X_2]/(F, G)$$

を考える．S の次数付けは多項式代数 $S[X_1, X_2]$ に拡張することができる．ただし，不定元 X_1, X_2 は次数 1 をもつ．このとき，剰余代数 S^e もまた正の次数付けがなされる．

x_1, x_2 を S における X_1, X_2 の像とする．X_0 の S における像はまた X_0 で表される．このとき，次が成り立つ．

$$S[X_1, X_2] = S[X_1 - x_1, X_2 - x_2], \qquad (F, G)S[X_1, X_2] \subset (X_1 - x_1, X_2 - x_2).$$

ここで，$X_i - x_i$ $(i=1,2)$ は S 上次数 1 の変数と考えることができる．斉次元 $a_{ij} \in S[X_1, X_2]$ $(i=1,2)$ によって，

$$\begin{aligned}
F &= a_{11}(X_1 - x_1) + a_{12}(X_2 - x_2), \\
G &= a_{21}(X_1 - x_1) + a_{22}(X_2 - x_2)
\end{aligned} \tag{2}$$

と表し，$\Delta := \det(a_{ij})$ とおく．この行列式は次数 $p+q-2$ の斉次元である．同様にして，

$$A^e := A \otimes_K A = A \otimes_K K[X,Y]/(f,g) = A[X,Y]/(f,g)$$

と

$$B^e := B \otimes_K B = B \otimes_K K[X,Y]/(Gf,Gg) = B[X,Y]/(Gf,Gg)$$

をそれぞれ，A/K と B/K の包絡代数とする．全準同型写像 $S \to A \pmod{(X_0 - 1)}$ と $S \to B \pmod{(X_0)}$ は全準同型写像

$$\epsilon : S[X_1, X_2] \longrightarrow A[X,Y] \quad (X_1 \longmapsto X,\ X_2 \longmapsto Y)$$

と

$$\delta : S[X_1, X_2] \longrightarrow B[X,Y] \quad (X_1 \longmapsto X,\ X_2 \longmapsto Y)$$

を誘導する．ここで，$\epsilon(F) = f, \epsilon(G) = g, \delta(F) = Gf, \delta(G) = Gg$ である．したがって，ϵ によって誘導された写像

$$S[X_1, X_2]/(F,G) \longrightarrow A[X,Y]/(f,g)$$

は標準全射 $S^e \to A^e$ と同一視でき，一方 δ によって誘導された写像

$$S[X_1, X_2]/(F,G) \longrightarrow B[X,Y]/(Gf,Gg)$$

は標準全射 $S^e \to B^e$ と同一視できる．

X, Y の A における像を x, y で表し，X, Y の B における像を ξ, η で表す．ϵ を方程式系 (2) に適用すると，$A[X,Y]$ において次の方程式系を得る．

$$\begin{aligned} f &= \alpha_{11}(X_1 - x_1) + \alpha_{12}(X_2 - x_2), \\ g &= \alpha_{21}(X_1 - x_1) + \alpha_{22}(X_2 - x_2). \end{aligned} \tag{3}$$

ただし，$\alpha_{ij} \in A[X,Y]$ である．同様にして，δ を適用すると $B[X,Y]$ において次の方程式系を得る．

$$\begin{aligned} Gf &= \overline{a}_{11}(X_1 - x_1) + \overline{a}_{12}(X_2 - x_2), \\ Gg &= \overline{a}_{21}(X_1 - x_1) + \overline{a}_{22}(X_2 - x_2). \end{aligned} \tag{4}$$

ただし，$\overline{a}_{ij} \in B[X,Y]$ である．$\Delta^{F,G}_{x_1,x_2}$ を $S^e = S[X_1,X_2]/(F,G)$ における $\det(a_{ij})$ の像とする．また，方程式系 (3) と (4) を考える．これらはそれぞれ ϵ と δ によって (2) の特殊化として必然的に生ずるものではない．$\Delta^{F,G}_{x_1,x_2}$ を定義したと同様な方法で，$\Delta^{f,g}_{x,y} \in A^e$ と $\Delta^{Gf,Gg}_{\xi,\eta} \in B^e$ を定義する．

定理 11.6. $\Delta_{x_1,x_2}^{F,G}$ は方程式 (2) における係数 a_{ij} の特別な選び方には無関係である。$\Delta_{x,y}^{f,g}$ と $\Delta_{\xi,\eta}^{Gf,Gg}$ に対しても同様である。さらに，$\Delta_{x_1,x_2}^{F,G}$ は標準全射準同型写像 $S^e \to A^e$ によって $\Delta_{x,y}^{f,g}$ に写像され，また，$S^e \to B^e$ によって $\Delta_{\xi,\eta}^{Gf,Gg}$ に写像される．

(証明) 仮定によって，F と G は $K[X_0, X_1, X_2]$ において互いに素である．すなわち，F は G を法として零因子ではないし，また G は F を法として零因子ではない．定理 G.4 (b) によって，同じことは $S[X_1, X_2]$ においても成り立つ．補題 I.4 によって，$\Delta_{x_1,x_2}^{F,G}$ は (2) における係数 a_{ij} の選択には依存しない．証明は $\Delta_{x,y}^{f,g}$ と $\Delta_{\xi,\eta}^{Gf,Gg}$ に対しても同様である．すでに示したように，(3) と (4) は (2) の特別な場合であると考えることができるので，残りの主張はそのことから得られる． ∎

次に，I^S を写像 $S^e \to S$ ($a \otimes b \mapsto ab$) の核として定義し，同様にして I^A と I^B を定義する．すると，次の関係が成り立つ．

定理 11.7. $\operatorname{Ann}_{A^e}(I^A) = A \cdot \Delta_{x,y}^{f,g}$.

(証明) 定理 I.5 を $R = A[X, Y]$, $a_1 = X - x$, $a_2 = Y - y$, $b_1 = f$, $b_2 = g$ として適用する．証明を始める前に，変数 X, Y の 1 次変換を用いて，g は Y のモニック多項式であるようにすることができることを確認しよう．このとき，g は $Y - y$ の多項式としてもモニックでもある．この変数の変換は定理の主張に影響を与えない．なぜなら，そのとき $\Delta_{x,y}^{f,g}$ は変換の行列式をかけ算すれば得られるからである．

$Y - y$ のモニック多項式として，g は $A[X, Y]/(X - x)$ の零因子ではない．このとき，$X - x$ もまた $A[X, Y]/(g)$ の零因子ではない．$Y - y$ は $A[X, Y]/(X - x) \cong A[Y]$ の零因子ではないから，定理 I.5 の条件が満足される．$A^e = A[X, Y]/(f, g)$ において，I^A をイデアル $(X - x, Y - y)/(f, g)$ と同一視する．したがって，定理 I.5 により，求める等式 $\operatorname{Ann}_{A^e}(I^A) = (\Delta_{x,y}^{f,g})$ が導かれる． ∎

系 H.20 にしたがって，元 $\Delta_{x,y}^{f,g}$ は A/K のトレースに対応しており，このトレースを $\tau_{f,g}^{x,y}$ で表す．A/K について言えることは，特に B/K に対しても成り立つ．したがって，

$$\mathrm{Ann}_{B^e}(I^B) = B \cdot \Delta_{\xi,\eta}^{Gf,Gg}$$

が成り立ち，また B/K のトレース $\tau_{Gf,Gg}^{\xi,\eta}$ は $\Delta_{\xi,\eta}^{Gf,Gg}$ により明確に表される．$\Delta_{\xi,\eta}^{Gf,Gg}$ は次数 $p+q-2$ の斉次元であるから，次が成り立つ．

$$\deg \tau_{Gf,Gg}^{\xi,\eta} = -(p+q-2).$$

最後に補題 H.23 によって，次が成り立つ．

$$\mathrm{Ann}_{S^e}(I^S) = S \cdot \Delta_{x_1,x_2}^{F,G}.$$

$\Delta_{x_1,x_2}^{F,G}$ によって定まる $S/K[X_0]$ のトレースは $\tau_{F,G}^{x_1,x_2}$ により表される．このトレースに対しても，次が成り立つ．

$$\deg \tau_{F,G}^{x_1,x_2} = -(p+q-2).$$

定理 11.8. $\tau_{f,g}^{x,y}$ は標準的な全射準同型写像 $\omega_{S/K[X_0]} \to \omega_{A/K}$ による $\tau_{F,G}^{x_1,x_2}$ の像である．また，$\tau_{Gf,Gg}^{\xi,\eta}$ は標準的な全射準同型写像 $\omega_{S/K[X_0]} \to \omega_{B/K}$ による $\tau_{F,G}^{x_1,x_2}$ の像である．

（証明）これは補題 H.21 から導かれる． ∎

定理 11.9. 次の公式が成り立つ．

$$\sigma_{S/K[X_0]} = \frac{\partial(F,G)}{\partial(x_1,x_2)} \cdot \tau_{F,G}^{x_1,x_2}, \qquad \sigma_{A/K} = \frac{\partial(f,g)}{\partial(x,y)} \cdot \tau_{f,g}^{x,y},$$

$$\sigma_{B/K} = \frac{\partial(Gf,Gg)}{\partial(\xi,\eta)} \cdot \tau_{Gf,Gg}^{\xi,\eta}.$$

（証明）$\{s_1,\ldots,s_m\}$ を $S/K[X_0]$ の基底とし，$\{s_1',\ldots,s_m'\}$ を $\tau_{F,G}^{x_1,x_2}$ に関するこの基底の双対基底とする．このとき，規則 H.9 によって

$$\sigma_{S/K[X_0]} = \left(\sum_{i=1}^m s_i' s_i\right) \cdot \tau_{F,G}^{x_1,x_2} = \mu\left(\sum_{i=1}^m s_i' \otimes s_i\right) \cdot \tau_{F,G}^{x_1,x_2}$$

が成り立つ．ただし，$\mu: S^e \to S$ は標準的な全射準同型写像である．系 H.20 (a) と $\tau_{F,G}^{x_1,x_2}$ の定義によって，$\Delta_{x_1,x_2}^{F,G} = \sum_{i=1}^m s_i' \otimes s_i$ が成り立ち，ゆえに

$$\sigma_{S/K[X_0]} = \mu(\Delta_{x_1,x_2}^{F,G}) \cdot \tau_{F,G}^{x_1,x_2}$$

を得る．ところが，式 (2) は $\mu(a_{ij})$ がちょうど以下の偏微分であることを示している．

$$\frac{\partial F}{\partial x_i} = \frac{\partial F}{\partial X_i}(x_1, x_2), \quad \frac{\partial G}{\partial x_j} = \frac{\partial G}{\partial X_j}(x_1, x_2).$$

したがって，$\mu(\Delta_{x_1,x_2}^{F,G})$ は対応しているヤコビ行列式 $\frac{\partial(F,G)}{\partial(x_1,x_2)}$ である．残りの公式の証明は同様である．∎

この定理は特に次のことを示している．すなわち，標準トレースがトレースであるための必要十分条件は，対応しているヤコビ行列式がそれぞれ S, A そして B において単元になることである．

さて次に，トレース $\tau_{Gf,Gg}^{\xi,\eta}: B \to K$ の作用をより正確に説明しよう．$K[X,Y]$ において，方程式の系

$$\begin{aligned} Gf &= c_{11}X + c_{12}Y, \\ Gg &= c_{21}X + c_{22}Y \end{aligned} \tag{5}$$

がある．ただし，c_{ij} は斉次多項式 $c_{ij} \in K[X,Y]$ である．定理 3.14 によって，$\det(c_{ij})$ の B における像 $d_{\xi,\eta}^{Gf,Gg}$ は B の底 $\mathfrak{S}(B) = B_{p+q-2}$ の生成元である．pq が K の標数によって割り切れないとき，例 3.12 (b) によって，

$$d_{\xi,\eta}^{Gf,Gg} = \frac{1}{pq} \cdot \frac{\partial(Gf, Gg)}{\partial(\xi, \eta)}$$

が成り立つことを思いだそう．

定理 11.10. $\rho := p + q - 2$ とおけば，次が成り立つ．

$$\begin{aligned} \tau_{Gf,Gg}^{\xi,\eta}(B_k) &= \{0\} \quad (k < \rho \text{ に対して}), \\ \tau_{Gf,Gg}^{\xi,\eta}(d_{\xi,\eta}^{Gf,Gg}) &= 1. \end{aligned}$$

（証明）最初の公式は，トレースが次数 $-\rho$ の斉次形であることより成り立つ．第 2 の公式を示すために，(5) から得られる次の関係と，B において対応して

いる等式を考察する.

$$Gf = c'_{11}(X-\xi) + c'_{12}(Y-\eta) + (c_{11}-c'_{11})X + (c_{12}-c'_{12})Y,$$
$$Gg = c'_{21}(X-\xi) + c'_{22}(Y-\eta) + (c_{21}-c'_{21})X + (c_{22}-c'_{22})Y.$$

ただし, c'_{ij} は B における c_{ij} の像である. 多項式 $c_{ij} - c'_{ij}$ は点 (ξ, η) において零になり, ゆえに, $X-\xi$ と $Y-\eta$ の 1 次結合として表される. これより, 斉次多項式 $\widetilde{c}_{ij} \in B[X,Y]$ によって

$$Gf = \widetilde{c}_{11}(X-\xi) + \widetilde{c}_{12}(Y-\eta),$$
$$Gg = \widetilde{c}_{21}(X-\xi) + \widetilde{c}_{22}(Y-\eta)$$

と表される. ただし, $\widetilde{c}_{ij}$ は $\widetilde{c}_{ij} \equiv c'_{ij} \mod (X,Y)$ をみたす元である. したがって, 次が成り立つ.

$$\det(\widetilde{c}_{ij}) \equiv d^{Gf,Gg}_{\xi,\eta} \mod (X,Y)B[X,Y]. \tag{6}$$

次に, $\{1, b_1, \ldots, b_{pq-1}\}$ を $1 \leq \deg b_1 \leq \deg b_2 \leq \cdots \leq \deg b_{pq-1} = \rho$ をみたす B/K の斉次元からなる基底とする. このとき, $\{1\otimes 1, 1\otimes b_1, \ldots, 1\otimes b_{pq-1}\}$ は B^e/B の基底である. ただし, B^e は $B \to B^e$ ($a \mapsto a\otimes 1$) に関する B-代数である (定理 G.4 を参照せよ). 式 (6) より, b'_i ($i = 1, \ldots, pq-1$) を次数が $< \rho$ の斉次元とする等式

$$\Delta^{Gf,Gg}_{\xi,\eta} = d^{Gf,Gg}_{\xi,\eta} \otimes 1 + \sum_{i=1}^{pq-1} b'_i \otimes b_i$$

がある. $\tau^{\xi,\eta}_{Gf,Gg}$ は定義によって $\Delta^{Gf,Gg}_{\xi,\eta}$ のトレースであるから, 系 H.20 より次が成り立つ.

$$\tau^{\xi,\eta}_{Gf,Gg}(d^{Gf,Gg}_{\xi,\eta}) \cdot 1 + \sum_{i=1}^{pq-1} \tau^{\xi,\eta}_{Gf,Gg}(b'_i) \cdot b_i = 1.$$

次数を考えると, b_i のすべての係数は零となるから, 最終的に求める次の式が得られる.

$$\tau^{\xi,\eta}_{Gf,Gg}(d^{Gf,Gg}_{\xi,\eta}) = 1.$$

∎

トレース $\tau_{f,g}^{x,y} : A \to K$ の構成には，f と g が共通の無限遠点をもたないという事実を用いていない．したがって，f と g が正の次数をもち，互いに素であるとき，$\tau_{f,g}^{x,y}$ はいつでも定義される．次に，我々は $P \in \mathcal{V}(f) \cap \mathcal{V}(g)$ であるもう少し一般的な状況を考察する．ただし，f と g が，零点 P を含んでいる共通の成分をもたないことだけを必要とする．$\mathcal{O} = \mathcal{O}'_P/(f,g)\mathcal{O}'_P$ とする．さらに，$\mathfrak{M}$ を点 P に属する $K[X,Y]$ の極大イデアルとし，$M := K[X,Y] \setminus \mathfrak{M}$ とおく．このとき，$\mathcal{O}^e$ は次のように表される．

$$\mathcal{O}^e := \mathcal{O} \otimes_K \mathcal{O} = \mathcal{O} \otimes_K \mathcal{O}'_P/(f,g)\mathcal{O}'_P$$
$$= \mathcal{O} \otimes_K (K[X,Y]_\mathfrak{M}/(f,g)) = \mathcal{O}[X,Y]_M/(f,g).$$

x と y をそれぞれ $\mathcal{O}$ における X と Y の像とするとき，$\mathcal{O}[X,Y]_M$ において f と g は次のように表される．

$$\begin{aligned} f &= \alpha_{11}(X-x) + \alpha_{12}(Y-y), \\ g &= \alpha_{21}(X-x) + \alpha_{22}(Y-y). \end{aligned} \qquad (7)$$

ただし，$\alpha_{ij} \in \mathcal{O}[X,Y]_M$ である．ここで，補題 I.4 が適用できることも容易にわかる．すなわち，$\mathcal{O}^e$ における $\det(\alpha_{ij})$ の像 $(\Delta_{x,y}^{f,g})_P$ は式 (7) における係数 α_{ij} の選び方には無関係である．また，次の式が成り立つ．

$$\mathrm{Ann}_{\mathcal{O}^e}(I^{\mathcal{O}}) = \mathcal{O} \cdot (\Delta_{x,y}^{f,g})_P. \qquad (8)$$

ただし，$I^{\mathcal{O}}$ は $\mathcal{O}^e \to \mathcal{O}$ の核である．$\mathcal{O}$ の単元である f と g の因数を省略すると，f と g は共通の成分をもたないと仮定することができる．このとき，(7) は方程式系 (3) を $\mathcal{O}[X,Y]_M$ で読み替えたものとして考えることができる．すると，標準的な準同型写像 $A^e \to \mathcal{O}^e$ による $\Delta_{x,y}^{f,g}$ の像は $(\Delta_{x,y}^{f,g})_P$ となる．また，$\mathrm{Ann}_{A^e}(I^A) = A \cdot \Delta_{x,y}^{f,g}$ より，等式 (8) は規則 G.9 を用いて導かれる．

$\Delta_{x,y}^{f,g}$ に対応している $\mathcal{O}/K$ のトレースを $(\tau_{f,g}^{x,y})_P$ によって表す．このとき，このトレースが $\tau_{f,g}^{x,y}$ とどのように関係しているかを考察する．

定理 11.11. f と g は共通の成分をもたず，$P \in \mathcal{V}(f) \cap \mathcal{V}(g)$ と仮定する．このとき，$(\tau_{f,g}^{x,y})_P$ は，$\tau_{f,g}^{x,y}$ を A の直積因子 $\mathcal{O}$ へ制限したものである．特に，すべての $a \in A$ に対して

$$\tau_{f,g}^{x,y}(a) = \sum_{P \in \mathcal{V}(f) \cap \mathcal{V}(g)} (\tau_{f,g}^{x,y})_P(a_P)$$

が成り立つ．ただし，a_P は P での局所化における a の像である．

（証明） 極大イデアルによる A の局所化を $\mathcal{O}_i$ とし，$A = \mathcal{O}_1 \times \cdots \times \mathcal{O}_h$ とおく．このとき，公式 G.6 (f) によって

$$A^e = A \otimes_K A = \prod_{i,j=1}^{h} \mathcal{O}_i \otimes_K \mathcal{O}_j$$

が成り立つ．標準写像 $A^e \to A$ のもとで，$i \neq j$ ならば，$\mathcal{O}_i \otimes_K \mathcal{O}_j$ は $\{0\}$ に写像される．なぜなら，$\mathcal{O}_i$ と $\mathcal{O}_j$ は A において互いに他方を零化するからである．一方，$\mathcal{O}_i \otimes_K \mathcal{O}_i$ は通常のように $\mathcal{O}_i$ の上に写像される．通常の記号によって，次の公式が成り立つ．

$$I^A = I^{\mathcal{O}_1} \times \cdots \times I^{\mathcal{O}_h} \times \prod_{i \neq j} \mathcal{O}_i \otimes_K \mathcal{O}_j$$

と

$$\operatorname{Ann}_{A^e}(I^A) = \operatorname{Ann}_{\mathcal{O}_1^e}(I^{\mathcal{O}_1}) \times \cdots \times \operatorname{Ann}_{\mathcal{O}_h^e}(I^{\mathcal{O}_h}) \times \{0\}.$$

特に，$\operatorname{Ann}_{\mathcal{O}^e}(I^{\mathcal{O}})$ は，A^e から P に対応している $\mathcal{O}^e$ の因子の上への射影による $\operatorname{Ann}_{A^e}(I^A)$ の像である．

次の可換図式

$$\begin{array}{ccc} \omega_{A/K} & \xrightarrow{\sim} & \operatorname{Hom}_A(\operatorname{Ann}_{A^e}(I^A), A) \\ \downarrow & & \downarrow \\ \omega_{\mathcal{O}/K} & \xrightarrow{\sim} & \operatorname{Hom}_{\mathcal{O}}(\operatorname{Ann}_{\mathcal{O}^e}(I^{\mathcal{O}}), \mathcal{O}) \end{array}$$

がある．この図式で，水平の同型写像は定理 H.19 から生じるものであり，垂直な矢印は適当な直積因子の上への射影によって与えられるものである．$\Delta_{x,y}^{f,g} \mapsto 1$ によって記述される $\operatorname{Hom}_A(\operatorname{Ann}_{A^e}(I^A), A)$ の線形形式は $(\Delta_{x,y}^{f,g})_P \mapsto 1$ に写像されるから，$(\tau_{f,g}^{x,y})_P$ は写像 $\tau_{f,g}^{x,y}$ の $\mathcal{O}$ の上への制限である．定理の最後の主張は規則 H.13 の公式の証明と同様に導かれる． ■

定理 11.5 と同様にして，さらに加えて f と g は共通の接線をもたないと仮定する．このとき，$G := \operatorname{gr}_{\mathfrak{m}} \mathcal{O} = K[X,Y]/(Lf, Lg)$ とおく．ただし，Lf と Lg はそれぞれ f と g の $\mathfrak{M}$-先導形式であり，これらは互いに素である．ξ と η を G における X と Y の剰余類を表すものとすれば，トレース

$$\tau_{Lf, Lg}^{\xi, \eta} : G \longrightarrow K$$

が定義される．ここで，変数 X, Y は次数 -1 であり，また G は次数 ≤ 0 の斉次成分のみからなることに注意しよう．

定理 11.10 と完全に類似である次の定理が成り立つ．

定理 11.12. $m := m_P(f)$, $n := m_P(g)$ かつ $\rho := m + n - 2$ とする．このとき，トレース $\tau_{Lf,Lg}^{\xi,\eta}$ は次数 ρ の斉次形である．特に，$k = -\rho + 1, \ldots, 0$ に対して次が成り立つ．
$$\tau_{Lf,Lg}^{\xi,\eta}(G_k) = \{0\}.$$
定理 11.10 と同じ記号を用いて，さらに次が成り立つ．
$$\tau_{Lf,Lg}^{\xi,\eta}(d_{\xi,\eta}^{Lf,Lg}) = 1. \qquad \blacksquare$$

この定理は完全に $\tau_{Lf,Lg}^{\xi,\eta}$ を表現している．mn が K の標数で割り切れなければ，例 3.12 (b) によって次が成り立つ．
$$d_{\xi,\eta}^{Lf,Lg} = \frac{1}{mn} \cdot \frac{\partial(Lf, Lg)}{\partial(\xi, \eta)}.$$

さて，$\tau_{Lf,Lg}^{\xi,\eta}$ が $(\tau_{f,g}^{\xi,\eta})_P$ とどのように関係しているかという問題が生じる．この関係は，$\mathcal{O}/K$ のリース代数 $R := \mathcal{R}_{\mathfrak{m}} \mathcal{O}$ を用いて，再び定理 11.8 において対応している証明から導かれる．

極大イデアルに関する $\mathcal{O}'_P$ のリース代数
$$Q := \mathcal{R}_{\mathfrak{M}} K[X,Y]_{\mathfrak{M}} = \bigoplus_{k \in \mathbb{N}} \mathfrak{M}^k K[X,Y]_{\mathfrak{M}} \cdot T^{-k} \oplus \bigoplus_{k=1}^{\infty} K[X,Y]_{\mathfrak{M}} T^k$$
は，例 C.14 によれば，$K[T, X^*, Y^*]_M$ と同一視することができる．ただし，$M := K[X,Y] \setminus \mathfrak{M}$ である．このとき，多項式環 $K[T, X^*, Y^*]$ において，次数関係式 $\deg T = 1, \deg X^* = \deg Y^* = -1$ があり，また多項式代数 $K[X,Y]$ は $X = TX^*, Y = TY^*$ によって $K[T, X^*, Y^*]$ の中に埋め込まれる．

$f = f_m + \cdots + f_p, g = g_n + \cdots + g_q$ を f と g の斉次多項式への分解とすれば，
$$f^* = f_m(X^*, Y^*) + T f_{m+1}(X^*, Y^*) + \cdots + T^{p-m} f_p(X^*, Y^*),$$
$$g^* = g_n(X^*, Y^*) + T g_{n+1}(X^*, Y^*) + \cdots + T^{q-n} g_q(X^*, Y^*).$$

$R = Q/(f^*, g^*)$ であるから,

$$R^e = R \otimes_{K[T]} (Q/(f^*, g^*)) = (R \otimes_{K[T]} Q)/(1 \otimes f^*, 1 \otimes g^*)$$
$$= R[X^*, Y^*]_M/(f^*, g^*)$$

が成り立つ. x^* と y^* を R における X^* と Y^* の像とする. このとき, 次の方程式系がある.

$$\begin{aligned} f^* &= a_{11}(X^* - x^*) + a_{12}(Y^* - y^*), \\ g^* &= a_{21}(X^* - x^*) + a_{22}(Y^* - y^*). \end{aligned} \tag{9}$$

ただし, $a_{ij} \in R[X^*, Y^*]_M$ である. このとき, $\Delta_{x^*,y^*}^{f^*,g^*}$ を R^e における $\det(a_{ij})$ の像として定義する. この像が a_{ij} の特別な選び方に依存しないことを確認しよう.

Lf と Lg は $K[X,Y] = \mathrm{gr}_{\mathfrak{M}} \mathcal{O}'_P$ において互いに素であるから, g^* は $Q/(f^*)$ 上の零因子ではなく, また f^* は $Q/(g^*)$ 上で零因子ではない (定理 B.12 参照). しかしながら, このとき g^* は $R \otimes_{K[T]} Q/(f^*) = R[X^*, Y^*]_M/(f^*)$ 上でも零因子ではなく, また f^* は $R[X^*, Y^*]_M/(g^*)$ 上でも零因子ではない (定理 G.4 (b) を参照せよ). したがって, 補題 I.4 の仮定が満足され, $\Delta_{x^*,y^*}^{f^*,g^*}$ が a_{ij} の選び方に依存しないことが導かれる.

公式 (9) において, 変数 T を 0 にすると, $\tau_{\xi,\eta}^{Lf,Lg}$ のつくりかたと同様にして, $G[X^*, Y^*]$ における方程式系が得られる. したがって, $\Delta_{\xi,\eta}^{Lf,Lg}$ は全射準同型写像 $R^e \to G^e$ による $\Delta_{x^*,y^*}^{f^*,g^*}$ の像である. 補題 H.23 によって,

$$\mathrm{Ann}_{R^e}(I^R) = R \cdot \Delta_{x^*,y^*}^{f^*,g^*}$$

が成り立つ. ゆえに, トレース $\tau_{f^*,g^*}^{x^*,y^*} : R \to K[T]$ が定義される. このとき標準トレースの場合と同様にして (公式 (1) を参照せよ), 次の定理が成り立つ.

定理 11.13. 標準的な全射準同型写像 $\omega_{\mathcal{R}_{\mathfrak{M}}\mathcal{O}/K[T]} \to \omega_{\mathcal{O}/K}$ によって, トレース $\tau_{f^*,g^*}^{x^*,y^*}$ は $(\tau_{f^*,g^*}^{x^*,y^*})_P$ の上に写像され, また標準的な全射準同型写像 $\omega_{\mathcal{R}_{\mathfrak{M}}\mathcal{O}/K[T]} \to \omega_{\mathrm{gr}_{\mathfrak{m}}\mathcal{O}/K}$ によって $\tau_{Lf,Lg}^{\xi,\eta}$ の上に写像される.

(証明) 証明は定理 11.8 のそれと同様である. ∎

さて再び, f と g は互いに素な多項式として, $A = K[X,Y]/(f,g) = K[x,y]$

とする．記号が示唆しているように，トレース $\tau_{f,g}^{x,y}$ と $(\tau_{f,g}^{x,y})_P$ は代数 A/K の生成元（座標）x, y と，順序関係のある組 $\{f, g\}$ に依存する．次の補題は単純である．

補題 11.14. 与えられた $\widetilde{X}, \widetilde{Y} \in K[X, Y]$ について，

$$X = \gamma_{11}\widetilde{X} + \gamma_{12}\widetilde{Y},$$
$$Y = \gamma_{21}\widetilde{X} + \gamma_{22}\widetilde{Y}$$

と仮定する．ただし，$\gamma_{ij} \in K$, $\det(\gamma_{ij}) \neq 0$ とする．$h \in K[X,Y]$ に対して，$\tilde{h}$ を $\tilde{h}(\widetilde{X},\widetilde{Y}) = h(\gamma_{11}\widetilde{X}+\gamma_{12}\widetilde{Y}, \gamma_{21}\widetilde{X}+\gamma_{22}\widetilde{Y})$ によって定義し，$\tilde{x}$ と $\tilde{y}$ をそれぞれ A における $\widetilde{X}$ と $\widetilde{Y}$ の剰余類を表すものとする．このとき，

$$\tau_{f,g}^{x,y} = \left(\det(\gamma_{ij}) \cdot \tau_{\tilde{f},\tilde{g}}^{\tilde{x},\tilde{y}}\right) \circ c$$

が成り立つ．ただし，$c : A \to A$ は $h \mapsto \tilde{h}$ によって誘導された K-自己同型写像を表す．局所的なトレース $(\tau_{f,g}^{x,y})_P$ に対しても同様なことが成り立つ． ∎

定義 11.15. $h \in K[X,Y]$ とし，$\bar{h}$ をその A における像とするとき，

$$\int \begin{bmatrix} \omega \\ f, g \end{bmatrix} := \tau_{f,g}^{x,y}(\bar{h})$$

を f, g に関する $\omega := h\,dXdY$ の**積分** (integral) という．$h \in \mathcal{O}'_P$ とし，$\bar{h}$ をその $\mathcal{O}$ における像とするとき，

$$\operatorname{Res}_P \begin{bmatrix} \omega \\ f, g \end{bmatrix} := (\tau_{f,g}^{x,y})_P(\bar{h})$$

を点 P において f, g に関する $\omega = h\,dXdY$ の**留数** (residue) という．$P \notin \mathcal{V}(f) \cap \mathcal{V}(g)$ のとき，$\operatorname{Res}_P \begin{bmatrix} \omega \\ f, g \end{bmatrix} = 0$ とおく．

さらに微分形式に進む前に，$\omega = h\,dXdY$ を座標変換 $X = \gamma_{11}\widetilde{X}+\gamma_{12}\widetilde{Y}, Y = \gamma_{21}\widetilde{X}+\gamma_{22}\widetilde{Y}$ ($\gamma_{ij} \in K$) によって因数 $\det(\gamma_{ij})$ だけ変化する記号として理解する．すなわち，$dXdY = \det(\gamma_{ij})d\widetilde{X}d\widetilde{Y}$.

補題 11.14 によって, 積分 $\int$ と留数 Res_P は座標系には独立であることがわかる. 留数は f と g が P において共通の成分をもたないときでさえ定義される. 記号 $\mathrm{Res}_P \begin{bmatrix} \omega \\ f,\ g \end{bmatrix}$ はしばしば**グロタンディーク留数記号** (Grothendieck residue symbol) と呼ばれる.

以下において, 積分と留数の基本的性質を考察する. 明らかに, $h \in (f, g)K[X, Y]$ ならば,

$$\int \begin{bmatrix} \omega \\ f,\ g \end{bmatrix} = 0 \tag{10}$$

が成り立ち, $h \in (f, g)K[X, Y]_{\mathfrak{M}}$ ならば, 次が成り立つ.

$$\mathrm{Res}_P \begin{bmatrix} \omega \\ f,\ g \end{bmatrix} = 0. \tag{11}$$

トレースは K-線形写像であるから, 積分と留数もまた ω の K-線形関数である. すなわち, $\kappa_1, \kappa_2 \in K$ と微分形式 ω_1, ω_2 に対して

$$\int \begin{bmatrix} \kappa_1 \omega_1 + \kappa_2 \omega_2 \\ f,\ g \end{bmatrix} = \kappa_1 \int \begin{bmatrix} \omega_1 \\ f,\ g \end{bmatrix} + \kappa_2 \int \begin{bmatrix} \omega_2 \\ f,\ g \end{bmatrix} \tag{12}$$

が成り立ち, 留数に対しても同様の公式が成り立つ.

さらに, $\omega = h dX dY$ と $h \in K[X, Y]$ とするとき, 定理 11.11 によって,

$$\int \begin{bmatrix} \omega \\ f,\ g \end{bmatrix} = \sum_P \mathrm{Res}_P \begin{bmatrix} \omega \\ f,\ g \end{bmatrix} \tag{13}$$

が成り立つ. ただし, 和はすべての点 $P \in \mathbb{A}^2(K)$ を動く.

さて問題に戻ろう. 積分と留数はどのようにして多項式 f と g に依存するだろうか?

$P \in \mathcal{V}(f) \cap \mathcal{V}(g)$ とし, $\phi, \psi \in K[X, Y]$ とする. また, f, g を零点 P を共通に含んでいる既約成分をもたない多項式とする. $(\phi, \psi)\mathcal{O}'_P \subset (f, g)\mathcal{O}'_P$ と仮定する. このとき, $\mathcal{O}' := \mathcal{O}'_P/(\phi, \psi)\mathcal{O}'_P$ に対して, 核として $(f, g)\mathcal{O}'_P/(\phi, \psi)\mathcal{O}'_P$ をもつ標準的な全射準同型写像 $\epsilon : \mathcal{O}' \to \mathcal{O}$ と, そしてまた $\omega_{\mathcal{O}/K} = \mathrm{Hom}_K(\mathcal{O}, K)$ から $\omega_{\mathcal{O}'/K} = \mathrm{Hom}_K(\mathcal{O}', K)$ への標準的な単射準同型写像がある. ただし, 各 $\ell \in \mathrm{Hom}_K(\mathcal{O}, K)$ は合成写像 $\ell \circ \epsilon$ に写像されるものである.

これまでしばしばそうしてきたように，$c_{ij} \in \mathcal{O}'_P$ を用いて

$$\begin{aligned} \phi &= c_{11}f + c_{12}g, \\ \psi &= c_{21}f + c_{22}g \end{aligned} \quad (14)$$

と表せば，$\mathcal{O}'$ における $\det(c_{ij})$ の像 $(d^{\phi,\psi}_{f,g})_P$ は，(14) 式における係数の特別な選択 c_{ij} には依存しない．f が $(\psi\mathcal{O}'_P)$ を法として非零因子ならば，定理 I.5 が適用できる．すると，$(d^{\phi,\psi}_{f,g})_P$ が $(f,g)\mathcal{O}'_P/(\phi,\psi)\mathcal{O}'_P$ の零化イデアルを生成することがわかる．f が $(\psi\mathcal{O}'_P)$ を法として零因子ならば，ψ を $\phi+\psi$ で置き換える．このとき，f は $(\phi+\psi)\mathcal{O}'_P$ を法として非零因子であり，$\det(c_{ij})$ は変わらない．いずれにしても，$(d^{\phi,\psi}_{f,g})_P$ は上記の零化イデアルを生成する．したがって，$\mathcal{O}'_P$ において $(d^{\phi,\psi}_{f,g})_P$ をかけることにより，$\mathcal{O}'$-線形写像 $\mathcal{O} \to \mathcal{O}'$ を引き起こし，これもまた $(d^{\phi,\psi}_{f,g})_P$ で表す．$(\phi,\psi)\mathcal{O}'_P = (f,g)\mathcal{O}'_P$ ならば，このとき当然 $\mathcal{O}' = \mathcal{O}$ となり，$(d^{\phi,\psi}_{f,g})_P$ は $\mathcal{O}$ の単元である．

定理 11.16 (連鎖律)．x', y' を $\mathcal{O}'$ における X, Y の像とする．標準的な単射準同型写像 $\omega_{\mathcal{O}/K} \to \omega_{\mathcal{O}'/K}$ によって，トレース $(\tau^{x,y}_{f,g})_P$ は $(d^{\phi,\psi}_{f,g})_P \cdot (\tau^{x',y'}_{\phi,\psi})_P$ に写像される．言い換えると，次の可換図式がある．

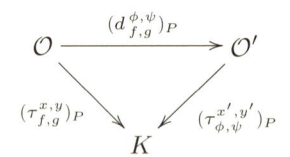

$$\begin{array}{ccc} \mathcal{O} & \xrightarrow{(d^{\phi,\psi}_{f,g})_P} & \mathcal{O}' \\ & \searrow\ \swarrow & \\ (\tau^{x,y}_{f,g})_P & & (\tau^{x',y'}_{\phi,\psi})_P \\ & K & \end{array}$$

(証明) $\mathcal{O}'[X,Y]_M$ において次の方程式系

$$\begin{aligned} \phi &= a'_{11}(X-x') + a'_{12}(Y-y'), \\ \psi &= a'_{21}(X-x') + a'_{22}(Y-y') \end{aligned}$$

を考える．標準的な全射準同型写像 $\mathcal{O}'[X,Y]_M \to \mathcal{O}[X,Y]_M$ を用いると，これらは次の方程式系に写像される．

$$\begin{aligned} \phi &= a_{11}(X-x) + a_{12}(Y-y), \\ \psi &= a_{21}(X-x) + a_{22}(Y-y). \end{aligned} \quad (15)$$

一方，$\mathcal{O}[X,Y]_M$ において次のように表すことができ，

$$f = b_{11}(X-x) + b_{12}(Y-y),$$
$$g = b_{21}(X-x) + b_{22}(Y-y).$$

(14) で代入すると，(15) に類似の方程式系が得られる．補題 I.4 によって，$\mathcal{O} \otimes_K \mathcal{O}' = \mathcal{O}[X,Y]_M/(\phi,\psi)$ において，次の等式が成り立つ．

$$(\epsilon \otimes 1)((\Delta_{x',y'}^{\phi,\psi})_P) = (1 \otimes (d_{f,g}^{\phi,\psi})_P) \cdot \Delta.$$

ただし，Δ は写像 $\mathrm{id}_{\mathcal{O}} \otimes \epsilon : \mathcal{O} \otimes_K \mathcal{O}' \to \mathcal{O} \otimes_K \mathcal{O}$ によって $(\Delta_{x,y}^{f,g})_P$ の上に写像される．Δ に対する表現を $\Delta = \sum a_i \otimes b_i'$ $(a_i \in \mathcal{O}, b_i' \in \mathcal{O}')$ として選べば，$(\Delta_{x,y}^{f,g})_P = \sum a_i \otimes \epsilon(b_i')$ が成り立つ．

そこでいま，次の標準的な可換図式を考える．

$$\begin{array}{ccc} \mathcal{O}' \otimes_K \mathcal{O}' & \xrightarrow[\phi']{\sim} & \mathrm{Hom}_K(\omega_{\mathcal{O}'/K}, \mathcal{O}') \\ \downarrow & & \downarrow \\ \mathcal{O} \otimes_K \mathcal{O}' & \xrightarrow[\phi]{\sim} & \mathrm{Hom}_K(\omega_{\mathcal{O}/K}, \mathcal{O}') \end{array}$$

ただし，ϕ' は定理 H.19 において定義されたものである．また同様にして，$\phi(\sum a_i \otimes b_i')$ によって，各 $\ell \in \omega_{\mathcal{O}/K}$ は $\sum \ell(a_i) b_i'$ に写像される．このとき，

$$\phi'\left(\left(\Delta_{x',y'}^{\phi,\psi}\right)_P\right)\left(\left(\tau_{f,g}^{x,y}\right)_P\right) = \left(d_{f,g}^{\phi,\psi}\right)_P$$

を証明しよう．すると，$\left(\tau_{f,g}^{x,y}\right)_P$ の定義より，求める等式

$$\left(\tau_{f,g}^{x,y}\right)_P = \left(d_{f,g}^{\phi,\psi}\right)_P \cdot \left(\tau_{\phi,\psi}^{x',y'}\right)_P$$

が得られる．

一つ前の等式は次のようにして示される．

$$\begin{aligned} \phi'\left(\left(\Delta_{x',y'}^{\phi,\psi}\right)_P\right)\left(\left(\tau_{f,g}^{x,y}\right)_P\right) &= \phi\left((\epsilon \otimes \mathrm{id})((\Delta_{x',y'}^{\phi,\psi})_P)\right)((\tau_{f,g}^{x,y})_P) \\ &= \phi\left((1 \otimes (d_{f,g}^{\phi,\psi})_P)(\sum a_i \otimes b_i')\right)((\tau_{f,g}^{x,y})_P) \\ &= \sum (\tau_{f,g}^{x,y})_P(a_i) \cdot (d_{f,g}^{\phi,\psi})_P \cdot b_i' \\ &= \sum (\tau_{f,g}^{x,y})_P(a_i) \cdot (d_{f,g}^{\phi,\psi})_P \cdot \epsilon(b_i') = (d_{f,g}^{\phi,\psi})_P. \end{aligned}$$

ただし，ここで $(d_{f,g}^{\phi,\psi})_P \cdot b_i' = (d_{f,g}^{\phi,\psi})_P \cdot \epsilon(b_i')$ と $\sum (\tau_{f,g}^{x,y})_P(a_i) \epsilon(b_i') = 1$ を用いた（系 H.20 を参照せよ）．以上より，定理は証明された．

これより，すぐに次の定理が得られる．

定理 11.17（留数の変換公式）．　上記の仮定のもとで，すべての $h \in K[X,Y]$ に対して，次が成り立つ．

$$\operatorname{Res}_P \begin{bmatrix} h\,dX\,dY \\ f,\ g \end{bmatrix} = \operatorname{Res}_P \begin{bmatrix} \det(c_{ij})h\,dX\,dY \\ \phi,\ \psi \end{bmatrix}. \qquad \blacksquare$$

この公式の特別な場合のいくつかは次のようである．すべての $a \in K[X,Y]$ に対して，

$$\operatorname{Res}_P \begin{bmatrix} h\,dX\,dY \\ f-ag,\ g \end{bmatrix} = \operatorname{Res}_P \begin{bmatrix} h\,dX\,dY \\ f,\ g \end{bmatrix}. \tag{16}$$

$f_1 f_2$ と g が零点 P を共通にもつ成分をもたないとすれば，

$$\operatorname{Res}_P \begin{bmatrix} h f_2\,dX\,dY \\ f_1 f_2,\ g \end{bmatrix} = \operatorname{Res}_P \begin{bmatrix} h\,dX\,dY \\ f_1,\ g \end{bmatrix} \quad (簡約律) \tag{17}$$

が成り立つ．また，次も成り立つ．

$$\operatorname{Res}_P \begin{bmatrix} h\,dX\,dY \\ g,\ f \end{bmatrix} = -\operatorname{Res}_P \begin{bmatrix} h\,dX\,dY \\ f,\ g \end{bmatrix}. \tag{18}$$

定理 11.18（積分の変換公式）．　$f, g \in K[X,Y]$ を互いに素である多項式とする．また，$\phi, \psi \in K[X,Y]$ もまた互いに素で，かつ $(\phi, \psi) \subset (f, g)$ をみたしていると仮定する．係数を $c_{ij} \in K[X,Y]$ とする方程式系 (14) を考える．このとき，すべての $h \in K[X,Y]$ に対して，次が成り立つ．

$$\int \begin{bmatrix} h\,dX\,dY \\ f,\ g \end{bmatrix} = \int \begin{bmatrix} \det(c_{ij})h\,dX\,dY \\ \phi,\ \psi \end{bmatrix}.$$

（証明）　この公式の証明は定理 11.16 の証明と同様である． $\blacksquare$

定理 11.17 と公式 (12) を用いれば，次のように考えることもできる．$P \notin \mathcal{V}(f) \cap \mathcal{V}(g)$ かつ $P \in \mathcal{V}(\phi) \cap \mathcal{V}(\psi)$ ならば，$\det(c_{ij}) \in (\phi, \psi)\mathcal{O}'_P$ であり，ゆえに次が成り立つ．

$$\operatorname{Res}_P \begin{bmatrix} \det(c_{ij})h\,dX\,dY \\ \phi,\ \psi \end{bmatrix} = 0.$$

次に本章の主定理を証明しよう．以下の第 12 章で示すように，代数曲線に関する多くの古典的な定理がこの定理から導かれる．Gf と Gg は互いに素であると仮定しよう．さらに，$d_{\xi,\eta}^{Gf,Gg}$ を定理 11.10 で定義したものとし，$\rho := p+q-2$ とする．すべての $h \in K[X,Y]$ は (f,g) を法として次数 $\leq \rho$ である多項式によって表される．したがって，次の定理によって積分を計算することができる．

定理 11.19（留数定理）． O は $\mathbb{A}^2(K)$ の原点を表す．$h \in K[X,Y]$ に対して，$\overline{Gh}$ を $K[X,Y]/(Gf,Gg)$ における Gh の剰余類とする．$\deg h = \rho$ ならば，$\overline{Gh} = \kappa \cdot d_{\xi,\eta}^{Gf,Gg}$ をみたすただ一つの元 $\kappa \in K$ が存在する．この記号を用いて，次が成り立つ．

$$\int \begin{bmatrix} h\,dX\,dY \\ f,\ g \end{bmatrix} = \mathrm{Res}_O \begin{bmatrix} Gh\,dX\,dY \\ Gf,\ Gg \end{bmatrix} = \begin{cases} \kappa\ (\deg h = \rho), \\ 0\ (\deg h < \rho). \end{cases}$$

（証明） それぞれ，f,g,h の $K[X_0,X_1,X_2]$ における斉次化 F,G,H を考える．定理 11.8 の仮定が満足され，したがって，$\overline{H}$ を $S = K[X_0,X_1,X_2]/(F,G)$ における H の剰余類を表すものとすると，次が成り立つ．

$$\int \begin{bmatrix} h\,dX\,dY \\ f,\ g \end{bmatrix} = \tau_{F,G}^{x_1,x_2}(\overline{H})|_{X_0=1},$$

$$\mathrm{Res}_O \begin{bmatrix} Gh\,dX\,dY \\ Gf,\ Gg \end{bmatrix} = \tau_{F,G}^{x_1,x_2}(\overline{H})|_{X_0=0}.$$

$\deg h < \rho$ ならば，ゆえに $\deg \overline{H} < \rho$ ならば，$\tau_{F,G}^{x_1,x_2}(\overline{H}) \in K[X_0]$ は負の次数をもつ．したがって，$\tau_{F,G}^{x_1,x_2}(\overline{H}) = 0$ となる．以上より，

$$\int \begin{bmatrix} h\,dX\,dY \\ f,\ g \end{bmatrix} = \mathrm{Res}_O \begin{bmatrix} Gh\,dX\,dY \\ Gf,\ Gg \end{bmatrix} = 0.$$

一方，$\deg h = \rho$ ならば，$\tau_{F,G}^{x_1,x_2}(\overline{H})$ は次数 0 をもち，ゆえに，K の元である．したがって，

$$\int \begin{bmatrix} h\,dX\,dY \\ f,\ g \end{bmatrix} = \tau_{F,G}^{x_1,x_2}(\overline{H}) = \mathrm{Res}_O \begin{bmatrix} Gh\,dX\,dY \\ Gf,\ Gg \end{bmatrix}.$$

定理 11.10 により，この留数は κ に等しい． ∎

留数計算に対する類似の定理がある．しかしながら，これについて f と g は $P \in \mathcal{V}(f) \cap \mathcal{V}(g)$ において共通の接線をもたないということを仮定しなければならない．定理 11.12 における記号，特に，$m = m_P(f)$ と $n = m_P(f)$ を用いるであろう．さらに，$\overline{Lh}$ を $G = K[X,Y]/(Lf, Lg)$ における先導形式 Lh の剰余類とする．

定理 11.20. $h \in K[X,Y]_{\mathfrak{M}}$ とする．$\mathrm{ord}_{\mathfrak{M}} h = -(m+n-2)$ の場合には，$\overline{Lh} = \kappa \cdot d^{Lf,Lg}_{\xi,\eta}$ をみたすただ一つの $\kappa \in K$ が存在する．$\rho = m+n-2$ とおけば，次が成り立つ．

$$\mathrm{Res}_P \begin{bmatrix} h\, dX\, dY \\ f,\ g \end{bmatrix} = \mathrm{Res}_O \begin{bmatrix} Lh\, dX\, dY \\ Lf,\ Lg \end{bmatrix} = \begin{cases} \kappa & (\mathrm{ord}_{\mathfrak{M}} h = -\rho), \\ 0 & (\mathrm{ord}_{\mathfrak{M}} h < -\rho). \end{cases}$$

(証明) $\mathcal{O}$ を P における $f \cap g$ の局所環とし，$\mathfrak{m}$ をその極大イデアルとする．$G = \mathrm{gr}_{\mathfrak{m}} \mathcal{O}$ においては，$k < -\rho$ に対して $G_k = \{0\}$ が成り立つ．すなわち，$\mathfrak{m}^{\rho+1} = \mathfrak{m}^{\rho+2}$ となり，中山の補題より，$\mathfrak{m}^{\rho+1} = \{0\}$ を得る．$K[X,Y]_{\mathfrak{M}}$ において，これは $\mathfrak{M}^{\rho+1} K[X,Y]_{\mathfrak{M}} = (f,g) K[X,Y]_{\mathfrak{M}}$ であることを意味している．

$\mathrm{ord}_{\mathfrak{M}} h < -\rho$ ならば，$h \in (f,g) K[X,Y]_{\mathfrak{M}}$ であることがわかる．ゆえに，公式 (11) によって次を得る．

$$\mathrm{Res}_P \begin{bmatrix} h\, dX\, dY \\ f,\ g \end{bmatrix} = \mathrm{Res}_O \begin{bmatrix} Lh\, dX\, dY \\ Lf,\ Lg \end{bmatrix} = 0.$$

一方，$\mathrm{ord}_{\mathfrak{M}} h = -\rho$ ならば，定理 11.19 の証明と同様にして，定理 11.13 と定理 11.12 を用いて定理の証明を完成させることができる． ∎

例 11.21.

$P = (0,0)$ とすると，$\mathfrak{M} = (X,Y)$ である．$\mu := \mu_P(f,g) = \dim_K \mathcal{O}$ が P における f と g の交叉重複度ならば，$\mathfrak{m}^{\mu} = (0)$ となり，ゆえに，$X^{\mu}, Y^{\mu} \in (f,g)\mathcal{O}'_P$ を得る．$c_{ij} \in \mathcal{O}'_P$ として，

$$X^{\mu} = c_{11}f + c_{12}g,$$
$$Y^{\mu} = c_{21}f + c_{22}g$$

とおく．このとき，定理 11.17 により，$h \in K[X,Y]_{\mathfrak{M}}$ に対して次が成り立つ．

$$\mathrm{Res}_P \begin{bmatrix} h\, dXdY \\ f,\ g \end{bmatrix} = \mathrm{Res}_P \begin{bmatrix} h\det(c_{ij})dXdY \\ X^\mu, Y^\mu \end{bmatrix}.$$

さて，$a_{\alpha\beta} \in K$ として

$$h\det(c_{ij}) = \sum_{0 \leq \alpha,\beta < \mu} a_{\alpha\beta} X^\alpha Y^\beta + R$$

と表す．ただし，「余り」R は $R \in (X^\mu, Y^\mu)\mathcal{O}'_P$ である．すると，公式 (12) と (11) によって

$$\mathrm{Res}_P \begin{bmatrix} h\, dXdY \\ f,\ g \end{bmatrix} = \sum_{0 \leq \alpha,\beta < \mu} a_{\alpha\beta} \mathrm{Res}_P \begin{bmatrix} X^\alpha Y^\beta dXdY \\ X^\mu,\ Y^\mu \end{bmatrix} = a_{\mu-1,\mu-1}.$$

ただし，この最後の等号については定理 11.19 と定理 11.17 を用いた．この公式は複素関数の留数との類似性を明確に表している（演習問題 3 も参照せよ）．

演習問題

1. 次のような状況の例を与えよ．f と g を代数曲線とし，$P \in \mathcal{V}(f) \cap \mathcal{V}(g)$ において共通の成分をもたないと仮定する．さらに，$\mathcal{O}$ を P における $f \cap g$ の局所環，$G = \mathrm{gr}_{\mathfrak{m}}\mathcal{O}$ を極大イデアル $\mathfrak{m}$ に関して $\mathcal{O}$ に付随した次数環とする．このとき，代数 G/K はトレースをもたない．

2. ネーター差積 (Noether different) を ϑ で表すとき，次のことを示せ（注意 G.10 を参照せよ）．

    (a) 定義 H.7 の仮定のもとで，代数 S/R がトレースをもつならば，$\vartheta(S/R)$ は単項イデアルである．

    (b) 定理 11.1 の仮定のもとで，次が成り立つ．
    $$\vartheta(S/K[X_0]) = \left(\frac{\partial(F,G)}{\partial(x_1,x_2)}\right).$$
    また，系 11.4 の仮定のもとで，次が成り立つ．
    $$\vartheta(A/K) = \left(\frac{\partial(f,g)}{\partial(x,y)}\right).$$

3. f を $P := (0,0) \in \mathcal{V}(f)$ をみたすアフィン代数曲線とし,Y は f の因子ではないと仮定する.$h \in K[X,Y]$ に対して,$\frac{h(X,0)}{f(X,0)}$ の「ローラン級数」がある $\mu \in \mathbb{Z}$ によって $\sum_{i \geq \mu} a_i X^i$ で与えられるものとする.このとき,次を示せ.

$$\mathrm{Res}_P \begin{bmatrix} h\,dX\,dY \\ f,\ Y \end{bmatrix} = a_{-1}.$$

4. 次を計算せよ.
$$\int \begin{bmatrix} X^6 dX dY \\ X^2 Y^2 - 1,\ X^3 + Y^3 - 1 \end{bmatrix}.$$

また,$P := (0,0)$ とするとき,次を計算せよ.
$$\mathrm{Res}_P \begin{bmatrix} (X + X^2 - Y^3)\,dX\,dY \\ XY,\ X^2 - Y^2 + X^3 \end{bmatrix}.$$

第12章
曲線に対する留数理論の応用

　第11章でのアフィン平面における留数の公式と定理は，平面曲線の交叉理論についての古典的な定理の一貫した証明と一般化を可能にする．おそらく，B. Segre [Se] が我々のと同じ方法で始めた最初の人であった．しかし，彼は留数の別の概念，すなわち，滑らかな曲線上の微分の留数を用いた．Griffiths-Harris [GH] の Chapter V を参照せよ．本章で示される定理ははるかに高度な高次元の一般化をもつ ([Hü], [HK], [Ku$_3$], [Ku$_4$], [KW])．Gerhard Quarg は，彼の学位論文 [Q] のなかで，代数的留数理論のさらに大域的な幾何学的応用を発見した．[Ku$_4$] はこの論文の部分的な概要を含んでいる．

　$\mathbb{A}^2(K)$ において共通の成分をもたない二つの曲線 f と g が与えられていると仮定し，$\deg f := p, \deg g := q$，また $A := K[X,Y]/(f,g) = K[x,y]$ とおく．微分形式 $\omega = \frac{\partial(f,g)}{\partial(X,Y)} dXdY$ について，これを $\omega = df dg$ と表す．

公式 12.1. 次の式が成り立つ．

$$\int \begin{bmatrix} df dg \\ f, g \end{bmatrix} = (\dim_K A) \cdot 1_K,$$

$$\mathrm{Res}_P \begin{bmatrix} df dg \\ f, g \end{bmatrix} = \mu_P(f,g) \cdot 1_K.$$

ただし，$\mu_P(f,g)$ は点 P における f と g の交叉重複度である．

(証明) 定理 11.9 によって次が成り立つ.

$$\int \begin{bmatrix} df\,dg \\ f,\ g \end{bmatrix} = \tau_{f,g}^{x,y}\left(\frac{\partial(f,g)}{\partial(x,y)}\right) = \sigma_{A/K}(1) = (\dim_K A)\cdot 1_K.$$

$\mathcal{O}$ によって $f\cap g$ 上の点 P の局所環を表す. さらに, 次の式が成り立つ.

$$\operatorname{Res}_P\begin{bmatrix} df\,dg \\ f,\ g \end{bmatrix} = (\tau_{f,g}^{x,y})_P\left(\frac{\partial(f,g)}{\partial(x,y)}\right) = \left(\frac{\partial(f,g)}{\partial(x,y)}\cdot(\tau_{f,g}^{x,y})_P\right)(1).$$

$(\tau_{f,g}^{x,y})_P$ は $\tau_{f,g}^{x,y}$ の制限写像であり, また $\sigma_{\mathcal{O}/K}$ は $\sigma_{A/K}=\frac{\partial(f,g)}{\partial(x,y)}\tau_{f,g}^{x,y}$ を $\mathcal{O}$ へ制限した写像であるから (規則 H.3 参照), これより次が成り立つ.

$$\operatorname{Res}_P\begin{bmatrix} df\,dg \\ f,\ g \end{bmatrix} = \sigma_{\mathcal{O}/K}(1) = (\dim_K \mathcal{O})\cdot 1_K = \mu_P(f,g)\cdot 1_K. \qquad\blacksquare$$

第 11 章の公式 (13) より, 次が成り立つ.

$$\dim_K A \equiv \sum_P \mu_P(f,g) \pmod{\chi}.$$

ただし, χ は K の標数である. この事実はそう驚くことではない. なぜなら, 中国式剰余の定理は何回か第 11 章の理論に関係している. f と g が共通の無限遠点をもたないならば, 上記の式は χ を法とする合同を除いてベズーの定理 5.7 そのものだからである.

f と g が点 P において横断的に交わるならば, 複素変数の関数における位数 1 の極についての留数公式と類似の公式が成り立つ. $J:=\frac{\partial(f,g)}{\partial(X,Y)}$ とおき, $K[X,Y]$ における P の極大イデアルを $\mathfrak{M}$ で表す. $\mathcal{O}'_P := K[X,Y]_{\mathfrak{M}}$ とおく.

公式 12.2. f と g が点 P において横断的に交わるならば, $J(P)\neq 0$ であり, また各 $h\in K[X,Y]_{\mathfrak{M}}$ に対して次が成り立つ.

$$\operatorname{Res}_P\begin{bmatrix} h\,dX\,dY \\ f,\ g \end{bmatrix} = \frac{h(P)}{J(P)}.$$

(証明) f と g が点 P において横断的に交わるならば, 系 7.7 より $J(P)\neq 0$ が成り立つ. さらに, $\mathcal{O}:=\mathcal{O}'_P/(f,g)\mathcal{O}'_P \cong K$ であり, したがって $\sigma_{\mathcal{O}/K}=\operatorname{id}_K$

となる．すると，公式 $\sigma_{\mathcal{O}/K} = J(P) \cdot (\tau_{f,g}^{x,y})_P$ によって，次が得られる．

$$\mathrm{Res}_P \begin{bmatrix} h\,dX\,dY \\ f,\ g \end{bmatrix} = (\tau_{f,g}^{x,y})_P(h(P)) = \frac{1}{J(P)} \cdot \sigma_{\mathcal{O}/K}(h(P)) = \frac{h(P)}{J(P)}. \quad \blacksquare$$

さて，次に留数定理 11.19 を初めて用いるであろう．この留数定理より，公式 12.2 を用いてすぐに次の定理が得られる．

定理 12.3（横断的交叉に対する留数の定理）．　f と g は共通の無限遠点をもたず，またすべての交点において横断的に交わると仮定する．$h \in K[X,Y]$ に対して，$\overline{Gh}$ によって $K[X,Y]/(Gf, Gg)$ における Gh の剰余類を表し，$\deg h = \rho = p + q - 2$ のとき（定理 11.10 の記号を用いて），

$$\overline{Gh} = \kappa \cdot d_{\xi,\eta}^{Gf,Gg} \qquad (\kappa \in K)$$

と仮定する．このとき，次が成り立つ．

(a)　$\deg h < \rho$ のとき，

$$\sum_{P \in \mathcal{V}(f) \cap \mathcal{V}(g)} \frac{h(P)}{J(P)} = 0 \qquad (\text{ヤコビの公式 } [J],\ 1835\ \text{年}).$$

(b)　$\deg h = \rho$ のとき，

$$\sum_{P \in \mathcal{V}(f) \cap \mathcal{V}(g)} \frac{h(P)}{J(P)} = \kappa. \qquad \blacksquare$$

(b) における公式の右辺は次数形式 Gf, Gg と Gh にのみ依存する．したがって，左辺は，与えられた曲線に対して同じ次数形式をもつほかの曲線と置き換えても変わらない．

ヤコビの公式は Cayley-Bacharach の定理 5.17 の次のような特別な場合を含んでいる．すなわち，定理の仮定のもとで，次数 $< \rho$ の曲線 h が $\mathcal{V}(f) \cap \mathcal{V}(g)$ の $pq - 1$ 個の点を通ると仮定する．このとき，その曲線は pq 個すべての点を通る．

この定理の応用，たとえばパスカルの定理はすでに例 5.16 で考察した．また，この結果は次のようにも考えることができる．$\nu = 1, \ldots, pq - 1$ に対し

て, f と g の交点 $P_\nu = (a_\nu, b_\nu)$ がすでに求められ, かつ最後の交点 $P = (x, y)$ がまだわからないと仮定する. $p + q \geq 4$ と仮定する. ゆえに, $\rho \geq 2$ である. 定理 12.3 (a) における等式によって,

$$\frac{1}{J(P)} + \sum_{i=1}^{pq-1} \frac{1}{J(P_i)} = 0,$$

$$\frac{x}{J(P)} + \sum_{i=1}^{pq-1} \frac{a_i}{J(P_i)} = 0,$$

$$\frac{y}{J(P)} + \sum_{i=1}^{pq-1} \frac{b_i}{J(P_i)} = 0.$$

これより, 逐次的に $J(P)$ や x, y を求めることができる. $\rho > 2$ ならば, 考えるべき等式があと二つある. そして, しばしばいくつかの交点がわかれば残りの点を決定するために十分である. ところが二つの曲線 f と g が, すべての交点において横断的に交わるかどうかを決定することは一般には難しい.

$P \in \mathcal{V}(f) \cap \mathcal{V}(g)$ において共通の成分をもたない二つの曲線 f と g に対して, 不変量

$$a_P(f, g) := \operatorname{Res}_P \left[\begin{array}{c} (f_X g_X + f_Y g_Y) \, dX dY \\ f, \, g \end{array} \right]$$

を対応させる. ただし, $f_X = \frac{\partial f}{\partial X}, f_Y = \frac{\partial f}{\partial Y}$ である. 定理 11.17 によって, f または g に零でない定数をかけても, $a_P(f, g)$ は変わらない. しかしながら, $a_P(f, g)$ は座標に独立ではない. なぜなら, f_X や f_Y などはそうではないからである. しかしながら, 次のことがわかる.

補題 12.4. $a_P(f, g)$ は直交座標変換によって不変である. ここで, 直交座標変換とは次のような形の変換を意味している.

$$(X, Y) \longmapsto (X, Y) \cdot A + (b_1, b_2).$$

ただし, $(b_1, b_2) \in K^2$ かつ $A \in SO(2, K)$ である. 言い換えると, A は $A \cdot A^t = I$ かつ $\det A = 1$ をみたす 2 次正方行列のことである.

(証明) 補題で述べられているように, $(X, Y) \longmapsto (X', Y') \cdot A + (b_1, b_2)$ とおく. このとき, 連鎖律によって

$$(f_{X'}, f_{Y'}) = (f_X, f_Y) \cdot A^t$$

が成り立つ．したがって，

$$f_{X'}g_{X'} + f_{Y'}g_{Y'} = (f_X, f_Y) \cdot A^t \cdot A \cdot (g_X, g_Y)^t = f_X g_X + f_Y g_Y.$$

$\det A = 1$ であるから，$dXdY = dX'dY'$ となり，$a_P(f,g)$ を定義している留数はその変換によって不変である． ■

定義 12.5. $a_P(f,g)$ を点 P における曲線 f と g のなす**角** (angle) という．

以下において，どの程度までこの表現が妥当であるかを考察する．$P \notin \mathcal{V}(f) \cap \mathcal{V}(g)$ の場合には，$a_P(f,g) = 0$ とおく．

例 12.6. $f = aX + bY$, $g = cX + dY$ を $P = (0,0)$ を通る二つの異なる直線とする．ゆえに，$ad - bc \neq 0$ である．このとき，$a_P(f,g)$ は次の式で与えられる．

$$a_P(f,g) = \frac{ac+bd}{ad-bc}.$$

実数の場合には，$v_1 := (a,b), v_2 := (c,d)$ とすると，

$$ac + bd = |v_1| \cdot |v_2| \cdot \cos\phi,$$
$$ad - bc = |v_1| \cdot |v_2| \cdot \sin\phi.$$

ただし，ϕ は v_1 と v_2 の間の向きのある角である．

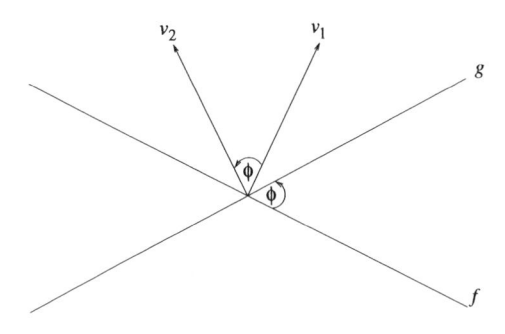

したがって，

$$a_P(f,g) = \cot\phi.$$

この交叉角は，交叉重複度がそうであるように加法的である（定理 5.8 参照）．

補題 12.7. $f = f_1 \cdots f_r$ と $g = g_1 \cdots g_s$ をそれぞれ f と g の因数分解とする. このとき, すべての $P \in \mathbb{A}^2(K)$ に対して次が成り立つ.

$$a_P(f,g) = \sum_{\substack{i=1,\ldots,r \\ j=1,\ldots,s}} a_P(f_i, g_j).$$

(証明) $f = f_1 \cdot f_2, g = g_1$ の場合を考えれば十分である. $P \in \mathcal{V}(f) \cap \mathcal{V}(g)$ と仮定することができる. このとき, $a_P(f, g) =$

$$\mathrm{Res}_P \begin{bmatrix} f_1(f_{2X} g_X + f_{2Y} g_Y) \, dXdY \\ f_1 f_2, \ g \end{bmatrix} + \mathrm{Res}_P \begin{bmatrix} f_2(f_{1X} g_X + f_{1Y} g_Y) \, dXdY \\ f_1 f_2, \ g \end{bmatrix}.$$

第 11 章の簡約律 (17) によって, 最初の留数は $a_P(f_2, g)$ に等しく, 後者の留数は $a_P(f_1, g)$ に等しい. ■

二つの曲線が交点において共通の接線をもたないならば, 次の定理によって, その交叉角はその二つの接線のなす角により与えられる.

定理 12.8. $t_1, \ldots, t_m$ を点 P における f の接線とし, $t'_1, \ldots, t'_n$ を点 P における g の接線とする. ただし, これらの接線は重複度で数えたものとする (ゆえに, $m = m_P(f), n = m_P(g)$ である). すべての i と j に対して $t_i \neq t'_j$ ならば,

$$a_P(f,g) = \sum_{\substack{i=1,\ldots,m \\ j=1,\ldots,n}} a_P(t_i, t_j).$$

(証明) 一般性を失わずに, $P = O$ は原点であると仮定できる. 補題 12.7 によって

$$\sum_{i,j} a_O(t_i, t'_j) = a_O\left(\prod_i t_i, \prod_j t'_j\right) = a_O(Lf, Lg)$$

が成り立つ. ところが,

$$(Lf)_X \cdot (Lg)_X + (Lf)_Y \cdot (Lg)_Y = L(f_X g_X + f_Y g_Y)$$

であるか，または

$$(Lf)_X \cdot (Lg)_X + (Lf)_Y \cdot (Lg)_Y = 0$$

である．後者の場合，$\mathfrak{M} := (X, Y)$ ならば，$\mathrm{ord}_{\mathfrak{M}}(f_X g_X + f_Y g_Y) < -(m+n-2)$ である．いずれにしても，定理の主張は定理 11.20 から得られる． ■

f と g が実曲線でかつ原点 O におけるそれらのすべての接線が実直線であると仮定する．このとき，f と g が O において共通の接線をもたないと仮定すると，定理 12.8 によって，$a_O(f, g)$ は f の接線と g の接線との間の向き付けられた角のすべての余接の和である．

次数 p の曲線 f の**漸近線**は直線 $a_i X - b_i Y = 0$ である．ただし，$\langle 0, b_i, a_i \rangle$ ($i = 1, \ldots, p$) は f の無限遠点である．これらは f の「無限遠点の方向において」O を通る直線全体である．$a_i X - b_i Y$ は Gf の 1 次因数でもある．漸近線は $a_i X - b_i Y$ が Gf に何回現れるかという，重複度によって数えられる．

次の定理は二つの曲線のすべての交叉角の和に関するものである．

定理 12.9 (Humbert's Theorem [Hu]). f と g が無限遠直線上で交わらないと仮定する．$\ell_1, \ldots, \ell_p$ を f の漸近線とし，$\ell'_1, \ldots, \ell'_q$ を g の漸近線とする．このとき，次が成り立つ．

$$\sum_{P \in \mathcal{V}(f) \cap \mathcal{V}(g)} a_P(f, g) = \sum_{\substack{i = 1, \ldots, p \\ j = 1, \ldots, q}} a_O(\ell_i, \ell'_j).$$

(証明) 第 11 章，公式 (13) によって，この等式の左辺は

$$\int \begin{bmatrix} (f_X g_X + f_Y g_Y) dX dY \\ f, g \end{bmatrix}$$

に等しく，定理 12.8 により，右辺は

$$a_O(Gf, Gg) = \mathrm{Res}_O \begin{bmatrix} ((Gf)_X (Gg)_X + (Gf)_Y (Gg)_Y) dX dY \\ Gf, Gg \end{bmatrix}$$

に等しい．また，$(Gf)_X (Gg)_X + (Gf)_Y (Gg)_Y = G(f_X g_X + f_Y g_Y)$ であるか，または $(Gf)_X (Gg)_X + (Gf)_Y (Gg)_Y = 0$ である．前者の場合は，$h :=$

$f_X g_X + f_Y g_Y$ は次数 $\rho = p+q-2$ をもち,すると求める公式は定理 11.19 から得られる.後者の場合は,$\deg h < \rho$ となり,両辺は零となる. ∎

実数体上では,Humbert's Theorem は次のように解釈される.f と g を $p \cdot q$ 個の相異なる実点 P_i $(i=1,\ldots,pq)$ で交わる実曲線とし,ϕ_i を P_i において f と g の間の向きのある角とする.このとき,$\sum_{i=1}^{pq} \cot \phi_i$ は f と g の(複素)無限遠点にのみ依存する.g を「平行」に移動したとき,個々の ϕ_i は変化するが,交叉角のすべての余接和は変わらない.

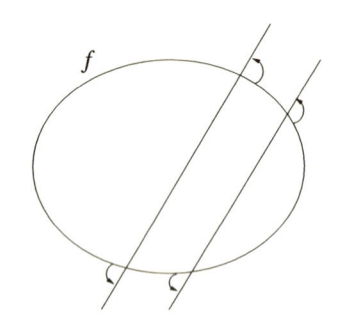

f と g がつねに $p \cdot q$ 個の相異なる実点で交わるものと仮定して,g を相似変換したとき,同じことが成り立つ.次の図を参照せよ.

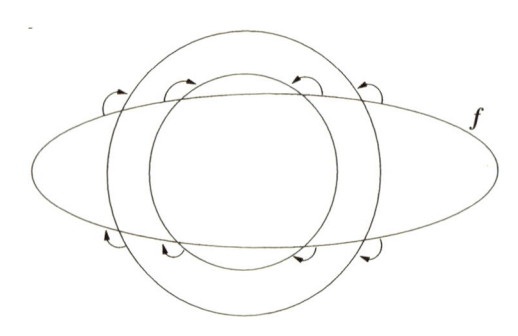

さて,次に二つの代数曲線の交わりについてもう一つ別の不変量を考察する.

定義 12.10. 二つの曲線 f と g に対して,これらは共通の無限遠点をもたないとする.このとき,
$$\sum (f \cap g) = \sum_P \mu_P(f,g) \cdot P$$

を $f \cap g$ の**重心**という．ここで，右辺の表現は K^2 におけるベクトル和として解釈されるものである（たとえば，定義 5.6 における交叉サイクルとしてのものではない）．

物理的な意味における重心を説明するために，f と g のすべての交点が実座標をもつとき，交点の数 pq による割り算をしなければならない．pq が K の標数によって割り切れるとき，この割り算は不可能であり，このとき説明をあきらめなければならない．我々が $\sum(f \cap g)$ について証明した命題は任意の標数において成り立つ．また，pq による割り算をするとき，これが可能である範囲において，本質的に何も変わらない．しかしながら，$\frac{1}{pq}\sum(f \cap g)$ は任意の座標変換によって不変であるが，一方 $\sum(f \cap g)$ は原点を固定する座標変換によって不変である．

次に，重心に対する「積分公式」がある．

補題 12.11.
$$\sum(f \cap g) = \left(\int \begin{bmatrix} Xdfdg \\ f,\ g \end{bmatrix}, \int \begin{bmatrix} Ydfdg \\ f,\ g \end{bmatrix}\right).$$

（証明） $P = (\xi, \eta) \in \mathbb{A}^2(K)$ に対して，留数の線形性により次が得られる．
$$\operatorname{Res}_P \begin{bmatrix} Xdfdg \\ f,\ g \end{bmatrix} = \xi \cdot \operatorname{Res}_P \begin{bmatrix} dfdg \\ f,\ g \end{bmatrix} + \operatorname{Res}_P \begin{bmatrix} (X-\xi)dfdg \\ f,\ g \end{bmatrix}.$$

ここで，公式 12.1 により，$\operatorname{Res}_P \begin{bmatrix} dfdg \\ f,\ g \end{bmatrix} = \mu_P(f,g) \cdot 1_K$ である．そこと同様にして
$$\operatorname{Res}_P \begin{bmatrix} (X-\xi)dfdg \\ f,\ g \end{bmatrix} = \sigma_{\mathcal{O}/K}(x-\xi).$$

$x - \xi$ は $\mathcal{O}$ のベキ零元であるから，$x - \xi$ をかけることは $\mathcal{O}/K$ のベキ零である自己準同型写像を与え，もちろん，このトレースは零となる．よって，上の公式において 2 番目の留数は零となる．したがって，これより次の式が得られる．

$$\left(\operatorname{Res}_P\begin{bmatrix}Xdfdg\\f,\ g\end{bmatrix},\operatorname{Res}_P\begin{bmatrix}Ydfdg\\f,\ g\end{bmatrix}\right)=\mu_P(f,g)\cdot P.$$

すると，補題の主張は第11章の公式 (13) から得られる． ∎

積分公式は留数定理 11.19 を用いて以下のように再定式化される．

$$f=\sum_{i=0}^{p}f_i,\qquad g=\sum_{j=0}^{q}g_j$$

を f と g の斉次多項式成分への分解とする．特に，$Gf=f_p, Gg=g_q$ である．以下において，J はヤコビ行列式 $\frac{\partial(f,g)}{\partial(X,Y)}$ を表すものとする．オイラーの公式によって，

$$\begin{aligned}Xf_X+Yf_Y&=p\cdot f-\sum_{k=0}^{p-1}(p-k)f_k=p\cdot f-f_{p-1}+\phi,\\Xg_X+Yg_Y&=q\cdot g-\sum_{k=0}^{q-1}(q-k)g_k=q\cdot g-g_{q-1}+\psi\end{aligned}\tag{1}$$

が成り立つ．ただし，$\deg\phi\leq p-2, \deg\psi\leq q-2$ である．$X\cdot J$ を J の第1列に X をかけ，それから，この列を等式 (1) の右辺によりつくられる列で置き換えることにより計算できる．すると，次が得られる．

$$X\cdot J\equiv D_1\mod(f,g),\qquad Y\cdot J\equiv D_2\mod(f,g).$$

ただし，

$$D_1:=\begin{vmatrix}\phi-f_{p-1}&f_Y\\\psi-g_{q-1}&g_Y\end{vmatrix},\quad D_2:=\begin{vmatrix}f_X&\phi-f_{p-1}\\g_X&\psi-g_{q-1}\end{vmatrix}.$$

したがって，第11章の式 (10) より

$$\sum(f\cap g)=\left(\int\begin{bmatrix}D_1\,dXdY\\f,\ g\end{bmatrix},\int\begin{bmatrix}D_2\,dXdY\\f,\ g\end{bmatrix}\right).\tag{2}$$

$\deg\phi<p-1, \deg\psi<q-1$ であるから，$\deg D_1<p+q-2$ であるか，または次が成り立つ．

$$GD_1=\begin{vmatrix}-f_{p-1}&(f_p)_Y\\-g_{q-1}&(g_q)_Y\end{vmatrix}.$$

D_2 に対しても同様である．式 (2) と定理 11.19 から，次の公式を導くことができる．

補題 12.12. $\sum(f \cap g) =$
$$\left(\operatorname{Res}_O \begin{bmatrix} (g_{q-1}f_{pY} - f_{p-1}g_{qY})dXdY \\ f_p,\ g_q \end{bmatrix}, \operatorname{Res}_O \begin{bmatrix} (f_{p-1}g_{qX} - g_{q-1}f_{pX})dXdY \\ f_p, g_q \end{bmatrix} \right).$$
∎

この補題は，$f \cap g$ の重心が f と g の次数形式と 2 番目に高い次数の斉次成分にのみ依存することを示している．それは，交叉スキームが変化したとき，その重心がどうなるかという問に対する答えを可能にする．

次に，二つの独立した平行移動に対して曲線 f と g がどのようになるかという問題を考える．すなわち，f と g に代入して次の多項式 r, s を考える．

$$r(X,Y) := f(X+\alpha, Y+\beta) = f(X,Y) + \alpha f_X(X,Y) + \beta f_Y(X,Y) + \cdots,$$
$$s(X,Y) := g(X+\gamma, Y+\delta) = g(X,Y) + \gamma g_X(X,Y) + \delta g_Y(X,Y) + \cdots.$$

ただし，$(\alpha,\beta),(\gamma,\delta) \in K^2$ である．明らかに，

$$r_p := f_p, \qquad r_{p-1} = f_{p-1} + \alpha(f_p)_X + \beta(f_p)_Y,$$
$$s_q := g_q, \qquad s_{q-1} = g_{q-1} + \gamma(g_q)_X + \delta(g_q)_Y.$$

したがって，補題 12.12 より

$$\sum(r \cap s) - \sum(f \cap g) = \operatorname{Res}_O \begin{bmatrix} \omega \\ f,\ g \end{bmatrix}$$

を得る．ただし，

$$\omega := (\alpha(f_p)_X + \beta(f_p)_Y,\ \gamma(g_q)_X + \delta(g_q)_Y) \cdot \begin{pmatrix} -(g_q)_Y, & (g_q)_X \\ (f_p)_Y, & -(f_p)_X \end{pmatrix} \cdot dXdY.$$

ここで，留数はベクトルの成分ごとに適用する．$(\gamma,\delta) = (0,0)$ とおき，(α,β) のかわりにすべての $\lambda \cdot (\alpha,\beta)$ ($\lambda \in K$) を考えれば，$\sum(r \cap s) - \sum(f \cap g)$ は，(f_p, g_q) と (α,β) にのみ依存するベクトルのスカラー倍したもの全体からなることがわかる．したがって，これはニュートンの定理の最初の一般化を与える（第 5 章の演習問題 4 を参照せよ）．すなわち，次の定理を得る．

定理 12.13. $(\alpha,\beta) \in K^2$ を固定したベクトルで，$\lambda \in K$ とする．さらに，f^λ をベクトル $\lambda \cdot (\alpha,\beta)$ による平行移動によって f から生じる曲線とする．このとき，重心 $\sum(f^\lambda \cap g)$ ($\lambda \in K$) は一つの直線上にある． ∎

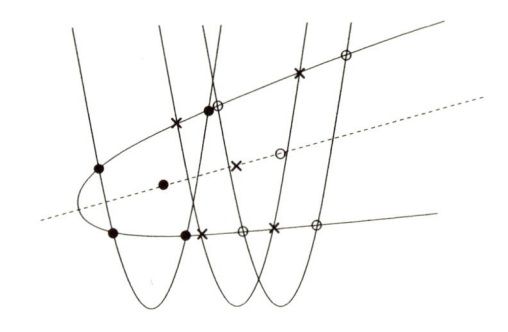

次に，f と g に相似変換を施す．すなわち，f と g に代入して，次のような多項式 r と s を考える．

$$r(X,Y) := f(\lambda X, \lambda Y), \qquad s(X,Y) := g(\mu X, \mu Y) \quad (\lambda, \mu \in K^*).$$

このとき，

$$r_p = \lambda^p f_p, \qquad r_{p-1} = \lambda^{p-1} f_{p-1},$$
$$s_q = \mu^q g_q, \qquad s_{q-1} = \mu^{q-1} g_{q-1}$$

が成り立つ．また，補題 12.12 によって，第 11 章の簡約公式 (17) を用いると次の公式が得られる．

$$\sum (r \cap s) - \sum (f \cap g) =$$
$$\mathrm{Res}_O \begin{bmatrix} \\ f_p, g_q \end{bmatrix} \left(\left[\left(\frac{1}{\lambda} - 1 \right) f_{p-1}, \left(\frac{1}{\mu} - 1 \right) g_{q-1} \right] \begin{bmatrix} -(g_q)_Y & (g_q)_X \\ (f_p)_Y & -(f_p)_X \end{bmatrix} dXdY \right).$$

ここで，$\mu = 1$ とおけば，ニュートンの定理の第 2 の一般化が得られる．

定理 12.14. $\lambda \in K^*$ に対して，f^λ は $f^\lambda(X,Y) = f(\lambda X, \lambda Y)$ によって与えられる曲線とする．このとき，$\sum (f^\lambda \cap g)$ の重心は一つの直線上にある． ∎

本章の残りの考察は代数曲線の「曲率」に注目する．二つの曲線の交点において，曲率に対して同様な「留数の定理」がある．

O において横断的に交わる二つの曲線 f と g に対して，最初に

$$\mathrm{Res}_O \begin{bmatrix} hdXdY \\ f, \ g^2 \end{bmatrix}$$

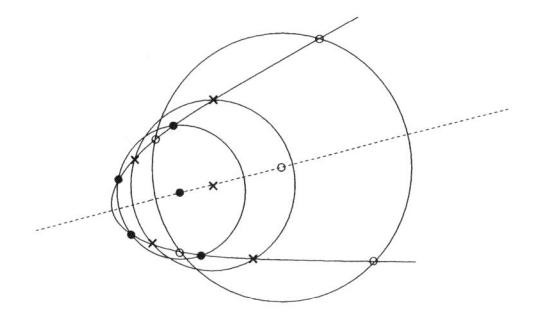

を計算する．ここに現れている公式において，点 O における偏微分の値 f_x, f_{xx}, f_{xy} などが現れる．

O における f と g の先導形式に対して，次の式が成り立つ．

$$Lf = f_x \cdot X + f_y \cdot Y,$$
$$Lg = g_x \cdot X + g_y \cdot Y.$$

ここで，$j := f_x g_y - f_y g_x \neq 0$ である．$X' := Lf, Y' := Lg$ とおき，

$$f = X' + a_{20}X'^2 + a_{11}X'Y' + a_{02}Y'^2 + \cdots,$$
$$g = Y' + b_{20}X'^2 + b_{11}X'Y' + b_{02}Y'^2 + \cdots$$

と表す．ただし，$a_{ij}, b_{ij} \in K$ である．このとき，f と g は次のように表される．

$$f = c_{11}X' + c_{12}Y',$$
$$g = c_{21}X' + c_{22}Y'.$$

ただし，

$$c_{11} = 1 + a_{20}X' + a_{11}Y' + a_{30}X'^2 + \cdots,$$
$$c_{12} = a_{02}Y' + a_{03}Y'^2 + \cdots,$$
$$c_{21} = b_{20}X' + b_{11}Y' + \cdots,$$
$$c_{22} = 1 + b_{02}Y' + b_{03}Y'^2 + \cdots.$$

係数 a_{ij} については，$2a_{20} = f_{x'x'}$, $a_{11} = f_{x'y'}$, $2a_{02} = f_{y'y'}$ などであることに注意しよう．

$$f = c_{11}X' + c_{12}(Y')^{-1}Y'^2,$$

164　第12章　曲線に対する留数理論の応用

$$g^2 = (c_{21}^2 X' + 2c_{21}c_{22}Y')X' + c_{22}^2 Y'^2$$

と表せば，この方程式系に属する行列式

$$\Delta := c_{11}c_{22}^2 - c_{12}(Y')^{-1}(c_{21}^2 X' + 2c_{21}c_{22}Y')$$

は $\mathcal{O}'_O$ で単元である．留数の変換公式である定理 11.17 によって，次が得られる．

$$\mathrm{Res}_O \begin{bmatrix} h\,dX\,dY \\ f,\,g^2 \end{bmatrix} = \mathrm{Res}_O \begin{bmatrix} \Delta^{-1}h\,dX\,dY \\ X',\,Y'^2 \end{bmatrix} = \frac{1}{j}\mathrm{Res}_O \begin{bmatrix} \Delta^{-1}h\,dX'\,dY' \\ X',\,Y'^2 \end{bmatrix}.$$

この留数を具体的に計算するために，Δ^{-1} と h を，$(X', Y'^2)\mathcal{O}'_O$ を法として考える．以下において，記号 $\equiv$ は $(X', Y'^2)\mathcal{O}'_O$ を法とする合同式を表す．このとき，次の式が成り立つ．

$$h \equiv h(0) + h_{Y'} \cdot Y',$$
$$\Delta \equiv 1 + (f_{x'y'} + g_{y'y'}) \cdot Y',$$
$$\Delta^{-1} \equiv 1 - (f_{x'y'} + g_{y'y'}) \cdot Y'.$$

これらの関係より，

$$\Delta^{-1}h \equiv h(0) + [h_{y'} - h(0)(f_{x'y'} + g_{y'y'})]Y'$$

が成り立つ．定理 11.20 によって，

$$\mathrm{Res}_O \begin{bmatrix} h\,dX\,dY \\ f,\,g^2 \end{bmatrix} = \frac{1}{j}\Big(h_{y'} - h(0)(f_{x'y'} + g_{y'y'})\Big)$$

を得る．忍耐強く (X, Y)-座標で計算し，連鎖律を用いると，次の公式に導かれる．

$$\mathrm{Res}_O \begin{bmatrix} h\,dX\,dY \\ f,\,g^2 \end{bmatrix} = \frac{1}{j^2} \cdot \frac{\partial(f, h)}{\partial(x, y)} - \frac{h(0)}{j^3}\left[f_x \left(\frac{\partial(f_Y, g)}{\partial(x, y)} + \frac{\partial(f, g_Y)}{\partial(x, y)} \right) \right.$$
$$\left. - f_y \left(\frac{\partial(f, g_X)}{\partial(x, y)} + \frac{\partial(f_X, g)}{\partial(x, y)} \right) \right].$$

ここで，ヤコビ行列式は点 O におけるものである．$J := f_X g_Y - f_Y g_X$ とおくと，留数定理 11.9 より次の公式が得られる．

定理 12.15 (Formula of B. Segre [Se]). f と g はすべての交点で横断的に交わり，それらは共通の無限遠点をもたないと仮定する．$\{P_1,\ldots,P_{pq}\} = \mathcal{V}(f) \cap \mathcal{V}(g)$ とし，また h を次数 $\leq p+2q-3$ の多項式とする．このとき，次が成り立つ．

$$\sum_{i=1}^{pq} \left[\frac{\partial(f,g)}{\partial(X,Y)} \cdot J^{-2}\right]_{P_i} = \sum_{i=1}^{pq} \left[hJ^{-3}\left(\frac{\partial f}{\partial X}\left(\frac{\partial(f_Y,g)}{\partial(X,Y)} + \frac{\partial(f,g_Y)}{\partial(X,Y)}\right)\right.\right.$$
$$\left.\left.- \frac{\partial f}{\partial Y}\left(\frac{\partial(f,g_X)}{\partial(X,Y)} + \frac{\partial(f_X,g)}{\partial(X,Y)}\right)\right)\right]_{P_i}. \quad\blacksquare$$

さて，次に Segre がしたように次の特別な場合を考える．

$$h := (g \cdot g_{YY} - g_Y^2)f_Y.$$

このとき，$\deg h \leq p+2q-3$ であり，さらに別の計算により次が得られる．

$$\operatorname{Res}_O \begin{bmatrix} h\,dX\,dY \\ f,\ g^2 \end{bmatrix}$$
$$= \frac{1}{j^3}\left(f_y^3(g_y^2 g_{xx} - 2g_x g_y g_{xy} + g_x^2 g_{yy}) - g_y^3(f_y^2 f_{xx} - 2f_x f_y f_{xy} + f_x^2 f_{yy})\right).$$

実数の場合には，次のようにして Segre の公式を説明することができる．すなわち，f と g は実曲線とし，すべての交点 P_i $(i=1,\ldots,pq)$ が実点であると仮定する．さらに，P_i における f または g のいかなる接線も Y-軸に平行ではないとする．これは座標変換によってつねに可能である．このとき，$f_Y(P_i) \neq 0$ でかつ $g_Y(P_i) \neq 0$ $(i=1,\ldots,pq)$ である．$P_i = (a_i,b_i)$ $(i=1,\ldots,pq)$ とおく．このとき，陰関数定理によって，a_i の近傍において次の条件をみたす二つの C^∞-関数 ϕ_i と ψ_i が定義される．

$$f(X,\phi_i(X)) = g(X,\psi_i(X)) = 0.$$

そして，次が成り立つ．

$$\phi_i'(a_i) = -\frac{f_X(P_i)}{f_Y(P_i)}, \quad \psi_i'(a_i) = -\frac{g_X(P_i)}{g_Y(P_i)}.$$

同様にして

$$\phi_i''(a_i) = -\left[\frac{f_Y^2 f_{XX} - 2f_X f_Y f_{XY} + f_X^2 f_{YY}}{f_Y^3}\right](P_i).$$

また，ψ_i に対しても同様の式が成り立つ．さらに，

$$\left[\frac{J}{f_Y g_Y}\right](P_i) = \psi_i'(a_i) - \phi_i'(a_i).$$

定理 12.15 より，結論として次の系が得られる．

系 12.16. 上の仮定のもとで，次の式が成り立つ．

$$\sum_{i=1}^{pq} \frac{\psi_i''(a_i) - \phi_i''(a_i)}{(\psi_i'(a_i) - \phi_i'(a_i))^3} = 0. \qquad \blacksquare$$

1 階の導関数は点 P_i における f と g の勾配であり，2 階の導関数は明らかに曲率と何らかの関係がある．$\kappa_i(f)$ を点 P_i における f の曲率，α_i を，f と P_i を通って X-軸に平行な直線との間の向きのある角度を表すものとする．また，$\kappa_i(g)$ と β を同様に定義されているものとする．よく知られている公式により次が成り立つ．

$$\kappa_i(f) = \frac{\phi_i''(a_i)}{\phi_i'(a_i)^3} \cdot \sin^3 \alpha_i.$$

系 12.16 を用いさらに計算をすると，次の公式が得られる．

$$\sum_{i=1}^{pq} \frac{\kappa_i(g) \cdot \cos^3 \alpha_i - \kappa_i(f) \cdot \cos^3 \beta_i}{\sin^3(\beta_i - \alpha_i)} = 0.$$

f が X-軸である特別な場合には次が成り立つ．

Reiss の公式 12.17. 次数 q の曲線 g が q 個の相異なる点で X-軸と交わるならば，

$$\sum_{i=1}^{q} \frac{\kappa_i(g)}{\sin^3 \beta_i} = 0$$

が成り立つ．ここで，$\kappa_i(g)$ は曲率を表し，β_i はその曲線が各交点で X-軸となす角である． $\blacksquare$

X-軸上に q 個の異なる点と，各点で零でない勾配を指定すると，その与えられた点で X-軸で交わり，かつ与えられた勾配をもつ次数 q の代数曲線がつねに存在する．しかしながら，Reiss の公式によって，そのすべての点で任意の曲率を指定することはできない．それらの曲率の一つはほかの曲率とほかの勾配によってつねに決定される．

演習問題

1. 定理 12.15, 系 12.16 と Reiss の公式 12.17 において, おもてに現れていない計算を具体的に実行せよ.

2. $\mathbb{Q}(X_1,\ldots,X_n)$ において次の等式が成り立つことを示せ.

$$\sum_{i=1}^n \frac{X_i^\rho}{\prod_{k\neq i}(X_i - X_k)} = \begin{cases} 0 & (\rho \leq n-2), \\ 1 & (\rho = n-1). \end{cases}$$

$\rho = n$ の場合にはどのようなことが得られるか？

第13章

リーマン・ロッホの定理

　標題の定理は，代数曲線上の，あるいは対応している抽象リーマン面上の点において指定された位数をもつ曲線上の（あるいは抽象リーマン面上の）有理関数の存在を扱っている．付録Lの方法を用いてリーマン・ロッホの定理の二つの形を演繹する．すなわち，一つは曲線それ自身に対するものであり，もう一つは曲線のリーマン面（関数体）に対するものである．この定理は既約曲線の重要なある一つの双有理不変量，すなわち，対応している関数体の種数という概念に導いていく．付随している複素解析的理論のすばらしい説明がFoster [Fo] によって与えられている．

　関数体 $L = \mathcal{R}(F)$ をもつ既約曲線 F が与えられていると仮定する．さらに，$\mathfrak{X} := \mathfrak{X}(F)$ を対応している抽象リーマン面，すなわち，L/K のすべての離散付値環の集合とする．$\mathfrak{X}$ の要素を「点」といい，それらを一般に P で表す．P に対応する離散付値環を V_P で表し，V_P に対応する離散付値を ν_P で表す．曲線 F の正則点 P に対して，その局所環 $\mathcal{O}_{F,P}$ は L/K の離散付値環であり，そこで，$\mathrm{Reg}(F)$ をつねに $\mathfrak{X}$ の部分集合として考える．F の特異点については，定理6.12で導入された写像 $\pi: \mathfrak{X} \to \mathcal{V}_+(F)$ によってそれらの上にある $\mathfrak{X}$ の点が有限個ある．

　$\mathfrak{X}$ 上の定数でない関数 $r \in L$ は少なくとも一つの零点と少なくとも一つの極をもち，その零点の個数は，それらの位数で数えるとき極の個数に等しいことをすでに知っている（定理7.3を参照せよ）．したがって，関数 $r \in L$ はその出発点において，それらの位数に関して強い条件に従う．このことは $\mathfrak{X}$ の各点

で指定された位数をもつ関数を構成する可能性をかなり制限することになる.

$\mathrm{Div}(\mathfrak{X})$ を $\mathfrak{X}$ 上の因子群を表すものとする. 因子 $D := \sum \alpha_P \cdot P$ $(\alpha_P \in \mathbb{Z})$ を与えるということは, 有限個の点 $P \in \mathfrak{X}$ 上で位数 $\alpha_P \neq 0$ を与えることができることを意味している. α_P のかわりに, $\nu_P(D)$ と表し, この数を点 P における D の位数という. 次の式によって D の台を定義する.

$$\mathrm{Supp}\, D := \{P \in \mathfrak{X} \mid \nu_P(D) \neq 0\}.$$

$D, D' \in \mathrm{Div}(\mathfrak{X})$ について, すべての $P \in \mathfrak{X}$ に対して $\nu_P(D) \geq \nu_P(D')$ であるときに $D \geq D'$ と表す. すべての $P \in \mathfrak{X}$ に対して $\nu_P(D) \geq 0$ であるときに, D を**有効因子**という. 関数 $r \in L^*$ に対して, 前にそうしたように

$$(r) := \sum_{P \in \mathfrak{X}} \nu_P(r) \cdot P$$

によって, r に属する**主因子**を表す. さらに, r の**零因子**と**極因子**を次のように定義する.

$$\begin{aligned}(r)_0 &= \sum_{\nu_P(r)>0} \nu_P(r) \cdot P : \text{零因子}, \\ (r)_\infty &= \sum_{\nu_P(r)<0} \nu_P(r) \cdot P : \text{極因子}.\end{aligned}$$

すべての主因子のつくる $\mathrm{Div}(\mathfrak{X})$ の部分群を $\mathcal{H}(\mathfrak{X})$ によって表す.

$\phi \subset \mathbb{P}^2(K)$ を F が成分ではないもう一つの曲線とすると, すべての局所環 $\mathcal{O}_{F,Q}$ $(Q \in \mathcal{V}_+(F))$ において ϕ に対応する単項イデアルが存在する. V_P $(P \in \mathfrak{X}, \pi(P) = Q)$ におけるこのイデアルの拡大イデアルは単項イデアル (φ_P) である. ϕ の因子 (ϕ) を

$$(\phi) = \sum \nu_P(\varphi_P) \cdot P$$

によって定義する. ϕ と F は有限個の点でのみ交わるから, 有限個の点 $P \in \mathfrak{X}$ でのみ $\nu_P(\varphi_P) \neq 0$ である. 因子 (ϕ) より, 次の式で表される交叉サイクル $\phi * F$ を得る.

$$\phi * F = \sum_Q \left(\sum_{\pi(P)=Q} \nu_P(\varphi_P) \right) \cdot Q.$$

なぜなら, 定理 7.2 より $\sum_{\pi(P)=Q} \nu_P(\varphi_P) = \mu_Q(\phi, F)$ が成り立つからである. ゆえに, 因子 (ϕ) は交叉サイクルより精密な共通集合 $\phi \cap F$ の不変量である. もちろん, ベズーの定理 5.7 より, $\deg(\phi) = \deg \phi \cdot \deg F$ が成り立つ.

二つの因子 $D, D' \in \mathrm{Div}(\mathfrak{X})$ は, $D - D' = (r)$ をみたす $r \in L^*$ が存在するとき, **線形同値** (linearly equivalent) であるという. この場合, $D \equiv D'$ と表す.

注意 13.1. 次の条件は同値である.

(a) $D \equiv D'$.
(b) D と D' は $\mathrm{Cl}(\mathfrak{X}) := \mathrm{Div}(\mathfrak{X})/\mathcal{H}(\mathfrak{X})$ において同じ因子類を代表する.
(c) F が成分ではない, $\mathbb{P}^2(K)$ における同じ次数の曲線 ϕ, ψ が存在して, $D + (\phi) = D' + (\psi)$ をみたす.

特に, このとき, (ϕ) と (ψ) は線形同値である.

リーマン・ロッホの定理は, 次の定義において導入される K-ベクトル空間の次元に関係している.

定義 13.2. $D \in \mathrm{Div}(\mathfrak{X})$ に対して,
$$\mathcal{L}(D) := \{r \in L \mid \nu_P(r) \geq \nu_P(-D), \forall P \in \mathfrak{X}\}$$
を $-D$ の**倍元のベクトル空間**という.

この空間は $\mathfrak{X}$ のすべての点 P においてその位数が $-D$ の位数より「小さくない」すべての関数 r からなる. 言い換えると,
$$\mathcal{L}(D) = \bigcap_{P \in \mathfrak{X}} \mathfrak{m}_P^{-\nu_P(D)} V_P.$$
ただし, $\mathfrak{m}_P = (\pi_P)$ は V_P の極大イデアルを表し, $\mathfrak{m}_P^{-\nu_P(D)} V_P = \pi_P^{-\nu_P(D)} \cdot V_P$ である.

注意 13.3. D と D' が線形同値である因子ならば, $\mathcal{L}(D)$ と $\mathcal{L}(D')$ は同型な K-ベクトル空間である. すなわち, $r \in L^*$ が存在して $D' = D + (r)$ ならば,

$\mathcal{L}(D') \to \mathcal{L}(D)$ $(u \mapsto ru)$ なる写像は，r^{-1} により与えられる逆写像をもつ K-線形写像である．

次に $\mathcal{L}(D)$ の性質を説明しよう．これにより，付録 L の結果を用いることが可能になる．しかしながら，その前に最初に曲線に対するリーマン・ロッホの定理の問題を明確にしよう．

すでに $\mathrm{Reg}(F)$ が $\mathfrak{X}$ に埋め込まれていることは説明した．$\mathrm{Supp}(D) \subset \mathrm{Reg}(F)$ をみたす因子 D は F-**因子** (F-divisor) といい，すべての F-因子のつくる群を $\mathrm{Div}^F(\mathfrak{X})$ で表す．さらに，

$$\Sigma := \bigcap_{P \in \mathrm{Sing}(F)} \mathcal{O}_{F,P}$$

とおく．ただし，$\mathrm{Sing}(F) = \emptyset$ であるとき，$\Sigma := L$ と考える．$\mathrm{Sing}(F) \neq \emptyset$ ならば，F の特異点の上にあるすべての $Q \in \mathfrak{X}$ に対して，$\Sigma \subset V_Q$ となる．$D \in \mathrm{Div}^F(\mathfrak{X})$ に対して

$$\mathcal{L}^F(D) := \{r \in \Sigma \mid \nu_P(r) \geq \nu_P(-D), \forall P \in \mathrm{Reg}(F)\}$$

と定義する．F に対するリーマン・ロッホの定理はこの K-ベクトル空間の次元に関するものである．F が滑らかならば，当然 $\mathcal{L}^F(D) = \mathcal{L}(D)$ である．一般に，次が成り立つ．

$$\mathcal{L}^F(D) = \Sigma \cap \bigcap_{P \in \mathrm{Reg}(F)} \mathfrak{m}_{F,P}^{-\nu_P(D)} \mathcal{O}_{F,P}.$$

二つの F-因子 D, D' は，ある単元 $r \in \Sigma$ が存在して $D' - D = (r)$ をみたすとき，F に関して**線形同値**であるといい，$D \equiv_F D'$ と表す．

注意 13.4. $D, D' \in \mathrm{Div}^F(\mathfrak{X})$ に対して次が成り立つ．

(a) $D' \equiv_F D$ ならば，$\mathcal{L}^F(D') \cong \mathcal{L}^F(D)$ が成り立つ．
(b) $D' \leq D$ ならば，$\mathcal{L}^F(D') \subset \mathcal{L}^F(D)$ である．
(c) $\mathcal{L}^F(O) = K$．
(d) $\deg D < 0$ ならば，$\mathcal{L}^F(D) = \{0\}$ である．

同様にして，これらの命題はベクトル空間 $\mathcal{L}(D)$ に対しても成り立つ．

（証明） (a) は注意 13.3 と同様にして証明できる．命題 (b) は自明である．(c) は，すべての定数でない関数は少なくとも一つの極をもつという事実から導かれる．$\mathcal{L}^F(D)$ が関数 $r \neq 0$ を含んでいるならば，$0 = \deg r \geq -\deg D$ であり，ゆえに，$\deg D \geq 0$ が得られる．これより，(d) が示される． ∎

さて次に，前に定義した環 Σ の性質を少し証明しよう．

補題 13.5. A を整域とし，$\mathfrak{p}_1, \ldots, \mathfrak{p}_s \in \operatorname{Spec} A$ とする．$i \neq j$ $(i, j = 1, \ldots, s)$ に対して $\mathfrak{p}_i \not\subset \mathfrak{p}_j$ と仮定し，$N := A \setminus \bigcup_{i=1}^s \mathfrak{p}_i$ とおく．このとき，

$$A_{\mathfrak{p}_1} \cap \cdots \cap A_{\mathfrak{p}_s} = A_N$$

が成り立ち，$\operatorname{Max} A_N = \{\mathfrak{p}_1 A_N, \ldots, \mathfrak{p}_s A_N\}$ となる．さらに，$A_{\mathfrak{p}_i}$ は素イデアル $\mathfrak{p}_i A_N$ $(i = 1, \ldots, s)$ による A_N の局所化である．

（証明） $H := A_{\mathfrak{p}_1} \cap \cdots \cap A_{\mathfrak{p}_s}$ とおくと，明らかに $A_N \subset H$ が成り立つ．逆の包含関係を示すために，$z \in H$ に対して $az \in A$ となるすべての元 $a \in A$ のつくるイデアル J を考える．このとき，$J \not\subset \mathfrak{p}_i$ $(i = 1, \ldots, s)$ である．そして，容易に示されるように $J \not\subset \bigcup_{i=1}^s \mathfrak{p}_i$ となる．したがって，$J \cap N \neq \emptyset$ であり，ゆえに $z \in A_N$ を得る．補題の残りの主張は定理 C.9 と付録 C の演習問題 3 から導かれる． ∎

$\operatorname{Sing}(F)$ は $\mathcal{V}_+(F)$ の有限部分集合であるから，特異点は有限の距離をもつ点であると仮定できる．このとき，$A := K[f] = K[x, y]$ を F に対応しているアフィン曲線 f の座標環とする．$\mathfrak{p}_1, \ldots, \mathfrak{p}_s$ が F のすべての特異点に対応している A の極大イデアルならば，$N := A \setminus \bigcup_{i=1}^s \mathfrak{p}_i$ とおくと，補題によって，

$$\Sigma = A_{\mathfrak{p}_1} \cap \cdots \cap A_{\mathfrak{p}_s} = A_N \tag{1}$$

と $\operatorname{Max}(\Sigma) = \{\mathfrak{p}_1 A_N, \ldots, \mathfrak{p}_s A_N\}$ が成り立つ．また，$\mathfrak{P}_i := \mathfrak{p}_i \Sigma$ $(i = 1, \ldots, s)$ に対して，次が成り立つ．

$$\Sigma_{\mathfrak{P}_i} = A_{\mathfrak{p}_i}.$$

S を L における A の整閉包とする．第 6 章で示されたように，F の特異点上にある $\mathfrak{X}$ の点の全体は $\mathfrak{O} \cap A \in \{\mathfrak{p}_1, \ldots, \mathfrak{p}_s\}$ をみたす S の極大イデアル $\mathfrak{O}$

の全体と1対1に対応している．また，$S_\mathfrak{O}$ はまさにこれらの点に属している付値環である．特に，これらすべての $\mathfrak{O} \in \mathrm{Max}(S)$ に対して $\varSigma \subset S_\mathfrak{O}$ となっている．

補題 13.6. 以上の記号を用いて，次が成り立つ．

(a) $A = \varSigma \cap S$.

(b) $r \in \varSigma$ が $\varSigma$ の単元であるための必要十分条件は，$\pi(Q) \in \mathrm{Sing}(F)$ をみたすすべての $Q \in \mathfrak{X}$ に対して $\nu_Q(r) = 0$ となることである．

（証明） (a) (1) の記号を用いると，補題 F.12 によって次が成り立つ．

$$A = \bigcap_{\mathfrak{p} \in \mathrm{Max}(A)} A_\mathfrak{p}, \quad \varSigma = \bigcap_{\mathfrak{p} \cap N = \phi} A_\mathfrak{p}, \quad S = \bigcap_{\mathfrak{P} \in \mathrm{Max}(S)} S_\mathfrak{P}.$$

$\mathfrak{p} \cap N \neq \infty$ なる $\mathfrak{p}$ に対して，$A_\mathfrak{p}$ はすでに離散付値環であるから，適当な $\mathfrak{P} \in \mathrm{Max}(S)$ によって $A_\mathfrak{p} = S_\mathfrak{P}$ と表される．$\mathfrak{p} \cap N = \infty$ に対しては，$\mathfrak{O} \cap A = \mathfrak{p}$ をみたすすべての $\mathfrak{O} \in \mathrm{Max}(S)$ に対して $A_\mathfrak{p} \subset S_\mathfrak{P}$ となる．これより (a) はすぐに得られる．

(b) $r \in \varSigma$ は $\varSigma$ のいかなる極大イデアル $\mathfrak{p}_i \varSigma$ $(i = 1, \ldots, s)$ にも含まれなければ，$\varSigma$ の単元である．このことは，r が $\mathfrak{O} \cap A \in \{\mathfrak{p}_1, \ldots, \mathfrak{p}_s\}$ をみたすすべての $S_\mathfrak{O}$ で単元であることと同値である． ■

次の定理は，$\mathrm{Reg}(F)$ の（または $\mathfrak{X}$ の）有限個の点におけるその位数が指定され，その他の点においては完全に自由であるという条件をみたす単元 $r \in \varSigma$ （関数 $r \in L$）の存在を証明している．

定理 13.7. $P_1, \ldots, P_t \in \mathrm{Reg}(F)$ とし，$\alpha_1, \ldots, \alpha_t \in \mathbb{Z}$ が与えられているとする．このとき，ある単元 $r \in \varSigma$ が存在して，

$$\nu_{P_i}(r) = \alpha_i \qquad (i = 1, \ldots, t)$$

をみたす．また，任意の点 $P_i \in \mathfrak{X}$ に対しても上の条件をみたす $r \in L$ が存在する．

（証明）アフィン曲線 f もまた点 $P_1,\ldots,P_t$ を含んでいると仮定することができる. $\mathfrak{P}_1,\ldots,\mathfrak{P}_t$ をこれらの点に対応する A の極大イデアルとする.

すべての α_i が $\alpha_i \geq 0$ である場合に定理を証明すれば十分である. なぜなら, 一般の場合においては, 負である α_i を 0 で置き換え, この問題を解き単元 $r_1 \in \Sigma$ を得る. 他方, 正である α_i を 0 に置き換え, 残りを $-\alpha_i$ としてこの問題を解き, 単元 $r_2 \in \Sigma$ を得る. すると, $r := r_1 r_2^{-1}$ は一般的な問題の解になる. ゆえに, $\alpha_i \geq 0$ $(i = 1,\ldots,t)$ と仮定する. 元 $z \in \mathfrak{p}_1 \cdots \mathfrak{p}_s \cdot \mathfrak{P}_1^{\alpha_1+1} \cdots \mathfrak{P}_t^{\alpha_t+1}$, $z \neq 0$ を選び, 中国式剰余の定理によって, A/zA をその局所化の直積に分解することを考える. このとき, 明らかに次の式をみたすような元 $r \in A$ が存在する.

$$r - 1 \in zA_{\mathfrak{p}_i} \quad (i = 1,\ldots,s),$$
$$r - \pi_j^{\alpha_j} \in zA_{\mathfrak{P}_j} \quad (j = 1,\ldots,t).$$

ただし, π_j は $\mathfrak{P}_j A_{\mathfrak{P}_j}$ の生成元である. このとき, r は Σ の単元である. すると, $\nu_{P_j}(z) \geq \alpha_j + 1$ であるから, $\nu_{P_j}(r) = \alpha_j$ $(j = 1,\ldots,t)$ が得られる. ∎

$D \in \mathrm{Div}^F(\mathfrak{X})$ として, $\mathcal{L}^F(D)$ の説明を与えよう. これより, 付録 L で与えられた $\dim \mathcal{L}^F(D)$ を決定する方法を用いることが可能となる. $A = K[x,y]$ を式 (1) で与えられたものとする. 座標を適当に選ぶことによって, A は有限生成 $K[x]$-加群であり, また L は $K(x)$ 上分離代数的であると仮定することができる. $[L:K(x)] = n$ とする. 付録 L のように,

$$R := K[x], \qquad R_\infty := K[x^{-1}]_{(x^{-1})}$$

とおく. また, S と S_∞ によって, それぞれ L における R と R_∞ の整閉包を表す. 注意 L.1 によって, S は階数 n の自由 R-加群, また S_∞ は階数 n の自由 R_∞-加群であり, 注意 L.2 により, $S \cap S_\infty = K$ が成り立つ. 抽象リーマン面 $\mathfrak{X}$ は, 極大イデアルによる S の局所化に対応している無限に多くの点と, S_∞ をこの環の極大イデアルによって局所化した有限個の点からなる. この最初の集合を $\mathfrak{X}^f$ で表し, 後者の集合を $\mathfrak{X}^\infty$ で表す ($\mathfrak{X}^f$ は $\mathfrak{X}$ の無限部分集合で, $\mathfrak{X}^\infty$ は $\mathfrak{X}$ の有限集合である).

補題 13.8. 各 $D \in \mathrm{Div}^F(\mathfrak{X})$ に対して, $D' \equiv_F D$ でかつ $\mathrm{Supp}\, D' \subset \mathfrak{X}^f$ を

みたす $D' \in \mathrm{Div}^F(\mathfrak{X})$ が存在する．$\mathfrak{X}$ 上の線形同値を用いると，$\mathfrak{X}$ の任意の因子に対して同様な命題が成り立つ．

（証明）これは定理 13.7 から簡単に得られる． ∎

$\mathcal{L}^F(D)$（または $\mathcal{L}(D)$）を考察するために，注意 13.4 (a) を用いて，つねに $\mathrm{Supp}\, D \subset \mathfrak{X}^f$ であると仮定することができる．このとき，
$$\mathcal{L}^F(D) = I_D^F \cap S_\infty \tag{2}$$
が成り立つ．ただし，
$$I_D^F := \{ r \in \Sigma \mid \nu_P(r) \geq \nu_P(-D),\ \forall P \in \mathrm{Reg}(F) \cap \mathfrak{X}^f \}.$$
また，次が成り立つ．
$$\mathcal{L}(D) = I_D \cap S_\infty. \tag{3}$$
ただし，
$$I_D := \{ r \in L \mid \nu_P(r) \geq \nu_P(-D),\ \forall P \in \mathfrak{X}^f \}.$$
K-ベクトル空間 $\mathcal{L}(D)$ と $\mathcal{L}^F(D)$ の次元を考察することは，(2) と (3) の基底に関して，付録 L を用いて同時に実行できる．以下においては，$\mathcal{L}^F(D)$ を考察するであろう．$\mathcal{L}^F(D)$ に関する命題に対応する $\mathcal{L}(D)$ に関する命題を得るには，A のかわりに S，Σ のかわりに L，N のかわりに $S \setminus \{0\}$ で置き換える必要がある．

定理 13.9. F-因子 D が $\mathrm{Supp}\, D \subset \mathfrak{X}^f$ をみたすならば，I_D^F は有限生成 A-加群であり，$I_D^F \cdot \Sigma = \Sigma$ が成り立つ．

（証明）I_D^F の定義から，I_D^F は A-加群であることはすぐにわかる．$P_1,\ldots,P_s$ を $\nu_{P_i}(D) < 0$ をみたす $\mathrm{Reg}(F) \cap \mathfrak{X}^f$ の点とする．$\alpha_i := -\nu_{P_i}(D)$ とおき，$\mathfrak{p}_i$ を $P_i\ (i = 1,\ldots,s)$ に対応する A の極大イデアルとする．$\mathfrak{p}_i \cap N \neq \emptyset$ であるから，$(\prod_{i=1}^s \mathfrak{p}_i^{\alpha_i}) \cap N \neq \emptyset$ であることがわかる．この共通集合の元 a に対して，
$$\nu_{P_i}(a) \geq \alpha_i \quad (i = 1,\ldots,s),$$
$$\nu_{P_i}(a) \geq 0 \quad (P \in \mathrm{Reg}(F) \cap \mathfrak{X}^f)$$

が成り立つ．また，a は $\Sigma = A_N$ の単元である．したがって，$a \in I_D^F$ となり，$I_D^F \cdot \Sigma = \Sigma$ が得られる．

次に，$\beta_i := \nu_{Q_i}(D) > 0$ をみたす点 $Q_1, \ldots, Q_r \in \mathrm{Reg}(F) \cap \mathfrak{X}^f$ と，A の対応する極大イデアル $\mathfrak{q}_1, \ldots, \mathfrak{q}_r$ を考える．$b \in (\prod_{i=1}^r \mathfrak{q}_i^{\beta_i}) \cap N$ とする．各 $r \in I_D^F$ と各点 $P \in \mathrm{Reg}(F) \cap \mathfrak{X}^f$ に対して，$\nu_P(rb) \geq 0$ である．さらに，$rb \in \Sigma$ であり，b は Σ の単元である．補題 13.6 (a) より，$rb \in A$ であることがわかる．ゆえに，$b \cdot I_D^F$ は A のイデアルである．A はネーター環であるから，イデアル $b \cdot I_D^F$ は有限生成であり，したがって，I_D^F は A-加群として有限生成である．∎

いま定理 L.6 より，ときどき「有限性定理」と呼ばれている，以下の重要な事実がすでに成り立つことがわかっている．

$$\dim_K \mathcal{L}^F(D) < \infty \quad \text{と} \quad \dim_K \mathcal{L}(D) < \infty.$$

これらはリーマン・ロッホの定理へ向けての最初の第一歩である．

定理 13.10. $I \cdot \Sigma = \Sigma$ をみたす各有限生成 A-加群 $I \subset \Sigma$ に対して，$I = I_D^F$ が成り立ち，$\mathrm{Supp}(D) \subset \mathrm{Reg}(F) \cap \mathfrak{X}^f$ をみたすようなただ一つの因子 D が存在する．このとき，すべての $P \in \mathrm{Reg}(F) \cap \mathfrak{X}^f$ に対して次が成り立つ．

$$I \cdot \mathcal{O}_{F,P} = \mathfrak{m}_{F,P}^{-\nu_P(D)} \cdot \mathcal{O}_{F,P}.$$

(証明) (a) 最初に，$I \subset A$ を $I \cdot \Sigma = \Sigma$ をみたすイデアルとする．すると，$\mathfrak{p} \cap N \neq \emptyset$ をみたす $\mathfrak{p} \in \mathrm{Max}(A)$ に対して，$I \cdot A_\mathfrak{p} = A_\mathfrak{p}$ が成り立つ．$\mathfrak{p} \cap N = \emptyset$ をみたす $\mathfrak{p} \in \mathrm{Max}(A)$ に対して，$I \cdot A_\mathfrak{p} = \mathfrak{p}^{\alpha_\mathfrak{p}} A_\mathfrak{p}$ とする．いま，有限個の $\mathfrak{p}$ に対して $\alpha_\mathfrak{p} > 0$ である．なぜなら，$z \in I \setminus \{0\}$ に対して，$A/(z)$ には有限個の極大イデアルしか存在せず，また，I は高々これらの極大イデアルの逆像に含まれるからである．

A のすべての極大イデアルのそれぞれにおける I と $\prod \mathfrak{p}^{\alpha_\mathfrak{p}}$ の局所化は一致し，また，A のすべてのイデアルは A のすべての極大イデアルによる局所化の共通集合であるから（補題 F.12），

$$I = \prod \mathfrak{p}^{\alpha_\mathfrak{p}} \tag{4}$$

が成り立つ.

さて次に，$\alpha_P := \alpha_{\mathfrak{p}}$，また $D = \sum(-\alpha_P) \cdot P$ とおく. ただし，$P \in \mathrm{Reg}(F)$ は $\mathfrak{p}$ に対応する点である. 各 $a \in I$ と $P \in \mathrm{Reg}(F) \cap \mathfrak{X}^f$ に対して，$\nu_P(a) \geq \alpha_P$ であるから，$I \subset I_D^F$ が成り立つ. 逆に，$P \in \mathrm{Reg}(F) \cap \mathfrak{X}^f$ に対して，

$$\mathfrak{m}_{F,P}^{\alpha_P} \cdot \mathcal{O}_{F,P} = I\mathcal{O}_{F,P} \subset I_D^F \cdot \mathcal{O}_{F,P} = \mathfrak{m}_{F,P}^{\beta_P} \cdot \mathcal{O}_{F,P} \tag{5}$$

という式も成り立つ. ただし，I_D^F の定義より $\beta_P \geq \alpha_P$ である. したがって，すべての $P \in \mathrm{Reg}(F) \cap \mathfrak{X}^f$ に対して，$\alpha_P = \beta_P$ が成り立つ. I_D^F は Σ のある単元を含んでいるから（定理13.9），I と I_D^F のすべての局所化は一致し，ゆえに，$I = I_D^F$ が得られる.

式 (5) から，定理の最後の主張が得られ，したがって，D は I によって一意的に与えられるという事実も証明される.

(b) 次に，$I \subset \Sigma$ が $I \cdot \Sigma = \Sigma$ をみたす有限生成 A-加群ならば，ある元 $a \in N$ が存在して $aI \subset A$ をみたす. (a) より，適当な F-因子 D によって $aI = I_D^F$ と表される. このとき，$D' := \sum(\nu_P(D) + \nu_P(a)) \cdot P$ として $I = a^{-1}I_D^F = I_{D'}^F$ が成り立つ. 定理の残りの主張もこの状況においては明らかである. ■

注意 13.11. $A = S$ である場合，公式 (4) より，S のすべてのイデアル $I \neq \{0\}$ は極大イデアルのベキ積であることがわかる（S はデデキント環（Dedekind ring）である）. さらに，$\mathfrak{p}_1, \ldots, \mathfrak{p}_t \in \mathrm{Max}(S)$ に対して，環

$$H := S_{\mathfrak{p}_1} \cap \cdots \cap S_{\mathfrak{p}_t}$$

は単項イデアル環である. 実際，補題 13.5 によって，すべての $S_{\mathfrak{p}_i}$ は極大イデアルによる H の局所化である. $I \subset H$ をイデアル，$I \neq \{0\}$ とし，$IS_{\mathfrak{p}_j} = \mathfrak{p}_j^{\alpha_j} S_{\mathfrak{p}_j}$ ($\alpha_j \in \mathbb{N}$; $j = 1, \ldots, t$) とする. 定理 13.7 を使うと，$IS_{\mathfrak{p}_j} = rS_{\mathfrak{p}_j}$ ($j = 1, \ldots, t$) をみたす元 $r \in L$ が存在する. 特に，$r \in \bigcap_{j=1}^t IS_{\mathfrak{p}_j} = I$ が成り立つ. したがって，$I = (r)$ を得る.

S_∞ は有限個の極大イデアルしかもたないので，同様にして，S_∞ は単項イデアル環である.

定理 13.12. 二つの F-因子 D, D' が $D \geq D'$ と $\mathrm{Supp}\, D \cup \mathrm{Supp}\, D' \subset \mathfrak{X}^f$ を

みたすとき，次が成り立つ．

$$\dim_K I_D^F/I_{D'}^F = \deg D - \deg D'.$$

（証明）I_D^F と $I_{D'}^F$ に適当な Σ の単元をかけることにより，二つとも A に含まれるイデアルと仮定することができる．このとき，

$$I_D^F = \prod \mathfrak{p}^{\alpha_\mathfrak{p}}, \quad I_{D'}^F = \prod \mathfrak{p}^{\alpha'_\mathfrak{p}} \quad (\alpha_\mathfrak{p} = -\nu_P(D),\ \alpha'_\mathfrak{p} = -\nu_P(D')).$$

ここで，$\mathfrak{p}$ は $\mathfrak{p} \cap N \neq \emptyset$ をみたす A の極大イデアルであり，P は $\mathfrak{p}$ に対応する点である．このとき，次の式を示さなければならない．

$$\dim_K \left(\prod \mathfrak{p}^{\alpha_\mathfrak{p}} / \prod \mathfrak{p}^{\alpha'_\mathfrak{p}} \right) = \sum (\alpha'_\mathfrak{p} - \alpha_\mathfrak{p}).$$

$\prod \mathfrak{p}^{\alpha_\mathfrak{p}} / \prod \mathfrak{p}^{\alpha'_\mathfrak{p}}$ を

$$A / \prod_\mathfrak{p} \mathfrak{p}^{\alpha'_\mathfrak{p}} = \prod A_\mathfrak{p} / \mathfrak{p}^{\alpha'_\mathfrak{p}} A_\mathfrak{p}$$

におけるイデアルとして考える．これは直積 $\prod \mathfrak{p}^{\alpha_\mathfrak{p}} A_\mathfrak{p} / \mathfrak{p}^{\alpha'_\mathfrak{p}} A_\mathfrak{p}$ である．定理 E.13 より，

$$\dim_K (\mathfrak{p}^{\alpha_\mathfrak{p}} A_\mathfrak{p} / \mathfrak{p}^{\alpha'_\mathfrak{p}} A_\mathfrak{p}) = \alpha'_\mathfrak{p} - \alpha_\mathfrak{p}$$

が得られ，したがって，定理は証明された． ■

付録 L のように，$\mathcal{F}_\alpha = x^\alpha S_\infty$ $(\alpha \in \mathbb{Z})$ とする L/R_∞ のフィルター $\mathcal{F} = \{\mathcal{F}_\alpha\}$ を考える．さらに，$\sigma = \sigma_{L/K(x)}$ を $L/K(x)$ の標準トレースとする．このとき，ある有限生成 A-加群 $(I_D^F)^*$ によって

$$\mathrm{Hom}_R(I_D^F, R) = (I_D^F)^* \cdot \sigma$$

が成り立つ．そして特に，

$$\mathrm{Hom}_R(A, R) = \mathfrak{C}_{A/R} \cdot \sigma$$

が成り立つ．ただし，$\mathfrak{C}_{A/R}$ は σ に関する A/R のデデキントの相補加群である．定理 L.8 によって，

$$\ell_*^F(D) := \dim_K ((I_D^F)^* \cap x^{-2} \mathfrak{C}_{S_\infty/R_\infty}) < \infty$$

であり,特に

$$g^F := \ell_*^F(0) = \dim_K \left(\mathfrak{C}_{A/R} \cap x^{-2} \mathfrak{C}_{S_\infty/R_\infty} \right) < \infty. \tag{6}$$

さて次に,

$$\ell^F(D) := \dim_K \mathcal{L}^F(D), \qquad \chi^F(D) := \ell^F(D) - \ell_*^F(D)$$

とおく. $\{a_1, \ldots, a_n\}$ が I_D^F の標準的な基底ならば,系 L.9 によって次の公式が成り立つ.

$$\chi^F(D) = n - \sum_{i=1}^n \mathrm{ord}_{\mathcal{F}} a_i. \tag{7}$$

D と D' が定理 13.12 におけるような二つの F-因子ならば,系 L.10 と定理 13.12 から次の式が成り立つ.

$$\chi^F(D) - \chi^F(D') = \deg D - \deg D'. \tag{8}$$

D と D' が $\mathfrak{X}^f$ に台をもつ任意の二つの F-因子ならば,$D \geq D''$ と $D' \geq D''$ をみたす F-因子 D'' もまた存在する.公式 (8) の二つの応用から,$\mathrm{Supp}\, D \cup \mathrm{Supp}\, D' \subset \mathfrak{X}^f$ をみたす任意の F-因子 D と D' に対して (8) の成り立つことがわかる.

$D' = 0$ として,$\chi^F(0) = \ell^F(0) - g^F = 1 - g^F$ が成り立つ.したがって,式 (8) より以下のリーマン・ロッホの定理が得られる.

$$\ell^F(D) = \ell_*^F(D) + \deg D + 1 - g^F. \tag{9}$$

その定義によって,数 g^F と $\ell_*^F(D)$ もまた x の選び方に依存する可能性がある.式 (8) を用いて,g^F と $\ell_*^F(D)$ は,実際,S や S_∞,$\mathfrak{X}$ の定義において用いられた元 x の選択に依存しないことを示していこう.

定理 13.13.

(a) ある数 $c \in \mathbb{Z}$ が存在して,$\mathrm{Supp}\, D \subset \mathfrak{X}^f$ でかつ $\deg D > c$ をみたすすべての $D \in \mathrm{Div}^F(\mathfrak{X})$ に対して $\ell_*^F(D) = 0$ が成り立つ.

(b) g^F は F のみに依存する(そして x には依存しない).

(c) 任意の $D \in \mathrm{Div}^F(\mathfrak{X})$ に対して,数 $\ell_*^F(D)$ は F と D にのみ依存する.

（証明） (a) 定理 L.12 によって,
$$(I_D^F)^* = \mathfrak{C}_{A/R} : I_D^F$$
が成り立ち，また注意 13.11 により，S_∞ は単項イデアル環である．したがって，ある $z \in L^*$ によって，$\mathfrak{C}_{S_\infty/R_\infty} = z^{-1} S_\infty$ と表される．ゆえに，
$$\ell_*^F(D) = \dim_K(x^2 z(\mathfrak{C}_{A/R} : I_D^F) \cap S_\infty).$$
$ax^2 z \mathfrak{C}_{A/R} \subset A$ をみたす元 $a \in A \setminus \{0\}$ が存在し，すると $x^2 z \mathfrak{C}_{A/R} \subset a^{-1} A$ であり，また次が成り立つ．
$$x^2 z(\mathfrak{C}_{A/R} : I_D^F) = (x^2 z(\mathfrak{C}_{A/R}) : I_D^F) \subset a^{-1} A : I_D^F.$$
定理 13.10 によって，各 $P \in \mathrm{Reg}(F) \cap \mathfrak{X}^f$ に対して，$\nu_P(b) = \nu_P(-D)$ をみたす $b \in I_D^F$ が存在する．さて，$r \in L^*$ が $rI_D^F \subset a^{-1}A$ をみたす元ならば，$rba \in A$ であり，ゆえに，すべての $P \in X^f$ に対して
$$\nu_P(r) - \nu_P(D) \geq -\nu_P(a)$$
が成り立つ．したがって，
$$\sum_{P \in \mathfrak{X}^f} \nu_P(r) \geq \deg D - \sum_{P \in \mathfrak{X}^f} \nu_P(a)$$
を得る．さて次に，$c := \sum_{P \in \mathfrak{X}^f} \nu_P(a)$ とおき，$\deg D > c$ とする．このとき，$\sum_{P \in \mathfrak{X}^f} \nu_P(r) > 0$ である．$\deg(r) = 0$ であるから，$r \in S_\infty$ であることはない．したがって，$\ell_*^F(D) = 0$.

(b) $\tilde{x} \in L$ を x と同じ性質をもつ元とし，$\tilde{\mathfrak{X}}^f$ を $\tilde{x}$ に関する $\mathfrak{X}$ の有限部分集合とする．$g^F(x)$ と $g^F(\tilde{x})$ をそれぞれ x と $\tilde{x}$ から作られる量 (6) を表す．$\mathrm{Supp}\, D \subset \mathfrak{X}^f \cap \tilde{\mathfrak{X}}^f$ をみたす因子 D に対して，$\ell_*^{F,x}(D)$ と $\ell_*^{F,\tilde{x}}(D)$ を，それぞれ x と $\tilde{x}$ から作られる量 $\ell_*^F(D)$ を表す．(a) によって，$\ell_*^{F,\tilde{x}}(D) = \ell_*^{F,x}(D) = 0$ をみたす D が存在する．ところが，このとき上の公式 (9) より次の式が得られる．
$$g^F(x) = \deg D + 1 - \ell^F(D) = g^F(\tilde{x}).$$

(c) いま D を任意の F-因子とし，x を上のように選ばれたものとすると，$\mathrm{Supp}\, D \subset X^f$ であり，このとき，(9) より次の式が成り立つ．
$$\ell_*^{F,x} = \ell^F(D) - \deg D - 1 + g^F.$$

右辺は (b) によって x に依存しないから，主張 (c) は証明された．

これまでの考察を $A = S$ と $\Sigma = L$ として適用すると，次の数
$$g^L := \dim_K(\mathfrak{C}_{S/R} \cap x^{-2}\mathfrak{C}_{S_\infty/R_\infty})$$
は x に独立であり，L にのみ依存することがわかる．

定義 13.14. 数 g^F を曲線 F の**種数** (genus) という．数 g^L を関数体 L/K の**種数** (genus of function field) （あるいは対応している抽象リーマン面 $\mathfrak{X}$ の種数）という．

微分加群に関するいくつかの基本的な事実によって，次のベクトル空間
$$\omega(F) := \mathfrak{C}_{A/R}dx \cap \mathfrak{C}_{S_\infty/R_\infty}dx^{-1} \subset \Omega^1_{L/K},$$
$$\omega(\mathfrak{X}) := \mathfrak{C}_{S/R}dx \cap \mathfrak{C}_{S_\infty/R_\infty}dx^{-1} \subset \Omega^1_{L/K}$$
は x に独立であることが示される．$\omega(F)$ を F の**大域的正則微分** (global regular differential) のつくるベクトル空間，$\omega(\mathfrak{X})$ を $\mathfrak{X}$ の**大域的正則微分**のつくるベクトル空間という．この定義によれば，種数はこれらのベクトル空間の次元であるということができる．

(9) によって次の定理を証明した．

定理 13.15（リーマン・ロッホの定理）．

(a) 関数体 L/K に対するリーマン・ロッホの定理（あるいは抽象リーマン面 $\mathfrak{X}$ に対する）：各 $D \in \mathrm{Div}(\mathfrak{X})$ に対して，D にのみ依存する数 $\ell_*(D) \geq 0$ が存在して次の式をみたす．
$$\ell(D) = \ell_*(D) + \deg D + 1 - g^L.$$

(b) 曲線 F に対するリーマン・ロッホの定理：各 $D \in \mathrm{Div}^F(\mathfrak{X})$ に対して，D と F にのみ依存する数 $\ell_*^F(D) \geq 0$ が存在して次の式をみたす．
$$\ell^F(D) = \ell_*^F(D) + \deg D + 1 - g^F.$$

因子 $D \in \mathrm{Div}(\mathfrak{X})$ に対して,

$$\chi(D) = \ell(D) - \ell_*(D)$$

を D の**オイラー・ポアンカレ標数** (Euler-Poincaré characteristic) といい, そして, F-因子 D に対して,

$$\chi^F(D) = \ell^F(D) - \ell_*^F(D)$$

を F に関する D の**オイラー・ポアンカレ標数**という. 古典的な文献では, $\ell_*(D)$ は D の**指数** (index) (特殊指数) と呼ばれている. 因子 D は $\ell_*(D) > 0$ であるとき, **特殊因子** (special divisor) であるという. 明らかに, 特殊でない因子に対しては次が成り立つ.

$$\ell(D) = \deg D + 1 - g^L.$$

定理 13.13 によって, 十分大きな次数をもつ因子は特殊因子ではない.

曲線 F に対するリーマン・ロッホの定理は公式 (8) に同値であり, 関数体 L/K に対する ($\mathfrak{X}$ に対する) リーマン・ロッホの定理は, $D, D' \in \mathrm{Div}(\mathfrak{X})$ に対して対応している公式

$$\chi(D) - \chi(D') = \deg D - \deg D'$$

に同値である.

種数を計算するために, 次の公式を使うことがしばしば有用である. これは $D = 0$ として (7) から得られる.

公式 13.16. $\{a_1, \ldots, a_n\}$ が R 上 A の標準基底ならば,

$$g^F = \sum_{i=1}^n \mathrm{ord}_{\mathcal{F}} a_i - n + 1.$$

R 上 S の標準基底を用いれば, g^L に対しても同様な式が成り立つ.

関数体 L/K に対するリーマン・ロッホの定理は L/K の離散付値にのみ依存する. したがって, この定理は代数曲線の理論とは完全に独立に純粋に付値論的な枠組みによってつくりなおすことができ, そこでは, K が必ずしも代数

的閉体である必要はない．F. K. Schmidt [Sch] の研究に加えて，この考え方は，たとえば，Chevalley [C] と Roquette [R] によって採用されている．

演習問題

1. 因子 $D \in \mathrm{Div}(\mathfrak{X})$ に対して，$L(D)$ を D に線形同値であるすべての有効因子の集合とする．このとき，次を示せ．

    (a) $\mathbb{P}(\mathcal{L}(D))$ をベクトル空間 $\mathcal{L}(D)$ に付随した射影空間とするとき（第 2 章参照），全単射である次の写像が存在する．
    $$\mathcal{L}(D) \longrightarrow \mathbb{P}(\mathcal{L}(D)).$$

    (b) $D, D' \in \mathrm{Div}(\mathfrak{X})$ とする．$L(D) = L(D') \neq \emptyset$ ならば，$D \equiv D'$ となる．

    (c) $\dim L(D) := \dim_K \mathcal{L}(D) - 1$ とおけば，$\dim L(D)$ は集合 $L(D)$ にのみ依存し，因子 D に依存しない．

2. F を $\mathbb{P}^2(K)$ における次数 p の滑らかな曲線とし，$q > 0$ に対して，$L_q = K[F]_q$ を座標環 $K[F]$ の次数 q の斉次成分とする．$\varphi \in L_q \setminus \{0\}$ に対して，φ の因子 (φ) を次のように定義する．
    $$(\varphi) = \phi * F \quad (\text{交叉サイクル}).$$

    ただし，$\phi \in K[X_0, X_1, X_2]_q$ は φ の原像を表す．固定した $\varphi_0 \in L_q \setminus \{0\}$ に対して $D := (\varphi_0)$ とおく．このとき，

    (a) ベクトル空間の同型写像 $\mathcal{L}(D) \to L_q$ を求めよ．

    (b) $\dim_K \mathcal{L}(D)$ はどのぐらいの大きさか？

第 14 章
代数曲線とその関数体の種数

本章では主に種数を具体的に求めるための規則を与える．これらは公式 13.16 に起源をもつ．関数体という術語によって，つねに 1 変数の代数関数体を意味するものとする．関数体が一つの超越元によって生成されているとき，**有理的** (rational) であるという．

$\mathbb{P}^2(K)$ における既約曲線 F の種数 g^F はその関数体 $L := \mathcal{R}(F)$ の種数 g^L ほど興味あるものではない．なぜかというと，既約曲線 F の種数 g^F については次のような事実があるからである．

定理 14.1. $\deg F = p$ ならば，$g^F = \binom{p-1}{2}$ である．

(証明) $\mathrm{Sing}(F)$ が無限遠直線 $X_0 = 0$ に関するアフィン平面上にあるように，座標系が選ばれていると仮定できる．そのとき，対応しているアフィン曲線は次の式によって与えられる．

$$f(X, Y) = F(1, X, Y) = F\left(1, \frac{X_1}{X_0}, \frac{X_2}{X_0}\right) \quad \left(X := \frac{X_1}{X_0}, \; Y := \frac{X_2}{X_0}\right).$$

また，f は Y の多項式として次数 p のモニックで，かつ $\frac{\partial f}{\partial Y} \neq 0$ と仮定することもできる．座標環 $A = K[f] = K[X, Y]/(f) = K[x, y]$ に対して，$R = K[x]$ とおけば，A は

$$A = \bigoplus_{i=0}^{p-1} R y^i$$

と表される.ただし,L/K は分離的である.

$\{1, y, \ldots, y^{p-1}\}$ は,付録Lと第13章で用いられたフィルター $\mathcal{F}$ に関して,R 上 A の標準基底であること,また
$$\operatorname{ord}_{\mathcal{F}} y^i = i \quad (i = 0, \ldots, p-1)$$
であることを示そう.

これを示すために,X_1 に関する F の非斉次化を考える.
$$\frac{1}{X_1^p} F(X_0, X_1, X_2) = F\left(\frac{X_0}{X_1}, 1, \frac{X_2}{X_1}\right) = F(X^{-1}, 1, X^{-1}Y) = g(U, V).$$
ただし,$U := X^{-1}$, $V := X^{-1}Y$ である.
$$f = \sum_{i=0}^{p} \varphi_i Y^i \quad (\varphi_i \in K[X], \ \deg \varphi_i \leq p - i)$$
と表せば,簡単な計算によって次の式が得られる.
$$g(X^{-1}, X^{-1}Y) = \sum_{i=0}^{p} \varphi_i(X) \cdot X^{-p+i} (X^{-1}Y)^i.$$
ゆえに,g もまた V の多項式として次数 p のモニック多項式である.f は Y に関してモニックであるから,X_1-座標を 0 とする F のいかなる無限遠点(X_0 に関する)も存在しない.g の座標環 $A' = K[g]$ は L の部分代数 $K[x^{-1}, x^{-1}y]$ と同一視される.このとき,A' は
$$A' = \bigoplus_{i=0}^{p-1} K[x^{-1}](x^{-1}y)^i$$
と表され,f の無限遠点は $(x^{-1}) \cdot K[x^{-1}]$ 上にある A' の極大イデアルと1対1に対応する.したがって,付録Lの記号を用いると
$$S_\infty = \bigoplus_{i=0}^{p-1} R_\infty (x^{-1}y)^i$$
と表され,$\{1, y, \ldots, y^{p-1}\}$ は A の標準基底であることがわかる(定義L.5).さらに,$\operatorname{ord}_{\mathcal{F}} y^i = i \ (i = 0, \ldots, p-1)$ である.

例13.16によって,次の式が得られる.
$$g^F = \sum_{i=0}^{p-1} i - p + 1 = \sum_{i=0}^{p-2} = \binom{p-1}{2}.$$
∎

滑らかな曲線 F に対して，その種数 g^F は F に付随した関数体の種数に等しい．このことが理由で，代数関数体の種数についてのいくつかの事実を導くことができる．関数体 L/K のモデルは $L = \mathcal{R}(F)$ をみたす曲線 F であることを思い出そう（定理 4.7 参照）．

系 14.2.

(a) 滑らかな有理曲線（有理関数体）の種数は 0 である．
(b) 楕円曲線（楕円関数体）の種数は 1 である．
(c) 代数関数体 L/K がモデルとして次数 p の滑らかな平面射影曲線をもつならば，次が成り立つ．
$$g^L = \binom{p-1}{2}.$$
(d) 種数 1 の滑らかな平面射影曲線は楕円曲線である．

（証明） (a) すべての直線は種数 0 をもち，ゆえに K 上の有理関数体もそうである．滑らかな有理曲線は直線に双有理同値であるから，それらも種数 0 をもつ．

(b) 楕円曲線は次数 3 の滑らかな曲線である．すると，定理 14.1 によって，それらの種数は 1 である．

(c) は定理 14.1 から直接導かれ，また，(d) は (c) から得られる． ∎

この系は滑らかな 2 次曲線が有理的であることを示すための新しい方法を与える．なぜなら，それらの種数は 0 であるからである．次数 $p > 2$ の滑らかな曲線は有理的助変数表示をもつことはできない．特に，このことは楕円曲線に対してあてはまる．フェルマー曲線の例は，種数 $g = \binom{p-1}{2}$ $(p \in \mathbb{N}_+)$ をもつ関数体が存在していることを示している．実際，以下の定理 14.6 においてこれから示すように，すべての $g \in \mathbb{N}$ に対して，種数 g の関数体が存在する．二つの曲線の関数体が異なる種数をもつならば，当然，これらの曲線は双有理同値ではありえない．

種数 0 をもつすべての関数体は有理的であることを示そう．このために，次の補題を用いる．

補題 14.3. L/K を関数体とし，$x \in L$ を定数でない関数とする．そのとき，L/K の抽象リーマン面上 x の零因子 $(x)_0$ と極因子 $(x)_\infty$ に対して，次が成り立つ．

$$\deg(x)_0 = \deg(x)_\infty = [L : K(x)].$$

(証明) 付録 L におけるように R_∞ と S_∞ を考え，S_∞ が階数 $[L : K(x)]$ の自由 R_∞-加群であるという事実を用いる（注意 L.1）．このとき，次が成り立つ．

$$S_\infty/(x^{-1}) = \prod_{\mathfrak{P} \in \mathrm{Max}(S_\infty)} (S_\infty)_{\mathfrak{P}}/(x^{-1})(S_\infty)_{\mathfrak{P}}.$$

ただし，$\mathfrak{P} \in \mathrm{Max}(S_\infty)$ は x の極と 1 対 1 に対応している．P が $\mathfrak{P}$ に対応している極ならば，

$$-\nu_P(x) = \nu_P(x^{-1}) = \dim_K (S_\infty)_{\mathfrak{P}}/(x^{-1})(S_\infty)_{\mathfrak{P}}$$

であり，ゆえに次を得る．

$$\deg(x)_\infty = -\sum_{\nu_P(x)<0} \nu_P(x) = \dim_K(S_\infty/(x^{-1})S_\infty) = [L : K(X)]. \blacksquare$$

定理 14.4. 関数体 L/K に対して，次の命題は同値である．

(a) $g^L = 0$.
(b) $\deg(x)_\infty = 1$ をみたす定数でない関数 $x \in L$ がある．
(c) L は K 上の有理関数体である．

(証明) (a) $\Rightarrow$ (b)．$\mathfrak{X}$ を L/K の抽象リーマン面とし，$P \in \mathfrak{X}$ とする．リーマン・ロッホの定理によって（定理 13.15 (a)），

$$\dim_K \mathcal{L}(P) \geq \deg P + 1 = 2.$$

したがって，$\mathcal{L}(P)$ に定数でない関数 x がある．この関数は極として P のみをもち，実際この極は位数 1 である．

(b) $\Rightarrow$ (c)．(b) において与えられた $x \in L$ に対して，補題 14.3 によって $L = K(x)$ が成り立つ．

(c) $\Rightarrow$ (a) は系 14.2 においてすでに示されている． $\blacksquare$

系 14.5. ある曲線が有理的助変数表示をもつための必要十分条件は，その関数体の種数が 0 となることである. ■

関数体 L/K が方程式

$$f := Y^2 - (X-a_1)\cdots(X-a_p) = 0 \quad (p \geq 3, a_1, \ldots, a_p \in K, a_i \neq a_j (i \neq j))$$

により定義されるアフィン曲線をモデルとしてもつとき，すなわち，$L := Q(K[f])$ であるとき，L/K は**超楕円関数体** (hyperelliptic function) であるという. f の射影閉包を**超楕円曲線** (hyperelliptic curve) という.

定理 14.6. $\operatorname{Char} K \neq 2$ と仮定する. このとき，超楕円関数体 L/K の種数 g^L は次の式で与えられる.

$$g^L = \begin{cases} \dfrac{p}{2} - 1 & (p \text{ が偶数のとき}), \\ \dfrac{p-1}{2} & (p \text{ が奇数のとき}). \end{cases}$$

特に，任意の種数 $g \in \mathbb{N}$ をもつ代数関数体が存在する.

（証明） $A := K[f] = K[x] \oplus K[x] \cdot y$ が成り立ち，$\operatorname{Char} K \neq 2$ であるから，$L/K(x)$ は分離的である. ヤコビ判定法を用いると，f が特異点をもたないことが容易にわかる. したがって，A は L において整閉である. 以前に用いた記号を使えば，$R = K[x]$ と $S = A = R \oplus Ry$ と表される.

次に，$R_\infty := K[x^{-1}]_{(x^{-1})}$ の整閉包 S_∞ を求める. $K(x)$ 上の元 $t = a + by$ $(a, b \in K(x), b \neq 0)$ の最小多項式は

$$(T - (a+by))(T - (a-by)) = T^2 - 2aT + (a^2 - b^2(x-a_1)\cdots(x-a_p))$$

である. したがって，定理 F.14 によって，t が R_∞ 上整であるための必要十分条件は，

$$a \in R_\infty \quad \text{と} \quad a^2 - b^2(x-a_1)\cdots(x-a_p) \in R_\infty$$

が成り立つことである. 次の条件

$$a \in R_\infty \quad \text{と} \quad 2\nu_\infty(b) - p \geq 0$$

はこれらに同値であり，また言い換えると

$$a \in R_\infty \quad \text{と} \quad \nu_\infty(b) \geq \frac{p}{2}$$

である．

この最後の条件は，適当な $b' \in S_\infty$ によって次と同じ意味になる．

$$b = \begin{cases} x^{-\frac{p}{2}} b' & (p \text{ が偶数のとき}), \\ x^{-\frac{p+1}{2}} b' & (p \text{ が奇数のとき}). \end{cases}$$

したがって，次が得られる．

$$S_\infty = R_\infty \oplus R_\infty x^{-\frac{p}{2}} y \quad (p \text{ が偶数のとき}),$$

$$S_\infty = R_\infty \oplus R_\infty x^{-\frac{p+1}{2}} y \quad (p \text{ が奇数のとき}).$$

これより，次のことがわかる．

$$\mathrm{ord}_\mathcal{F} y = \begin{cases} \dfrac{p}{2} & (p \text{ が偶数のとき}), \\ \dfrac{p+1}{2} & (p \text{ が奇数のとき}). \end{cases}$$

特に，$\{1, y\}$ は S の標準基底であり，公式 13.16 により，

$$g^L = \begin{cases} \dfrac{p}{2} - 1 & (p \text{ が偶数のとき}), \\ \dfrac{p+1}{2} - 1 & (p \text{ が奇数のとき}) \end{cases}$$

が成り立ち，これが証明したいことであった． ∎

定理 14.6 と系 14.2 (c) を比較してみると，すべての関数体がモデルとして滑らかな射影平面曲線をもつとは限らないことがわかる．既約特異曲線 F の種数は，その関数体 $L := \mathcal{R}(F)$ の種数とどのように関連しているであろうか？

定理 14.7. $\deg F := p$ で $\mathrm{Sing}(F) = \{P_1, \ldots, P_s\}$ と仮定する．$\overline{\mathcal{O}_{F,P_i}}$ によって，L における $\mathcal{O}_{F,P_i}$ の整閉包を表す．このとき，次が成り立つ．

$$g^L = g^F - \sum_{i=1}^s \dim_K \overline{\mathcal{O}_{F,P_i}} / \mathcal{O}_{F,P_i} = \binom{p-1}{2} - \sum_{i=1}^s \dim_K \overline{\mathcal{O}_{F,P_i}} / \mathcal{O}_{F,P_i}.$$

ただし，$\overline{\mathcal{O}_{F,P_i}}/\mathcal{O}_{F,P_i}$ は $\mathcal{O}_{F,P_i}$ を法とする $\overline{\mathcal{O}_{F,P_i}}$ の剰余類のつくる K-ベクトル空間を表すものとする．

(証明) 公式 13.16 の背景にある状況を考える．$\{a_1,\ldots,a_n\}$ を R 上 A の標準基底とし，また，$\{b_1,\ldots,b_n\}$ を R 上 S の標準基底を表すものとする．ただし，S は L における A の整閉包を表す．公式 13.16 によって，次が成り立つ．

$$g^F - g^L = \sum_{i=1}^n \operatorname{ord}_{\mathcal{F}} a_i - \sum_{i=1}^n \operatorname{ord}_{\mathcal{F}} b_i.$$

一方，この右辺の差は定理 L.7 によって，$\dim_K S/A$ に等しい．

$\mathfrak{p}_1,\ldots,\mathfrak{p}_s \in \operatorname{Max}(A)$ を $P_1,\ldots,P_s$ に対応している素イデアルとする．このとき，

$$\mathcal{O}_{F,P_i} = A_{\mathfrak{p}_i}, \qquad \overline{\mathcal{O}_{F,P_i}} = S_{\mathfrak{p}_i} \quad (i=1,\ldots,s).$$

ただし，$S_{\mathfrak{p}_i}$ は $A \setminus \mathfrak{p}_i$ による S の局所化を表す．$\mathfrak{p} \in \operatorname{Max}(A) \setminus \{\mathfrak{p}_1,\ldots,\mathfrak{p}_s\}$ に対して，次が成り立つ．

$$A_{\mathfrak{p}} = S_{\mathfrak{p}}.$$

S は有限生成 A-加群であるから，$aS \subset A$ をみたす元 $a \in A, a \neq 0$ が存在する．このとき，次が成り立つ．

$$\dim_K(S/A) = \dim_K(aS/aA).$$

ただし，aS と aA は A のイデアルであり，ゆえに，aS/aA は A/aA のイデアルである．中国式剰余の定理により，

$$A/aA = \prod_{\mathfrak{p}} A_{\mathfrak{p}}/aA_{\mathfrak{p}}$$

と表し，aS/aA と $\prod_{\mathfrak{p}} aS_{\mathfrak{p}}/aA_{\mathfrak{p}}$ を同一視する．すると，次の式が得られる．

$$\dim_K S/A = \sum_{\mathfrak{p}} \dim_K(aS_{\mathfrak{p}}/aA_{\mathfrak{p}}) = \sum_{\mathfrak{p}} \dim_K(S_{\mathfrak{p}}/A_{\mathfrak{p}}) = \sum_{i=1}^s \dim_K \overline{\mathcal{O}_{F,P_i}}/\mathcal{O}_{F,P_i}.$$ ∎

定義 14.8. $P \in \mathcal{V}_+(F)$ に対して，

$$\delta(P) := \dim_K \overline{\mathcal{O}_{F,P}}/\mathcal{O}_{F,P}$$

を点 P における F の**特異次数** (singularity degree) という．$\mathrm{Sing}(F) = \{P_1, \ldots, P_s\}$ であるとき，
$$\delta(F) := \sum_{P \in \mathcal{V}_+(F)} \delta(P) = \sum_{i=1}^{s} \delta(P_i)$$
を F の**特異次数**という．

F の特異次数を求めることができれば，定理 14.7 における公式を用いて曲線 F の関数体の種数を計算することができる．我々は第 17 章においてこれをさらに深く考察しよう．

系 14.9. 次数 p の有理曲線は次の特異次数をもつ.
$$\binom{p-1}{2}. \qquad \blacksquare$$

演習問題

1. 定理 14.7 から以下のことが導けることを示せ： 次数 p の既約曲線 F は高々 $\binom{p-1}{2}$ 個の特異点をもつことができる．F が $\binom{p-1}{2}$ 個の特異点をもつならば，F は有理曲線である．特に，すべての特異既約 3 次曲線は有理的である．

2. 既約曲線 F と $P \in \mathcal{V}_+(F)$ に対して，次が成り立つ．
$$\delta(P) \geq m_P(F) - 1.$$

3. 次の曲線の射影閉包の特異次数を求めよ．

   (a) 曲線 $Y^n + XY + X = 0$ $(n \geq 2)$．

   (b) 次の助変数表示をもつ曲線．
   $$x = \frac{1}{1+t^n}, \quad y = \frac{t}{1+t^n}.$$

4. 次数 p をもつ超楕円曲線はただ一つの特異点 P をもつ．$\delta(P)$ を求めよ．

第15章
標準因子類

本章はリーマン・ロッホの定理を補足する.すべての既約な射影代数曲線 F について,すべての $D \in \mathrm{Div}^F(\mathfrak{X})$ に対して $\ell_*^F(D) = \ell^F(C - D)$ をみたす F-因子 C(標準因子)が存在することが示される.対応する事実は F に付随した抽象リーマン面 $\mathfrak{X}$ 上のリーマン・ロッホの定理に対してもまた成り立ち,またそれは重要な応用をもつ.

デデキントの相補加群は曲線(とその関数体)の種数を定義するさいに現れる.この加群を特別な状況において,より正確な説明を与えたい.

R は商体を Z とする整域,A を次の式で与えられる整域とする.

$$A = R[Y]/(f) = R[y].$$

ただし,$f \in R[Y]$ は次数 $p > 0$ のモニック多項式である.A の商体 L は Z 上分離的であると仮定し,σ を L/Z の標準トレースとする.

定理 15.1. σ に関する A/R の相補加群 $\mathfrak{C}_{A/R}$ に対して,次が成り立つ.

$$\mathfrak{C}_{A/R} = (f'(y))^{-1} \cdot A.$$

(証明)f はモニックと仮定しているから,

$$A = \bigoplus_{i=0}^{p-1} Ry^i \tag{1}$$

と

$$L = Z[Y]/(f) = \bigoplus_{i=0}^{p-1} Zy^i \tag{2}$$

という表現がある．ゆえに，f は Z 上 y の最小多項式である．$L^e := L \otimes_Z L$ として，I を標準的な環準同型写像 $\mu: L \otimes_Z L \to L$ $(a \otimes b \mapsto ab)$ の核とする．系 H.20 によって，L/Z のトレースは L-加群 $\mathrm{Ann}_{L^e} I$ の生成元と 1 対 1 に対応している．最初に，この L-加群をよりくわしく説明しよう．(2) によって，

$$L^e = L \otimes_Z L \cong L[Y]/(f)$$

と表され，またこのとき I は $L[Y]/(f)$ における単項イデアル $(Y-y)/(f)$ と同一視できる．$\varphi \in L[Y]$ として，$f = (Y-y) \cdot \varphi$ と表す．すると，$\mathrm{Ann}_{L^e} I$ は $L[Y]/(f)$ における単項イデアル $(\varphi)/(f)$ と同一視される．

$$f = Y^p + r_1 Y^{p-1} + \cdots + r_p \quad (r_i \in R)$$

とすれば，このとき $L[Y]$ において

$$\begin{aligned} f &= f - f(y) = (Y^p - y^p) + r_1(Y^{p-1} - y^{p-1}) + \cdots + r_{p-1}(Y-y) \\ &= (Y-y) \cdot \left[\sum_{\alpha=0}^{p-1} y^\alpha Y^{p-1-\alpha} + r_1 \sum_{\alpha=0}^{p-2} y^\alpha Y^{p-2-\alpha} + \cdots + r_{p-1} \right] \end{aligned}$$

と表され，ゆえに φ は括弧 [ ] のなかの表現に等しい．L^e におけるその像は

$$\Delta_y^f := \sum_{\alpha=0}^{p-1} y^\alpha \otimes y^{p-1-\alpha} + r_1 \sum_{\alpha=0}^{p-2} y^\alpha \otimes y^{p-2-\alpha} + \cdots + r_{p-1} \tag{3}$$

である．この元はイデアル $\mathrm{Ann}_{L^e} I$ を生成するので，系 H.20 により，Δ_y^f は次の性質をもつトレース $\tau_f^y \in \omega_{L/Z}$ に対応する．

$$1 = \sum_{\alpha=0}^{p-1} \tau_f^y(y^\alpha) y^{p-1-\alpha} + r_1 \cdot \sum_{\alpha=0}^{p-2} \tau_f^y(y^\alpha) y^{p-2-\alpha} + \cdots + r_{p-1} \tau_f^y(1).$$

L/Z の標準基底 $\{1, y, \ldots, y^{p-1}\}$ に関する係数と比較すると，この公式より次が得られる．

$$\tau_f^y(y^i) = \begin{cases} 0 \ (i = 0, \ldots, p-2), \\ 1 \ (i = p-1). \end{cases} \tag{4}$$

特に，$\tau_f^y(A) \subset R$ である．

一方，式 (3) は $\mu(\Delta_y^f) = f'(y)$ であることを示している．また，系 H.20 (c) によって次が得られる．

$$\sigma = f'(y) \cdot \tau_f^y.$$

したがって，(4) から L/Z の標準トレースに対する次の一般的な公式を得る．

$$\sigma\left(\frac{y^i}{f'(y)}\right) = \begin{cases} 0 \ (i = 0, \ldots, p-2), \\ 1 \ (i = p-1). \end{cases} \tag{5}$$

$u \in L$ が与えられているとする．u は次のように表すことができる．

$$u = \frac{1}{f'(y)} \sum_{i=0}^{p-1} a_i y^i \qquad (a_i \in Z).$$

このとき，$u \in \mathfrak{C}_{A/R}$ となるのは，$j = 0, \ldots, p-1$ に対して

$$\sigma(uy^j) = \tau_f^y\left(\left(\sum_{i=0}^{p-1} a_i y^i\right) \cdot y^j\right) \in R \tag{6}$$

が成り立つときであり，かつそのときに限る．$i = 0, \ldots, p-1$ に対して，$a_i \in R$ ならば，この条件は確かに満足される．逆に，任意の $u \in L$ に対して (6) が成り立つと仮定する．このとき，(4) より $a_{p-1} \in R$ であることがわかる．$j = 1$ に対して，式 (6) を適用すると，$a_{p-2} \in R$ が成り立つ．帰納法によって，$i = 0, \ldots, p-1$ に対して $a_i \in R$ を得る．これより，

$$\mathfrak{C}_{A/R} = (f'(y))^{-1} \cdot A$$

が示され，証明が完結する． ∎

さて，F を $\mathbb{P}^2(K)$ における次数 p の既約曲線とする．F の特異点は有限の距離をもち，$A = K[X,Y]/(f) = K[x,y]$ がその対応しているアフィン座標環であると仮定する．また，前にそうしたように，f は Y に関して次数 p のモニック多項式で，$L := Q(A)$ は $K(x)$ 上分離的であると仮定することもできる．第 13 章で導入された記号を用いて，F の種数に対して次の公式がある．

$$g^F = \dim_K(\mathfrak{C}_{A/R} \cap x^{-2} \mathfrak{C}_{S_\infty/R_\infty}). \tag{7}$$

定理 15.1 によって，$\frac{\partial f}{\partial y} := \frac{\partial f}{\partial Y}(x,y)$ とおけば，$\mathfrak{C}_{A/R} = \left(\frac{\partial f}{\partial y}\right)^{-1} \cdot A$ である．
ゆえに，次の公式も成り立つ．

$$g^F = \dim_K \left(A \cap x^{-2} \frac{\partial f}{\partial y} \mathfrak{C}_{S_\infty/R_\infty} \right).$$

S_∞ は単項イデアル整域であるから（注意 13.11)，補題 13.6 により，明らかに $\operatorname{Supp} C \subset \mathfrak{X}^\infty$ をみたす因子 C が存在して

$$\mathcal{L}^F(C) = A \cap x^{-2} \frac{\partial f}{\partial y} \cdot \mathfrak{C}_{S_\infty/R_\infty}$$

をみたす．また，この因子に対して次が成り立つ．

$$g^F = \ell^F(C).$$

D が $\operatorname{Supp} F \subset \mathfrak{X}^f$ をみたす F-因子ならば，定理 L.12 によって

$$(I_D^F)^* = \mathfrak{C}_{A/R} : I_D^F = \left(\frac{\partial f}{\partial y}\right)^{-1}(A : I_D^F)$$

が成り立つ．$\mathfrak{p} \in \operatorname{Max}(A)$ が F の特異点に対応しているならば，$I_D^F \cdot A_\mathfrak{p} = A_\mathfrak{p}$ となり（定理 13.9)，

$$(A : I_D^F) \cdot A_\mathfrak{p} = A_\mathfrak{p} : A_\mathfrak{p} = A_\mathfrak{p}$$

が成り立つ．一方，$\mathfrak{p} \in \operatorname{Max}(A)$ が F の正則点 P に対応しているならば，このとき $I_D^F \cdot A_\mathfrak{p} = \mathfrak{p}^{-\nu_P(D)} A_\mathfrak{p}$ であり，ゆえに

$$(A : I_D^F) \cdot A_\mathfrak{p} = A_\mathfrak{p} : \mathfrak{p}^{-\nu_P(D)} A_\mathfrak{p} = \mathfrak{p}^{\nu_P(D)} A_\mathfrak{p}$$

となる．したがって，定理 13.10 より

$$A : I_D^F = I_{-D}^F$$

が得られ，

$$(I_D^F)^* \cap x^{-2} \mathfrak{C}_{S_\infty/R_\infty} \cong I_{-D}^F \cap x^{-2} \frac{\partial f}{\partial y} \mathfrak{C}_{S_\infty/R_\infty} = \mathcal{L}^F(C - D)$$

が成り立つ．ゆえに，次の式が得られる．

$$\ell_*^F(D) = \ell^F(C - D).$$

曲線 F に対するリーマン・ロッホの定理はいま次のように完成される．

定理 15.2. 任意の F-因子 D に対して，

$$\ell^F(D) = \ell^F(C-D) + \deg D + 1 - g^F \tag{8}$$

が成り立つような F-因子 C が，F に関する線形同値を除いて一意的に存在する．さらに，

$$\ell^F(C) = g^F, \qquad \deg C = 2g^F - 2 \tag{9}$$

が成り立ち，C もまた線形同値を除いてこれらの性質によって一意的に定まる．

（証明） $\operatorname{Supp} D \subset \mathfrak{X}^f$ をみたすすべての $D \in \operatorname{Div}^F(\mathfrak{X})$ に対して (8) が成り立つような F-因子 C が存在することはすでに示した．すると，補題 13.8 と注意 13.4 (a) によって，等式 (8) は任意の F-因子 D に対して成り立つことがわかる．C を (8) が成り立つように選ぶ．

(8) において，$D = 0$ とおけば，$\ell^F(C) = g^F$ であることがわかる．$D = C$ とおけば，$\deg C = 2g^F - 2$ を得る．

次に，C' は (9) が成り立つような F-因子であると仮定する．このとき，$\deg(C - C') = 0$ であり，また (8) において，$D = C - C'$ で置き換えれば $\ell^F(C - C') = 1$ を得る．次数 0 の F-因子 D に対して，$\ell^F(D) = 1$ が成り立つのは D が主因子であるときであり，かつそのときに限る．すなわち，$r \in \mathcal{L}^F(D), r \neq 0$ に対して，$(r) \geq -D$ であり，また $0 = \deg(r) \geq -\deg D = 0$ となる．ゆえに，$(r) = -D$ でかつ $D = (r^{-1})$ である．(r) は F-因子であるから，r は Σ の単元でなければならない（補題 13.6 (b)）．これより，$C' \equiv_F C$ であることがわかる．よって，定理は証明された． ∎

代数関数体に対するリーマン・ロッホの定理を完成させるために，簡単な方法が可能である．第 13 章のように，関数体 L/K の元 x を，x が K 上超越的でかつ $L/K(x)$ が分離的であるように選ぶ．記号 R, R_∞, S, S_∞ は $\mathfrak{X}^f$ や X^∞ と同様に以前に用いられた意味をもつものとする．定理 15.1 と比較して，S-加群 $\mathfrak{C}_{S/R}$ は一つの元によって生成されるとは限らない．しかしながら，S_∞ は単項イデアル整域であるから，ある元 $z \in L^*$ によって $\mathfrak{C}_{S_\infty/R_\infty} = z^{-1} S_\infty$ と表される．したがって，次の公式が成り立つ．

$$g^L = \dim_K(\mathfrak{C}_{S/R} \cap x^{-2}\mathfrak{C}_{S_\infty/R_\infty}) = \dim_K(x^2 z \mathfrak{C}_{S/R} \cap S_\infty). \tag{10}$$

ここで，$x^2 z \mathfrak{C}_{S/R}$ は零でない有限生成 S-加群であり，定理 13.10 によって，ある因子 C が存在して $\mathrm{Supp}\, C \subset \mathfrak{X}^f$ と $x^2 z \mathfrak{C}_{S/R} = I_C$ をみたす．公式 (10) より
$$g^L = \ell(C)$$
が成り立つ．D が $\mathrm{Supp}\, D \subset \mathfrak{X}^f$ をみたす任意の因子ならば，
$$\ell_*(D) = \dim_K(I_D^* \cap x^{-2}\mathfrak{C}_{S_\infty/R_\infty}) = \dim_K(x^2 z I_D^* \cap S_\infty)$$
$$= \dim_K((x^2 z \mathfrak{C}_{S/R} : I_D) \cap S_\infty) = \dim_K((I_C : I_D) \cap S_\infty)$$
が成り立つ．上のようにして，$I_C : I_D = I_{C-D}$ が成り立つ．ゆえに，次の式を得る．
$$\ell_*(D) = \dim_K(I_{C-D} \cap S_\infty) = \ell(C - D).$$

さらに，定理 15.2 と同様にして，次の定理を得る．

定理 15.3. すべての因子 $D \in \mathrm{Div}(\mathfrak{X})$ に対して，
$$\ell(D) = \ell(C - D) + \deg D + 1 - g^L$$
が成り立つような因子 $C \in \mathrm{Div}(\mathfrak{X})$ が線形同値を除いて一意的に存在する．さらに，
$$\ell(C) = g^L, \qquad \deg C = 2g^L - 2$$
が成り立ち，C もまた線形同値を除きこれらの性質によって一意的に定まる．∎

定義 15.4.

(a) $\ell^F(C) = g^F$ と $\deg C = 2g^F - 2$ をみたす F-因子 C を F の**標準因子** (canonical divisor) という．$\mathrm{Div}^F(\mathfrak{X})$ において対応している因子類を F の**標準因子類** (canonical class) という．

(b) $\ell(C) = g^L$ と $\deg C = 2g^L - 2$ をみたす因子 $C \in \mathrm{Div}(\mathfrak{X})$ を $\mathfrak{X}$（または L/K）の**標準因子**といい，$\mathrm{Div}(\mathfrak{X})$ において対応している因子類を $\mathfrak{X}$（または L/K）の**標準因子類**という．

さて，定理 15.2 と定理 15.3 の応用をいくつか与えよう．

定理 15.5（リーマンの定理）． $\deg D > 2g^F - 2$ をみたすすべての F-因子 D に対して，
$$\ell^F(D) = \deg D + 1 - g^F$$
が成り立ち，また，$\deg D > 2g^L - 2$ をみたすすべての因子 $D \in \mathrm{Div}(\mathfrak{X})$ に対して，次が成り立つ．
$$\ell(D) = \deg D + 1 - g^L.$$

（証明） C が標準因子ならば，仮定によって $\deg(C - D) < 0$ である．ゆえに，それぞれ $\ell^F(C - D) = 0$ と $\ell(C - D) = 0$ が成り立つ．そこで，定理 15.2 と定理 15.3 を適用すればよい． ∎

系 15.6. $\deg D \geq 2g^F$ をみたすすべての F-因子 D とすべての $P \in \mathrm{Reg}(F)$ に対して，次が成り立つ．
$$\ell^F(D - P) = \ell^F(D) - 1.$$
また，$\deg D \geq 2g^L$ をみたすすべての因子 $D \in \mathrm{Div}(\mathfrak{X})$ とすべての $P \in \mathfrak{X}$ に対して，次が成り立つ．
$$\ell(D - P) = \ell(D) - 1.$$ ∎

リーマンの定理のもう一つの応用は次のようである．

定理 15.7. 種数 1 のすべての関数体 L/K はモデルとして楕円曲線をもつ．

（証明） P を L/K に付随した抽象リーマン面 $\mathfrak{X}$ 上の点とする．$g^L = 1$ であるから，リーマンの定理 15.5 により次が成り立つ．
$$\ell(\nu P) = \nu \qquad (\forall \nu \in \mathbb{N}_+).$$
$\{1, x\}$ を $\mathcal{L}(2P)$ の K-基底とする．すると，$\nu_P(x) = -2$ となる．なぜなら，$\nu_P(x) = -1$ とすると，補題 14.3 により，$L = K(x)$ となり，ゆえに $g^L = 0$ となるからである．再び，補題 14.3 によって，$[L : K(x)] = 2$ が成り立つ．

$\{1, x, y\}$ を $\mathcal{L}(3P)$ の K-基底とする．このとき，$\nu_P(x) = -3$ となる．というのは，そうでないとすると，$\mathcal{L}(3P) = \mathcal{L}(2P)$ となる．$[L : K(y)] = 3$ と $[L : K(x)] = 2$ より，$y \notin K(x)$ であることが導かれ，ゆえに $L = K(x, y)$ を得る．

$1, x, y, xy, x^2, y^2, x^3 \in \mathcal{L}(6P)$ であり，$\ell(6P) = 6$ が成り立つ．ゆえに，これらの関数の間に非自明である関係がなければならない．したがって，関数体 L/K はモデルとして次数 ≤ 3 である既約曲線 F をもつ．F が次数 ≤ 2 であるか，または，F が次数 3 で特異曲線であるならば，定理 14.7 により，$g^L = 0$ となる．以上より，F は楕円曲線でなければならない．∎

さて，再び F を任意の既約曲線とする．$P \in \mathrm{Reg}(F)$ に対して，その一つの点 P でのみ極をもつ関数 $r \in \Sigma := \bigcap_{Q \in \mathrm{Sing}(F)} \mathcal{O}_{F,Q}$ を考えることができる．同様に，$P \in \mathfrak{X}$ に対して，一つの点 P でのみ極をもつのはどのような関数 $r \in L$ であるかという問題を考えることができる．このとき，その極はどのような位数が可能であろうか？

我々は既約曲線 F に対してこの問題を考える．$\mathfrak{X}$ に対するこの答えは同様にして与えられる．リーマンの定理 15.5 によって，

$$\ell^F((2g^F - 1) \cdot P) = g^F \tag{11}$$

が成り立ち，定理 15.6 により，$\nu \geq 2g^F$ に対して

$$\ell^F(\nu \cdot P) = \ell^F((\nu - 1) \cdot P) + 1$$

が成り立つ．$\nu \geq 2g^F$ に対して，極因子 $(r_\nu)_\infty = \nu \cdot P$ をもつ関数 $r_\nu \in \Sigma$ がつねに存在する．式 (11) によって，定数関数のほかに，ただ一つの極 P をもち，その位数が $< 2g^F$ であるさらに $g^F - 1$ 個の 1 次独立な関数が存在する．二つの関数 r, r' が P において同じ位数をもつならば，$\nu_P(r - \kappa r') > \nu_P(r)$ をみたす $\kappa \in K$ がつねに存在する．これより，整数 $0 < \nu_1 < \cdots < \nu_{g^F - 1} < 2g^F$ が存在して，すべての $\nu \in \{0, \nu_1, \ldots, \nu_{g^F - 1}\}$ に対して

$$(r_\nu)_\infty = \nu \cdot P$$

をみたす関数 r_ν が存在する．一方，$\nu < 2g^F$ でかつ $\nu \notin \{0, \nu_1, \ldots, \nu_{g^F - 1}\}$ ならば，このような関数は存在しない．これらの関数 r_ν は異なる位数をも

つので，K 上 1 次独立である．もしほかの関数が存在したと仮定すると，$\ell^F((2g^F - 1) \cdot P) > g^F$ となり，これは式 (11) に矛盾する．以上より，次の定理を証明したことになる．

定理 15.8（ワイエルシュトラス空隙定理）． すべての $P \in \mathrm{Reg}(F)$ に対して，

$$0 < \ell_1 < \cdots < \ell_{g^F} < 2g^F$$

であるような自然数 $\ell_i\,(i = 1, \ldots, g^F)$ が存在して，次をみたす．すなわち，各 $\nu \in \mathbb{N} \setminus \{\ell_1, \ldots, \ell_{g^F}\}$ に対して，極因子

$$(r_\nu)_\infty = \nu \cdot P$$

をもつ関数 $r_\nu \in \Sigma$ が存在する．$\nu \in \{\ell_1, \ldots, \ell_{g^F}\}$ に対してはこのような関数は存在しない．また，$\mathfrak{x}$ と L の関数に対して，対応している定理が成り立つ．∎

整数 $\ell_1, \ldots, \ell_{g^F}$ を点 P の**ワイエルシュトラス空隙** (Weierstraß gap) といい，また

$$H_P^F := \mathbb{N} \setminus \{\ell_1, \ldots, \ell_{g^F}\}$$

を点 P の**ワイエルシュトラス半群** (Weierstraß semigroup) という．ワイエルシュトラス半群 H_P^L も同様に定義される．二つの関数の積の位数はそれらの位数の和であるから，それらは $(\mathbb{N}, +)$ の部分半群であることは明らかである．

有限個の空隙をもつ半群 $H \subset \mathbb{N}$（「数値」半群）が，どのような場合にワイエルシュトラス半群 H_P^L になるかどうかを決定する問題は未解決の問題である．Buchweitz（演習問題 5 参照）の結果によって，この形で表されない数値半群が存在することがわかっている．一方，数値半群の大きなクラスがワイエルシュトラス半群として実際に存在することが知られている．Eisenbud-Harris [EH] と Waldi [Wa$_1$] の研究はこの種の結果の集成を含んでおり，またそれらの中にこの研究領域の文献に関する詳しい引用がある．

本章の残りは関数体 L/K の標準因子と種数を考察する．定理 15.3 との関連で導入された記号を用いる．$\mathfrak{P} \in \mathrm{Max}(S)$ に対して，ある整数 $d_\mathfrak{P} \in \mathbb{Z}$ によって

$$S_\mathfrak{P} \cdot \mathfrak{C}_{S/R} = \mathfrak{P}^{-d_\mathfrak{P}} S_\mathfrak{P}$$

と表され，同様にして，$\mathfrak{P} \in \mathrm{Max}(S_\infty)$ に対して，

$$(S_\infty)_{\mathfrak{P}} \cdot \mathfrak{C}_{S_\infty/R_\infty} = \mathfrak{P}^{-d_{\mathfrak{P}}}(S_\infty)_{\mathfrak{P}} \quad (d_{\mathfrak{P}} \in \mathbb{Z})$$

が成り立つ．ただし，有限個の $\mathfrak{P}$ に対してのみ $d_{\mathfrak{P}} \neq 0$ である（定理 13.10 参照）．すべての $\mathfrak{P}$ に対して $d_{\mathfrak{P}} \geq 0$ であることを示す．これは次の補題から得られる．

補題 15.9. $S \subset \mathfrak{C}_{S/R}$ でかつ $S_\infty \subset \mathfrak{C}_{S_\infty/R_\infty}$ である．

（証明）定義によって，$\mathfrak{C}_{S/R} = \{u \in L \mid \sigma(Su) \subset R\}$ である．$S \subset \mathfrak{C}_{S/R}$ であることを示すために，すべての $u \in S$ に対してトレース $\sigma(u)$ が R に属することを示せば十分である．R はその商体 Z のなかで整閉であるから，Z 上 u の最小多項式のすべての係数は R に含まれている（定理 F.14）．$-\sigma(u)$ はその最小多項式の 2 番目に次数が高い項の係数であるから，$\sigma(u) \in R$ となる．同じ証明より，$S_\infty \subset \mathfrak{C}_{S_\infty/R_\infty}$ であることが示される． ∎

$P \in \mathfrak{X}$ が $\mathfrak{P}$ に対応する点であるとき，$d_P := d_{\mathfrak{P}}$ とおく．有効因子

$$D_x := \sum_{P \in \mathfrak{X}} d_P \cdot P$$

を x に関する L の**差積因子** (different divisor) といい，d_P を点 P の**差積指数** (different exponent) という．

式 (10) との関連で考察した $I_C = x^2 z \mathfrak{C}_{S/R}$ をみたす標準因子 C に対して

$$\begin{aligned} \nu_P(C) &= d_P - (2\nu_P(x) + \nu_P(z)) & (P \in \mathfrak{X}^f), \\ \nu_P(C) &= 0 & (P \in \mathfrak{X}^\infty) \end{aligned}$$

が成り立つ．ゆえに，

$$\begin{aligned} \nu_P(C + (x^2 z)) &= d_P & (P \in \mathfrak{X}^f), \\ \nu_P(C + (x^2 z)) &= d_p + 2\nu_P(x) & (P \in \mathfrak{X}^\infty) \end{aligned}$$

である．したがって，$C \equiv D_x - 2(x)_\infty$ であり，かつ $D_x - 2(x)_\infty$ もまた標準因子である．

定理 15.10（フルヴィッツの公式）． $D_x = \sum_{P \in \mathfrak{X}} d_P \cdot P$ を x に関する L の差積因子とする．このとき，次が成り立つ．

$$g^L = \frac{1}{2} \deg D_x - [L : K(x)] + 1 = \frac{1}{2} \sum_{P \in \mathfrak{X}} d_P - [L : K(x)] + 1.$$

（証明）補題 14.3 より $\deg(x)_\infty = [L : K(x)]$ であり，$D_x - 2(x)_\infty$ は標準因子であるから，定理 15.3 によって，

$$2g^L - 2 = \deg C = \deg D_x - 2[L : K(x)]$$

が成り立つ．これより定理の主張は導かれる． ■

特に，差積因子はつねに偶数の次数をもつ．上の公式を適用するために，差積指数 d_P のより正確な知識が必要である．これは次に述べるデデキントの差積定理によって与えられる．

$\mathfrak{P} \in \mathrm{Max}(S)$ に対して，$\mathfrak{p} := \mathfrak{P} \cap R$ とおき，

$$\mathfrak{p} S_\mathfrak{P} = \mathfrak{P}^{e_\mathfrak{P}} \cdot S_\mathfrak{P} \qquad (e_\mathfrak{P} \in \mathbb{N}_+) \tag{12}$$

とする．$P \in \mathfrak{X}^f$ が $\mathfrak{P}$ に対応している点であるとき，$e_P = e_\mathfrak{P}$ とおく．同様にして，e_P が $P \in \mathfrak{X}^\infty$ に対して定義される．この数 e_P は点 P における $L/K(x)$ の**分岐指数** (ramification index) という．

定理 15.11（デデキントの差積定理）．差積指数 d_P と分岐指数 e_P は次の性質をみたす．
$$d_P = e_P - 1 \ (e_P \cdot 1_K \neq 0 \text{である場合}),$$
$$d_P \geq e_P \qquad (e_P \cdot 1_K = 0 \text{である場合}).$$
特に，$L/K(x)$ の分岐点，すなわち，$e_P > 1$ をみたす点 $P \in \mathfrak{X}$ は有限個である．

証明はいくつか補題を示してから与えることにしよう．

K が標数 0 の体である特別な場合には，フルビッツの公式は差積定理によって次の形に書くことができる．

$$g^L = \frac{1}{2} \sum_{P \in \mathfrak{X}} (e_P - 1) - [L : K(x)] + 1. \tag{13}$$

数 $\sum_{P \in \mathfrak{X}} (e_P - 1)$ を $L/K(x)$ の**全分岐数** (total ramification number) という. これは必然的に偶数である. 定理 F.13 によって, すべての $P \in \mathfrak{X}$ に対して $e_P \leq [L : K(x)]$ であるから, $\mathrm{Char}\, K$ が $[L : K(x)]$ より大きければ公式 (13) もまた成り立つ.

差積定理を証明するためには, $\mathfrak{P} \in \mathrm{Max}(S)$ と $\mathfrak{p} := \mathfrak{P} \cap R$ を考察すれば十分である. $\mathfrak{p} R_\mathfrak{p}$ に関する $R_\mathfrak{p}$ の完備化 $\widehat{R}_\mathfrak{p}$ と, $\mathfrak{p} S_\mathfrak{p}$ に関する $S_\mathfrak{p}$ の完備化 $\widehat{S}_\mathfrak{p}$ に移行して考える. ただし, $S_\mathfrak{p}$ は分母集合 $R \setminus \mathfrak{p}$ に関する S の商環である. 記号を簡単にするために, $R_\mathfrak{p}$ を R, $S_\mathfrak{p}$ を S, $\mathfrak{p} R_\mathfrak{p}$ を $\mathfrak{m}$ と表すことにする. デデキントの差積定理 15.11 の証明は以下の 5 つの補題を用いる.

補題 15.12. 標準的な写像

$$\alpha : \widehat{R} \otimes_R S \longrightarrow \widehat{S}$$

は環同型写像である.

(証明) $\mathfrak{m} = (a_1, \ldots, a_n)$ とする. 定理 K.15 より, 次の同型写像がある.

$$\widehat{R} = R[[X_1, \ldots, X_n]]/(X_1 - a_1, \ldots, X_n - a_n),$$
$$\widehat{S} = S[[X_1, \ldots, X_n]]/(X_1 - a_1, \ldots, X_n - a_n).$$

すると, α は写像

$$R[[X_1, \ldots, X_n]] \longrightarrow S[[X_1, \ldots, X_n]]$$

より誘導される. S は有限生成 R-加群であるから, 標準的な方法で同型写像 $S[[X_1, \ldots, X_n]] \cong R[[X_1, \ldots, X_n]] \otimes_R S$ があることがわかる. このとき, $(X_1 - a_1, \ldots, X_n - a_n)$ を法とする剰余環へ移すことによって, 補題の主張は得られる. ∎

補題 15.13. $\mathrm{Max}(S) = \{\mathfrak{P}_1, \ldots, \mathfrak{P}_h\}$ とする. このとき, 次のような標準的な環同型写像がある.

$$\widehat{S} \cong \widehat{S_{\mathfrak{P}_1}} \times \cdots \times \widehat{S_{\mathfrak{P}_h}}.$$

(証明) $\widehat{S}$ は $\widehat{R}$ 上整であるから (補題 15.12), $\widehat{S}$ の極大イデアルの全体は $\mathfrak{m}\widehat{R}$ の上にあるような $\widehat{S}$ のすべての素イデアルの全体と一致する (補題 F.9 参照). それらは $\widehat{S}/\mathfrak{m}\widehat{S} \cong \widehat{R}/\mathfrak{m}\widehat{R} \otimes_{R/\mathfrak{m}} S/\mathfrak{m}S \cong S/\mathfrak{m}S$ の素イデアルと 1 対 1 の対応がある. 言い換えると, $\widehat{S}$ の極大イデアルは

$$\mathfrak{M}_i := \mathfrak{m}\widehat{R} \otimes S + \widehat{R} \otimes \mathfrak{P}_i = \widehat{R} \otimes \mathfrak{m}S + \widehat{R} \otimes \mathfrak{P}_i = \widehat{R} \otimes \mathfrak{P}_i \quad (i=1,\ldots,h)$$

によって与えられる. ここで, $\mathfrak{M}_i$ は S における原像として $\mathfrak{P}_i$ をもつ ($i=1,\ldots,h$). 定理 K.11 によって, 標準的同型写像

$$\widehat{S} \cong \widehat{S}_{\mathfrak{M}_1} \times \cdots \times \widehat{S}_{\mathfrak{M}_h}$$

が存在し, かつ $\widehat{S}_{\mathfrak{M}_i}$ は完備局所環である ($i=1,\ldots,h$). 標準的準同型写像 $S_{\mathfrak{P}_i} \to \widehat{S}_{\mathfrak{M}_i}$ があり, そのイデアル $\mathfrak{M}_i \widehat{S}_{\mathfrak{M}_i} = \mathfrak{P}_i \widehat{S}_{\mathfrak{M}_i}$ は一つの元 $t_i \in \mathfrak{P}_i$ によって生成される. 以上より, これらの $\widehat{S}_{\mathfrak{M}_i}$ は完備離散付値環である. すなわち,

$$\widehat{S}_{\mathfrak{M}_i} = K[[T_i]]$$

と表される. ただし, T_i は t_i に対応している不定元である. また, 明らかに $\widehat{S}_{\mathfrak{M}_i}$ は離散付値環 $S_{\mathfrak{P}_i}$ の完備化である.

$$\widehat{S}_{\mathfrak{M}_i} = \widehat{S_{\mathfrak{P}_i}} \quad (i=1,\ldots,h). \qquad \blacksquare$$

補題 15.13 により, 環 $\widehat{S}$ は零でないベキ零元をもたないが, $h > 1$ のとき零因子をもつ. しかしながら, 明らかに $\widehat{L} := Q(\widehat{S})$ は体 $\widehat{L}_i := Q(\widehat{S_{\mathfrak{P}_i}})$ の直積である. $Z := K(x)$, $\widehat{Z} := Q(\widehat{R})$ とおく.

補題 15.14. 標準的な準同型写像

$$\beta : \widehat{Z} \otimes_Z L \longrightarrow \widehat{L}$$

は同型写像である.

(証明) 補題 15.2 によって, 標準的同型写像 $\widehat{R} \otimes_R S \cong \widehat{S}$ がある. したがって, 元 $x \in \widehat{R} \setminus \{0\}$ は $\widehat{S}$ における零でない零因子である (定理 G.4 (b) 参照).

$\widehat{S}$ は R-加群として有限生成であるから，$\widehat{L}$ のすべての元は $\widehat{S}$ の元を分子として，$\widehat{R} \setminus \{0\}$ の元を分母として表すことができる．これより，β が全射であることがわかる．次元を考慮に入れると，β は全単射でなければならない． ■

以下において，$\widehat{L}$ を $\widehat{Z} \otimes_Z L$ と，$\widehat{S}$ を $\widehat{R} \otimes_R S$ と同一視する．このとき，$\widehat{L}$ において $\widehat{L} = \widehat{Z} \cdot S$ かつ $\widehat{S} = \widehat{R} \cdot S$ が成り立つ．σ が L/Z の標準トレースならば，$1 \otimes \sigma$ は $\widehat{L}/\widehat{Z}$ の標準トレースであり，$1 \otimes \sigma$ に関する相補加群 $\mathfrak{C}_{\widehat{S}/\widehat{R}}$ が定義される．上の同一視によって，$\mathfrak{C}_{\widehat{S}/\widehat{R}}$ と $\mathfrak{C}_{S/R}$ は $\widehat{L}$ に含まれる．

補題 15.15. $\mathfrak{C}_{\widehat{S}/\widehat{R}} \cong \widehat{S} \cdot \mathfrak{C}_{S/R}.$

（証明）$B = \{a_1, \ldots, a_n\}$ を R-加群としての S の基底とする．このとき，$1 \otimes B := \{1 \otimes a_1, \ldots, 1 \otimes a_n\}$ は $\widehat{R}$-加群として $\widehat{S} = \widehat{R} \otimes_R S$ の基底である．$\{a_1^*, \ldots, a_n^*\}$ が σ に関して B に対する相補基底ならば，明らかに $\{1 \otimes a_1^*, \ldots, 1 \otimes a_n^*\}$ は $1 \otimes \sigma$ に関して $1 \otimes B$ に対する相補基底である．したがって，次が成り立つ．

$$\mathfrak{C}_{\widehat{S}/\widehat{R}} = \bigoplus_{i=1}^n \widehat{R}(1 \otimes a_i^*) = \widehat{R} \otimes_R \left(\bigoplus_{i=1}^n R a_i^*\right) = \widehat{R}\mathfrak{C}_{S/R} = \widehat{S}\mathfrak{C}_{S/R}. \quad \blacksquare$$

上で示されたように，
$$\widehat{L} = \widehat{L}_1 \times \cdots \times \widehat{L}_h$$
であり，補題 15.4 より，L/Z が体として有限次分離拡大であるから，$\widehat{L}_i$ もまた $\widehat{Z}$ の有限次分離拡大である．σ_i が $\widehat{L}_i/\widehat{Z}$ の標準トレースならば，規則 H.3 によって，$1 \otimes \sigma = (\sigma_1, \ldots, \sigma_h)$ である．補題 15.13 を用いて，次の補題が容易に得られる（規則 H.2 参照）．

補題 15.16.
$$\mathfrak{C}_{\widehat{S}/\widehat{R}} = \mathfrak{C}_{\widehat{S_{\mathfrak{P}_1}}/\widehat{R}} \times \cdots \times \mathfrak{C}_{\widehat{S_{\mathfrak{P}_h}}/\widehat{R}}. \quad \blacksquare$$

d を $\mathfrak{P} \in \{\mathfrak{P}_1, \ldots, \mathfrak{P}_h\}$ に対応している差積指数とすると，$S_\mathfrak{P} \mathfrak{C}_{S/R} = \mathfrak{P}^{-d} S_\mathfrak{P}$ であり，補題 15.15 と補題 15.16 より次のことがわかる．

$$\mathfrak{C}_{\widehat{S_{\mathfrak{P}}/\widehat{R}}} = \widehat{S_{\mathfrak{P}}}\mathfrak{C}_{S/R} = \mathfrak{P}^{-d}\widehat{S_{\mathfrak{P}}}. \tag{14}$$

このようにして，差積指数はその完備化したところでも計算することができる．後でみるように，このことは定理 15.1 における公式を適用することができるという利点をもつ．

e が点 $\mathfrak{P}$ における分岐指数ならば，$\mathfrak{p}S_{\mathfrak{P}} = \mathfrak{P}^e S_{\mathfrak{P}}$ であるから，このとき次が成り立つ．

$$\mathfrak{p}\widehat{S_{\mathfrak{P}}} = \mathfrak{P}^e\widehat{S_{\mathfrak{P}}}.$$

（デデキントの差積定理 15.11 の証明）．

デデキントの差積定理 15.11 を証明するためには，$e \cdot 1_K \neq 0$ ならば，$d = e-1$ であり，$e \cdot 1_K = 0$ ならば，$d \geq e$ であることを示さなければならない．

$\widehat{R}$ と $\widehat{S_{\mathfrak{P}}}$ をベキ級数環 $K[[t]] \subset K[[T]]$ と同一視する．このとき，適当な単元 $\epsilon \in K[[T]]$ により $t = \epsilon \cdot T^e$ と表される．ゆえに，$K[[T]]/tK[[T]]$ は次元 e の K-代数である．したがって，

$$\widehat{S_{\mathfrak{P}}} = \widehat{R} \oplus \widehat{R}T \oplus \cdots \oplus \widehat{R}T^{e-1}.$$

f を $\widehat{Z}$ 上 T の最小多項式とする．これは

$$f = Y^e + r_1 Y^{e-1} + \cdots + r_e \quad (r_i \in \widehat{R},\ i = 1, \ldots, e)$$

と表される．このとき，いかなる r_i も $\widehat{R}$ で単元ではない．そうではないと仮定する．j を r_j が単元となる最も大きい添数とする．このとき，$K[[T]]$ において $r_j T^{e-j}$ は T^e と $i \neq j$ なる $r_i T^{e-i}$ より小さい位数をもつことになる．これは，$T^e + \sum_{i=1}^e r_i T^{e-i} = 0$ であるから，あり得ない．

$\widehat{S_{\mathfrak{P}}} = \widehat{R}[Y]/(f)$ から，定理 15.1 を用いると $\mathfrak{C}_{\widehat{S_{\mathfrak{P}_1}/\widehat{R}}} = (f'(T))^{-1} \cdot \widehat{S_{\mathfrak{P}}}$ を得る．ただし，

$$f'(T) = eT^{e-1} + (e-1)r_1 T^{e-2} + \cdots + r_{e-1}.$$

$e \cdot 1_K \neq 0$ ならば，$f'(T)$ は位数 $e-1$ であるから，$d = e-1$ である．$e \cdot 1_K = 0$ ならば，すべての r_i は位数 $\geq e$ であるから $f'(T)$ は位数 $\geq e$ となる．以上より，差積定理は証明された． ∎

差積（微分によって定義された概念である）はさまざまな状況においてよく知られている（[Ku₂]，第10章と付録Gを参照せよ）．定理15.1は差積に関するいくつかの概念の間にある重要な関係の特別な場合である（[Ku₂]，10.17を参照せよ）．

演習問題

1. （Brill-Noether の定理の逆命題）．F を曲線とする．D, D' を F-因子で，$D + D'$ が F に対する標準因子であるようなものとする．このとき，次が成り立つことを示せ．
$$\deg D - 2\ell^F(D) = \deg D' - 2\ell^F(D').$$

2. F を次数 $p > 3$ の滑らかな曲線とし，ϕ を次数 $p - 3$ の曲線とする．このとき，ϕ の因子 (ϕ) は $\mathfrak{X} = \mathcal{V}_+(F)$ 上の標準因子である．

以下の演習問題において，$\mathfrak{X}$ は関数体 L/K の抽象リーマン面とする．C を $\mathfrak{X}$ の標準因子とし，また，$\mathfrak{X}$ は種数 $g \geq 2$ をもつものとする．

3. $\nu \geq 2$ に対して $\ell(\nu \cdot C) = (2\nu - 1) \cdot (g - 1)$ が成り立つことを示せ．

4. （ワイエルシュトラス空隙と標準因子類）．次を示せ．

    (a) 自然数 $\nu \geq 1$ が点 $P \in \mathfrak{X}$ における $\mathfrak{X}$ のワイエルシュトラス空隙であるための必要十分条件は，ある $g_\nu \in \mathcal{L}(C)$ が存在して，$\nu_P(g_\nu) = \nu - 1 - \nu_P(C)$ をみたすことである．

    (b) $\Lambda := \{\nu + \mu \mid \nu \text{ と } \mu \text{ は } P \text{ における } \mathfrak{X} \text{ のワイエルシュトラス空隙}\}$ とする．このとき，すべての $\lambda \in \Lambda$ に対して，ある $f_\lambda \in \mathcal{L}(2C)$ が存在して，次をみたす．
    $$\nu_P(f_\lambda) = \lambda - 2 - 2\nu_P(C).$$

    (c) Λ は高々 $3g - 3 = \ell(2C)$ 個の元をもつ．

5. （Buchweitz）．H を $g \geq 2$ 個の空隙をもつ数値半群とし，h を $\ell_1 + \ell_2$ なる整数とする．ただし，ℓ_1 と ℓ_2 は H の空隙である．このとき，次を示せ．

    (a) H がワイエルシュトラス半群ならば，$h \leq 3g - 3$ である．

    (b) 次の空隙
    $$1,\ 2,\ 3,\ 4,\ 5,\ 6,\ 7,\ 8,\ 9,\ 10,\ 11,\ 12,\ 19,\ 21,\ 24,\ 25$$
    をもつ半群はワイエルシュトラス半群ではない．

第16章

曲線特異点の分枝

$K[X,Y]$ の既約多項式はベキ級数環 $K[[X,Y]]$ において分解することが可能である. $\mathbb{C}$ 上の幾何学において，この事実は，曲線を特異点の「近傍」において「解析的」分枝へ分解する可能性に対応しており，そうすることによって曲線をより正確に分析することが可能になる. そしてまた，任意の代数的閉体上の曲線に対して同様の理論を構築することができるであろう.

$\mathbb{P}^2(K)$ における曲線 F 上の点 P の局所環 $\mathcal{O}_{F,P}$ は（一般性を失わずに $P=(0,0)$ としてよい），次のアフィン表現

$$\mathcal{O}_{F,P} \cong K[X,Y]_{(X,Y)}/(f) \tag{1}$$

をもつ. ただし, $f \in K[X,Y]$ は斉次化として F をもつ多項式である. 極大イデアル $\mathfrak{m}_{F,P}$ に関する $\mathcal{O}_{F,P}$ の完備化 $\widehat{\mathcal{O}_{F,P}}$ は，定理 K.17 によって次のように表現される.

$$\widehat{\mathcal{O}_{F,P}} \cong K[[X,Y]]/(f). \tag{2}$$

よって, $\widehat{\mathcal{O}_{F,P}}$ は極大イデアル $\widehat{\mathfrak{m}_{F,P}} = \mathfrak{m}_{F,P} \cdot \widehat{\mathcal{O}_{F,P}}$ をもつ完備ネーター局所環である（例 K.7 参照）. 標準写像 $\mathcal{O}_{F,P} \to \widehat{\mathcal{O}_{F,P}}$ は単射である. なぜなら, $\mathcal{O}_{F,P}$ は $\mathfrak{m}_{F,P}$-進位相に関して分離的であるからである（クルルの共通集合定理）.

$K[[X,Y]]$ におけるベキ級数として考えたとき, Lf を f の先導形式とする. この先導形式に，付録 B における表現とは異なる通常の次数 ≥ 0 を与える.

補題 16.1. 以上の記号を用いて次が成り立つ.

(a) $\dim \widehat{\mathcal{O}_{F,P}} = 1$ と $\operatorname{edim} \widehat{\mathcal{O}_{F,P}} \leq 2$ が成り立つ,

(b) 次の条件は同値である.
  - (α) $\operatorname{edim} \widehat{\mathcal{O}_{F,P}} = 1$ (すなわち, $\widehat{\mathcal{O}_{F,P}}$ は完備離散付値環である).
  - (β) $\deg Lf = 1$.
  - (γ) P は F の正則点である.

(c) X が Lf の因子でなく, また $\deg Lf =: m$ とすれば, $\widehat{\mathcal{O}_{F,P}}$ は階数 m の自由 $K[[X]]$-加群である.

(証明) 最初に (c) を示す. 仮定によって, f は Y に関して位数 m の一般形である（定義 K.18 参照）であり, ゆえにワイエルシュトラス準備定理によって（定理 K.19 参照）, 次が成り立つ.

$$\widehat{\mathcal{O}_{F,P}} = K[[X]] \oplus K[[X]] \cdot y \oplus \cdots \oplus K[[X]] \cdot y^{m-1}.$$

ただし, y は $\widehat{\mathcal{O}_{F,P}}$ における Y の剰余類を表す.

X が先導形式 Lf を割り切らないという仮定は, もちろん, 適当な座標系を選ぶことによって満足される. したがって, $\widehat{\mathcal{O}_{F,P}}$ はつねに 1 変数のベキ級数環上で有限生成である. これと定理 F.10 より, 容易に $\dim \widehat{\mathcal{O}_{F,P}} = 1$ であることがわかる. 表現 (2) より, $\operatorname{edim} \widehat{\mathcal{O}_{F,P}} \leq 2$ が得られ, また $\operatorname{edim} \widehat{\mathcal{O}_{F,P}} = 1$ は $\deg Lf = 1$ と同値であることがわかる. ゆえに, 主張 (b) は明らかである. ∎

第 15 章において, $P \in \operatorname{Reg}(F)$ に対する完備化 $\widehat{\mathcal{O}_{F,P}}$ はすでにある役割を果たしたが, これらの完備な環はいま F の特異点を調べるために用いられる.

$K[[X,Y]]$ は一意分解整域であるから（定理 K.22）, $K[[X,Y]]$ におけるベキ級数 f は（互いに同伴でない）既約なベキ級数 f_i ($i = 1, \ldots, h$) のベキ積に分解する.

$$f = c \cdot f_1^{\alpha_1} \cdots f_h^{\alpha_h} \quad (c \in K[[X,Y]] : 単元, \alpha_i \in \mathbb{N}_+). \tag{3}$$

後で定理 16.6 において見るように, $K[X,Y]$ の既約多項式 f は $K[[X,Y]]$ において真に分解することが可能である.

補題 16.2. 環 $R := \widehat{\mathcal{O}_{F,P}}$ はちょうど h 個の極小素イデアルをもつ．すなわち，$\mathfrak{p}_i := (f_i)/(f)$ $(i=1,\ldots,h)$ である．ここで，α_i は $\mathfrak{p}_i^{\alpha_i} R_{\mathfrak{p}_i} = (0)$ をみたす最小の自然数である．特に，$\alpha_1,\ldots,\alpha_h$ は $\widehat{\mathcal{O}_{F,P}}$ の不変量であり，したがって，また P の不変量でもある．

（証明）$R/\mathfrak{p}_i \cong K[[X,Y]]/(f_i)$ はもちろん整域である．ゆえに，$\mathfrak{p}_i$ は R の素イデアルである．$\dim R = 1$ であるから，これは極小素イデアルでなければならない．f を含んでいる $K[[X,Y]]$ のすべての素イデアルは因数 f_i の一つを含んでおり，このとき，R へのその像は $\mathfrak{p}_i$ を含んでいる．したがって，$\mathfrak{p}_i$ $(i=1,\ldots,h)$ は R の極小素イデアルのすべてである．

局所化の操作と剰余環をつくる構成は可換であるから，

$$R_{\mathfrak{p}_i} = K[[X,Y]]_{(f_i)}/fK[[X,Y]]_{(f_i)} = K[[X,Y]]_{(f_i)}/f_i^{\alpha_i}K[[X,Y]]_{(f_i)}$$

と表され，α_i についての主張はこれから得られる． ∎

定義 16.3. 次の環

$$Z_i := \widehat{\mathcal{O}_{F,P}}/\mathfrak{p}_i^{\alpha_i} \cong K[[X,Y]]/(f_i^{\alpha_i}) \quad (i=1,\ldots,h)$$

を点 P における F の（解析的）**分枝** ((analytic) branch) という．

これらの環はクルル次元 1，埋込み次元 ≤ 2 の完備ネーター局所環である．極大イデアルに加えて，これらの環はほかにただ一つの素イデアル，すなわち，$\mathfrak{p}_i/\mathfrak{p}_i^{\alpha_i} = (f_i)/(f_i^{\alpha_i})$ をもつ．補題 16.1 (c) におけるように，各 Z_i はベキ級数代数 $K[[X]]$ 上の有限自由加群であることがわかる．

整数 $m_i := \deg L f_i^{\alpha_i}$ は分枝 Z_i の不変量である．なぜなら，$\mathfrak{m}_i$ を Z_i の極大イデアルとするとき，$\mathrm{gr}_{\mathfrak{m}_i} Z_i \cong K[X,Y]/(L f_i^{\alpha_i})$ が成り立つからである．そして，m_i は $\mathrm{gr}_{\mathfrak{m}_i} Z_i$ のヒルベルト関数が多項式環のヒルベルト関数と異なる最初の位置を示している．

m_i を分枝 Z_i の**重複度**という．このとき，明らかに次が成り立つ．

$$m_P(F) = \sum_{i=1}^h m_i. \tag{4}$$

分枝 Z_i が整域（ゆえに $\alpha_i = 1$）であるとき，Z_i は**整**であるといい，また，Z_i が離散付値環であるとき，**正則**であるという．Z_i が正則であるための必要十分条件は $m_i = 1$ となることである．このとき，Z_i から1変数 T_i のベキ級数環の上への標準的な K-同型写像がある．

$$Z_i \cong K[[T_i]].$$

定義 16.4. 曲線 F は，点 P を通るいかなる F の重複成分をももたないとき，P において**被約**であるという．また，F が P において被約であり，かつ P を通る F の既約成分がただ一つであるとき，F は**既約**であるという．

曲線 F が点 P において被約であるための必要十分条件は，$\mathcal{O}_{F,P}$ が零でないベキ零元をもたないことである．また，F が P において既約であるための必要十分条件は，$\mathcal{O}_{F,P}$ が整域になることである．F が P において既約であるならば，P における F のすべての分枝 Z_i に対して，標準写像

$$\mathcal{O}_{F,P} \longrightarrow \widehat{\mathcal{O}_{F,P}}/\mathfrak{p}_i^{\alpha_i} = Z_i$$

が単射となる．なぜなら，この写像が核 $\mathfrak{a}_i \neq 0$ をもてば，$\mathcal{O}_{F,P}/\mathfrak{a}_i$ は有限次元 K-代数となる．このとき，その完備化に対しても同様である．ゆえに，$(\mathcal{O}_{F,P}/\mathfrak{a}_i)^{\wedge} = \mathfrak{a}_i \widehat{\mathcal{O}_{F,P}}/\widehat{\mathcal{O}_{F,P}}$ は有限次元 K-代数となる．このとき，Z_i もまた有限次元 K-代数となるが，これは矛盾である．

定理 16.5. F が P において被約ならば，P における F のすべての分枝は整である．$\widehat{\mathcal{O}_{F,P}}$ のすべての極小素イデアル $\mathfrak{p}_i$ $(i = 1, \ldots, h)$ に対して次が成り立つ．

$$\bigcap_{i=1}^{h} \mathfrak{p}_i = (0).$$

（証明） 一般性を失わずに式 (1) における $K[X, Y]$ の多項式 f は

$$f = f_1 \cdots f_m$$

のような形に分解していると仮定することができる．ただし，f_i $(i = 1, \ldots, m)$ は互いに同伴でない既約多項式であり，これらはすべて (X, Y) に含まれてい

る．このとき，これらの f_i はベキ級数として互いに素でもある．なぜなら，$i \neq j$ のとき，$A = K[X,Y]_{(X,Y)}/(f_i, f_j)$ は有限次元局所 K-代数である．すると，$A = \widehat{A} = K[[X,Y]]/(f_i, f_j)$ が成り立つ．もし，f_i と f_j が $K[[X,Y]]$ の非単元 g を因数としてもてば，$B := K[[X,Y]]/(g)$ は A の準同型像となる．しかしながら，これは起こりえない．なぜなら，B は（ワイエルシュトラスの準備定理によって）確かに K 上有限次元ではないからである．

f が $K[X,Y]$ で既約ならば，f は $K[[X,Y]]$ において重複因数をもたないことを示せば十分である．f が既約ならば，$\frac{\partial f}{\partial X}$ と $\frac{\partial f}{\partial Y}$ は同時に零となることはない．$\frac{\partial f}{\partial Y} \neq 0$ と仮定する．ベキ級数 f と $\frac{\partial f}{\partial Y}$ はこのとき互いに素であり，また K-代数 $K[[X,Y]]/(f, \frac{\partial f}{\partial Y})$ は有限次元である．

$f = g^2 \cdot \varphi$ $(g, \varphi \in K[[X,Y]], g$ は既約$)$ であると仮定する．このとき，

$$\frac{\partial f}{\partial Y} = 2g \frac{\partial g}{\partial Y} \varphi + g^2 \cdot \frac{\partial \varphi}{\partial Y}$$

であるから，g は $\frac{\partial f}{\partial Y}$ の因数でもある．上と同様にして，これは矛盾である．なぜなら，$K[[X,Y]]/(g)$ は K 上有限次元ではないからである．

以上より，定理の仮定のもとで，等式 (3) において

$$\alpha_1 = \cdots = \alpha_h = 1$$

でなければならない．$\mathfrak{p}_i = (f_i)/(f)$ であるから，$\bigcap_{i=1}^h \mathfrak{p}_i = (0)$ を得る． ∎

次の定理は 2 変数ベキ級数の分解可能性に対する十分条件を与える．これはヘンゼルの補題の変形を用いる．

多項式環 $K[X,Y]$ における次数付けを $\deg X =: p > 0$, $\deg Y =: q > 0$ とする．$f \in K[[X,Y]] \setminus \{0\}$ に対して，先導形式 Lf を，上の次数付けを用いて f に現れる最小次数の斉次多項式とし，$\mathrm{ord}\, f := \deg Lf$ とする．このとき，自明ではあるが，しかし有用な「既約判定法」がある．p と q を適当に選ぶことにより，先導形式 Lf が既約多項式になれば，f は既約なベキ級数となる．特に，斉次既約多項式はベキ級数としても既約になる．

次の定理はこの判定法に対する部分的な逆を与える．

定理 16.6. $f \in K[[X,Y]] \setminus \{0\}$ とする．互いに素な定数でない（斉次）多項式 $\varphi_i \in K[X,Y]$ $(j = 1, 2)$ によって Lf が $Lf = \varphi_1 \cdot \varphi_2$ と分解されたと仮定す

る．このとき，ベキ級数 $f_j \in K[[X,Y]]$ が存在して，$Lf_j = \varphi_j \, (j=1,2)$ であり，かつ次の式をみたす．

$$f = f_1 \cdot f_2.$$

（証明） $G = K[X,Y]$，$\alpha_j := \deg \varphi_j \, (j=1,2)$，$\alpha := \mathrm{ord}\, f = \deg Lf = \alpha_1 + \alpha_2$ とおく．φ_1 と φ_2 は互いに素であることを用いて，最初に $k > (\alpha_1 - p) + (\alpha_2 - q) = \alpha - p - q$ に対して

$$G_k = G_{k-\alpha_1} \cdot \varphi_1 + G_{k-\alpha_2} \cdot \varphi_2 \tag{5}$$

が成り立つことを示す．$p = q = 1$ ならば，この主張は付録 A.12 (b) におけるヒルベルト関数を考察することから得られる．一般の場合はこのことから次のようにして導くことができる．$H := K[U,V]$ を次数1の二つの変数 U と V の多項式環とする．$X \mapsto U^p$，$Y \mapsto V^q$ とする代入により，埋込み写像 $K[X,Y] \hookrightarrow K[U,V]$ があり，これは次数0の斉次形である．単項式 $U^i V^j \, (0 \leq i \leq p-1, 0 \leq j \leq q-1)$ は G 上 H の基底をなす．$\overline{G} = G/(\varphi_1,\varphi_2)$，$\overline{H} = H/(\varphi_1,\varphi_2)H$ とおき，u,v を $\overline{H}$ における U,V の剰余類とする．このとき，$\{u^i v^j \mid 0 \leq i \leq p-1, 0 \leq j \leq q-1\}$ は $\overline{G}$-加群として $\overline{H}$ の（斉次）基底である．$\overline{G}_\rho$ を $\overline{G}$ の最大次数をもつ斉次成分とする．このとき，$\overline{G}_\rho \cdot u^{p-1} v^{q-1}$ は $\overline{H}$ の最大次数をもつ斉次成分である．付録 A.12 (b) により，これは次数 $\alpha_1 + \alpha_2 - 2$ をもつ．したがって，

$$\begin{aligned} \rho &= \alpha_1 + \alpha_2 - 2 - (p-1) - (q-1) \\ &= (\alpha_1 - p) + (\alpha_2 - q) \\ &= \alpha - p - q \end{aligned}$$

が得られ，公式 (5) が証明された．

この公式を用いて，分解 $f = f_1 \cdot f_2$ は一歩一歩構成される．

$$f^{(1)} := f - Lf = f - \varphi_1 \varphi_2, \quad \alpha^{(1)} := \mathrm{ord}\, f^{(1)}$$

とおく．このとき，$\alpha^{(1)} \geq \alpha + 1$ である．ある $i \geq 1$ に対して，$Lp_j = \varphi_j \, (j=1,2)$ でかつ $f^{(i)} := f - p_1 p_2$ が位数 $\alpha^{(i)} \geq \alpha + i$ をもつような多項式 $p_j \in G$ がすでに存在したと仮定する．公式 (5) を $k = \alpha^{(i)}$ である場合に適用することが

できる．すると，ある $\psi_2 \in G_{\alpha^{(i)}-\alpha_1}$ と $\psi_1 \in G_{\alpha^{(i)}-\alpha_2}$ によって

$$Lf^{(i)} = \psi_2\varphi_1 + \psi_1\varphi_2$$

と表すことができる．すると，

$$\deg(\psi_1\psi_2) = 2\alpha^{(i)} - \alpha_1 - \alpha_2 = 2\alpha^{(i)} - \alpha \geq \alpha + i + 1$$

である．このとき，

$$f^{(i+1)} := f - (p_1 + \psi_1)(p_2 + \psi_2)$$

とおけば，

$$f^{(i+1)} = f^{(i)} - (\psi_2 p_1 + \psi_1 p_2) - \psi_1\psi_2$$

が成り立つ．ゆえに，$\mathrm{ord}\, f^{(i+1)} \geq \alpha + i + 1$ が得られる．さらに，$\deg \psi_j > \alpha_j\, (j=1,2)$ であるから，$p_j + \psi_j$ は先導形式 φ_j をもつ．

この方法を続けると，先導形式 φ_1, φ_2 をもつ二つの多項式の積によっていくらでも f を近似することができる．極限に移して考えると，$Lf_j = \varphi_j\, (j=1,2)$ をみたす二つのベキ級数 f_j の積として，求める f の分解 $f = f_1 f_2$ が得られる． ∎

系 16.7. f が既約なベキ級数ならば，その先導形式 Lf は既約な斉次多項式のベキである．特に，$p = q = 1$ に対しては，次が成り立つ．

$$Lf = (aX - bY)^\mu \qquad (\mu \in \mathbb{N},\ a, b \in K,\ (a,b) \neq (0,0)). \qquad \blacksquare$$

最初の状況において，$Z_i = K[[X,Y]]/(f_i^{\alpha_i})$ を点 P における曲線 F の分枝とする．すると，

$$Lf^{(\alpha_i)} = (a_i X - b_i Y)^{\mu_i} \qquad (\mu_i \in \mathbb{N}_+,\ (a,b) \neq (0,0))$$

であり，また $t_i : a_i X - b_i Y = 0$ は点 P における曲線 F の接線の一つである．t_i を**分枝** Z_i **の接線**という．したがって，すべての分枝はただ一つの接線をもち，P における F のすべての接線もまたある分枝の一つの接線でもある．ところが，実際には異なる分枝は同じ接線をもつことができる．

例 16.8（2 重点の分類）． $m_P(F) = 2$ である場合には，$\deg Lf = 2$ である．このとき，Lf は二つの 1 次独立な 1 次斉次多項式の積であるか，または，1 次斉次多項式の平方になるかのいずれかである．次の場合が起こりうる．

(a) 正規交叉（結節点，通常 2 重点）．F は P において二つの異なる接線をもつ．このとき，定理 16.6 によって，F は P において二つの分枝をもち，さらに．これらは正則である．この具体的な例はデカルトの葉線 $X^2 - Y^2 + X^3 = 0$ $(\text{Char}\, K \neq 2)$ である．多項式 $X^2 - Y^2 + X^3$ は $K[X,Y]$ で既約であるが，$Lf = X^2 - Y^2 = (X+Y)(X-Y)$ であるから，それは $K[[X,Y]]$ で分解する．

(b) 通常尖点．F は P において（2 重の）接線をもち，ただ一つの分枝をもつ．この種の具体的な例はニールの放物線 $Y^2 - X^3 = 0$ である．多項式 $Y^2 - X^3$ は $K[X,Y]$ で既約である．これは $\deg X = 2, \deg Y = 3$ とおけば斉次式である．このとき，ベキ級数としても分解できない．

(c) 2 重尖点．F は P において（2 重の）接線をもち，異なる二つの分枝をもつ．この状況の例は

$$f = Y^2 - X^2 Y^2 - X^4 = 0, \quad P = (0,0) \quad (\text{Char}\, K \neq 2)$$

によって与えられる．

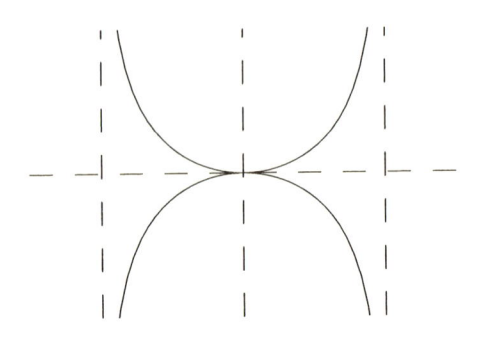

ここで，$Y = 0$ は 2 重接線である．$\frac{X^4}{1-X^2}$ は $K(X)$ において平方ではないので，曲線 f は既約である．$\deg X = 1, \deg Y = 2$ とおけば，$Lf = Y^2 - X^4 = (Y+X^2)(Y-X^2)$ であり，定理 16.6 により，P において f に対する二つの異なる正則な分枝がある．

代数曲線については，分枝 Z の整閉包に移行することによって，Z に対するさらなる不変量を得る．

定理 16.9. $Z = K[[X,Y]]/(f)$ を整分枝とし，$\overline{Z}$ を $Q(Z)$ における Z の整閉包とする．このとき，$\overline{Z}$ は Z-加群として有限生成である．また，$\overline{Z}$ から 1 変数 T に関するベキ級数環の上への K-同型写像がある．

$$\overline{Z} \cong K[[T]].$$

すなわち，$\overline{Z}$ は完備な離散付値環である．

（証明） 補題 16.1 (c) によって，一般性を失わずに，

$$Z = \bigoplus_{i=0}^{m-1} K[[X]]\, y^i$$

と仮定することができる．ただし，y は Z における Y の剰余類を表す．$\overline{Z}$ が $K[[X]]$-加群として有限生成であることを示せば十分である．$L := Q(Z)$ が $K((X)) := Q(K[[X]])$ 上分離的であるならば，このことは定理 F.7 より導かれる．非分離である場合，注意 L.1 のように続ける．$\operatorname{Char} K =: p > 0$ とし，L_{sep} を L における $K((X))$ の分離閉包とする．L_{sep} における $K[[X]]$ の整閉包 $\widetilde{Z}$ は，いずれにしても有限 $K[[X]]$-加群である．さらに，$L^{p^e} \subset L_{\mathrm{sep}}$ をみたす $e \in \mathbb{N}$ が存在する．このとき，$\overline{Z}^{p^e} \subset \widetilde{Z}$ であり，$K[[X]]$ は $K[[X]]^{p^e} = K[[X^{p^e}]]$ 上有限であるから，これは $\widetilde{Z}$ と $\overline{Z}^{p^e}$ が $K[[X^{p^e}]]$ 上有限である場合でもある．ところが，$\overline{Z}$ は $\overline{Z}^{p^e}$ に同型であり，$K[[X]]$ は $K[[X]]^{p^e}$ に同型である．したがって，$\overline{Z}$ は $K[[X]]$ 上有限である．

Z は完備局所環であり，$\overline{Z}$ は有限生成 Z-加群であるから，$\overline{Z}$ は定理 K.11 によってその極大イデアルによる局所化の直積に分解する．ところが，$\overline{Z}$ は整域であり，ゆえにただ一つの極大イデアルしか現れない．言い換えると，$\overline{Z}$ は局所環である．定理 F.8 によって，このとき，$\overline{Z}$ は実際（完備）離散付値環である．それは剰余体として K をもつので，$K[[X]]$ と同型である．∎

上記定理の状況において，x, y をそれぞれ Z における X, Y の剰余類とする．埋込み $Z \hookrightarrow K[[T]]$ において，元 x と y はベキ級数 $\alpha, \beta \in K[[T]]$ に写像され，

また $K[[T]]$ において $f(\alpha, \beta) = 0$ が成り立つ.

$$Z = K[[\alpha, \beta]] \tag{6}$$

と表す. ただし, $K[[\alpha, \beta]]$ は代入準同型写像 $K[[X, Y]] \to K[[T]]$ ($X \mapsto \alpha, Y \mapsto \beta$) による像を表す. 分枝 Z は (**解析的**) **助変数表示** (α, β) によって与えられるともいう.

定理16.9によって, 剰余類のつくる K 上のベクトル空間 $\overline{Z}/Z$ は有限次元である (補題7.1参照). このとき,

$$\delta(Z) := \dim_K \overline{Z}/Z$$

を (整である) 分枝 Z の**特異次数**という.

例 16.10. $p, q \in \mathbb{N}_+$ を $p < q$ をみたす互いに素である自然数とする. 次のアフィン曲線を考える.

$$f : X^p - Y^q = 0.$$

$p = 2, q = 3$ である場合に, これはニールの放物線である (図1.6参照).

最初に, $X^p - Y^q$ が $K[X, Y]$ で既約であることを示す. 多項式環 $K[X, Y]$ を, $\deg X := q$ かつ $\deg Y := p$ として次数付けをする. このとき, f は次数 $p \cdot q$ の斉次多項式である. f が真の約数をもてば, この約数は斉次形となり (補題A.3), またその次数は $\leq p \cdot q - p$ である.

ところが, $i \leq p - 1, j \leq q - 1$ をみたすすべての単項式 $X^i Y^j$ は異なる次数 $iq + jp$ をもつ. なぜなら,

$$iq + jp = i'q + j'p \quad (i' \leq p - 1, \ j' \leq q - 1)$$

でかつ $i \geq i'$ とすると, $(i - i')q = (j' - j)p$ が得られ, p と q は互いに素であるから, $i = i'$ と $j = j'$ でなければならない. ゆえに, 次数 $\leq p \cdot q - p$ の斉次多項式は $cX^i Y^j$ ($c \in K$) という形をしており, それらは f を割り切らない.

f が斉次多項式であることを考慮すると, $K[X, Y]$ における f の既約性から, f は $K[[X, Y]]$ においても既約であることがわかる.

$X \mapsto T^q, Y \mapsto T^p$ によって定まる代入準同型写像

$$K[X, Y] \longrightarrow K[T],$$
$$K[[X, Y]] \longrightarrow K[[T]]$$

の核は f を含んでいる．f はこの二つの環において既約であるから，f はその核を生成する．したがって，

$$K[f] = K[X,Y]/(f) \cong K[T^q, T^p],$$

$$Z := K[[X,Y]]/(f) \cong K[[T^q, T^p]]$$

が成り立つ．ゆえに，f は有理曲線である．f は $P = (0,0)$ においてただ一つの分枝 Z をもつ．この分枝は整であり，かつ p-重接線として $X = 0$ をもつ．さらに，$\overline{Z} := K[[T]]$ は $Q(Z)$ における Z の整閉包であり，また (T^q, T^p) は Z の助変数表示である．

$H = \langle p, q \rangle = \{ip + jq \mid i, j \in \mathbb{N}\}$ を p と q によって生成された数値半群とする．このとき，次が成り立つ．

$$Z = \left\{ \sum_{h \in H} \kappa_h T^h \in K[[T]] \mid \kappa_h \in K \right\}.$$

特異次数 $\delta(Z) = \dim_K \overline{Z}/Z$ は，したがって H の空隙の個数である．次の式

$$\delta(Z) = \frac{1}{2}(p-1)(q-1)$$

が成り立つことを示すのは演習問題とする．

ヤコビ判定法より，f は $(0,0)$ において有限の距離をもつ特異点を高々一つもつことがわかる．その一つのほかに，f は分枝を

$$Z_\infty = K[[X,Y]]/(X^{q-p} - Y^q)$$

とするただ一つの無限遠点をもつ．これは特異次数

$$\delta(Z_\infty) = \frac{1}{2}(q-p-1)(q-1)$$

をもつ．L が f の関数体ならば，定理 14.7 によって，

$$\begin{aligned}
g^L &= \binom{q-1}{2} - \delta(Z) - \delta(Z_\infty) \\
&= \frac{1}{2}[(q-1)(q-2) - (p-1)(q-1) - (q-p-1)(q-1)] = 0.
\end{aligned}$$

これは f が有理的であるという事実に一致している.

以下において, $f \in K[[X, Y]]$ が単元でないとき, 環 $\Gamma := K[[X, Y]]/(f)$ を(平面) **代数型曲線** (algebroid curve) という. たとえば, 式 (2) で表される環 $\widehat{\mathcal{O}_{F,P}}$ は代数型曲線であり, 当然, 曲線の特異点の分枝もまた代数型曲線である. 代数型曲線について, その分枝は曲線の特異点に対するものとまったく同様に定義される. 補題 16.1 は代数型曲線にたいしてもまた成り立つ. これらはクルル次元 1 の完備ネーター局所環である. 補題 16.1 を用いて, $K[[X, Y]]$ はその極大イデアルと零イデアルを除いて, 素イデアルはすべてある既約なベキ級数 f により (f) という形で表されることもわかる.

f_1, f_2 を互いに素であるベキ級数として, $\Gamma_i = K[[X, Y]]/(f_i) \, (i = 1, 2)$ が二つの代数型曲線ならば, $A := K[[X, Y]]/(f_1, f_2)$ は有限次元 K-代数である. というのは, f_1 と f_2 が互いに素であるから, (f_1, f_2) を含んでいる $K[[X, Y]]$ の素イデアルは (X, Y) だけだからである. A の極大イデアルの元はベキ零であり (系 C.12 参照), したがって, $\dim_K A < \infty$ を得る.

定義 16.11. $\mu(\Gamma_1, \Gamma_2) := \dim_K K[[X, Y]]/(f_1, f_2)$ を代数型曲線 Γ_1 と Γ_2 の**交叉重複度**という.

特にこの定義は二つの分枝の交叉重複度を定義する. $f_1, f_2 \in K[[X, Y]]$ でかつ $P = (0, 0)$ とするならば, このとき $\mu(\Gamma_1, \Gamma_2) = \mu(f_1, f_2)$ は P における曲線 f_1, f_2 の交叉重複度である. なぜなら,

$$K[X, Y]_{(X, Y)}/(f_1, f_2) \cong K[[X, Y]]/(f_1, f_2)$$

が成り立つからである. ここで, 最初の環は有限次元局所 K-代数としてすでに完備であるから, 上の二つの環は同型になる. 代数曲線の交叉重複度と同様な代数型曲線の交叉重複度に対する性質がある. ただし, 大域的な性質をもつベズーの定理を除く. それらの証明は代数曲線に対するものと同様であり, ここでそれらの証明はしない.

規則 16.12.

(a) $\mu(\Gamma_1, \Gamma_2) = 1$ であるための必要十分条件は, Γ_1 と Γ_2 は正則な分枝であ

り，かつそれらが異なる接線をもつことである．

(b) 加法性： $\varphi_1, \varphi_2 \in K[[X,Y]]$ を非単元として，$\Gamma_1 = K[[X,Y]]/(\varphi_1 \cdot \varphi_2)$ と $\Gamma_1^i = K[[X,Y]]/(\varphi_i)\,(i=1,2)$ とおく．このとき，任意の分枝 Γ_2 に対して次が成り立つ．

$$\mu(\Gamma_1, \Gamma_2) = \mu(\Gamma_1^{(1)}, \Gamma_2) + \mu(\Gamma_1^{(2)}, \Gamma_2).$$

(c) $Z_1,\ldots,Z_r$ を Γ_1 の分枝，$Z_1',\ldots,Z_s'$ を Γ_2 の分枝とする．このとき，次が成り立つ．

$$\mu(\Gamma_1, \Gamma_2) = \sum_{\substack{i=1,\ldots,r \\ j=1,\ldots,s}} \mu(Z_i, Z_j').$$

点 P において分枝 $Z_1,\ldots,Z_r$ をもつ代数曲線 F に対して，交叉重複度 $\mu(Z_i, Z_j)\,(i \neq j)$ は特異点 P の興味ある不変量である．

例 16.13. 通常特異点．
曲線 F の点 P は，$m := m_P(F) > 1$ でかつ，F が P において m 個の異なる接線をもつとき，**通常特異点** (ordinary singularity) であるという．

上の条件は，先導形式 Lf が m 個の同伴でない1次因数に分解するということと（式(1)の仮定のもとで）同値である．このとき，定理16.6によって，f_i を位数 $1\,(i=1,\ldots,m)$ の互いに同伴でないベキ級数として，$f = f_1 \cdots f_m$ と表される．ゆえに，重複度 m をもつ通常特異点において，この曲線は m 個の異なる分枝 $Z_i = K[[X,Y]]/(f_i)$ をもつ．これらはすべて正則であり，これら

に対して次が成り立つ.

$$\mu(Z_i, Z_j) = 1 \qquad (i \neq j).$$

第11章と第12章における留数計算の公式を,それらが局所的性質に関する限り,代数型曲線に移行することは特に難しいことではない,ということを付け加えておこう.

関数体 $L := \mathcal{R}(F)$ と抽象リーマン面 $\mathfrak{X}$ をもつ既約曲線 F に対して,標準的写像 $\pi : \mathfrak{X} \to \mathcal{V}_+(F)$ が定理6.12において考察された.我々はこれから,すべての点 $P \in \mathcal{V}_+(F)$ に対して,$\pi^{-1}(P)$ の点が P における F の分枝と1対1の対応があるという注目すべき事実を証明しよう.

$R := \mathcal{O}_{F,P}$ とし,$S := \overline{\mathcal{O}_{F,P}}$ を L における R の整閉包とする.このとき,$\pi^{-1}(P)$ の点は離散付値環 $S_{\mathfrak{P}_i}$ ($i = 1, \ldots, s$) である.ただし,$\mathrm{Max}(S) = \{\mathfrak{P}_1, \ldots, \mathfrak{P}_s\}$ である.一方,$\mathfrak{p}_1, \ldots, \mathfrak{p}_t$ が $\widehat{R}$ のすべての極小素イデアルならば,$Z_i := \widehat{R}/\mathfrak{p}_i$ は P における F のすべての分枝である.したがって,定理16.9によって,$L_i := Q(Z_i)$ における Z の整閉包 $\overline{Z}$ は完備離散付値環である ($i = 1, \ldots, t$).

定理16.14. 上の記号を用いて,$s = t$ が成り立つ.また,適当に番号を付け替えて,$\mathfrak{p}_i$ を標準的準同型写像 $\widehat{R} \to \widehat{S_{\mathfrak{P}_i}}$ の核とする.すると,$\widehat{S_{\mathfrak{P}_i}}$ は自然な方法で $\overline{Z_i}$ と同一視することができる ($i = 1, \ldots, s$).

(証明) 最初に,環 $\widehat{R} \otimes_R S$ を考察する.$\mathfrak{m} := \mathfrak{m}_{F,P}$ によって,R の極大イデアルを表し,$\widehat{S}$ を $\mathfrak{m}S$ に関する S の完備化とする.このとき,補題15.12によって,次の標準的同型写像がある.

$$\widehat{S} \cong \widehat{R} \otimes_R S.$$

ここで,$\widehat{S}$ は $\widehat{S}$ における $\widehat{R}$ の像の上で整であり,補題15.13におけるように,次のような標準的同型写像がある.

$$\widehat{S} \cong \widehat{S_{\mathfrak{P}_1}} \times \cdots \times \widehat{S_{\mathfrak{P}_s}}. \tag{7}$$

ゆえに,$Q(\widehat{S})$ は s 個の体 $Q(\widehat{S_{\mathfrak{P}_i}})$ の直積である:

$$Q(\widehat{S}) \cong Q(\widehat{S_{\mathfrak{P}_1}}) \times \cdots \times Q(\widehat{S_{\mathfrak{P}_s}}). \tag{8}$$

$\widehat{R}$ はまた $\widehat{R} = K[[X, Y]]/(f)$ のように表すことができ，$f = f_1 \cdots f_t$ を f の既約因数 f_i への分解とすれば，$\mathfrak{p}_i = (f_i)/(f) \ (i = 1, \ldots, t)$ であり，このとき，この表現より $\widehat{R} \setminus \bigcup_{i=1}^t \mathfrak{p}_i$ は $\widehat{R}$ のすべての非零因子の集合であることがただちにわかる．中国式剰余の定理により，このとき標準的な埋込み写像

$$\widehat{R} \hookrightarrow \widehat{R}/\mathfrak{p}_1 \times \cdots \times \widehat{R}/\mathfrak{p}_t$$

に対応している次の標準的な分解が得られる．

$$Q(\widehat{R}) = \widehat{R}_{\mathfrak{p}_1}/\mathfrak{p}_1 \widehat{R}_{\mathfrak{p}_1} \times \cdots \times \widehat{R}_{\mathfrak{p}_t}/\mathfrak{p}_t \widehat{R}_{\mathfrak{p}_t} \cong Q(Z_1) \times \cdots \times Q(Z_t). \quad (9)$$

標準写像 $R \to \widehat{R}/\mathfrak{p}_i \ (i = 1, \ldots, t)$ は単射であるから，我々はすでに定義 16.4 との関連で指摘しているように，$N := R \setminus \{0\}$ の元は $Z_1 \times \cdots \times Z_t$ 上で非零因子であり，したがって，$\widehat{R}$ 上でも零因子ではない．

同様にして，(7) から，N の元は $\widehat{S}$ 上で零因子ではないことがわかる．公式 G.6 (d) によって，次のような標準的同型写像がある．

$$\widehat{S}_N \cong \widehat{R}_N \otimes_{R_N} S_N.$$

さらに，S は R 上有限であるから，$R_N = Q(R) = Q(S) = S_N$ が成り立つ．したがって，$\widehat{R} \to \widehat{S}$ により誘導された標準的同型写像 $\widehat{R}_N \cong \widehat{S}_N$ がある．さらにその上，次が成り立つ．

$$Q(\widehat{R}) \cong Q(\widehat{S}).$$

(8) と (9) を比較すると，$t = s$ であることがわかる．また，標準的な準同型写像 $\widehat{R} \to \widehat{S_{\mathfrak{P}_i}} \ (i = 1, \ldots, t)$ から生じる誘導された同型写像 $Q(Z_i) \cong Q(\widehat{S_{\mathfrak{P}_i}})$ （適当に番号を付け替えて）があることもわかる．$\widehat{S_{\mathfrak{P}_i}}$ は $Q(\widehat{S_{\mathfrak{P}_i}})$ で整閉であり，また Z_i 上で有限であるから，$\widehat{S_{\mathfrak{P}_i}}$ を $\overline{Z_i}$ と同一視することができる． ∎

定理が示しているように，このことは抽象リーマン面 $\mathfrak{X}$ を曲線 F の点におけるすべての分枝の集合と同一視することを可能にし，また因子群 $\mathrm{Div}(\mathfrak{X})$ をすべてのこれらの分枝の集合上の自由アーベル群と同一視することを可能にする．

すべての平面アフィン代数曲線は，より高次元のアフィン空間にある滑らかな曲線 C からその平面上に射影することによって得られる，という事実を知っ

ているとさらによく定理 16.14 を理解することができる．平面曲線の与えられた点において，その与えられた点の原像である C の点と同じ数のその点における分枝がある．与えられた点のそれぞれにおいて，C の射影がどのように振る舞うかによって（横断的に，あるいは接するというように）さまざまな特異点がその平面上に生じる．

定理 16.14 は高次元幾何学からのこれらの事実の環論的な類推である．

演習問題

1. Char $K = 0$ とし，Z は重複度 m の整分枝と仮定する．このとき，以下のことを証明せよ．

    (a) 各 $n \in \mathbb{N}$ に対して，$K[[T]]$ のすべての単元は n 乗根をもつ．

    (b) Z は (T^m, β) という形の助変数表示をもつ．ただし，$\beta \in K[[T]]$ は位数 $> m$ のベキ級数である．
    ($X = T^m, Y = \beta(T) = \sum_{i=0}^{\infty} b_i T^i$ とおく．すると，Z のニュートン・ピュイズー級数 (Newton-Puiseaux series) は $Y = \sum_{i=0}^{\infty} b_i X^{\frac{i}{m}}$ によって定義される．これは分枝 Z の数量的かつ幾何学的不変量の定義に対する基礎である．[BK], 8.3 を参照せよ．)

2. 第 1 章における以下の曲線に対して，原点における分枝の個数を求めよ．
    ディオクレティアヌスのシッソイド，ニコメデスのコンコイド，カーディオイド，4 葉のバラ．

3. オリンピックの標章によって表される代数曲線の実特異点，および複素特異点の性質についてどのようなことが言えるか？ また，その射影閉包についてはどうか？

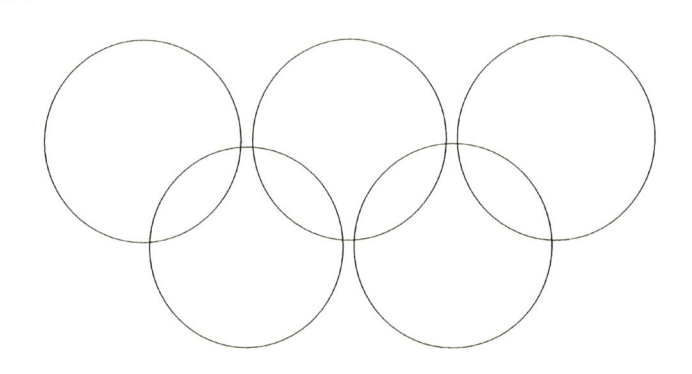

星ぼう形 (astroid) $(X^2+Y^2-1)^3 + 27X^2Y^2 = 0$ について同じことを考察せよ.

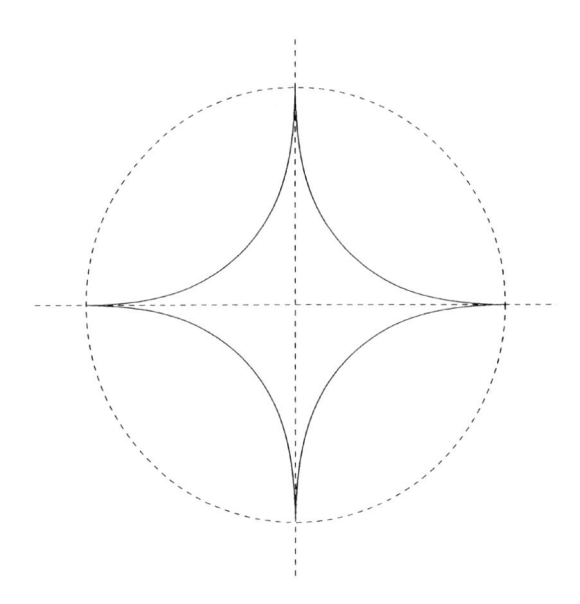

第17章

曲線特異点の導手と値半群

本章では，すでに導入された曲線の特異点の不変量，すなわち，「重複度」，「接線」，「特異次数」，「分枝」，そして「分枝の間の交叉重複度」のような不変量を導手と値半群に関連づける．このことにより，これまでよりもさらに正確な曲線の特異点の分類が可能になる．また，曲線の関数体の種数を計算するためのほかの公式も導かれる．

$R \subset S \subset Q(R)$ をみたす二つの環 R, S に対して，

$$\mathcal{F}_{S/R} := \{z \in Q(R) \mid z \cdot S \subset R\} \tag{1}$$

を S/R の**導手** (conductor) という．明らかに，$\mathcal{F}_{S/R}$ は R にある S-イデアルである．また，$\mathcal{F}_{S/R}$ は R にある S の（一意的に定まる）最大のイデアルでもある．$Q(R) = Q(S)$ であるから，$Q(S)/Q(R)$ のトレースとして恒等写像を考え，$\mathcal{F}_{S/R}$ をこれに関する S/R の相補加群 $\mathfrak{C}_{S/R}$ として考えることができる．

注意 17.1.

(a) 導手 $\mathcal{F}_{S/R}$ が R に等しくなるのは $S = R$ のときであり，かつそのときに限る．

(b) S が R-加群として有限生成ならば，$\mathcal{F}_{S/R}$ は R の上で零でない零因子を含んでいる．

（証明）(a) は明らかである．(b) については，R-加群として S の生成系

$\{s_1, \ldots, s_n\}$ を考え，$s_i = \frac{r_i}{r} \, (r_i, r \in R)$ と表す．ただし，r は非零因子である．このとき，明らかに，$r \in \mathcal{F}_{S/R}$ となる．　■

補題 17.2. S が R-加群として有限生成ならば，積閉集合 $N \subset R$ に対して $\mathcal{F}_{S_N/R_N}$ が定義され，次が成り立つ．

$$\mathcal{F}_{S_N/R_N} = (\mathcal{F}_{S/R})_N.$$

（証明）$R_N \subset S_N \subset Q(R_N)$ であることは容易にわかる．ゆえに，$\mathcal{F}_{S_N/R_N}$ は定義され，$(\mathcal{F}_{S/R})_N \subset \mathcal{F}_{S_N/R_N}$ となることは明らかである．

$\{s_1, \ldots, s_n\}$ が R-加群として S を生成するならば，$S_N = \sum_{i=1}^n R_N \cdot \frac{s_i}{1}$ と表される．$\frac{x}{\nu} \in \mathcal{F}_{S_N/R_N}$ ($x \in R, \nu \in N$) に対して，次が成り立つ．

$$\frac{x}{\nu} \cdot \frac{s_i}{1} = \frac{x s_i}{\nu} \in R_N \quad (i = 1, \ldots, n).$$

$r_i \in R, \mu \in N$ として，$\frac{x s_i}{\nu} = \frac{r_i}{\mu}$ と表し，$\nu' \mu x s_i = \nu' \nu r_i \, (i = 1, \ldots, n)$ をみたす元 $\nu' \in N$ を選ぶ．このとき，$\frac{x}{\nu} = \frac{\nu' \mu x}{\nu' \mu \nu}$ であり，$\frac{x}{\nu}$ を $\mathcal{F}_{S/R}$ の元を分母として表したことになる．したがって，$\mathcal{F}_{S_N/R_N} \subset (\mathcal{F}_{S/R})_N$ であることも得られる．　■

以下においては，再び F を $\mathbb{P}^2(K)$ における既約曲線とし，f をそのアフィン部分とする．$P \in \mathcal{V}_+(F)$ に対して，$\overline{\mathcal{O}_{F,P}}$ を $L := \mathcal{R}(F)$ における $\mathcal{O}_{F,P}$ の整閉包とする．さらに，S を L における $A := K[f] = K[x, y]$ の整閉包，$\mathfrak{X}$ を L/K の抽象リーマン面とする．また，写像 $\pi: \mathfrak{X} \to \mathcal{V}_+(F)$ を定理 6.12 で定義されたものとする．

定義 17.3.

(a) $\mathcal{F}_P := \mathcal{F}_{\overline{\mathcal{O}_{F,P}}/\mathcal{O}_{F,P}}$ を特異点 P の**導手**という．

(b) $\mathcal{F}_{S/A}$ をアフィン曲線 f の**導手**という．

注意 17.1 (a) によって，$\mathcal{F}_P = \mathcal{O}_{F,P}$ が成り立つのは，$\overline{\mathcal{O}_{F,P}} = \mathcal{O}_{F,P}$ のときであり，かつそのときに限る．すなわち，$P \in \mathrm{Reg}(F)$ のときである．したがって，導手 $\mathcal{F}_P$ に興味があるのは P が特異点であるときであり，そのときに

限る．注意 17.1 (b) より，導手 $\mathcal{F}_P$ と $\mathcal{F}_{S/A}$ はそれぞれ $\mathcal{O}_{F,P}$ と A の零でないイデアルである．$P \in \mathcal{V}(f)$ とし，$\mathfrak{m}_P$ を P に対応している A の極大イデアルを表すとすれば，補題 17.2 によって，次が成り立つ．

$$\mathcal{F}_P = (\mathcal{F}_{S/A})_{\mathfrak{m}_P}. \tag{2}$$

注意 13.11 によって，環 $\overline{\mathcal{O}_{F,P}}$ は単項イデアル環である．ゆえに，$\mathcal{F}_P$ は単項 $\overline{\mathcal{O}_{F,P}}$-イデアルである．$\mathfrak{P}_1, \ldots, \mathfrak{P}_s$ を $\overline{\mathcal{O}_{F,P}}$ のすべての極大イデアルとすれば，次のように表すことができる．

$$\mathcal{F}_P = \mathfrak{P}_1^{c_1} \cdots \mathfrak{P}_s^{c_s}. \tag{3}$$

ここで，$c_i \in \mathbb{N}$ は一意的に定まる．$P_i \in \mathfrak{X}$ が $\mathfrak{P}_i$ に対応している点であるとき，$c_{P_i} = c_i$ $(i = 1, \ldots, s)$ とおく．さらに，$P \in \mathrm{Reg}(F)$ に対しては，$c_P = 0$ とおく．

定義 17.4. 因子 $\mathcal{F}_{\mathfrak{X}/F} := \sum_{P \in \mathfrak{X}} c_P \cdot P$ を F の**導手因子** (conductor divisor) といい，その次数 $c(F)$ を F の**導手次数** (conductor degree) という．また，$P \in \mathrm{Sing}(F)$ に対しては，$c(P) := \sum_{\pi(R) = P} c_R$ を点 P の**導手次数**という．

式 (3) の記号を用いると，

$$c(P) = \sum_{i=1}^{s} c_i = \dim_K \overline{\mathcal{O}_{F,P}}/\mathcal{F}_P \tag{4}$$

が成り立ち，したがって次の式を得る．

$$\deg \mathcal{F}_{\mathfrak{X}/F} = \sum_{P \in \mathrm{Sing}(F)} \dim_K \overline{\mathcal{O}_{F,P}}/\mathcal{F}_P. \tag{5}$$

アフィン曲線 f の**導手次数**を次の式で定義する．

$$c(A) := \sum_{P \in \mathrm{Sing}(f)} c(P) = \dim_K S/\mathcal{F}_{S/A}. \tag{6}$$

導手次数や特異次数，そして $\mathfrak{X}$ の種数の間の関係は，導手と相補加群に対するデデキントの公式と呼ばれている以下の定理から導かれる．

デデキントの公式 17.5. 環の包含関係の列 $R \subset S \subset T \subset Q(S)$ があり，R の すべての非零因子は S 上でもまた非零因子であると仮定する．すなわち，包含 関係 $R \subset S$ は環準同型写像 $Q(R) \to Q(S) = Q(T)$ を定義する．また，$Q(S)$ は有限生成自由 $Q(R)$-加群であり，トレース $\sigma : Q(S) \to Q(R)$ が存在すると 仮定する．$\mathfrak{C}_{T/R}$ と $\mathfrak{C}_{S/R}$ によってこのトレースに関する相補加群を表す．さ らに，$\mathfrak{C}_{S/R}$ は S-加群として $Q(R)$ の単元によって生成されると仮定する．こ のとき，次の等式が成り立つ．

$$\mathfrak{C}_{T/R} = \mathcal{F}_{T/S} \cdot \mathfrak{C}_{S/R}.$$

（証明）$z \in \mathcal{F}_{T/S}$ と $u \in \mathfrak{C}_{S/R}$ に対して，$zT \subset S$ であるから $\sigma(zuT) \subset R$ が成り立つ．ゆえに，$\mathcal{F}_{T/S} \cdot \mathfrak{C}_{S/R} \subset \mathfrak{C}_{T/R}$ である．

適当な単元 $c \in Q(S)$ によって $\mathfrak{C}_{S/R} = c \cdot S$ と表す．このとき，すべての $v \in \mathfrak{C}_{T/R}$ はある $w \in Q(S)$ によって $v = c \cdot w$ と表すことができる．そして， $t \in T$ に対して

$$\sigma(twcS) = \sigma(vtS) \subset R$$

が成り立つ．ゆえに，$twc \in \mathfrak{C}_{S/R} = c \cdot S$ となる．これより，$tw \in S$ が得 られ，$w \in \mathcal{F}_{T/S}$ となる．したがって，$v \in \mathcal{F}_{T/S} \cdot \mathfrak{C}_{S/R}$ を得る．以上より， $\mathfrak{C}_{T/R} \subset \mathcal{F}_{T/S} \cdot \mathfrak{C}_{S/R} \subset \mathfrak{C}_{T/R}$ が成り立つから，求める等式が証明された．■

系 17.6（導手の積公式）． 環の包含関係 $R \subset S \subset T \subset Q(S)$ があり，$\mathcal{F}_{S/R}$ は S-加群として $Q(R)$ の単元によって生成されていると仮定する．このとき， 次の等式が成り立つ．

$$\mathcal{F}_{T/R} = \mathcal{F}_{T/S} \cdot \mathcal{F}_{S/R}.$$
■

曲線 F に対してこの公式を適用するために，F の特異点は有限の距離にあ り，曲線 f の座標環 A は $R := K[x]$ 上の加群として有限生成，また L は $K(x)$ 上分離的であると仮定する．定理 15.1 によって，A-加群 $\mathfrak{C}_{A/R}$ はある一つの 元 $\neq 0$ によって生成されるから，デデキントの公式 17.5 より，次が成り立つ．

$$\mathfrak{C}_{S/R} = \mathcal{F}_{S/A} \cdot \mathfrak{C}_{A/R}. \tag{7}$$

$R_\infty := K[x^{-1}]_{(x^{-1})}$ や S_∞ と同様に, $\mathfrak{X}^f$, $\mathfrak{X}^\infty$ は以前の意味をもつものとする (第13章を参照せよ). $P \in \mathfrak{X}^f$ に対して, $\mathfrak{P}$ を S の対応している極大イデアル, $\kappa_P \in \mathbb{Z}$ を $S_\mathfrak{P} \cdot \mathfrak{C}_{S/R} = \mathfrak{P}^{-\kappa_P} S_\mathfrak{P}$ によって定義される整数とする. 同様にして, $P \in X^\infty$ であるとき, $(S_\infty)_\mathfrak{P}(x^{-2}\mathfrak{C}_{S_\infty/R_\infty}) = \mathfrak{P}^{-\kappa_P}(S_\infty)_\mathfrak{P}$ とする. このとき, 定理15.3の証明で示されたように, $C := \sum_{P \in \mathfrak{X}} \kappa_P \cdot P$ は $\mathfrak{X}$ の標準因子である. $P \in \mathfrak{X}^f$ に対して $S_\mathfrak{P} \mathfrak{C}_{A/R} = \mathfrak{P}^{-\lambda_P} S_\mathfrak{P}$ とおき, $P \in \mathfrak{X}^\infty$ に対して $\lambda_P = \kappa_P$ とおけば, 因子 $C' := \sum_{P \in \mathfrak{X}} \lambda_P \cdot P$ は $\mathfrak{X}$ 上で F の標準因子に線形同値である. このことは定理15.2の予備的な注意からわかる. すると, 等式 (7) から次の定理が得られる.

定理 17.7. F を次数 d の曲線とする. このとき, 次が成り立つ.

(a) ($\mathfrak{X}$ と F の標準因子類の間の関係).

$$C = C' - \mathcal{F}_{X/F}.$$

(b) $g^L = g^F - \frac{1}{2} \cdot c(F) = \binom{d-1}{2} - \frac{1}{2} \cdot c(F)$.

(証明) 主張 (a) は式 (7) の直接的な結果である. 因子の次数に移行すると, 定理15.2 と定理15.3 によって $2g^L - 2 = 2g^F - 2 - c(F)$ が得られ, (b) が導かれる. ∎

定理14.7と定義14.8を比較すると次の系が得られる.

系 17.8. $\delta(F)$ を F の特異次数を表すものとすれば, $c(F) = 2\delta(F)$ が成り立つ. ∎

系17.8における公式は局所的にも成り立ち, 大域的な公式は当然に局所的な証明から導かれる.

定理 17.9 (Gorenstein [Go]). すべての $P \in \mathcal{V}_+(F)$ に対して, 次が成り立つ.

$$c(P) = 2\delta(P).$$

（証明）次のようなイデアルの極大な鎖を考える（組成列）．

$$\mathcal{O}_{F,P} = I_0 \supsetneq I_1 \supsetneq \cdots \supsetneq I_\delta = \mathcal{F}_P. \tag{8}$$

すなわち，この鎖はさらにいかなる $\mathcal{O}_{F,P}$-イデアルを挿入することによっても真に細分されない，と仮定する．ゆえに，$I_j/I_{j+1} \cong K$ $(j = 0, \ldots, \delta - 1)$ が成り立ち，したがって $\delta = \dim_K \mathcal{O}_{F,P}/\mathcal{F}_P$ となる．付録 L，公式 (9) におけるように，双対化すると $\mathcal{O}_{F,P}$-加群の鎖を得る．

$$\mathcal{O}_{F,P} = \mathcal{O}'_{F,P} = I'_0 \subset I'_1 \subset \cdots \subset I'_\delta = \mathcal{F}'_P. \tag{8'}$$

系 L.13 において，そこにおける仮定のもとで，イデアルを 2 回双対化すると，もとのイデアルにもどることが示された．この事実は，このような環 A を極大イデアルで局所化したとき，局所的にも成り立つ．相補加群 $\mathfrak{C}_{A/R}$ が一つの元によって生成されるという仮定は，いま考察している状況においてはいずれにしても定理 15.1 によって満足される．ゆえに，ここで系 L.13 を適用することができ，$j = 0, \ldots, \delta$ に対して $I''_j = I_j$ を得る．したがって，$(8')$ は細分することはできない．

さらに，$\mathcal{F}_P = \mathcal{O}_{F,P} :_L \overline{\mathcal{O}}_{F,P} = \overline{\mathcal{O}}'_{F,P}$ であり，ゆえに，$\mathcal{F}'_P = \overline{\mathcal{O}}''_{F,P} = \overline{\mathcal{O}}_{F,P}$ が成り立つ．このとき，極大鎖 (8) より，$\delta = \dim_K \overline{\mathcal{O}}_{F,P}/\mathcal{O}_{F,P} = \delta(P)$ が得られる．ここで，$\mathcal{F}_P \subset \mathcal{O}_{F,P} \subset \overline{\mathcal{O}}_{F,P}$ であるから，次が成り立つ．

$$c(P) = \dim_K \overline{\mathcal{O}}_{F,P}/\mathcal{F}_P = \dim_K \overline{\mathcal{O}}_{F,P}/\mathcal{O}_{F,P} + \dim_K \mathcal{O}_{F,P}/\mathcal{F}_P$$
$$= 2\delta = 2\delta(P). \qquad \blacksquare$$

次に，曲線上の特異点の分枝を考察するときに用いられる導手次数の公式を導きたい．このために，$\mathcal{O}_{F,P}$ の完備化 $\widehat{\mathcal{O}_{F,P}}$ に移行して考える．定理 16.4 におけるように，$R := \mathcal{O}_{F,P}$，$S := \overline{\mathcal{O}_{F,P}}$ とおく．$Z_1, \ldots, Z_s$ を，点 P において S の極大イデアル $\mathfrak{P}_1, \ldots, \mathfrak{P}_s$ に対応する F の分枝とする．$\overline{Z_i}$ が Z_i の整閉包ならば，$\overline{Z_i} \cong K[[T_i]]$ はベキ級数環であり，定理 16.4 とその証明が示しているように，

$$\widehat{R} \otimes_R S \cong \widehat{S_{\mathfrak{P}_1}} \times \cdots \times \widehat{S_{\mathfrak{P}_s}} \cong \overline{Z_1} \times \cdots \times \overline{Z_s} \cong K[[T_1]] \times \cdots \times K[[T_s]] \tag{9}$$

は $Q(\widehat{R})$ における $\widehat{R}$ の整閉包である．$\widehat{R}$ 上 $\widehat{R} \otimes_R S$ の導手を $\widehat{\mathcal{F}}_P$ によって表す．

補題 17.10(完備化と導手の適合性). 導手をとる操作は完備化する操作と可換である. すなわち,
$$\widehat{\mathcal{F}_P} = \mathcal{F}_P \cdot \widehat{\mathcal{O}_{F,P}}.$$

(証明) $s_i = \frac{r_i}{r}$ ($r_i, r \in R$; $i=1,\ldots,n$) として, $S = \sum_{i=1}^n Rs_i$ とおく. すると, $\widehat{R} \otimes_R S = \sum_{i=1}^n \widehat{R} \cdot (1 \otimes s_i)$ と表され, かつ $r \in \mathcal{F}_P$ である. 明らかに, $\mathcal{F}_P \subset \widehat{\mathcal{F}_P}$ であり, ゆえに, $\mathcal{F}_P \cdot \widehat{\mathcal{O}_{F,P}} \subset \widehat{\mathcal{F}_P}$ が成り立つ.

逆の包含関係を示すために,
$$\mathcal{F}_P = \{u \in R \mid ur_i \in rR \ (i=1,\ldots,n)\},$$
また同様に,
$$\widehat{\mathcal{F}_P} = \{z \in \widehat{R} \mid zr_i \in r\widehat{R} \ (i=1,\ldots,n)\}$$
と表されることに注意する. R は 1 次元の局所環であるから, $\widehat{R}/r\widehat{R} \cong \widehat{R/rR} \cong R/rR$ であり, ゆえに,
$$\widehat{\mathcal{F}_P} = \mathcal{F}_P + r\widehat{R}$$
が成り立つ. すると, $r \in \mathcal{F}_P$ であるから, $\widehat{\mathcal{F}_P} = \mathcal{F}_P \cdot \widehat{R}$ を得る. ∎

$\mathcal{F}_P = \mathfrak{P}_1^{c_1} \cdots \mathfrak{P}_s^{c_s}$ を式 (3) で表されるものとする. 式 (9) と結びつけると, 補題 17.10 より, 次の公式が得られる.
$$\widehat{\mathcal{F}_P} = (T_1^{c_1}, \ldots, T_s^{c_s}) \cdot (K[[T_1]] \times \cdots \times K[[T_s]]). \tag{10}$$

導手の積公式である系 17.6 を, 次の環拡大を用いて $\mathcal{F}_P$ に適用したい.
$$\widehat{R} \subset Z_1 \times \cdots \times Z_s \subset \overline{Z}_1 \times \cdots \times \overline{Z}_s.$$

簡約記号として,
$$\widetilde{R} := Z_1 \times \cdots \times Z_s, \quad T := \overline{Z}_1 \times \cdots \times \overline{Z}_s = K[[T_1]] \times \cdots \times K[[T_s]]$$

とおく. 第 16 章におけるように, 分枝 Z_i が既約なベキ級数 f_i ($i=1,\ldots,s$) により $Z_i = K[[X,Y]]/(f_i)$ として与えられているとき, $g_i := \prod_{j \neq i} f_j$ とおき, $\tilde{g}_i$ によって Z_i における g_i の像を表すものとする ($i=1,\ldots,s$). 最初に, $\mathcal{F}_{\widetilde{R}/\widehat{R}}$ を決定する.

補題 17.11. 導手 $\mathcal{F}_{\widetilde{R}/\widehat{R}}$ は $(\widetilde{g}_1,\ldots,\widetilde{g}_s)\widetilde{R}$ に等しい．特に，$\mathcal{F}_{\widetilde{R}/\widehat{R}}$ は一つの非零因子により生成される単項イデアルである．

(証明) $i = 1,\ldots,s$ に対して，$\widetilde{g}_i \neq 0$ であるから，元 $(\widetilde{g}_1,\ldots,\widetilde{g}_s)$ は $\widetilde{R}$ の非零因子である．また，

$$(0,\ldots,\widetilde{g}_i,\ldots,0) \cdot \widetilde{R} = (0,\ldots,\widetilde{g}_i Z_i,\ldots,0) \subset \widehat{R}$$

である．なぜなら，$\widetilde{h} \in Z_i$ が $K[[X,Y]]$ における原像 h をもてば，g_i は $j \neq i$ なるすべての f_j によって割り切れるから，$(0,\ldots,\widetilde{g}_i\widetilde{h},\ldots,0)$ は標準的準同型写像 $K[[X,Y]] \to Z_1 \times \cdots \times Z_s$ による $g_i h$ の像だからである．ゆえに，$(0,\ldots,\widetilde{g}_i,\ldots,0) \in \mathcal{F}_{\widetilde{R}/\widehat{R}}$ となり，したがって，$(\widetilde{g}_1,\ldots,\widetilde{g}_s) \in \mathcal{F}_{\widetilde{R}/\widehat{R}}$ が成り立つ．

逆に，$(z_1,\ldots,z_s) \in \mathcal{F}_{\widetilde{R}/\widehat{R}}$ と仮定する．このとき特に，

$$(0,\ldots,z_i,\ldots,0) \in \widehat{R}.$$

すなわち，$j \neq i$ なるすべての f_j によって割り切れ，かつ Z_i において像 z_i をもつ $h \in K[[X,Y]]$ が存在する．ゆえに，$z_i = \widetilde{g}_i \cdot z_i'$ ($z_i' \in Z_i$) と表され，したがって，$(z_1,\ldots,z_s) \in (\widetilde{g}_1,\ldots,\widetilde{g}_s) \cdot \widetilde{R}$ となる． ∎

さて次に，$d_i := \dim_K Z_i/(\widetilde{g}_i)$ とおく．分枝の交叉重複度の加法性によって（規則 16.12 (b)），次が成り立つ．

$$d_i = \sum_{j \neq i} \mu(Z_j, Z_i) \quad (i = 1,\ldots,s).$$

さらに，c_i' を分枝 Z_i の導手次数とする．すなわち，

$$c_i' := \dim_K \overline{Z}_i/\mathcal{F}_{\overline{Z}_i/Z_i} \quad (i = 1,\ldots,s).$$

これらの事実によって，導手次数に対して求めている公式が得られる．

定理 17.12. 次の公式が成り立つ．

$$\widehat{\mathcal{F}}_P = (T_1^{c_1'+d_1},\ldots,T_s^{c_s'+d_s}) \cdot (K[[T_1]] \times \cdots \times K[[T_s]]).$$

特に,
$$c(P) = 2 \cdot \sum_{1 \leq i < j \leq s} \mu(Z_i, Z_j) + \sum_{i=1}^{s} c'_i. \tag{11}$$

(証明) 明らかに次の式が成り立つ.

$$\mathcal{F}_{T/\widetilde{R}} = \mathcal{F}_{\overline{Z}_1 \times \cdots \times \overline{Z}_s / Z_1 \times \cdots \times Z_s} = \mathcal{F}_{\overline{Z}_1/Z_1 \times \cdots \times \overline{Z}_s/Z_s}.$$

補題 17.11 により, 環の拡大 $\widehat{R} \subset \widetilde{R} \subset T$ を用いて導手の積公式を適用することができる.

$$\widehat{\mathcal{F}}_P = \mathcal{F}_{T/\widehat{R}} = \mathcal{F}_{T/\widetilde{R}} \cdot \mathcal{F}_{\widetilde{R}/\widehat{R}} = (T_1^{c'_1}, \ldots, T_s^{c'_s})(\widetilde{g}_1, \ldots, \widetilde{g}_s) \cdot T.$$

$\widetilde{g}_i$ は $K[[T_i]]$ において位数 d_i をもつので, 定理の最初の部分が得られる. 後半は補題 17.10 より導かれる. ∎

この定理によって, 特異点の導手次数の計算は, その分枝の導手次数の計算とその分枝の間の交叉重複度の計算に帰着される.

例 17.13. 通常特異点の導手次数.

P が重複度 m をもつ F の通常特異点ならば, 公式 (11) と例 16.3 で調べたことより, 次が成り立つ.

$$c(P) = m(m-1), \quad \text{ゆえに}, \quad \delta(P) = \binom{m}{2}.$$

通常特異点 P_i ($i = 1, \ldots, s$) のみをもつ次数 d の曲線に対して, 次が成り立つ.

$$g^L = \binom{d-1}{2} - \sum_{i=1}^{s} \binom{m_{P_i}(F)}{2}. \tag{12}$$

Max Noether の定理によれば, この公式が特に重要である一つの理由は, 一連の 2 次変換を用いてすべての平面代数曲線は通常特異点しかもたない双有理同値な曲線に変形できるからである. これは平面代数曲線の理論における主要定理の一つである. このことについて, 読者は Fulton [Fu] (第 7 章と付録) を参照せよ. Clebsch のより正確な定理は次のように言っている. すなわち, すべての代数関数体はモデルとして正規交叉 (normal crossing) のみをもつ平

面代数曲線をもつ．しかしながら，この定理の証明は，平面幾何のままに放置されている．

次数 d の曲線 F が特異点として s 個の**正規交叉**のみをもつならば（すなわち，$P_i \in \mathrm{Sing}(F)$ に対して $m_{P_i}(F) = 2$ であり，かつ F は各 P_i において異なる二つの接線をもつ），このとき公式 (12) は単純な次の公式になる．

$$g^L = \binom{d-1}{2} - s. \tag{13}$$

導手因子 $\mathcal{F}_{\mathcal{X}/F}$ は Max Noether の基本定理（定理 5.14 と系 7.19）の次のような一般化を可能にする．

定理 17.14. G と H を $\mathbb{P}^2(K)$ における二つの曲線とし，F はそれらの成分ではなく，G と H は $\mathcal{X}$ 上で因子 (G) と (H) をもつものとする．このとき，

$$(H) \geq (G) + \mathcal{F}_{\mathcal{X}/F}$$

ならば，$F \cap G$ は H の部分スキームである．特に，$H \in (F, G)$ である．

（証明）$P \in \mathcal{V}_+(F) \cap \mathcal{V}_+(G)$ に対して，(g_P) と (h_P) をそれぞれ (G) と (H) に対応している $\mathcal{O}_{F,P}$ の単項イデアルとする．これらすべての P に対して，$(h_P) \subset (g_P)$ であることを示さねばならない．

$P \in \mathrm{Reg}(F)$ ならば，仮定によって，$\nu_P(h_P) \geq \nu_P(g_P)$ であり，主張は成り立つ．よって，$P \in \mathrm{Sing}(P)$ とし，$P_1, \ldots, P_r$ を P 上にある $\mathcal{X}$ の点とする．このとき，$i = 1, \ldots, r$ に対して，次が成り立つ．

$$\nu_{P_i}(h_P) \geq \nu_{P_i}(g_P) + \nu_{P_i}(\mathcal{F}_{\mathcal{X}/F}).$$

ゆえに，単項イデアル環 $\overline{\mathcal{O}_{F,P}}$ において，$h_P \in g_P \cdot \overline{\mathcal{O}_{F,P}} \cdot \mathcal{F}_P \subset g_P \cdot \mathcal{O}_{F,P}$ が成り立つ．これが示すべきことであった． ■

例 17.15. F が通常の特異点 $P_1, \ldots, P_s$ しかもたないと仮定する．このとき，

$$\mathcal{F}_{\mathcal{X}/F} = \sum_{i=1}^{s} \sum_{\pi(Q) = P_i} (m_{P_i}(F) - 1) \cdot Q$$

が成り立つ．この場合，定理 17.14 の条件は次のようである．

$$\nu_P(h_P) \geq \nu_P(g_P) \qquad (P \in \mathrm{Reg}(F)),$$
$$\nu_Q(h_P) \geq \nu_Q(g_P) + m_P(F) - 1 \quad (P \in \mathrm{Sing}(F),\ Q \in \pi^{-1}(P)).$$

いま，分枝の導手次数の計算に関してもう少し詳しいことが成り立つ．定理 17.12 の仮定のもとで，次の埋込みを考える．

$$\widehat{\mathcal{O}_{F,P}} \hookrightarrow K[[T_1]] \times \cdots \times K[[T_s]] =: T.$$

元 $z \in \widehat{\mathcal{O}_{F,P}}$ が $\widehat{\mathcal{O}_{F,P}}$ の非零因子であるための必要十分条件は，T におけるその像 $(z_1, \ldots, z_s)$ のすべての成分が $z_i \neq 0$ となることである．次の s-列

$$\nu(z) := (\nu_1(z_1), \ldots, \nu_s(z_s)) \in \mathbb{N}^s$$

を z の**値**という．ここで，ν_i は $K[[T_i]]$ 上の位数関数である．

定義 17.16.

(a) $H_P := \{\nu(z) \mid z : \widehat{\mathcal{O}_{F,P}}\ \text{の非零因子}\}$ は P における F の**値半群** (value semigroup) という．

(b) 整分枝 $Z = K[[X,Y]]/(f)$ に対して，

$$H_Z := \{\nu(z) \mid z \in Z \setminus \{0\}\}$$

を Z の**値半群**という．ここで，ν は Z の整閉包 $\overline{Z}$ 上の位数関数を表す．

H_P が $(\mathbb{N}^s, +)$ の部分半群であり，H_Z は $(\mathbb{N}, +)$ の部分半群であることは明らかである．$\widehat{\mathcal{O}_{F,P}}$ の単元の全体はちょうど値 $(0, \ldots, 0)$ をもつ元の全体である．$\widehat{\mathcal{O}_{F,P}}$ の零因子にはいかなる値も指定されない．$\widehat{\mathcal{F}}_P$ は

$$\widehat{\mathcal{F}}_P = (T_1^{c_1}, \ldots, T_s^{c_s}) \cdot T$$

という形の T-イデアルであるから，明らかに次が成り立つ．

$$(c_1, \ldots, c_s) + \mathbb{N}^s \subset H_P.$$

特に，半群 H_Z は有限個の空隙しかもたない．言い換えると，H_Z は数値半群である．

$z \in \widehat{\mathcal{O}_{F,P}}$ を零因子とするとき, たとえば, $i = 2, \ldots, s$ に対して $z_i \neq 0$, かつ, $\nu(z_i) = \nu_i$ $(i = 2, \ldots, s)$ とおき, $z = (0, z_2, \ldots, z_s)$ として, すべての $\nu \geq c_1$ に対して, $(\nu, \nu_2, \ldots, \nu_s) \in H_P$ となる. さらに, $\mu_i = \sum_{j \neq i} \mu(Z_i, Z_j)$ $(i = 1, \ldots, s)$ ならば, $(\mu_1, \mu_2, \ldots, \mu_s) \in H_P$ となる. (平面) 曲線特異点の値半群と数値半群は多くのほかの数学者によって完全に研究されてきた. ここで, 彼らの名前をあげておこう. Barucci, V., Dobbs, D. E., Fontana, M. [BDF]; Barucci, V., D'Anna, M., Fröberg, R. [BDFr$_1$], [BDFr$_2$]; Bertin, J. and Carbonne, P. [BC]; Campillo, A., Delgado, F., Kiyek, K. [CDK]; Delgado, F. [De]; Garcia, A. [Ga]; Waldi, R. [Wa$_2$]. これらの論文の引用文献のリストと MathSciNet はこの研究分野に関するより多くの情報を読者に提供するであろう.

平面分枝 Z に関する考察で本章を終えることにしよう. $\mathcal{F}_{\overline{Z}/Z} = T^c \cdot K[[T]]$ ならば, このとき c は Z の導手次数である. 一方, $c - 1$ は H_Z の最大の空隙である. なぜなら, $\nu(z) = c - 1$ をみたす $z \in Z$ が存在するならば, $\nu(y) \geq c - 1$ をみたすすべての $y \in \overline{Z}$ は Z に含まれてしまうであろう. すなわち, $\nu(y) \geq c - 1$ ならば, $y \in \mathcal{F}_{\overline{Z}/Z} \subset Z$ となり, また, $\nu(y) = c - 1$ ならば, ある $\kappa \in K$ によって $y - \kappa z \in \mathcal{F}_{\overline{Z}/Z}$ となり, ゆえに $y \in Z$ を得る. このとき, $T^{c-1} \in \mathcal{F}_{\overline{Z}/Z}$ となり, これは矛盾である.

数値半群 H に対して, $c + \mathbb{N} \subset H$ をみたす最小の整数 c を H の**導手**という. これは上の考察と適合している. 分枝の導手次数の計算はその分枝の値半群の導手を計算することに帰着する. 数値半群 H の最大の空隙 $c - 1$ は H の**フロベニウス数** (Frobenius number) という. その計算 (フロベニウス問題) は多くの論文を生み出してもいる.

補題 17.17. $\ell_1, \ldots, \ell_\delta$ が導手 c をもつ数値半群 H の空隙ならば, $c \leq 2\delta$ が成り立つ.

(証明) $h \in H$ が $h < c$ をみたすならば, $c - 1 - h \notin H$ となる. なぜなら, $(c - 1 - h) + h = c - 1 \notin H$ となるからである. ゆえに, 少なくとも $h \leq c$, $h \in H$ をみたす元 h と同じ数の空隙が存在する.

定義 17.18. 導手 c をもつ数値半群を H とする．このとき，$z \in \mathbb{Z}$ に対して，$c - 1 - z \in H$ であるための必要十分条件は $z \notin H$ である，という条件をみたすとき，半群 H は**対称的** (symmetric) であるという．

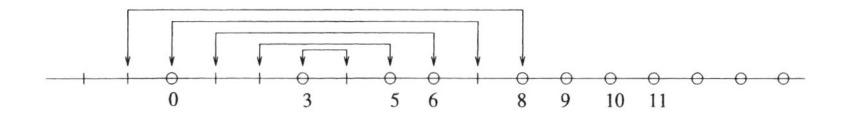

定理 17.19 (Apéry). 整分枝 Z の値半群 H_Z は対称的である．

(証明) c が H_Z の導手ならば，$\mathcal{F}_{\overline{Z}/Z} = T^c \cdot K[[T]]$ である．$h < c$ をみたす各 $h \in H_Z$ に対して，$\nu(z_h) = h$ をみたす元 $z_h \in Z$ が存在する．このとき，明らかに，
$$Z = \bigoplus_{h \in H_Z, h < c} K z_h \oplus \mathcal{F}_{\overline{Z}/Z}$$
が成り立つ．ゆえに，$\delta(Z) = \dim_K \overline{Z}/Z$ は H_Z の空隙の数 δ に等しい．定理 17.9 と同様にして，$c(Z) = 2\delta(Z)$ であることがわかる．このとき，$c = 2\delta$ であり，H_Z は対称的である． ∎

既約平面代数型曲線の分枝の値半群として生じる数値半群の特徴付けは Angermüller [An] と Garcia-Stöhr [GSt] において与えられている．これらの結果は Apéry [Ap] や Azevedo [Az], Abhyankar-Moh [AM], そして Moh [Mo] の初期に出版された論文に関連している．[BDFr$_1$] も参照せよ．

値半群と助変数表示により与えられた分枝の導手次数を，どのように求めるかを示している例を与えて終わりとしよう．

例 17.20. $Z = \mathbb{C}[[\alpha, \beta]] \subset \mathbb{C}[[T]]$ を以下の式をみたすものとする．
$$\alpha = T^4, \quad \beta = T^6 + T^7.$$
$4 \cdot \mathbb{N} + 6 \cdot \mathbb{N} \subset H_Z$ であるから，すべての偶数 ≥ 4 は H_Z に属する．さらに，
$$\beta^2 - \alpha^3 = 2T^{13} + T^{14}$$

であり，ゆえに $13 \in H_Z$ となる．16が H_Z の導手であることと，H_Z が以下の状況であることを示すのは容易である．

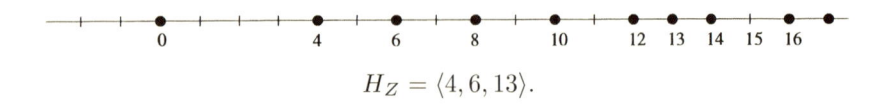

$$H_Z = \langle 4, 6, 13 \rangle.$$

演習問題

1. 正規交叉の値半群の概略図を描け．

2. $\mathbb{A}^2(\mathbb{C})$ における次の各曲線の原点における分枝の数を求め，対応しているそれらの値半群の概略図を描け．
$$Y^2 - X^4 + X^5,$$
$$Y^4 - X^6 + X^8.$$

3. (第15章，演習問題1の一般化)．F を次数 $p > 3$ の既約曲線とし，$\mathcal{F}_{\mathfrak{X}/F}$ をその導手因子とする．F の成分でない曲線 G は，$(G) \geq \mathcal{F}_{\mathfrak{X}/F}$ であるとき，F に**随伴** (adjoint) しているという．このとき，以下のことを示せ．

   (a) G が F に随伴してかつ $\deg G = p - 3$ であるならば，$C := (G) - \mathcal{F}_{\mathfrak{X}/F}$ は $\mathfrak{X}$ の有効標準因子である．

   (b) F が通常特異点しかもたず，また $\mathfrak{X}$ が有理的でないならば，F は次数 $p-3$ の随伴曲線をもつ．

   (c) F が通常特異点しかもたないならば，すべての有効標準因子は次数 $p-3$ のある随伴曲線 G によって $(G) - \mathcal{F}_{\mathfrak{X}/F}$ と表される．(すべての有理的でない抽象リーマン面は有効標準因子をもつことに注意せよ．)

4. p と q を互いに素である二つの自然数とし，$H := \langle p, q \rangle$ を p と q によって生成された数値半群とする．このとき，H のフロベニウス数を求めよ．また，以下を示せ．

   (a) $X^p - Y^q$ により与えられる分枝は数値半群 H をもつ．

   (b) H は対称的である．(これは (a) から得られる．ところが，直接的な証明を容易に与えることもできる．)

第II部
代数的な基礎

> 付録の番号 J が抜けているのは，数学的記号 J との混同を避けるためである．

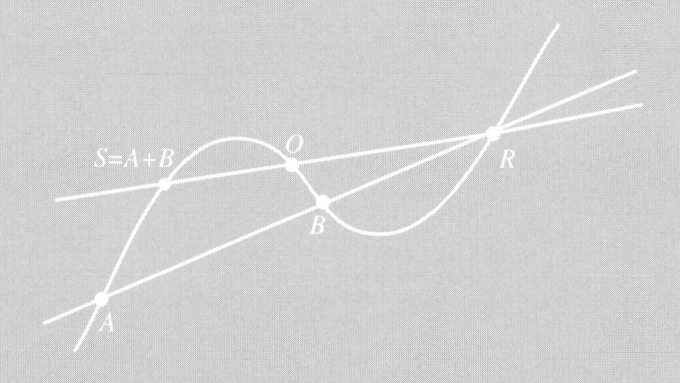

代数的な基礎

以下にあげてあるリストは，本書においてよく知られていると仮定されている代数の分野の名前あるいは術語である．それらによって，本書の文章に現れる言葉が意味されていることは明らかになるであろう．

線形代数より．

- ベクトル空間の理論，行列や 1 次変換の理論．
- 行列式の理論．
- 加群や自由加群，ねじれのない加群の概念．
- 部分加群や剰余加群．
- 加群の間の線形写像と双対加群．
- 単項イデアル整域 (PID) 上の加群に対する基本定理．
- 加群に対するヒルベルトの基底定理．

環論より．

- 単元や零因子，ベキ零元，整域などの基本的概念．
- 環準同型写像と準同型定理．
- イデアルと剰余環．
- 素イデアルと極大イデアル．
- 多変数の多項式環とベキ級数環．
- 一意分解整域 (UFD) に関する基本的な事実．

- ネーター環の概念と多項式環に対するヒルベルトの基底定理.

代数 S/R によって，三つの組 (R, S, ρ) を表す．ただし，R と S は可換環で，$\rho : R \to S$ は環準同型写像である．写像 ρ はこの代数に対する構造射 (structure homomorphism) という．

体論より．

- 有限拡大（体）の理論.
- 体拡大における代数的元と超越元.
- 共役元.
- 代数的閉体.
- 整域の商体.

さらにこのほかに必要なものは，この後に続く付録 A から付録 L である．時間とページ数の節約のため，多くの結果はそれらのもっとも一般的な形でなく，我々が必要とする形でのみ述べられる．[B] や [E], [Ku$_1$], [M] のような可換代数についての教科書においては，当然完全な説明が与えられている．

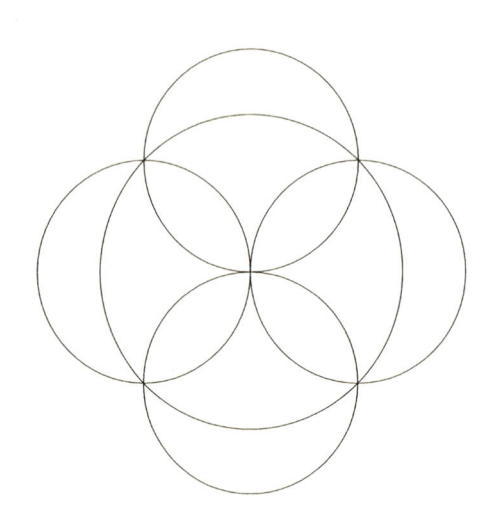

付録 A
次数代数と次数加群

付録 A は線形代数の短い章である．G/K を与えられた代数とし，M を G-加群とする．このとき，G と M は自然なやり方で K-加群として考えることができる．

定義 A.1. 代数 G/K の**次数付け** (grading) とは，次の条件をみたす K-部分加群 $G_k \subset G$ の族 $\{G_k\}_{k \in \mathbb{Z}}$ のことである．

(a) $G = \bigoplus_{k \in \mathbb{Z}} G_k$.

(b) $G_k G_l \subset G_{k+l}$ （任意の $k, l \in \mathbb{Z}$ に対して）．

G が次数付け $\{G_k\}_{k \in \mathbb{Z}}$ をもつとき，G は**次数付き K-代数** (graded K-algebra)，または，略して**次数 K-代数**であるという．G_k の元は次数 k の**斉次形**，あるいは**斉次元**であるという．$g \in G$ が $g_k \in G_k$ として $g = \sum_{k \in \mathbb{Z}} g_k$ と表されるとき，g_k を g の次数 k の**斉次成分** (homogeneous component) という．

定義 A.2. $G = K[X_1, \ldots, X_m]$ を環 K 上の変数 $X_1, \ldots, X_m$ に関する多項式代数とし，$k \in \mathbb{Z}$ に対して，G_k を次数 k のすべての斉次多項式

$$\sum_{\nu_1 + \cdots + \nu_m = k} a_{\nu_1 \ldots \nu_m} X_1^{\nu_1} \cdots X_m^{\nu_m} \quad (a_{\nu_1 \ldots \nu_m} \in K)$$

の集合とする．ここで，$k < 0$ に対しては $G_k = \{0\}$ とする．すると，$\{G_k\}_{k \in \mathbb{Z}}$ が代数 G/K の次数付けであることは明らかである．

次数 k の斉次多項式 $F \in G$ は次の性質をもつ．すなわち，任意の $\lambda \in K$ に対して，
$$F(\lambda X_1, \ldots, \lambda X_m) = \lambda^k F(X_1, \ldots, X_m) \tag{1}$$
が成り立つ．逆に，K が無限体でかつ $F \in G$ が性質 (1) をみたす多項式ならば，F は次数 k の斉次形である．なぜなら，$F = \sum_{i \in \mathbb{Z}} F_i$ が F の斉次成分への分解とすれば，F と F_i に対して (1) を適用すると
$$F(\lambda X_1, \ldots, \lambda X_m) = \lambda^k F(X_1, \ldots, X_m) = \lambda^k \sum_{i \in \mathbb{N}} F_i(X_1, \ldots, X_m)$$
と
$$F(\lambda X_1, \ldots, \lambda X_m) = \sum_{i \in \mathbb{N}} F_i(\lambda X_1, \ldots, \lambda X_m) = \sum_{i \in \mathbb{N}} \lambda^i F_i(X_1, \ldots, X_m)$$
が得られる．λ は無限の値をとるから，係数を比較して $F = F_k$ を得るからである．

次数 k の斉次多項式のもう一つの性質は**オイラーの公式** (Euler's formula)
$$kF = \sum_{i=1}^{m} X_i \frac{\partial F}{\partial X_i} \tag{2}$$
により与えられる．$\mathbb{Q} \subset K$ ならば，次数 k の斉次多項式は，この公式によって特徴付けられることを証明するのは難しいことではない．

さて次に，$G = \bigoplus_{k \in \mathbb{Z}} G_k$ を任意の次数 K-代数とする．定義 A.1 (b) によって，G_0 は G の部分環であり，G_k は G_0-加群である．ゆえに，$1 \in G_0$ となる．なぜなら，$1 = \sum_{k \in \mathbb{Z}} l_k$ $(l_k \in G_k)$ を単位元 1 の斉次成分への分解とすれば，すべての斉次成分 $g \in G$ に対して $g = g \cdot 1 = \sum_{k \in \mathbb{Z}} g \cdot l_k$ が成り立ち，またこのとき両辺を比較することにより，$g = g \cdot l_0$ を得る．これは任意の $g \in G$ に対して成り立つから，$1 = l_0$ が得られる．

補題 A.3. 環 G が整域ならば，G の斉次成分の任意の因数はまた斉次形である．

（証明）$g \in G$ を斉次元とし，$g = ab$ $(a, b \in G)$ とする．a と b を次のように，斉次形に分解する．
$$a = a_p + a_{p+1} + \cdots + a_q \quad (a_i: \text{次数 } i \text{ の斉次形}, \ p \leq q, \ a_p \neq 0, \ a_q \neq 0),$$

$$b = b_m + b_{m+1} + \cdots + b_n \quad (b_j : \text{次数} j \text{の斉次形}, m \leq n, b_m \neq 0, b_n \neq 0).$$

このとき,
$$g = a_p b_m + \cdots + a_q b_n$$

となる. G は整域であるから, $a_p b_m \neq 0$ でかつ $a_q b_n \neq 0$ である. また, $a_p b_m$ は次数 $p+m$ である g の斉次成分であり, $a_q b_n$ は次数 $q+n$ である g の斉次成分である. g は斉次元であるから, $p = q$ かつ $m = n$ でなければならない. したがって, $a = a_p$ でかつ $b = b_m$ となる. ∎

この補題は, 特に任意の整域 K 上の多項式代数 $K[X_1, \ldots, X_m]$ の場合に適用される. K が一意分解整域ならば, 斉次多項式の既約因数はそれ自身 $K[X_1, \ldots, X_m]$ における斉次多項式である. この観点から,「斉次多項式に対する代数学の基本定理」について述べることができる.

定理 A.4. K を代数的閉体とし, $F \in K[X, Y]$ を次数 d の斉次多項式とする. このとき, F は 1 次因の積に分解する.

$$F = \prod_{i=1}^{d}(a_i X - b_i Y), \quad (a_i, b_i) \in K^2 \quad (i = 1, \ldots, d).$$

(証明) $F = \sum_{j=0}^{d} c_j X^j Y^{d-j}$ $(c_j \in K)$ とする. K は代数的閉体であるから, 多項式 $f := \sum_{j=0}^{d} c_j X^j$ は 1 次因数に分解する.

$$f = \prod_{i=1}^{d}(a_i X - b_i).$$

すると, $F(X, Y) = Y^d f(\frac{X}{Y}) = \prod_{i=1}^{d}(a_i X - b_i Y)$ と表される. ∎

次に, $G = \bigoplus_{k \in \mathbb{Z}} G_k$ を次数 K-代数とする. このとき, 次数 G-加群の概念を定義する.

定義 A.5. M 上の**次数付け** (grading) とは, 次の条件をみたす K-部分加群 $M_k \subset M$ の族 $\{M_k\}_{k \in \mathbb{Z}}$ のことである.

(a) $M = \bigoplus_{k \in \mathbb{Z}} M_k$.

(b)　$G_k M_l \subset M_{k+l}$　　（任意の $k, l \in \mathbb{Z}$ に対して）．

M が次数付けをもつとき，M は**次数付き加群** (graded module)，または略して次数環 G 上の**次数加群**であるという．

前に次数付き代数に対して導入された，「斉次元」と「斉次成分」の概念は次数付き加群にも同様に定義される．定義 A.5 (b) によって，M_k はすべて G_0-加群である．

$M = \oplus M_k$ を次数環 G 上の次数加群とするとき，M が有限生成ならば，M は斉次元からなる有限生成系をもつ．なぜなら，M の有限生成系の元のすべての斉次成分をとればよいからである．

定義 A.6. M の部分加群を U とする．$u \in U$ であり，$u = \sum_{k \in \mathbb{Z}} u_k$ を u の斉次成分 $u_k \in M_k$ $(k \in \mathbb{Z})$ への分解とするとき，すべての $k \in \mathbb{Z}$ に対して $u_k \in U$ が成り立つならば，部分加群 U を M の**次数部分加群** (graded submodule)，または**斉次部分加群** (homogeneous submodule) という．

特に，この定義は次数環として，たとえば，多項式環の場合には**斉次イデアル** (homogeneous ideal) を定義する．斉次部分加群 $U \subset M$ はそれ自身 G 上の次数付き加群である．すなわち，

$$U = \bigoplus_{k \in \mathbb{Z}} U_k, \quad U_k := U \cap M_k \quad (k \in \mathbb{Z}).$$

補題 A.7. 部分加群 $U \subset M$ に対して，次は同値である．

(a)　U は M の斉次部分加群である．
(b)　U は M の斉次元によって生成される．
(c)　族 $\{(M_k + U)/U\}_{k \in \mathbb{Z}}$ は M/U の次数付けである．

（証明）　(a) $\Rightarrow$ (b)．U の斉次元は明らかに U の生成系をつくる．

(b) $\Rightarrow$ (a)．$\{x_\lambda\}$ を M の斉次元からなる U の生成系とし，$\deg x_\lambda =: d_\lambda$ とおく．$u \in U$ に対して，$u = \sum_\lambda g_\lambda x_\lambda$, $g_\lambda \in G$ と表し，各 g_λ を斉次成分に分

解する. $g_\lambda = \sum_i g_{\lambda_i}$, $g_{\lambda_i} \in G_i$. このとき,

$$u = \sum_k \left(\sum_\lambda \sum_{i+d_\lambda=k} g_{\lambda_i} x_\lambda \right)$$

と表され, $u_k := \sum_\lambda \sum_{i+d_\lambda=k} g_{\lambda_i} x_\lambda$ は次数 k の斉次元である. すべての $k \in \mathbb{Z}$ に対して, $u_k \in U$ であるから, これより (a) は示された.

(a) $\Rightarrow$ (c). $M/U = \sum_{k \in \mathbb{Z}} (M_k + U)/U$ であることは明らかであるから, この和が直和であることを示せば十分である. $m_k \in M_k$ に対して, $\overline{m}_k$ により M/U における剰余類を表す. 元 $m_k \in M_k$ ($k \in \mathbb{Z}$) に対して $\sum_{k \in \mathbb{Z}} \overline{m}_k = 0$ とすると, $\sum_{k \in \mathbb{Z}} m_k \in U$ である. U は M の斉次部分加群であるから, $m_k \in U$ となり, すべての $k \in \mathbb{Z}$ に対して $\overline{m}_k = 0$ を得る.

(c) $\Rightarrow$ (a). 各元 $u \in U$ は $u = \sum_{k \in \mathbb{Z}} u_k$, $u_k \in M_k$ ($k \in \mathbb{Z}$) という形に表される. このとき, M/U においては,

$$0 = \overline{u} = \sum_{k \in \mathbb{Z}} \overline{u}_k$$

が成り立つ. ゆえに, すべての $k \in \mathbb{Z}$ に対して $\overline{u}_k = 0$ となる. したがって, $u_k \in U$ を得る. ∎

$U \subset M$ が斉次部分加群ならば, 通常暗黙のうちに, M/U は補題 A.7 (c) により与えられる次数付けをもつと仮定する. 標準的全射準同型写像 $M \to M/U$ は「次数 0 の斉次形」である, すなわち, M の斉次元は同じ次数の斉次元に写像される. $I \subset G$ が斉次イデアルならば, G/I もまた次数付けを $\{(G_k + I)/I\}_{k \in \mathbb{Z}}$ とする次数 K-代数である.

M の部分加群

$$IM := \left\{ \sum_\alpha x_\alpha m_\alpha \mid x_\alpha \in I, \ m_\alpha \in M \right\}$$

は斉次元によって生成されており, したがって次数部分加群である. すなわち, M/IM は次数 G-加群である. 特別な場合として, $g \in G$ が斉次元であるときはいつでも, 剰余加群 M/gM は次数 G-加群である.

次数 K-代数 $G = \bigoplus_{k \in \mathbb{Z}} G_k$ は, $k < 0$ に対して $G_k = 0$ であるとき, **正の次数付け** (positively graded) をもつという. $M = \bigoplus_{k \in \mathbb{Z}} M_k$ は, ある $k_0 \in \mathbb{Z}$ が

存在して，$k < k_0$ に対して $M_k = \{0\}$ であるとき，この次数付けは**下に有界**であるという．

次の補題は非常に多くの場合に用いられる．

次数加群に対する中山の補題 A.8. G を次数 K-代数，$I \subset G$ を正の次数をもつ斉次元により生成されるイデアルとする．また，M を次数 G-加群とし，$U \subset M$ を次数部分加群とする．M/U の次数付けが下に有界であり，また
$$M = U + IM$$
であるならば，$M = U$ となる．

（証明）$N := M/U$ は下に有界な次数付けをもつ次数 G-加群であり，$N = IN$ が成り立つ．$N \neq \{0\}$ と仮定する．いま，$n \in N \setminus \{0\}$ を最小次数をもつ斉次元とする．この元を
$$n = \sum x_\alpha n_\alpha$$
という形に表すことができる．ただし，$x_\alpha \in I$ は正の次数をもつ斉次元であり，$n_\alpha \in N \setminus \{0\}$ である．ところが，このとき $\deg(n_\alpha) < \deg(n)$ でなければならないが，これは矛盾である．したがって，$N = \{0\}$ となり，$M = U$ を得る． ∎

さて，G を正の次数付けをもつ代数とし，次数 $\alpha_i \in \mathbb{N}_+$ $(i = 1, \ldots, m)$ の適当な斉次元 x_i により
$$G = G_0[x_1, \ldots, x_m]$$
と表されたと仮定する．このような状況は多項式代数（例 A.2 参照）とそれらの剰余代数の場合に生じる．

各 G_k $(k \in \mathbb{N})$ は G_0-加群として $\sum_{i=1}^m \nu_i \alpha_i = k$ をみたす元 $x_1^{\nu_1} \cdots x_m^{\nu_m}$ によって生成される．さらに，M が有限生成である次数 G-加群
$$M = Gm_1 + \cdots + Gm_t$$
とする．ここで，m_i は次数 d_i $(i = 1, \ldots, t)$ の斉次元である．このとき，すべての $k \in \mathbb{Z}$ に対して，M_k は G_0-加群として（有限個の）元

$$x_1^{\nu_1} \cdots x_m^{\nu_m} m_i, \quad d_i + \sum_{j=1}^{m} \nu_j \alpha_j = k$$

によって生成される．最後に，$G_0 = K$ が体ならば，M_k は有限次元 K-ベクトル空間である．これらのベクトル空間の次元は，代数学や代数幾何学，組み合わせ論において重要な役割を果たす．

定義 A.9. 上で述べた仮定のもとで，$k \in \mathbb{Z}$ に対して

$$\chi_M(k) := \dim_K M_k$$

によって定義される写像 $\chi_M : \mathbb{Z} \to \mathbb{N}$ を次数 G-加群 M の**ヒルベルト関数**(Hilbert function) という．

例 A.10（多項式代数のヒルベルト関数）．K を体とし，$G = K[X_1, \ldots, X_m]$ を次数 1 の m 変数 $X_1, \ldots, X_m$ に関する K 上の多項式代数とする．$k < 0$ に対して $\chi_G(k) = 0$ であり，$k \geq 0$ に対して

$$\chi_G(k) = \binom{m+k-1}{m-1} = \binom{m+k-1}{k}$$

が成り立つ．これは次数 k の単項式 $X_1^{\nu_1} \cdots X_m^{\nu_m}$ の個数に対する公式である．

補題 A.11. 定義 A.9 の仮定のもとで，$g \in G$ を次数 d の斉次元とする．写像 $\mu_g : M \to M$ $(m \mapsto gm)$ が単射であると仮定する．このとき，$k \in \mathbb{Z}$ に対して次が成り立つ．

$$\chi_{M/gM}(k) = \chi_M(k) - \chi_M(k-d).$$

（証明）$\mu_g(M_{k-d}) \subset M_k$ が成り立つ（定義 A.5 (b) により）．ゆえに，各 $k \in \mathbb{Z}$ に対して K-ベクトル空間の完全系列

$$0 \longrightarrow M_{k-d} \xrightarrow{\mu_g} M_k \longrightarrow (M/gM)_k \longrightarrow 0$$

がある．求める公式はこれより得られる． ∎

例 A.12. K を体とする．このとき，以下のことが成り立つ．

(a) 次数 $d > 0$ の斉次多項式 $F \in K[X_1, \ldots, X_m]$ に対して, $G := K[X_1, \ldots, X_m]/(F)$ とおく. このとき, $\chi_G(k)$ は次の式で求められる.

$$\chi_G(k) = \begin{cases} \binom{m+k-1}{m-1} & (0 \leq k < d), \\ \binom{m+k-1}{m-1} - \binom{m+k-d-1}{m-1} & (d \leq k). \end{cases}$$

(b) $F, G \in K[X, Y]$ をそれぞれ次数を $\deg F = p > 0, \deg G = q > 0$ とする斉次多項式とし, $A := K[X, Y]/(F, G)$ とおく. F と G が互いに素であり, $p \leq q$ とすれば, A のヒルベルト関数 χ_A は次のようである.

$$\chi_A(k) = \begin{cases} k+1 & (0 \leq k < p), \\ p & (p \leq k < q), \\ p+q-k-1 & (q \leq k < p+q), \\ 0 & (k \geq p+q). \end{cases}$$

図 A.1 はこの関数の「グラフ」の概略図である.

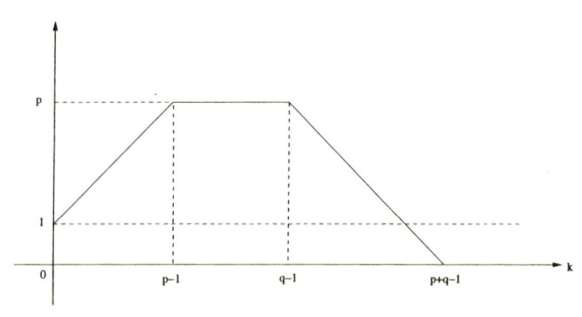

図 A.1 $A = K[X, Y]/(F, G)$ のヒルベルト関数 χ_A のグラフ

証明は補題 A.11 を二つの場合に応用することにより得られる. $A^0 := K[X, Y]$ に対して,

$$\chi_{A^0}(k) = k + 1 \qquad (k \in \mathbb{N})$$

であることが容易にわかる. また, $A^1 := K[X, Y]/(F)$ に対しては, (a) によって次が成り立つ.

$$\chi_{A^1}(k) = \begin{cases} k+1 & (0 \leq k \leq p-1), \\ p & (p \leq k). \end{cases}$$

F と G は互いに素であるから，A^1 の上への G による乗法からなる写像は A^1 上の非零因子である．したがって，補題 A.11 を用いることができ，上の公式が得られる．このことより，特に次のことがわかる．

$$\dim_K A = \sum_{k=0}^{p+q-2} \chi_A(k) = pq. \tag{3}$$

たとえば，図 A.1 からこの式は容易に得られる．

演習問題

1. K を体とし，$G = \bigoplus_{k \geq 0} G_k$ を正の次数付けをもつ K-代数とする．$G_0 = K$ とし，$G = K[x_1, \ldots, x_n]$ とおく．ただし，元 x_i は次数 $d_i \in \mathbb{N}_+$ ($i = 1, \ldots, n$) の斉次元である．形式的ベキ級数

$$H_G(t) = \sum_{k=0}^{\infty} \chi_G(k) t^k \in \mathbb{Z}[[t]]$$

を G のヒルベルト級数 (Hilbert series) という．$g \in G$ が次数 d の斉次元でかつ，G 上の非零因子であるとき，これは次のような式で与えられることを示せ．

$$H_{G/gG}(t) = (1-t^d) H_G(t).$$

2. 体 K 上の多項式代数 $P = K[X_1, \ldots, X_n]$ に対して，$\deg X_i = d_i \in \mathbb{N}_+$ ($i = 1, \ldots, n$) として次数付けをすることができる．

   (a) 次の式が成り立つことを示せ．
   $$(1-t^{d_1})\cdots(1-t^{d_n}) H_P(t) = 1.$$

   (b) $d_1 = \cdots = d_n = 1$ であるとき，どのようなベキ級数が得られるか？

3. I を K-全射準同型写像 $\alpha : P \to G$ の核とする．ただし，$\alpha(X_i) = x_i$ ($i = 1, \ldots, n$) である (G と P は演習問題 1 と 2 で定義されたものとする)．このとき，I は P の斉次イデアルであることを示せ．

4. 次を示せ．

   (a) 演習問題 2 の仮定のもとで，$F \in P$ を次数 k の斉次元とする．このとき，
   $$kF = \sum_{i=1}^{n} d_i X_i \frac{\partial F}{\partial X_i}$$

   が成り立つ．

(b) この公式が $F \in P$ に対して成り立ち，K が標数 0 の体であるならば，F は次数 k の斉次元である．

5. $G = \bigoplus_{k \in \mathbb{Z}} G_k$ を次数環とし，$I \subset G$ を斉次イデアルとする．斉次元 $a, b \notin I$ に対して，つねに $ab \notin I$ が成り立つと仮定する．このとき，I は素イデアルであることを示せ．

6. 演習問題 5 で与えられた G に対して，$\mathfrak{P} \in \mathrm{Spec}(G)$ とし，$\mathfrak{P}^*$ を，$\mathfrak{P}$ のすべての斉次元により生成されたイデアルとする．$\mathfrak{P}^* \in \mathrm{Spec}(G)$ であることを示せ．このことより，G のすべての極小素イデアルは斉次形であり，各斉次イデアル $I \subset G$ に対して，I の極小素因子は斉次形であることを結論として導け．

付録 B

フィルター代数

ここでフィルター代数が何に対して利点をもつかということを説明しようとは思わない．それは応用例によって示されるであろう．ただ，この付録 B は本書全体のなかで基本的であること，またコンピュータ代数の我々の友人は，多項式環における実際的な計算をしたり，あるいは，代数方程式系に対する具体的な解を与えるために同じ方法を用いて研究をしている，とだけ言っておこう（すぐれた入門書については [KR] を参照せよ）．しかしながら，このためには，$\mathbb{Z}$-次数付けと $\mathbb{Z}$-フィルターを，G-次数付けと G-フィルターによって置き換えることが必要である．ただし，G は順序のついたアーベル群である．この付録 B の結果をより一般的な場合に拡張するのに何ら基本的な問題はない．

S/R を代数とする．

定義 B.1. S/R の（上昇）**フィルター** (filtration) とは次の条件をみたす R-部分加群 $F_i \subset S$ $(i \in \mathbb{Z})$ の族 $\mathcal{F} = \{\mathcal{F}_i\}_{i \in \mathbb{Z}}$ のことである．

(a) すべての $i \in \mathbb{Z}$ に対して，$\mathcal{F}_i \subset \mathcal{F}_{i+1}$ が成り立つ．
(b) すべての $i, j \in \mathbb{Z}$ に対して，$\mathcal{F}_i \cdot \mathcal{F}_j \subset \mathcal{F}_{i+j}$ が成り立つ．
(c) $1 \in \mathcal{F}_0$.
(d) $\bigcup_{i \in \mathbb{Z}} \mathcal{F}_i = S$.

このフィルターをもつ代数 S/R を**フィルター代数** (filtered algebra) という．このような代数を $(S/R, \mathcal{F})$ によって表す．$\bigcap_{i \in \mathbb{Z}} \mathcal{F}_i = \{0\}$ であるとき，$\mathcal{F}$ は

分離的 (separated) であるという.

$(S/R, \mathcal{F})$ がフィルター代数であるとき，定義 B.1 (b) と B.1 (c) より，$\mathcal{F}_0$ は S の部分環であり，各 $\mathcal{F}_i$ は $\mathcal{F}_0$-加群である．$\mathcal{F}$ が分離的ならば，次のようにして，$\mathcal{F}$ に関する零でない元 $f \in S$ の**位数** (order) を定義することができる．

$$\mathrm{ord}_{\mathcal{F}} f := \mathrm{Min}\{i \in \mathbb{Z} \mid f \in \mathcal{F}_i\}.$$

また，$\mathrm{ord}_{\mathcal{F}} 0 = -\infty$ とおく．次の公式は定義 B.1 から容易に得られる．

規則 B.2. $f, g \in S$ とするとき，次が成り立つ．

(a) $\mathrm{ord}_{\mathcal{F}}(f+g) \leq \mathrm{Max}\{\mathrm{ord}_{\mathcal{F}} f, \mathrm{ord}_{\mathcal{F}} g\}$. さらに，$\mathrm{ord}_{\mathcal{F}} f \neq \mathrm{ord}_{\mathcal{F}} g$ ならば，等式が成り立つ．

(b) $\mathrm{ord}_{\mathcal{F}}(f \cdot g) \leq \mathrm{ord}_{\mathcal{F}} f + \mathrm{ord}_{\mathcal{F}} g$.

例 B.3.

(a) **次数フィルター** (degree filtration). 次数環 $S = \bigoplus_{i \in \mathbb{Z}} S_i$ を $R := S_0$ 上の代数として考え，

$$\mathcal{F}_i = \bigoplus_{\rho \leq i} S_\rho \quad (i \in \mathbb{Z})$$

とおけば，S/R の分離的フィルター $\mathcal{F} = \{\mathcal{F}_i\}_{i \in \mathbb{Z}}$ を得る．これを**次数フィルター** (degree filtration) という．元 $f \in S \setminus \{0\}$ の位数は，この場合，f の零でない斉次成分の最大の次数である．特に，任意の不定元の族 $\{X_\lambda\}_{\lambda \in \Lambda}$ に関する各多項式代数 $S = R[\{X_\lambda\}_{\lambda \in \Lambda}]$ は次数フィルターをもつ．

(b) **I-進フィルター．** S/R を代数とし，$I \subset S$ をイデアルとする．$k \in \mathbb{N}_+$ に対して，$\mathcal{F}_{-k} := I^k$ を I の k-次のベキ，すなわち，すべての積 $a_1 \cdots a_k$ ($a_i \in I, i = 1, \ldots, k$) によって生成される S のイデアルとする．$k \in \mathbb{N}$ に対して，$\mathcal{F}_k := S$ とする．このとき，すべての $k \in \mathbb{Z}$ に対して $\mathcal{F}_k$ は R-加群であり，また

$$\cdots \subset I^k \subset I^{k-1} \subset \cdots \subset I^1 = I \subset I^0 = S = S = \cdots.$$

$\mathcal{F} = \{\mathcal{F}_i\}_{i \in \mathbb{Z}}$ は S/R のフィルターである．これを I-進フィルター (I-adic filtration) という．$I = S$ という特別な場合は S/R の**自明なフィルター** (trivial filtration) という．このとき，すべての $i \in \mathbb{Z}$ に対して $\mathcal{F}_i = S$ である．

S が極大イデアルを $\mathfrak{m}$ とする局所環であるとき，S の $\mathfrak{m}$-進フィルターを用いることが多い（$\mathbb{Z}$-代数として）．

一般に，I-進フィルターは分離的ではない．しかしながら，クルルの共通集合定理 E.7 はそれらが分離的であるための条件を与えている．我々にとって，単純ではあるが，しかし非常に重要な例は次のようである．$S = R[X_1, \ldots, X_n]$ を多項式代数で，$I = (X_1, \ldots, X_n)$ とする．この場合，I^k は $\alpha_1 + \cdots + \alpha_n = k$ をみたすすべての単項式 $X_1^{\alpha_1} \cdots X_n^{\alpha_n}$ により生成されるイデアルであり，この I-進フィルターは分離的である．多項式 $F \neq 0$ の位数は F の零でない斉次成分の最小次数の負の数である．

さて，次に $(S/R, \mathcal{F})$ を任意のフィルター代数とする．S 上の不定元 T に関する「ローラン多項式」のつくる環 $S[T, T^{-1}] = \bigoplus_{i \in \mathbb{Z}} ST^i$ において，次の部分環を考えることができる．

$$\mathcal{R}_{\mathcal{F}} S := \bigoplus_{i \in \mathbb{Z}} \mathcal{F}_i T^i.$$

定義 B.1 の公理によって，これは実際 $S[T, T^{-1}]$ の部分環であり，次数代数である．すなわち，$\mathcal{R}_{\mathcal{F}}^i S := \mathcal{F}_i T^i$ とおけば次のように表される．

$$\mathcal{R}_{\mathcal{F}} S = \bigoplus_{i \in \mathbb{Z}} \mathcal{R}_{\mathcal{F}}^i S.$$

$1 \in \mathcal{F}_0 \subset \mathcal{F}_1$ であるから，$T \in \mathcal{R}_{\mathcal{F}} S$ であり，$\mathcal{R}_{\mathcal{F}} S$ は $R[T]$-代数として考えることもできる．この $\mathcal{R}_{\mathcal{F}} S$ をフィルター代数 $(S/R, \mathcal{F})$ の**リース代数** (Rees algebra) という．

$(S/R, \mathcal{F})$ に**付随した次数代数** (associated graded algebra) $\mathrm{gr}_{\mathcal{F}} S$ は次のようにして構成される．各 $i \in \mathbb{Z}$ に対して，$\mathrm{gr}_{\mathcal{F}}^i S := \mathcal{F}_i / \mathcal{F}_{i-1}$ とし，

$$\mathrm{gr}_{\mathcal{F}} S := \bigoplus_{i \in \mathbb{Z}} \mathrm{gr}_{\mathcal{F}}^i S$$

をこれらの R-加群の直和とする．$\mathrm{gr}_{\mathcal{F}} S$ 上の乗法を次のようにして定義する．$a + \mathcal{F}_{i-1} \in \mathrm{gr}_{\mathcal{F}}^i S$，$b + \mathcal{F}_{j-1} \in \mathrm{gr}_{\mathcal{F}}^j S$ に対して，

$$(a + \mathcal{F}_{i-1}) \cdot (b + \mathcal{F}_{j-1}) := a \cdot b + \mathcal{F}_{i+j-1}$$

とおく．この結果は各剰余類の代表元 a, b の選び方には依存しない．ゆえに，$\mathrm{gr}_{\mathcal{F}} S$ の次斉元の積を定義できる．そして，この積を分配法則により任意の元に対して拡張することができる．このとき，$\mathrm{gr}_{\mathcal{F}} S$ は次数付き代数となる．

次に，$\mathcal{F}$ が分離的であるとする．$f \in S \setminus \{0\}$ に対して，

$$f^* := f \cdot T^{\mathrm{ord}_{\mathcal{F}} f} \in \mathcal{R}_{\mathcal{F}} S$$

を f の**斉次化** (homogenization) といい，

$$L_{\mathcal{F}} f := f + \mathcal{F}_{\mathrm{ord} f - 1} \in \mathrm{gr}_{\mathcal{F}} S$$

を f の**先導形式** (leading form) という．$f = 0$ については，$f^* = 0$ とし，また $L_{\mathcal{F}} f = 0$ とおく．

例 B.4.

(a) **次数フィルター．** 例 B.3 (a) の状況において，

$$\mathrm{gr}_{\mathcal{F}}^i S = \mathcal{F}_i / \mathcal{F}_{i-1} = \bigoplus_{\rho \leq i} S_\rho \Big/ \bigoplus_{\rho \leq i-1} S_\rho \cong S_i \qquad (i \in \mathbb{Z})$$

であり，次数付き R-代数の標準的な同型写像がある．

$$\mathrm{gr}_{\mathcal{F}} S \cong S.$$

この同型写像によって，$f \in S \setminus \{0\}$ の先導形式 $L_{\mathcal{F}} f = f + \mathcal{F}_{\mathrm{ord} f - 1}$ を f の最大次数をもつ斉次成分と同一視する．しばしばこれを f の「**次数形式**」(degree form) ともいう．

$f = f_m + f_{m+1} + \cdots + f_d$ を f の斉次成分 $f_i \in S_i$ ($m \leq d, f_m \neq 0, f_d \neq 0$) への分解とすると，$\mathcal{R}_{\mathcal{F}} S$ における f の斉次化 f^* は次の形に表される．

$$f^* = f T^d = (f_m T^m) T^{d-m} + \cdots + (f_{d-1} T^{d-1}) T + (f_d T^d). \qquad (1)$$

次に，$S = R[X_1, \ldots, X_n]$ が多項式代数である特別な場合を考える．このとき，$i < 0$ に対して $\mathcal{F}_i = 0$，$\mathcal{F}_0 = R$ である．また，

$$\mathcal{R}_{\mathcal{F}} S = R \oplus \mathcal{F}_1 T \oplus \mathcal{F}_2 T^2 \oplus \cdots \subset S[T] = R[T, X_1, \ldots, X_n].$$

X_i の斉次化 X_i^* は元 $X_i^* = X_i T \in \mathcal{F}_1 T$ $(i = 1, \ldots, n)$ であり,

$$\mathcal{R}_{\mathcal{F}} S = R[T, X_1^*, \ldots, X_n^*]$$

であることが容易にわかる. ただし, $\{T, X_1^*, \ldots, X_n^*\}$ は R 上の代数的に独立な元である. 言い換えると, $\mathcal{R}_{\mathcal{F}} S$ は R 上 $T, X_1^*, \ldots, X_n^*$ に関する多項式代数であり, これらすべての変数は次数 1 をもつ. $f \in R[X_1, \ldots, X_n]$ に対して, 等式 (1) は

$$f^* = fT^d = f_m(X_1^*, \ldots, X_n^*) T^{d-m} + \cdots$$
$$\cdots + f_{d-1}(X_1^*, \ldots, X_n^*) T + f_d(X_1^*, \ldots, X_n^*) \qquad (1')$$

となる. すなわち, f^* は多項式の斉次化により通常理解しているところのものである (ただし, X_i^* のかわりに X_i と書きさえすればよい).

$$f^*(T, X_1^*, \ldots, X_n^*) = T^{\deg(f)} f\left(\frac{X_1^*}{T}, \ldots, \frac{X_1^*}{T}\right).$$

(b) I-進フィルター. 例 B.3 (b) の状況において, $k > 0$ に対して, $\operatorname{gr}_{\mathcal{F}}^k S = \{0\}$ であり, かつ

$$\operatorname{gr}_{\mathcal{F}}^{-k} S = I^k / I^{k+1} \qquad (k \in \mathbb{N}).$$

ゆえに,

$$\operatorname{gr}_{\mathcal{F}} S = \bigoplus_{k=0}^{\infty} I^k / I^{k+1}.$$

$f \in I^k \setminus I^{k+1}$ に対して,

$$\operatorname{ord}_{\mathcal{F}} f = -k, \quad L_{\mathcal{F}} f = f + I^{k+1} \in I^k / I^{k+1}.$$

負の順序で考えるのはしばしば困惑するものであるから, 上昇列ばかりでなく, 下降列のフィルターを考えることができる. ただし, 何ら本質的な変更はない. 次数フィルターと I-進フィルターを同時に扱うために, 上昇フィルターに固定して考えよう.

上の例の場合, リース代数は次の形をしている.

$$\mathcal{R}_{\mathcal{F}} S = \bigoplus_{k \in \mathbb{N}} I^k T^{-k} \oplus \bigoplus_{k=1}^{\infty} S \cdot T^k.$$

$\bigoplus_{k\in\mathbb{N}} I^k T^{-k}$ を I-進フィルターの「拡張されていない」リース代数という. 我々にとって,「拡張された」リース代数 $\mathcal{R}_\mathcal{F} S$ によって考えることはより都合がよい.

S が多項式代数 $S = R[X_1,\ldots,X_n]$ である特別な場合に, $I = (X_1,\ldots,X_n)$ とすると, $\deg X_i = -1$ $(i=1,\ldots,n)$ として $\mathrm{gr}_\mathcal{F} S \cong R[X_1,\ldots,X_n]$ が成り立つ. さらに,

$$\mathcal{R}_\mathcal{F} S = R[T, X_1,\ldots,X_n][X_1 T^{-1},\ldots,X_n T^{-1}] \subset S[T, T^{-1}].$$

したがって, $X_i^* := X_i T^{-1}$ $(i=1,\ldots,n)$ とおけば,

$$\mathcal{R}_\mathcal{F} S = R[T, X_1^*,\ldots,X_n^*]$$

となる. ここで, $\{T, X_1^*,\ldots,X_n^*\}$ は R 上代数的に独立であり, $\deg X_i^* = -1$ $(i=1,\ldots,n)$ と同様に $\deg T = 1$ である. $f \in S$ を次数 i の斉次多項式 f_i により $f = f_m + \cdots + f_d$ という形に表し, $m \leq d$ でかつ $f_m \neq 0$ とすれば, このとき, $\mathrm{ord}_\mathcal{F} f = -m$ となり, $L_\mathcal{F} f$ は $\mathrm{gr}_\mathcal{F} S = R[X_1,\ldots,X_n]$ において f_m と同一視することができる. また, f^* は次のように表される.

$$f^* = fT^{-m} = f_m(X_1^*,\ldots,X_n^*) + Tf_{m+1}(X_1^*,\ldots,X_n^*) + \cdots$$
$$\cdots + T^{d-m} f_d(X_1^*,\ldots,X_n^*).$$

これは $R[T, X_1^*,\ldots,X_n^*]$ 上の与えられた次数付けを用いた次数 $-m$ の斉次多項式である.

次の定理は上で説明した代数の間の, 単純ではあるが重要な関係を与える.

定理 B.5. $(S/R, \mathcal{F})$ をフィルター代数とする. このとき, T は $\mathcal{R}_\mathcal{F} S$ の上で零因子ではない. また, 次数付き R-代数の標準的な同型写像

$$\mathcal{R}_\mathcal{F} S / T \cdot \mathcal{R}_\mathcal{F} S \xrightarrow{\cong} \mathrm{gr}_\mathcal{F} S \quad \left(\sum a_i T^i + T \cdot \mathcal{R}_\mathcal{F} S \longmapsto \sum (a_i + \mathcal{F}_i) \right)$$

と次の R-代数の標準的な同型写像が存在する.

$$\mathcal{R}_\mathcal{F} S / (T-1) \cdot \mathcal{R}_\mathcal{F} S \xrightarrow{\cong} S \quad \left(\sum a_i T^i + (T-1) \cdot \mathcal{R}_\mathcal{F} S \longmapsto \sum a_i \right).$$

（証明）　T は大きい環 $S[T, T^{-1}]$ において零因子ではないから，$\mathcal{R}_\mathcal{F} S$ においても零因子ではない．$\alpha(\sum a_i T^i) = \sum (a_i + \mathcal{F}_{i-1})$ によって定まる写像 $\alpha : \mathcal{R}_\mathcal{F} S \to \mathrm{gr}_\mathcal{F} S$ は矛盾無く定義され（すべての $i \in \mathbb{Z}$ に対して $a_i \in \mathcal{F}_i$ であるから），次数付き R-代数の全射準同型写像である．$\alpha(T \cdot \sum a_i T^i) = \alpha(\sum a_i T^{i+1}) = \sum (a_i + \mathcal{F}_i) = 0$ であるから，$T \cdot \mathcal{R}_\mathcal{F} S \subset \ker \alpha$ が成り立つ．逆に，$\alpha(\sum a_i T^i) = 0$ であるならば，すべての $i \in \mathbb{Z}$ に対して $a_i \in \mathcal{F}_{i-1}$ となる．ゆえに，$\sum a_i T^{i-1}$ はすでに $\mathcal{R}_\mathcal{F} S$ の元であり，よって，$\ker \alpha \subset T \cdot \mathcal{R}_\mathcal{F} S$ となる．したがって，$\ker \alpha = T \cdot \mathcal{R}_\mathcal{F} S$ を得る．準同型定理によって，α は次の同型写像を引き起こす．

$$\mathcal{R}_\mathcal{F} S / T \cdot \mathcal{R}_\mathcal{F} S \xrightarrow{\simeq} \mathrm{gr}_\mathcal{F} S.$$

$\beta(\sum a_i T^i) = \sum a_i$ により定義される写像 $\beta : \mathcal{R}_\mathcal{F} S \to S$ は R-代数の全射準同型写像であり，$\beta((T-1) \sum a_i T^i) = \beta(\sum (a_i - a_{i+1}) T^{i+1}) = \sum a_i - \sum a_{i+1} = 0$ となる．ゆえに，$(T-1) \cdot \mathcal{R}_\mathcal{F} S \subset \ker \beta$ を得る．さて逆に，$\sum a_i T^i \in \ker \beta \setminus \{0\}$ が与えられていると仮定し，$d := \max\{i \mid a_i \neq 0\}$ とおく．すると，

$$\sum a_i T^i = \sum a_i T^i - \left(\sum a_i\right) T^d = \sum a_i T^i (1 - T^{d-i}) \in (T-1) \cdot \mathcal{R}_\mathcal{F} S$$

が成り立つ．したがって，$\ker \beta = (T-1) \cdot \mathcal{R}_\mathcal{F} S$ を得る．このとき，同型写像

$$\mathcal{R}_\mathcal{F} S / (T-1) \mathcal{R}_\mathcal{F} S \xrightarrow{\simeq} S$$

は再び準同型定理から得られる．　∎

ここで説明しなかったほかの術語では，この定理は次のようにいうことができる．すなわち，$\mathrm{gr}_\mathcal{F} S$ は「点 $T = 0$ におけるファイバー」で，かつ，S は「点 $T = 1$ におけるファイバー」となるような「変形」(deformation) が存在する．この定理を用いて，$\mathrm{gr}_\mathcal{F} S$ から S を推測することができる．最初の例は次の系によって与えられ，もう一つは系 B.10 で与えられる．

系 B.6.　系 B.5 の仮定のもとで，$\mathcal{F}$ は分離的であるとし，$b_1, \ldots, b_m$ を S の元で，$\{L_\mathcal{F} b_1, \ldots, L_\mathcal{F} b_m\}$ が R-加群として $\mathrm{gr}_\mathcal{F} S$ を生成している（基底である）と仮定する．このとき，次が成り立つ．

(a) $\{b_1^*, \ldots, b_m^*\}$ は $R[T]$-加群として, $\mathcal{R}_{\mathcal{F}}S$ の生成系 (基底) である.

(b) $\{b_1, \ldots, b_m\}$ は R-加群として, S の生成系 (基底) である.

(証明) (a) 上で説明された全射準同型写像 $\alpha : \mathcal{R}_{\mathcal{F}}S \to \mathrm{gr}_{\mathcal{F}}S$ は b_i^* を $L_{\mathcal{F}}b_i$ $(i = 1, \ldots, m)$ に写像する. ゆえに,

$$\mathcal{R}_{\mathcal{F}}S = R[T] \cdot b_1^* + \cdots + R[T] \cdot b_m^* + T \cdot \mathcal{R}_{\mathcal{F}}S$$

と表される. いま, $\mathcal{R}_{\mathcal{F}}S$ を次数環 $R[T]$ 上の次数加群と考えることができる. R 上 $\mathrm{gr}_{\mathcal{F}}S$ は有限生成系をもつから, $\mathrm{gr}_{\mathcal{F}}S$ の次数付けは下に有界である. ゆえに, 小さい i に対して $\mathcal{F}_i/\mathcal{F}_{i-1} = 0$ となり, したがって, $\mathcal{F}$ は分離的であるから, $\mathcal{F}_i = \mathcal{F}_{i-1} = \mathcal{F}_{i-2} = \cdots = 0$ となる. 以上より, $\mathcal{R}_{\mathcal{F}}S$ 上の次数付け, そして $\mathcal{R}_{\mathcal{F}}S/(R[T]b_1^* + \cdots + R[T]b_m^*)$ 上の次数付けもまた下に有界である. すると, 中山の補題 A.8 を適用できる. したがって, 次の式が成り立つ.

$$\mathcal{R}_{\mathcal{F}}S = R[T] \cdot b_1^* + \cdots + R[T] \cdot b_m^*.$$

$\{L_{\mathcal{F}}b_1, \ldots, L_{\mathcal{F}}b_m\}$ が R 上 $\mathrm{gr}_{\mathcal{F}}S$ の基底であるとき, $\{b_1^*, \ldots, b_m^*\}$ は $R[T]$ 上 1 次独立であることを示すことが残っている.

$$\sum_{i=1}^{m} \rho_i b_i^* = 0 \quad (\rho_i \in R[T], \text{ある } \rho_i \neq 0) \tag{2}$$

と仮定する. このとき, 次のような斉次元 $\rho_i \in R[T]$

$$\rho_i = r_i T^{n_i} \quad (r_i \in R, \, n_i + \mathrm{ord}_{\mathcal{F}} b_i \text{ は } i \text{ に独立である})$$

を係数とする (2) のような形をもつ式も存在する. ところが, T は $\mathcal{R}_{\mathcal{F}}S$ において零因子ではない. したがって, 例 B.3 において, 係数 ρ_i の一つがもはや T で割り切れないところまで T を消去することができる. いま, $\mathrm{gr}_{\mathcal{F}}S$ に移行して考えると, (2) より, $L_{\mathcal{F}}b_1, \ldots, L_{\mathcal{F}}b_m$ の間に非自明な関係があることがわかる. しかし, これは矛盾である. ゆえに, $\{b_1^*, \ldots, b_m^*\}$ は $R[T]$ 上 $\mathcal{R}_{\mathcal{F}}S$ に対するは基底である.

(b) 全射準同型写像 $\beta : \mathcal{R}_{\mathcal{F}}S \to S$ は b_i^* を b_i $(i = 1, \ldots, m)$ に写像する. $\ker \beta = (T-1)\mathcal{R}_{\mathcal{F}}S$ であるから, (b) の主張は (a) のそれから直接得られる. ∎

さて，$(S/R, \mathcal{F})$ を分離的なフィルターをもつフィルター代数とし，$I \subset S$ をイデアルとする.

定義 B.7. $f \in I$ とするすべての f^* により生成されたイデアル $I^* \subset \mathcal{R}_{\mathcal{F}} S$ を I の**斉次化** (homogenization) といい，$f \in I$ とするすべての $L_{\mathcal{F}} f$ により生成されたイデアル $\mathrm{gr}_{\mathcal{F}} I \subset \mathrm{gr}_{\mathcal{F}} S$ を I に**付随した次数イデアル** (associated graded ideal) という.

剰余代数 $\overline{S} := S/I$ は次の式により定義されるフィルター $\overline{\mathcal{F}} = \{\overline{\mathcal{F}_i}\}_{i \in \mathbb{Z}}$ をもつ.
$$\overline{\mathcal{F}_i} := (\mathcal{F}_i + I)/I \qquad (i \in \mathbb{Z})$$
は $\mathcal{F}_i$ の $\overline{S}$ における像である. $\overline{\mathcal{F}} = \{\overline{\mathcal{F}_i}\}_{i \in \mathbb{Z}}$ を代数 S/R のフィルター $\mathcal{F}$ に付随した**剰余フィルター** (residue class filtration) という.

定理 B.8. $(S/R, \mathcal{F})$ を分離フィルター $\mathcal{F}$ をもつフィルター代数とし，$\overline{\mathcal{F}}$ を $\overline{S} := S/I$ 上の付随した剰余フィルターとする. このとき，次数付き $R[T]$-代数の標準的同型写像
$$\mathcal{R}_{\overline{\mathcal{F}}} \overline{S} \cong \mathcal{R}_{\mathcal{F}} S / I^*$$
と，次の次数付き R-代数の標準的同型写像がある.
$$\mathrm{gr}_{\overline{\mathcal{F}}} \overline{S} \cong \mathrm{gr}_{\mathcal{F}} S / \mathrm{gr}_{\mathcal{F}} I.$$

(証明) $a \in S$ の $\overline{S}$ における剰余類を $\overline{a}$ により表す. $\alpha(\sum a_i T^i) = \sum \overline{a}_i T^i$ により定義される写像 $\alpha : \mathcal{R}_{\mathcal{F}} S \to \mathcal{R}_{\overline{\mathcal{F}}} \overline{S}$ は次数付き $R[T]$-代数の全射準同型写像であり，$I^* \subset \ker \alpha$ をみたす. $a_i T^i \in \mathcal{R}_{\mathcal{F}} S$ $(a_i \in \mathcal{F}_i)$ に対して，$\alpha(a_i T^i) = 0$ が成り立つのは $a_i \in I$ のときであり，かつそのときに限る. ゆえに，$\mathrm{ord}_{\mathcal{F}} a_i =: k \leq i$ であり，$a_i^* \in I^*$ によって $a_i T^i = a_i^* T^{i-k}$ と表される. したがって，$\ker \alpha = I^*$ が成り立ち，準同型定理によって，α より同型写像 $\mathcal{R}_{\mathcal{F}} S / I^* \cong \mathcal{R}_{\overline{\mathcal{F}}} \overline{S}$ が誘導される.

$\beta(\sum a_i + \mathcal{F}_{i-1}) = \sum \overline{a}_i + \overline{\mathcal{F}}_{i-1}$ により定義される写像 $\beta : \mathrm{gr}_{\mathcal{F}} S \to \mathrm{gr}_{\overline{\mathcal{F}}} \overline{S}$ は次数付き R-代数の全射準同型写像であり，$\mathrm{gr}_{\mathcal{F}} I \subset \ker \beta$ となることは明らかである. 逆に，ある元 $a \in \mathcal{F}_i \setminus \mathcal{F}_{i-1}$ によって，$\beta(a + \mathcal{F}_{i-1}) = 0$ であると

すれば，$\bar{a} \in \overline{\mathcal{F}_{i-1}}$ となり，ゆえに $a \in I + \mathcal{F}_{i-1}$ を得る．このとき，$a + \mathcal{F}_{i-1}$ はすでにある元 $b \in I$ により代表される．すなわち，$a + \mathcal{F}_{i-1} = b + \mathcal{F}_{i-1}$, $b \notin \mathcal{F}_{i-1}$．したがって，$a + \mathcal{F}_{i-1} = L_\mathcal{F} b \in \mathrm{gr}_\mathcal{F} I$ となり，$\ker \beta = \mathrm{gr}_\mathcal{F} I$ が得られる．定理の後半の同型写像は準同型定理をもう一度使えば得られる．■

次の定理はフィルター代数におけるイデアルの生成に関するものである．

定理 B.9. $(S/R, \mathcal{F})$ を分離フィルター $\mathcal{F}$ をもつフィルター代数とし，$I \subset S$ をイデアルとする．さらに，$f_1, \ldots, f_n$ を I の元で，$\mathrm{gr}_\mathcal{F} I = (L_\mathcal{F} f_1, \ldots, L_\mathcal{F} f_n)$ をみたしていると仮定する．$S/(f_1, \ldots, f_n)$ 上への $\mathcal{F}$ の剰余フィルター $\overline{\mathcal{F}}$ が分離的ならば，次が成り立つ．

$$I = (f_1, \ldots, f_n).$$

(証明) $g \in I \setminus \{0\}$ とし，$\mathrm{ord}_\mathcal{F} g =: a$ とする．このとき，

$$L_\mathcal{F} g = \sum_{i=1}^n L_\mathcal{F} h_i \cdot L_\mathcal{F} f_i$$

という表現がある．ただし，$h_i \in S$ であり，$\mathrm{ord}_\mathcal{F} h_i + \mathrm{ord}_\mathcal{F} f_i = a$ $(i = 1, \ldots, n)$ である．このとき，

$$g - \sum_{i=1}^n h_i f_i \in I, \qquad \mathrm{ord}_\mathcal{F}(g - \sum_{i=1}^n h_i f_i) < a$$

である．すると，帰納法によって，

$$g \in \bigcap_{i \leq a} (f_1, \ldots, f_n) + \mathcal{F}_i$$

が得られる．$\overline{\mathcal{F}}$ は分離的であるから，$g \in (f_1, \ldots, f_n)$ が得られる．■

系 B.10. $(S/R, \mathcal{F})$ を分離フィルター $\mathcal{F}$ をもつフィルター代数とする．任意の有限生成イデアル $I \subset S$ に対して，S/R の剰余フィルターは分離的であると仮定する．このとき，$\mathrm{gr}_\mathcal{F} S$ がネーター環ならば，S もネーター環である．■

次の定理を示すために非零因子に関する補題が一つ必要である．

補題 B.11. $(S/R, \mathcal{F})$ を分離フィルター $\mathcal{F}$ をもつフィルター代数とし, $f \in S$ に対して, $L_\mathcal{F} f$ は $\mathrm{gr}_\mathcal{F} S$ 上で非零因子であるとする. このとき, f^* は $\mathcal{R}_\mathcal{F} S$ 上で非零因子であり, かつ, f は S 上で非零因子である. また, すべての $g \in S$ に対して次が成り立つ.

(a) $\mathrm{ord}_\mathcal{F}(g \cdot f) = \mathrm{ord}_\mathcal{F} g + \mathrm{ord}_\mathcal{F} f$.
(b) $L_\mathcal{F}(g \cdot f) = L_\mathcal{F} g \cdot L_\mathcal{F} f$.
(c) $(g \cdot f)^* = g^* \cdot f^*$.

(証明) 最初に (a) を証明する. $g \neq 0$ である場合のみ示せば十分であることに注意しよう. $\mathrm{ord}_\mathcal{F} f =: a$ かつ $\mathrm{ord}_\mathcal{F} g =: b$ とおけば, $L_\mathcal{F} f = f + \mathcal{F}_{a-1}$, $L_\mathcal{F} g = g + \mathcal{F}_{b-1}$ であり, 次が成り立つ.

$$L_\mathcal{F} f \cdot L_\mathcal{F} g = fg + \mathcal{F}_{a+b-1}, \qquad f \cdot g \in \mathcal{F}_{a+b}. \tag{3}$$

$L_\mathcal{F} f$ は $\mathrm{gr}_\mathcal{F} S$ 上で非零因子であるから, $f \cdot g \notin \mathcal{F}_{a+b-1}$ が成り立つ. したがって, $\mathrm{ord}_\mathcal{F}(g \cdot f) = \mathrm{ord}_\mathcal{F} g + \mathrm{ord}_\mathcal{F} f$.

(b) は式 (3) からすぐに得られ, (c) は (a) から斉次化の定義によって得られる. f^* が $\mathcal{R}_\mathcal{F} S$ 上で零因子ではあり得ないことも明らかである. f が S 上の零因子ならば, (b) により, $L_\mathcal{F} f$ は $\mathrm{gr}_\mathcal{F} S$ 上で零因子となる. ∎

定理 B.12. $(S/R, \mathcal{F})$ をフィルター代数, $I = (f_1, \ldots, f_n)$ を S のイデアルとし, また, $i = 1, \ldots, n-1$ に対して, $S/(f_1, \ldots, f_i)$ 上の剰余フィルターは分離的であると仮定する. さらに, $i = 0, \ldots, n-1$ に対して, $\mathrm{gr}_\mathcal{F} S/(L_\mathcal{F} f_1, \ldots, L_\mathcal{F} f_i)$ において $L_\mathcal{F} f_{i+1}$ の像はこれらの環において非零因子であると仮定する. このとき, 次が成り立つ.

(a) $\mathrm{gr}_\mathcal{F} I = (L_\mathcal{F} f_1, \ldots, L_\mathcal{F} f_n)$.
(b) $I^* = (f_1^*, \ldots, f_n^*)$.

また, $i = 1, \ldots, n-1$ に対して, f_{i+1}^* と f_{i+1} の像はそれぞれ $\mathcal{R}_\mathcal{F} S/(f_1^*, \ldots, f_i^*)$ と $S/(f_1, \ldots, f_i)$ において非零因子である.

(証明) $\overline{S} := S/(f_1)$, $\overline{I} := I/(f_1)$ とおき, $\overline{f}_i (i = 2, \ldots, n)$ を $\overline{S}$ における f_i

の像とする．また，$\overline{\mathcal{F}}$ を $\overline{S}$ 上の $\mathcal{F}$ の剰余フィルターとする．補題 B.11 によって，$\mathrm{gr}_{\mathcal{F}}(f_1) = (L_{\mathcal{F}} f_1)$ と $(f_1)^* = (f_1^*)$ が成り立つ．$L_{\mathcal{F}} f_1$ は $\mathrm{gr}_{\mathcal{F}} S$ の零因子ではないから，それぞれ，f_1^* と f_1 は $\mathcal{R}_{\mathcal{F}} S$ と S の零因子ではない．

定理 B.8 より，次の同型写像がある．

$$\mathcal{R}_{\overline{\mathcal{F}}}\overline{S} \cong \mathcal{R}_{\mathcal{F}} S/(f_1^*), \qquad \mathrm{gr}_{\overline{\mathcal{F}}}\overline{S} \cong \mathrm{gr}_{\mathcal{F}} S/(L_{\mathcal{F}} f_1).$$

これらの同型写像によって，$\overline{I}^*$ と $I^*/(f_1^*)$ を，また，$\mathrm{gr}_{\overline{\mathcal{F}}}\overline{I}$ を $\mathrm{gr}_{\mathcal{F}} I/(L_{\mathcal{F}} f_1)$ と同一視する．このようにして，$\overline{f}_i^*$ $(i = 2, \ldots, n)$ は (f_1^*) を法として f_i^* に対応し，$L_{\overline{\mathcal{F}}} \overline{f}_i$ は $(L_{\mathcal{F}} f_1)$ を法として $L_{\mathcal{F}} f_i$ に対応している．帰納法によって，

$$\overline{I}^* = (\overline{f}_2^*, \ldots, \overline{f}_n^*), \qquad \mathrm{gr}_{\overline{\mathcal{F}}}\overline{I} = (L_{\overline{\mathcal{F}}} \overline{f}_2, \ldots, L_{\overline{\mathcal{F}}} \overline{f}_n)$$

が成り立つ．ただし，$\overline{f}_{i+1}^*$ は $(\overline{f}_2^*, \ldots, \overline{f}_i^*)$ を法として零因子ではなく，$\overline{f}_{i+1}$ は $(\overline{f}_2, \ldots, \overline{f}_i)$ を法として零因子ではない．すると，いま定理の主張はすぐに得られる． ∎

演習問題

1. $S := R[[X_1, \ldots, X_n]]$ を環 R 上の不定元 $X_1, \ldots, X_n$ に関する形式的ベキ級数のつくる代数とし，$I := (X_1, \ldots, X_n)$ を $X_1, \ldots, X_n$ により生成された S のイデアルとする．$\mathcal{F}$ を S 上の I-進フィルターとする．このとき，$\mathcal{F}$ は分離的であり，次の同型写像があることを証明せよ．

$$\mathrm{gr}_{\mathcal{F}} S \cong R[X_1, \ldots, X_n] \qquad \text{(多項式代数)}.$$

2. 演習問題 1 の状況において，リース代数 $\mathcal{R}_{\mathcal{F}} S$ と，ベキ級数 $f \in S$ の斉次化 $f^* \in \mathcal{R}_{\mathcal{F}} S$ を表現せよ．

付録 C

商環と局所化

　商環の構成は，整数を有理数に拡張した方法に対応しており，より一般的には，整域をその商体へ拡張することに対応している．ここでは，次数環とフィルター代数の商環を概観することが必要である．

　任意の環 R と積閉集合 $S \subset R$ に対して，商環を構成することができる．$1 \in S$ で，かつ $a, b \in S$ であるときはいつでも $ab \in S$ となるとき，S を**積閉集合** (multiplicatively closed set) という．もっとも重要である特別な場合には次のようなものがある．

例 C.1. 積閉集合の例には次のようなものがある．

(a) 整域のすべての零でない元の集合．
(b) 環のすべての非零因子の集合．
(c) $\mathfrak{p} \in \mathrm{Spec}(R)$ に対して，集合 $R \setminus \mathfrak{p}$．
(d) $f \in R$ に対して，f のベキの集合 $\{f^0, f^1, f^2, \ldots\}$．

定義 C.2. 分母集合 S に関する環 R の**商環** (ring of quotients)，または**分数環**とは，環 R_S と以下の条件をみたす環準同型写像 $\phi : R \to R_S$ の組 (R_S, ϕ) のことである．

(a) 各 $s \in S$ に対して，$\phi(s)$ は R_S において単元である．
(b) （商環の普遍的性質）．$\psi : R \to T$ を任意の環準同型写像とし，各 $s \in S$ に対して $\psi(s)$ が T で単元ならば，環準同型写像 $h : R_S \to T$ が存在し

て，$\psi = h \circ \phi$ をみたすものはただ一つである．

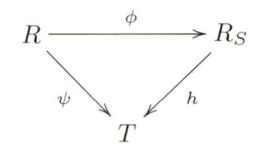

$$\begin{array}{ccc} R & \xrightarrow{\phi} & R_S \\ & \searrow{\psi} \swarrow{h} & \\ & T & \end{array}$$

組 (R_S, ϕ) は，もし存在すれば次の意味において同型写像を除いてただ一つである．すなわち，(R_S^*, ϕ^*) もまた分母集合を S とする R の商環とすれば，$\phi^* = h \circ \phi$ をみたす同型写像 $h : R_S \to R_S^*$ が存在する．

実際，このような準同型写像 h は定義 C.2 (b) によって存在し，同様にして，$\phi = h^* \circ \phi^*$ をみたす準同型写像 $h^* : R_S^* \to R_S$ が存在する．すると，$\phi = h^* \circ (h \circ \phi) = (h^* \circ h) \circ \phi$ となり，定義 C.2 (b) の一意性の条件より，$h^* \circ h = \mathrm{id}_{R_S}$ を得る．対称性により，$h \circ h^* = \mathrm{id}_{R_S^*}$ も成り立つ．したがって，h は同型写像である．

これ以後，R_S を S に関する R の**商環**といい，$\phi : R \to R_S$ を商環への**標準写像** (canonical mapping) という．

次に，商環の存在を示そう．$\{X_s\}_{s \in S}$ を不定元の族とする．多項式環 $R[\{X_s\}]$ において，

$$sX_s - 1 \quad (s \in S)$$

という形のすべての元により生成されたイデアル I を考える．$R_S := R[\{X_s\}]/I$ とおき，ϕ によって，標準的な埋込み写像 $R \hookrightarrow R[\{X_s\}]$ と標準全射準同型写像 $R[\{X_s\}] \hookrightarrow R[\{X_s\}]/I$ の合成を表す．R_S における X_s の剰余類を $\frac{1}{s}$ で表す．すると，R_S において $\phi(s) \cdot \frac{1}{s} = 1$ となる．すなわち，すべての $s \in S$ に対して，$\phi(s)$ は R_S において単元である．

T を定義 C.2 (b) におけるものとすると，環準同型写像

$$\alpha : R[\{X_s\}] \longrightarrow T$$

が存在して，すべての $r \in R$ に対して $\alpha(r) = \psi(r)$ であり，また，すべての $s \in S$ に対して $\alpha(X_s) = \psi(s)^{-1}$ が成り立つ．ここで，$\alpha(sX_s - 1) = \alpha(s)\alpha(X_s) - 1 = \psi(s)\psi(s)^{-1} - 1 = 0 \ (s \in S)$ であるから，$\alpha(I) = 0$ となる．準同型定理によって，α は次の環準同型写像を誘導する．

$$h : R[\{X_s\}]/I \longrightarrow T.$$

271

α の作り方より,$r \in R$ に対して $(h \circ \phi)(r) = \alpha(r) = \psi(r)$ であるから,$\psi = h \circ \phi$ を得る.R_S は R 上で $\frac{1}{s}, s \in S$ なる元により生成されるから,$h \circ \phi = \psi$ をみたす h はただ一つ存在することは明らかである.すなわち,$\overline{s} \in R_S$ を像としてもつ $s \in S$ に対して,$h(\overline{s}) \cdot h(\frac{1}{s}) = h(1) = 1$ が成り立つ.したがって,$h(\frac{1}{s}) = h(\overline{s})^{-1} = \psi(s)^{-1}$ を得るからである.

以上で商環の存在を証明した.

$r \in R, s \in S$ に対して,
$$\frac{r}{s} := \phi(r) \cdot \frac{1}{s}$$
と表す.このような二つの分数の乗法は次のようである.
$$\frac{r_1}{s_1} \cdot \frac{r_2}{s_2} = \frac{r_1 r_2}{s_1 s_2}. \tag{1}$$
なぜなら,$\phi(s_1 s_2) \cdot \frac{1}{s_1} \cdot \frac{1}{s_2} = \phi(s_1) \cdot \phi(s_2) \cdot \frac{1}{s_1} \cdot \frac{1}{s_2} = 1$ である.一方,$\phi(s_1 s_2) \cdot \frac{1}{s_1 s_2} = 1$ であり,$\phi(s_1 s_2)$ は R_S で単元であるから,$\frac{1}{s_1} \cdot \frac{1}{s_2} = \frac{1}{s_1 s_2}$ が成り立つ.すると,$\frac{r_1 r_2}{s_1 s_2} = \phi(r_1) \cdot \phi(r_2) \cdot \frac{1}{s_1} \cdot \frac{1}{s_2} = \frac{r_1}{s_1} \cdot \frac{r_2}{s_2}$ となるからである.

特に,すべての $s \in S$ に対して,$1 = \frac{1}{1} = \frac{s}{s}$ が成り立つ.これは R_S における乗法の単位元である.元 $\frac{r}{1}$ は r に付随した**不相応な** (improper) 分数という.

分数は次の規則に従って足し算が実行される.
$$\frac{r_1}{s_1} + \frac{r_2}{s_2} = \frac{r_1 s_2 + s_1 r_2}{s_1 s_2}. \tag{2}$$
これは (1) によって,$\frac{r_1}{s_1} = \frac{r_1 s_2}{s_1 s_2}, \frac{r_2}{s_2} = \frac{s_1 r_2}{s_1 s_2}$ であるから,次のように確かめられる.
$$\frac{r_1 s_2 + s_1 r_2}{s_1 s_2} = (\phi(r_1)\phi(s_2) + \phi(s_1)\phi(r_2)) \cdot \frac{1}{s_1 s_2} = \frac{r_1 s_2}{s_1 s_2} + \frac{s_1 r_2}{s_1 s_2} = \frac{r_1}{s_1} + \frac{r_2}{s_2}.$$
特に,(すべての $s \in S$ に対して) $0 = \frac{0}{s}$ は R_S における加法の単位元である.以上より,商環の元である分数は通常の「分数の規則」に従って計算することができ,$R_S = R[\{\frac{1}{s}\}]$ であるから,規則 (1) と (2) によって次の式の成り立つことは明らかである.
$$R_S = \left\{ \frac{r}{s} \mid r \in R, \ s \in S \right\}. \tag{3}$$

定理 C.3. 標準写像 $\phi : R \to R_S \ (r \mapsto \frac{r}{1})$ に対して,次が成り立つ.

(a) $\ker \phi = \{r \in R \mid \exists s \in S, s \cdot r = 0\}$.

(b) ϕ が単射であるための必要十分条件は，S が R の零因子を含まないことである．

(c) ϕ が全単射であるための必要十分条件は，S が R の単元のみからなることである．

(証明) (a) $J := \{r \in R \mid \exists s \in S, s \cdot r = 0\}$ とおく．これは明らかに R のイデアルであり，$J \subset \ker \phi$ が成り立つ．なぜなら，$s \cdot r = 0$ より，$\phi(s) \cdot \phi(r) = 0$ が得られ，$\phi(s)$ は R_S において単元であるから，$\phi(r) = 0$ が得られる．

逆に，$r \in \ker \phi$ とすると，$r \in R \cap (\{sX_s - 1\})$ である．このとき，r は次のように表される．

$$r = \sum_{i=1}^{n} f_i \cdot (s_i X_{s_i} - 1) \qquad (f_i \in R[\{X_s\}]). \tag{4}$$

$f_i = f_i(X_{t_1}, \ldots, X_{t_m})$ $(i = 1, \ldots, n; t_1, \ldots, t_m \in S)$ とする．このとき，ある $(\alpha_1, \ldots, \alpha_m) \in (\mathbb{N}_+)^m$ が存在して次が成り立つ．

$$t_1^{\alpha_1} \cdots t_m^{\alpha_m} r = \sum_{i=1}^{n} g_i(t_1 X_{t_1}, \ldots, t_m X_{t_m}) \cdot (s_i X_{s_i} - 1). \tag{5}$$

さて次に，$\overline{R} := R/J$ とおく．(標準写像による) $f \in R[\{X_s\}]$ の $\overline{R}[\{X_s\}]$ における像を $\overline{f}$ により表す．このとき，(5) より $\overline{R}[\{X_s\}]$ において次の等式が得られる．

$$\overline{t}_1^{\alpha_1} \cdots \overline{t}_m^{\alpha_m} \overline{r} = \sum_{i=1}^{n} \overline{g}_i(\overline{t}_1 X_{t_1}, \ldots, \overline{t}_m X_{t_m}) \cdot (\overline{s}_i X_{s_i} - 1). \tag{6}$$

$Y_s \mapsto \overline{s} X_s$ により定まる $\overline{R}$-準同型写像 $\beta : \overline{R}[\{Y_s\}] \to \overline{R}[\{X_s\}]$ は単射である．なぜなら，

$$\sum \overline{r}_{v_1 \ldots v_n} (\overline{s}_1 X_{s_1})^{v_1} \cdots (\overline{s}_n X_{s_n})^{v_n} = 0 \qquad (r_{v_1 \ldots v_n} \in R, s_i \in S)$$

と仮定すると，すべての $(v_1, \ldots, v_n)$ に対して $\overline{r}_{v_1 \ldots v_n} \overline{s}_1^{v_1} \cdots \overline{s}_n^{v_n} = 0$ となる．ゆえに，$r_{v_1 \ldots v_n} s_1^{v_1} \cdots s_n^{v_n} \in J$．すると，ある $s \in S$ が存在して，$s s_1^{v_1} \cdots s_n^{v_n} r_{v_1 \ldots v_n} = 0$ をみたす．したがって，$r_{v_1 \ldots v_n} \in J$ であり，ゆえに $\overline{r}_{v_1 \ldots v_n} = 0$ を得る．

式 (6) と β の単射性によって，$\overline{R}[\{Y_s\}]$ において次の等式が成り立つ．

$$\overline{t}_1^{\alpha_1} \cdots \overline{t}_m^{\alpha_m} \overline{r} = \sum_{i=1}^{n} \overline{g}_i(Y_{t_1}, \ldots, Y_{t_m}) \cdot (Y_{s_i} - 1).$$

すべての Y_{s_i} を1に等しいとおけば，$\bar{t}_1^{\alpha_1} \cdots \bar{t}_m^{\alpha_m} \bar{r} = 0$ となり，上で述べた議論と同様にして，$r \in J$ を得る．これより (a) が示され，(b) は (a) よりただちに得られる．

(c) ϕ が全単射ならば，$s \in S$ に対して $\phi(s)$ は単元であるから，S は単元のみからなる．逆に，S が R の単元の集合ならば，(R, id_R) は定義 C.2 の条件を満足する．すでに指摘された商環の一意性（同型を除いて）によって，ϕ は全単射となる． ∎

(b) で述べられた条件のもとでは，R は R_S の部分環としてみることができ，そこで，$r \in R$ は「不相応な分数」$\frac{r}{1} \in R_S$ と同一視することができる．(c) における主張も以下のように説明することができる．S がすでに単元のみから構成されているならば，「S の元を単元にするため」に分数を構成する必要はない．

系 C.4（分数の相等）．$\frac{r_1}{s_1}, \frac{r_2}{s_2} \in R_S$ に対して，$\frac{r_1}{s_1} = \frac{r_2}{s_2}$ が成り立つための必要十分条件は，ある $s \in S$ が存在して次の式をみたすことである．

$$s \cdot (s_2 r_1 - s_1 r_2) = 0.$$

S が零因子を含まないならば，$\frac{r_1}{s_1} = \frac{r_2}{s_2}$ であるための必要十分条件は，$s_2 r_1 - s_1 r_2 = 0$ が成り立つことであり，この最後の等式は通常の分数の相等を意味している．

（証明） 最初に，$\frac{r_1}{s_1} = \frac{r_2}{s_2}$ は $\frac{s_2 r_1 - s_1 r_2}{s_1 s_2} = 0$ と同じであることに注意しよう．$\frac{1}{s_1 s_2}$ は R_S で単元であるから，この最後の等式は $\phi(s_2 r_1 - s_1 r_2) = 0$ と同値である．すると，いま主張は定理 C.3 (a) から得られる． ∎

例 C.5.

(a) R は整域で，$S := R \setminus \{0\}$ とすると，R_S は体である．これを，$R_S := Q(R)$ と表し，$Q(R)$ を R の **商体** (quotient field) という．このとき，次のようである．

$$R \subset Q(R) = \left\{ \frac{r}{s} \mid r, s \in R, s \neq 0 \right\}.$$

$0 \notin S$ である任意の積閉集合 $S \subset R$ に対して，$R \subset R_S \subset Q(R)$ となっている．

(b) R が任意の環で，S を R のすべての非零因子の集合とすれば，この場合にも $R_S =: Q(R)$ と表す．しかしこのとき，$Q(R)$ は R の**全商環** (full ring of quotients) という．このとき，つねに $R \subset Q(R)$ が成り立つ．

(c) $\mathfrak{p} \in \operatorname{Spec} R$ で，$S := R \setminus \mathfrak{p}$ としたとき，$R_S =: R_{\mathfrak{p}}$ と表し，$R_{\mathfrak{p}}$ を素イデアル $\mathfrak{p}$ における R の**局所化** (localization)，あるいは，$\mathfrak{p}$ における**局所環** (local ring) という．ここで，標準写像 $\phi: R \to R_S$ は単射ではないことに注意しよう．我々はまもなく，実際に $R_{\mathfrak{p}}$ が局所環であることを示すであろう．

(d) $f \in R$ で，$S = \{f^0, f^1, f^2, \ldots\}$ とするとき，$R_S =: R_f$ と表す．このとき，次のように表される．

$$R_f = \left\{ \frac{r}{f^v} \mid r \in R,\ v \in \mathbb{N} \right\}.$$

また，標準写像 $\phi: R \to R_f$ が単射であるための必要十分条件は，f が R 上の零因子ではないことである．この種の特別な場合は，X を不定元として，R 上 X に関するローラン多項式のつくる環

$$R[X]_X = \left\{ \frac{1}{X^v} \sum_{\alpha=0}^{n} r_\alpha X^\alpha \mid r_\alpha \in R,\ v, n \in \mathbb{N} \right\}$$

である．これは付録 B ですでに見たところである．

次の定理は商環のイデアルに関する特徴付けを与える．

定理 C.6. $I \subset R$ をイデアルとし，$S \subset R$ を積閉集合とする．このとき，

$$I_S := \left\{ \frac{x}{s} \in R_S \mid x \in I,\ s \in S \right\}$$

は R_S のイデアルであり，R_S のすべてのイデアルは R の適当なイデアル I によってこの形に表される．さらに，$I_S \neq R_S$ であるための必要十分条件は，$I \cap S = \emptyset$ が成り立つことである．

（証明） I_S が R_S のイデアルであることを確かめるのは簡単である．$I_S = R_S$ とすると，ある元 $x \in I, s \in S$ によって $1 = \frac{x}{s}$ と表される．このとき，ある元 $t \in S$ が存在して $t(x-s) = 0$ をみたす．すると，$ts = tx \in S \cap I$ となり，ゆえに，$S \cap I \neq \emptyset$ を得る．逆に，$s \in S \cap I$ が存在すれば，$1 = \frac{s}{s} \in I_S$ と表され，$I_S = R_S$ となる．

J が R_S のイデアルならば，$I := \phi^{-1}(J)$ は R のイデアルで，$\phi(I) \subset J$ であることより，$I_S \subset J$ を得る．$\frac{x}{s} \in J$ とすれば，$\frac{x}{1} \in J$ が成り立ち，ゆえに，$x \in I$ となる．したがって，$J \subset I_S$ が得られ，$J = I_S$ であることが示された． ∎

イデアル I_S は $\phi(I)$ によって生成されるから，IR_S とも表す．

系 C.7. R がネーター環ならば，R_S もそうである． ∎

定理 C.6 の条件のもとで，$\overline{S}$ を R/I における S の像とする．もちろん，$\overline{S}$ は積閉集合である．$r \in R$ に対して，R/I における r の剰余類を $\overline{r}$ により表す．定義 C.2 (b) における普遍性質によって，環準同型写像

$$h: R_S \longrightarrow (R/I)_{\overline{S}} \qquad \left(h\left(\frac{r}{s}\right) = \frac{\overline{r}}{\overline{s}} \right)$$

があり，これは明らかに全射である．

次の定理は，商環をつくる操作と剰余環をつくる操作が可換であることを述べている．

定理 C.8. $\ker h = I_S$ が成り立ち，したがって（準同型定理によって），次が成り立つ．

$$R_S / I_S \cong (R/I)_{\overline{S}} \qquad \left(\frac{r}{s} + I_S \longmapsto \frac{\overline{r}}{\overline{s}} \right).$$

（証明） $\frac{r}{s} \in R_S$ について，$h(\frac{r}{s}) = 0$ であるための必要十分条件は，ある $t \in S$ が存在して $\overline{t}\overline{r} = 0$ となることである．ところが，これは $\frac{r}{s} = \frac{rt}{st} \in I_S$ と同値である． ∎

定理 C.9. $\operatorname{Spec} R_S = \{ \mathfrak{p}_S \mid \mathfrak{p} \in \operatorname{Spec} R, \ \mathfrak{p} \cap S = \emptyset \}$.

（証明） $\mathfrak{P} \in \operatorname{Spec} R_S$ に対して，$\mathfrak{p} := \phi^{-1}(\mathfrak{P}) \in \operatorname{Spec} R$ とおけば，$\mathfrak{p} \cap S = \emptyset$ であり，$\mathfrak{P} = \mathfrak{p}_S$ と表される．逆に，$\mathfrak{p} \in \operatorname{Spec} R$ が $\mathfrak{p} \cap S = \emptyset$ をみたすならば，$\mathfrak{p}_S \neq R_S$ であり，定理 C.8 より，

$$R_S/\mathfrak{p}_S \cong (R/\mathfrak{p})_{\overline{S}}$$

が成り立つ．$R/\mathfrak{p}$ は整域であるから，$(R/\mathfrak{p})_{\overline{S}}$ も整域となり，したがって，$\mathfrak{p}_S$ は R_S の素イデアルである． ∎

$\mathfrak{p} \cap S = \emptyset$ をみたす $\mathfrak{p} \in \operatorname{Spec} R$ に対して，

$$\phi^{-1}(\mathfrak{p}_S) = \mathfrak{p}$$

が成り立つので，そのような R の素イデアルの集合と $\operatorname{Spec} R_S$ の素イデアルとは 1 対 1 の対応がある．実際，$r \in R$ でかつ $\frac{r}{1} = \phi(r) \in \mathfrak{p}_S$ とすれば，適当な $p \in \mathfrak{p}, s \in S$ によって $\frac{r}{1} = \frac{p}{s}$ となる．このとき，ある $t \in S$ が存在して $tsr = tp \in \mathfrak{p}$ をみたす．$ts \in S$ であるから，$ts \notin \mathfrak{p}$ である．ゆえに，$r \in \mathfrak{p}$ を得る．これより，$\phi^{-1}(\mathfrak{p}_S) \subset \mathfrak{p}$ が示され，逆の包含関係は明らかである．

系 C.10. $\mathfrak{p} \in \operatorname{Spec} R$ とする．このとき，$R_\mathfrak{p}$ は $\mathfrak{p} R_\mathfrak{p}$ を極大イデアルとする局所環であり，$R_\mathfrak{p}/\mathfrak{p} R_\mathfrak{p} \cong Q(R/\mathfrak{p})$ なる同型がある．$\operatorname{Spec} R_\mathfrak{p}$ の素イデアルは，$\mathfrak{p}$ に含まれている R の素イデアルの全体と 1 対 1 の対応がある．

（証明） この系の最後の主張はちょうどいま上で示された．それは特に，$R_\mathfrak{p}$ が局所環であることを意味している．公式 $R_\mathfrak{p}/\mathfrak{p} R_\mathfrak{p} \cong Q(R/\mathfrak{p})$ は定理 C.8 の特別な場合である． ∎

さて，商環の最初の応用を示そう．

定理 C.11. 任意の環 R に対して，$\displaystyle\bigcap_{\mathfrak{p} \in \operatorname{Spec} R} \mathfrak{p}$ は R のすべてのベキ零元の集合である．

（証明） $f \in R$ をベキ零元とする．すなわち，ある $n \in \mathbb{N}$ が存在して $f^n = 0$ とする．すると，すべての $\mathfrak{p} \in \operatorname{Spec} R$ に対して $f^n \in \mathfrak{p}$ となる．したがっ

て, $f \in \bigcap_{\mathfrak{p} \in \mathrm{Spec}\, R} \mathfrak{p}$ を得る. 逆に, $f \in R$ が $f \in \bigcap_{\mathfrak{p} \in \mathrm{Spec}\, R} \mathfrak{p}$ をみたしているると仮定する. $S := \{f^0, f^1, f^2, \ldots\}$ とおく. すべての $\mathfrak{p} \in \mathrm{Spec}\, R$ に対して $\mathfrak{p} \cap S \neq \emptyset$ であるから, 定理 C.9 によって, $R_S = R_f$ は素イデアルをもたない環である. ゆえに, これは零環である. 特に, $\frac{1}{1} = \frac{0}{1}$ であるから, ある $n \in \mathbb{N}$ が存在して $f^n \cdot 1 = 0$ となる. すなわち, f はベキ零元である. ∎

系 C.12. ある環がただ一つの素イデアルをもつならば, この素イデアルはその環のベキ零元全体からなる. ∎

$G = \bigoplus_{n \in \mathbb{Z}} G_n$ が環 R 上の次数付き代数であり, $S \subset G$ が G の斉次元からなる積閉集合とすると, G_S は斉次成分として

$$(G_S)_n := \left\{ \frac{x}{s} \in G_S \mid x : \text{斉次元}, \deg x - \deg s = n \right\}$$

をもつ次数付き R-代数である. 条件 $\deg x - \deg s = n$ は, 分数の相等に対する規則からすぐにわかるように, 分数の特別な表現 $\frac{r}{s} \neq 0$ には独立である. また, $\{(G_S)_n\}_{n \in \mathbb{Z}}$ が次のような G_S の次数付けであることも容易に確かめることもできる.

$$G_S = \bigoplus_{n \in \mathbb{Z}} (G_S)_n, \qquad (G_S)_p \cdot (G_S)_q \subset (G_S)_{p+q}.$$

特に,

$$(G_S)_0 := \left\{ \frac{x}{s} \in G_S \mid x : \text{斉次元}, \deg x = \deg s \right\}$$

は G_S の部分環である. この環を $G_{(S)}$ により表す.

$\mathfrak{p} \in \mathrm{Spec}\, G$ が斉次イデアルであり, S を $s \notin \mathfrak{p}$ をみたすすべての斉次元 $s \in G$ の集合とすると, G_S は $G_{\mathfrak{p}}$ の部分環である. 特に, $G_{(S)} \subset G_{\mathfrak{p}}$ である. この場合, $G_{(S)}$ を $G_{(\mathfrak{p})}$ と表す. $G_{(\mathfrak{p})}$ はそれ自身, 次のイデアルを極大イデアルとする局所環であることは明らかである.

$$\mathfrak{m} := \left\{ \frac{x}{s} \in G_S \mid x \in \mathfrak{p} : \text{斉次元}, \deg x = \deg s \right\}.$$

$G_{(\mathfrak{p})}$ を素イデアル $\mathfrak{p}$ における G の**斉次局所化** (homogenious localization) という.

さて, S/R を代数とし, $I \subset S$ をイデアル, $N \subset S$ を積閉集合とする. S は I-進フィルターをもち, その商環 S_N は I_N-進フィルターをもっているものと

して考える．対応しているリース代数はそれぞれ $\mathcal{R}_I S$ と $\mathcal{R}_{I_N} S_N$ により表され，また，付随している次数代数はそれぞれ $\mathrm{gr}_I S$ と $\mathrm{gr}_{I_N} S_N$ により表される（例 B.4 (b) を参照せよ）．S は次数 0 の斉次成分として $\mathcal{R}_I S$ に含まれているから，$N \subset \mathcal{R}_I S$ である．$\overline{N}$ を $S/I = \mathrm{gr}_I^0 S \subset \mathrm{gr}_I S$ における N の像を表すものとする．

定理 C.13. 次のような次数付き R-代数の標準的な同型写像がある．

$$\mathcal{R}_{I_N} S_N \cong (\mathcal{R}_I S)_N,$$
$$\mathrm{gr}_{I_N} S_N \cong (\mathrm{gr}_I S)_{\overline{N}}.$$

（証明）　標準的な準同型写像 $S \to S_N$ は I^k を $(I^k)_N = (I_N)^k$ に写像する（任意の $k \in \mathbb{N}$ に対して）．次数付き R-代数の準同型写像 $\mathcal{R}_I S \to \mathcal{R}_{I_N} S_N$ を得る．また，商環の普遍的な性質によって，次数付き R-代数の準同型写像 $\rho : (\mathcal{R}_I S)_N \to \mathcal{R}_{I_N} S_N$ が得られる．$k \in \mathbb{N}$ に対して，ρ を用いて $(\mathcal{R}_I^{-k} S)_N = (I^k T^{-k})_N = I_N^k T^{-k} = \mathcal{R}_{I_N}^{-k} S_N$ と同一視する．$(\mathcal{R}_I^k S)_N$ ($k \in \mathbb{N}$) に対しても同様である．したがって，ρ は同型写像である．

$\mathrm{gr}_I S \cong \mathcal{R}_I S / T \mathcal{R}_I S$ であるから（定理 B.5），付随した次数代数に関する主張は，商環と剰余環の可換性から得られる（定理 C.8）．∎

例 C.14. $S = K[X_1, \ldots, X_n]$ を体 K 上の多項式代数とし，$\mathfrak{M} := (X_1, \ldots, X_n)$，また $M := S \setminus \mathfrak{M}$ とする．このとき，$\mathcal{R}_{\mathfrak{M}} S = K[T, X_1^*, \ldots, X_n^*]$ は多項式代数である（例 B.4 (b)）．このようにして，$X_i = T X_i^*$ を用いると，$S = K[X_1, \ldots, X_n]$ は $K[T, X_1^*, \ldots, X_n^*]$ の中に埋め込むことができる．ゆえに，M もまた $M \subset K[T, X_1^*, \ldots, X_n^*]$ と考えることができる．定理 C.13 によって，極大イデアル $\mathfrak{M} S_{\mathfrak{M}}$ により与えられたフィルターに関する局所環 $S_{\mathfrak{M}}$ のリース代数は

$$\mathcal{R}_{\mathfrak{M} S_{\mathfrak{M}}} S_{\mathfrak{M}} \cong K[T, X_1^*, \ldots, X_n^*]_M$$

である．付随した次数代数については，例 B.4 (b) によって，

$$\mathrm{gr}_{\mathfrak{M}} S \cong K[X_1, \ldots, X_n]$$

が成り立つ．体 $S/\mathfrak{M}$ における M の像 $\overline{M}$ は単元全体からなるので，また次も成り立つ．
$$\mathrm{gr}_{\mathfrak{M} S_{\mathfrak{M}}} S_{\mathfrak{M}} \cong K[X_1, \ldots, X_n].$$

演習問題

R を環とし，$S \subset R$ を積閉集合とする．$Id(R)$ は R のすべてのイデアルの集合を表す．このとき，次の命題を証明せよ．

1. R が1意分解整域ならば，R_S もそうである．

2. $I \in Id(R)$ とするとき，
$$S(I) := \{r \in R \mid \exists s \in S,\ sr \in I\}$$
もまた，R のイデアルである．$Id_S(R) := \{I \in Id(R) \mid S(I) = I\}$ とおく．このとき，写像
$$Id_S(R) \longrightarrow Id(R_S) \qquad (I \longmapsto I_S)$$
は全単射である．$\mathfrak{p} \in \mathrm{Spec}\,R$ に対して，$S(\mathfrak{p}) = \mathfrak{p}$ であるための必要十分条件は，$\mathfrak{p} \cap S = \emptyset$ が成り立つことである．

付録 D
中国式剰余の定理

数論のこの基本的な定理をより環論的な形に一般化したものを考察する．このことから得られた定理は代数曲線の交叉理論において本質的な役割を果たす．

環 R の二つの**真の** (proper)[1] イデアル I_1 と I_2 は，$I_1 + I_2 = R$ であるという条件をみたすとき，**互いに素** (relatively prime, comaximal) であるという．

定理 D.1. $I_1, \ldots, I_n$ $(n > 1)$ を環 R の，どの二つも互いに素であるイデアルとする．このとき，標準的な環準同型写像

$$\alpha : R \longrightarrow R/I_1 \times \cdots \times R/I_n,$$

$$r \longmapsto (r_1 + I_1, \ldots, r_n + I_n)$$

は全射準同型写像であり，その核は $\ker(\alpha) = \bigcap_{k=1}^n I_k$ である．

（証明） 写像 α の核に関する主張は，α と環の直積の定義からすぐに得られる．α の全射性を n に関する帰納法により証明する．

$n = 2$ として，$(r_1 + I_1, r_2 + I_2) \in R/I_1 \times R/I_2$ が与えられたものとする．仮定により，$a_1 \in I_1$ と $a_2 \in I_2$ が存在して $1 = a_1 + a_2$ という等式がある．ゆえに，

$$a_1 \equiv 1 \bmod I_2, \qquad a_2 \equiv 1 \bmod I_1$$

---
[1] 真のイデアルとは R に等しくないイデアルのことである．

が成り立つ. $r := r_2 a_1 + r_1 a_2$ とおく. すると, $r \equiv r_k \mod I_k$ が得られ, これより, $n = 2$ のときに α が全射であることが示された.

$n > 2$ と仮定して, n より少ない個数の互いに素であるイデアルに対して定理が成り立つと仮定する. $(r_1 + I_1, \ldots, r_n + I_n) \in R/I_1 \times \cdots \times R/I_n$ を任意に与えられたものとすると, $k = 1, \ldots, n-1$ に対して $r' \equiv r_k \mod I_k$ をみたす元 $r' \in R$ が存在する. $I_1 \cap \cdots \cap I_{n-1}$ は I_n と互いに素であることを示そう. もし, これが示されると, 定理はすでに $n = 2$ に対して示されたのであるから, ある $r \in R$ が存在して, $r \equiv r' \mod I_1 \cap \cdots \cap I_{n-1}, r \equiv r_n \mod I_n$ が成り立つ. すると, $k = 1, \ldots, n$ に対して, $r \equiv r_k \mod I_k$ が成り立ち, 定理は一般に証明されたことになる.

そこで上記の互いに素であることを示す. 仮定によって, 次の等式がある.

$$1 = a_1 + a_3 = a_2 + a_3' \qquad (a_k \in I_k \ (k = 1, 2, 3),\ a_3' \in I_3).$$

これより,

$$1 = a_1 a_2 + (a_2 + a_3')a_3 + a_1 a_3' \in (I_1 \cap I_2) + I_3$$

という等式が得られ, ゆえに, $I_1 \cap I_2$ と I_3 は互いに素である. 帰納法によって, $I_1 \cap \cdots \cap I_{n-1}$ と I_n も互いに素であることがわかる. ■

系 D.2(中国式剰余の定理). $I_1, \ldots, I_n$ が互いに素であるイデアルで, $\bigcap_{k=1}^n I_k = (0)$ とする. このとき, 次の同型がある.

$$R \cong R/I_1 \times \cdots \times R/I_n.$$

■

この定理の特別な場合は, もちろん, 初等整数論の古典的な中国式剰余の定理である. すなわち, $p_1, \ldots, p_n$ が相異なる素数で $\alpha_i \in \mathbb{N}_+$ $(i = 1, \ldots, n)$ とするとき,

$$\mathbb{Z}/(p_1^{\alpha_1} \cdots p_n^{\alpha_n}) \cong \mathbb{Z}/(p_1^{\alpha_1}) \times \cdots \times \mathbb{Z}/(p_n^{\alpha_n})$$

が成り立つ. 中国式剰余の定理のもう一つの別な形は次の定理で与えられる.

定理 D.3. R を環とし, $\mathrm{Spec}(R) = \{\mathfrak{p}_1, \ldots, \mathfrak{p}_n\}$ は有限集合で, 極大イデアルだけからなると仮定する. このとき, 標準的な環準同型写像

$$\beta : R \longrightarrow R_{\mathfrak{p}_1} \times \cdots \times R_{\mathfrak{p}_n} \qquad \left(r \longmapsto \left(\frac{r}{1}, \ldots, \frac{r}{1} \right) \right)$$

は同型写像である．ここで，$i=1,\ldots,n$ に対して $\mathfrak{q}_i := \ker(R \to R_{\mathfrak{p}_i})$ とおいたとき，$R_{\mathfrak{p}_i} \cong R/\mathfrak{q}_i$ が成り立つ．

（証明）任意の $i \in \{1,\ldots,n\}$ に対して，標準的な埋込み写像 $R/\mathfrak{q}_i \hookrightarrow R_{\mathfrak{p}_i}$ があり，$R_{\mathfrak{p}_i}$ はただ一つの素イデアル，すなわち，$\mathfrak{p}_i R_{\mathfrak{p}_i}$ をもつ（系 C.10）．イデアル $\mathfrak{p}_i R_{\mathfrak{p}_i}$ は純粋にベキ零元のみからなり（系 C.12），ゆえに，$\mathfrak{p}_i/\mathfrak{q}_i$ は純粋に $R/\mathfrak{q}_i$ のベキ零元のみからなる．すなわち，任意の $x \in \mathfrak{p}_i$ に対して，$x^\rho \in \mathfrak{q}_i$ をみたす $\rho \in \mathbb{N}_+$ が存在する．これより，$\mathfrak{p}_i$ は $\mathfrak{q}_i$ を含んでいる R のただ一つの素イデアルである．すなわち，ある $j \in \{1,\ldots,n\}$ に対して，$\mathfrak{q}_i \subset \mathfrak{p}_j$ とすると，任意の $x \in \mathfrak{p}_i$ に対して，ある $\rho \in \mathbb{N}_+$ が存在して $x^\rho \in \mathfrak{p}_j$ となる．ところが，このとき，$x \in \mathfrak{p}_j$ となり，よって $\mathfrak{p}_i \subset \mathfrak{p}_j$ が得られる．すると，これらのイデアルは極大イデアルであるから，$\mathfrak{p}_i = \mathfrak{p}_j$ となる．

以上のことより，$i \neq j$ に対して，$\mathfrak{q}_i$ と $\mathfrak{q}_j$ は互いに素である．すなわち，R の極大イデアルはこれら二つのイデアルを含まない．さらに，$\bigcap_{k=1}^n \mathfrak{q}_k = (0)$ であることを示す．任意の $x \in \bigcap_{k=1}^n \mathfrak{q}_k$ と任意の $k \in \{1,\ldots,n\}$ に対して，$r_k x = 0$ をみたす $r_k \in R \setminus \mathfrak{p}_k$ が存在する（定理 C.3 (a)）．$I := (r_1,\ldots,r_n)$ とおくと，$Ix = 0$ が成り立つ．ところが，$k = 1,\ldots,n$ に対して $I \not\subset \mathfrak{p}_k$ であるから，$I = R$ を得る．$1 \in I$ であるから，$x = 1x = 0$ となる．

系 D.2 から直接
$$R \cong R/\mathfrak{q}_1 \times \cdots \times R/\mathfrak{q}_n$$
の成り立つことがわかる．したがって，後は標準的な埋込み写像 $R/\mathfrak{q}_k \hookrightarrow R_{\mathfrak{p}_k}$ が全単射であることを示せばよい．ところが，$R/\mathfrak{q}_k$ は極大イデアルを $\overline{\mathfrak{p}}_k := \mathfrak{p}_k/\mathfrak{q}_k$ とする局所環である．局所化と剰余環をつくる操作の可換性によって，次の同型が成り立つ（定理 C.3 (c) と定理 C.8 を参照せよ）．

$$R/\mathfrak{q}_k \cong (R/\mathfrak{q}_k)_{\overline{\mathfrak{p}}_k} \cong R_{\mathfrak{p}_k}/\mathfrak{q}_k R_{\mathfrak{p}_k} \cong R_{\mathfrak{p}_k} \qquad (k = 1,\ldots,n). \quad \blacksquare$$

系 D.4. A は体 K 上有限次元の代数とする．このとき，$\mathrm{Spec}(A)$ は有限個の素イデアル $\mathfrak{p}_1,\ldots,\mathfrak{p}_n$ からなり，これらはすべて A の極大イデアルである．さらに，次の同型がある．

$$A \cong A_{\mathfrak{p}_1} \times \cdots \times A_{\mathfrak{p}_n} \cong A/\mathfrak{q}_1 \times \cdots \times A/\mathfrak{q}_n.$$

ここで，$k=1,\ldots,n$ に対して $\mathfrak{q}_k = \ker(A \to A_{\mathfrak{p}_k})$ である．また，次元について次の公式が成り立つ．

$$\dim_K A = \sum_{i=1}^n \dim_K A_{\mathfrak{p}_i} = \sum_{i=1}^n \dim_K A/\mathfrak{q}_i.$$

(証明) 定理 D.3 を適用することができるから，$\mathrm{Spec}(A)$ が有限個の極大イデアルのみからなることを示せば十分である．次の補題はこのことを示している．実際，それはほんの少しそれ以上のことを明らかにしている． ∎

補題 D.5. A が体 K 上有限次元の代数ならば，$\mathrm{Spec}(A)$ は高々 $\dim_K A$ 個の元からなり，これらはすべて A の極大イデアルである．

(証明) すべての $\mathfrak{p} \in \mathrm{Spec}(A)$ は極大イデアルである．なぜなら，$A/\mathfrak{p}$ は体 K 上有限次元の整域であり，このことは $A/\mathfrak{p}$ が体であることを意味しているからである．

$\mathfrak{p}_1,\ldots,\mathfrak{p}_{k+1}$ が相異なるならば，$\mathfrak{p}_1 \cap \cdots \cap \mathfrak{p}_k \not\subset \mathfrak{p}_{k+1}$ である．なぜなら，$x_i \in \mathfrak{p}_i \setminus \mathfrak{p}_{k+1}$ という元が存在し，このとき $x_1 \cdots x_k \in \mathfrak{p}_1 \cap \cdots \cap \mathfrak{p}_k$ となるが，一方 $x_1 \cdots x_k \notin \mathfrak{p}_{k+1}$ であるからである．したがって，$\mathrm{Spec}(A)$ は高々 $\dim_K A$ 個の元からなる．なぜなら，そうでないとすると，A の部分空間の降鎖

$$A \supsetneq \mathfrak{p}_1 \supsetneq (\mathfrak{p}_1 \cap \mathfrak{p}_2) \supsetneq (\mathfrak{p}_1 \cap \mathfrak{p}_2 \cap \mathfrak{p}_3) \supsetneq \cdots$$

を得るが，この長さは $\dim_K A$ より大きい．これは不可能である． ∎

完備ネーター環に対する中国式剰余の定理の修正版は定理 K.11 において与えられる．

演習問題
---

1. 定理 D.3 の証明における同型写像

$$R \cong R/\mathfrak{q}_1 \times \cdots \times R/\mathfrak{q}_n \cong R_{\mathfrak{p}_1} \times \cdots \times R_{\mathfrak{p}_n}$$

は実際に β を与えることを確認せよ．

2. 剰余環 $\mathbb{Z}/(2006)$ と $\mathbb{Z}/(2007)$ において，何個の単元や零因子，ベキ零元が存在するか．

付録 E

ネーター局所環と離散付値環

　代数曲線上の点や二つの曲線の交点に対してある種の局所環が対応する．この付録 E において，このような環に関する基本的な事実を集め，また特に離散付値環について考察する．

　次の補題は局所環論において基本的である．

中山の補題 E.1. R を局所環とし，I を R のすべての極大イデアルの共通集合に含まれている R のイデアルとする．M を R-加群とし，$U \subset M$ を M の部分加群とする．このとき，剰余加群 M/U が有限生成であり，かつ $M = U + IM$ が成り立つならば，$M = U$ となる．

（証明）　剰余加群 $N := M/U$ は有限生成で，$N = IN$ をみたす．$N = \langle 0 \rangle$ であることを示す．そうではないと仮定する．$\{n_1, \ldots, n_t\}$ を N ($t > 0$) に対する最小の生成系とする．このとき，次の関係式がある．

$$n_t = \sum_{i=1}^{t} a_i n_i \qquad (a_i \in I,\ i = 1, \ldots, t).$$

したがって，

$$(1 - a_t) n_t = \sum_{i=1}^{t-1} a_i n_i.$$

a_i は R のすべての極大イデアルに属しているから，元 $1 - a_t$ は R の単元である．ゆえに，$n_t \in \langle n_1, \ldots, n_{t-1} \rangle$ となり，これは t の最小性に矛盾する．∎

中山の補題を用いることによって，局所環上の加群やイデアルの生成系に関する問題がベクトル空間において対応する問題に帰着される．環 R 上有限生成加群 M に対して，M に対する最小の生成系における元の個数を $\mu(M)$ により表す．M の生成系は，そのいかなる真部分集合も M を生成しないとき，**短縮不可能** (unshortenable) であるといい，それが $\mu(M)$ 個の元から構成されるとき，**極小** (minimal) であるという．

系 E.2. R は極大イデアルを $\mathfrak{m}$，その剰余体を $\mathfrak{k} := R/\mathfrak{m}$ とする局所環とする．M を有限生成 R-加群とし，$m_1, \ldots, m_t \in M$ とする．このとき，次は同値である．

(a) $M = \langle m_1, \ldots, m_t \rangle$.
(b) $M/\mathfrak{m}M$ における m_i の剰余類は $\mathfrak{k}$-ベクトル空間 $M/\mathfrak{m}M$ の生成系である．

(証明) (b) $\Rightarrow$ (a) のみ証明すれば十分である．$\overline{m}_i$ を m_i $(i=1,\ldots,t)$ の剰余類とする．$M/\mathfrak{m}M = \langle \overline{m}_1, \ldots, \overline{m}_t \rangle$ より，$M = \langle m_1, \ldots, m_t \rangle + \mathfrak{m}M$ が得られる．すると，中山の補題 E.1 より $M = \langle m_1, \ldots, m_t \rangle$ が成り立つ． ∎

ベクトル空間のよく知られた定理より，ただちに，以下の事実が成り立つことがわかる．

系 E.3. 系 E.2 の仮定のもとで，次が成り立つ．

(a) $\mu(M) = \dim_{\mathfrak{k}} M/\mathfrak{m}M$.
(b) $m_1, \ldots, m_t$ が M の極小生成系であるための必要十分条件は，それらの剰余類 $\overline{m}_1, \ldots, \overline{m}_t$ が $\mathfrak{k}$-ベクトル空間として $M/\mathfrak{m}M$ の基底になることである．
(c) $\{m_1, \ldots, m_t\}$ を M の極小生成系とする．このとき，$\sum_{i=1}^{t} r_i m_i = 0$ $(r_i \in R)$ ならば，$r_i \in \mathfrak{m}$ $(i=1,\ldots,t)$ となる．
(d) M のすべての生成系は極小生成系を含む．すべての短縮不可能な生成系は極小生成系である．

(e) 元 $m_1,\ldots,m_t$ が M の極小生成系の部分集合であるための必要十分条件は，それらの $M/\mathfrak{m}M$ における剰余類が $\mathfrak{k}$ 上 1 次独立になることである． ∎

ネーター局所環におけるイデアルは当然有限生成 R-加群であるから，上記の各命題はネーター局所環におけるイデアルの特別な場合に用いられる．特に，それらは R の極大イデアル $\mathfrak{m}$ に対して適用される．

定義 E.4. 極大イデアルを $\mathfrak{m}$ とする局所環 R に対して，

$$\mathrm{edim}\, R := \mu(\mathfrak{m})$$

を R の**埋込み次元** (embedding dimension) という．

系 E.3 (a) によって，$\mathrm{edim}\, R = \dim_{\mathfrak{k}}(\mathfrak{m}/\mathfrak{m}^2)$ が成り立つ．明らかに，$\mathrm{edim}\, R = 0$ であるための必要十分条件は，R が体になることである．

中山の補題 E.1 と関連して，アルティン・リースの補題とクルルの共通集合定理がある．

アルティン・リースの補題 E.5. R をネーター環とし，$I \subset R$ をイデアル，M を有限生成 R-加群，そして，$U \subset M$ を部分加群とする．このとき，ある自然数 $k \in \mathbb{N}$ が存在して，すべての $n \in \mathbb{N}$ に対して次が成り立つ．

$$I^{n+k}M \cap U = I^n \cdot (I^k M \cap U).$$

(証明) $\mathcal{R}_I^+ R := \bigoplus_{n \in \mathbb{N}} I^n$ を I に関する R の（拡張されていない）リース環とし（例 B.4 (b) を参照せよ），$\mathcal{R}_I^+ M := \bigoplus_{n \in \mathbb{N}} I^n M$ を対応している次数付き $\mathcal{R}_I^+ R$-加群とする．

R はネーター環であり，ゆえに I は有限生成であるから，$\mathcal{R}_I^+ R$ は代数として有限個の次数 1 の元，すなわち，イデアル I に対する有限な生成系によって生成される．環に対するヒルベルトの基底定理によって，$\mathcal{R}_I^+ R$ はネーター環である．M は R-加群として有限生成であるから，$\mathcal{R}_I^+ M$ は $\mathcal{R}_I^+ R$-加群として有限生成である．

さて次に，$U_n := I^n M \cap U\ (n \in \mathbb{N})$ とし，また $\overline{U} := \oplus_{n \in \mathbb{N}} U_n$ とおく．このとき，$\overline{U}$ は $\mathcal{R}_I^+ R$-加群 $\mathcal{R}_I^+ M$ の斉次部分加群である．加群に対するヒルベルトの基底定理によって，$\overline{U}$ は有限な生成系 $\{v_1, \ldots, v_s\}$ をもつ．このとき，v_i は $\mathcal{R}_I^+ M$ の斉次元であるように選ぶことができる．$m_i := \deg v_i$ として，$k := \mathrm{Max}\{m_1, \ldots, m_s\}$ とおく．すべての $n \in \mathbb{N}$ に対して，$U_{n+k} = I^n U_k$ が成り立つことを示そう．これはまさしく補題の主張そのものである．

明らかに，$I^n U_k \subset U_{n+k}$ は成り立つ．逆に，$u \in U_{n+k}$ が与えられたものとすると，斉次元 $\rho_i \in I^{n+k-m_i}$ を用いて $u = \sum_{i=1}^{s} \rho_i v_i$ と表される．したがって，$u \in I^n U_k$ を得る． ■

クルルの共通集合定理 E.6. R をネーター環とし，$I \subset R$ をイデアル，M を有限生成 R-加群，$\widetilde{M} := \bigcap_{n \in \mathbb{N}} I^n M$ とする．このとき，次が成り立つ．
$$\widetilde{M} = I \cdot \widetilde{M}.$$

(証明) $U := \widetilde{M}$ として，アルティン・リースの補題 E.5 を用いる．すると，次のように計算される．
$$\widetilde{M} = I^{k+1} M \cap \widetilde{M} = I(I^k M \cap \widetilde{M}) = I \cdot \widetilde{M}.$$ ■

系 E.7. I が R のすべての極大イデアルの共通集合に含まれていると仮定する．このとき，任意の部分加群 $U \subset M$ に対して，$\bigcap_{n \in \mathbb{N}}(I^n M + U) = U$ が成り立つ．特に，$\bigcap_{n \in \mathbb{N}} I^n M = \langle 0 \rangle$ である．

(証明) $N := M/U$, また $\widetilde{N} := \bigcap_{n \in \mathbb{N}}(I^n M + U/U)$ とおく．すると，クルルの共通集合定理 E.6 によって，$\widetilde{N} = I\widetilde{N}$ が成り立ち，中山の補題 E.1 によって，$\widetilde{N} = \langle 0 \rangle$ を得る．したがって，$\bigcap_{n \in \mathbb{N}}(I^n M + U) = U$ が成り立つ． ■

系 E.8. R を極大イデアルを $\mathfrak{m}$ とする局所環とし，R のイデアル I が $I \subset \mathfrak{m}$ をみたしているものとする．このとき，R のすべてのイデアル J に対して，$\bigcap_{n \in \mathbb{N}}(I^n + J) = J$ が成り立つ．特に，$\bigcap_{n \in \mathbb{N}}(\mathfrak{m}^n + J) = J$ である． ■

R を環とする．素イデアル $\mathfrak{p}_i \in \mathrm{Spec}\, R$ の包含関係の列 $\mathfrak{p}_0 \subset \mathfrak{p}_1 \subset \cdots \subset \mathfrak{p}_n$

は，$i = 1, \ldots, n$ に対して $\mathfrak{p}_{i-1} \neq \mathfrak{p}_i$ であるとき，素イデアルの**鎖** (chain) という．この素イデアルの鎖は**長さ** (length) n をもつという．

定義 E.9. 環 R の**クルル次元** (Krull dimension) $\dim R$ とは，すべての素イデアルの鎖の長さの上限のことである．

例 E.10.

(a) $\dim R = 0$ であるための必要十分条件は $\operatorname{Spec} R = \operatorname{Max} R$ が成り立つことである．したがって，体 K 上すべての有限次元の代数 A に対して $\dim A = 0$ が成り立つ（補題 D.5）．局所環については，$\dim R = 0$ であるための必要十分条件は，$\operatorname{Spec} R$ がただ一つの元からなることである．

(b) $\dim R = 1$ であるための必要十分条件は，$\operatorname{Spec} R$ が極大素イデアルと極小素イデアルのみから構成され，少なくとも一つの極小素イデアルは極大ではないことである．クルル次元が 1 の環の例には，$\mathbb{Z}$ があり，また K を体として，$K[X]$ や $K[[X]]$ がある．さらに，アフィン代数曲線の座標環もそうである（系 1.15）．局所環 R については，$\dim R = 1$ であるための必要十分条件は，$\operatorname{Spec} R$ が極大イデアル $\mathfrak{m}$ と極小イデアル $\neq \mathfrak{m}$ からなることである．$\mathbb{Z}$ や $K[X]$，アフィン代数曲線の座標環を極大イデアルで局所化すれば，次元 1 の局所環を得る．

(c) K を体とするとき，定理 1.14 により，$\dim K[X, Y] = 2$ である．クルル次元が無限である環の例の一つは，体 K 上無限に多くの変数をもつ多項式環がある．クルル次元が無限であるネーター環さえ存在する．

次にネーター局所環の特別な種類を考察する．

定義 E.11. ネーター局所環 R が $\operatorname{edim} R = \dim R = 1$ をみたすとき，R を**離散付値環** (discrete valuation ring) という．

離散付値環の例は，$\mathbb{Z}_{(p)}$（p は素数）や，$K[X]_{(f)}$（f は既約），$K[[X]]$（K は体）などがある．次の定理は離散付値環の構造についての具体的な情報を与

える.

定理 E.12. R は離散付値環でその極大イデアルを $\mathfrak{m} = (\pi)$ とするとき,次が成り立つ.

(a) R は整域であり,すべての $r \in R \setminus \{0\}$ は次のような一意的表現をもつ.

$$r = \epsilon \cdot \pi^n \qquad (\epsilon \in R : \text{単元}, n \in \mathbb{N}).$$

特に,R は一意分解整域であり,π は(同伴元を除いて)R のただ一つの素元である.

(b) R のすべてのイデアル $I \neq (0)$ は,I により一意的に定まる $n \in \mathbb{N}$ によって $I = (\pi^n)$ という形に表される.特に,R は単項イデアル整域である.

(c) $\mathrm{Spec}\, R$ は $\mathfrak{m}$ と (0) からなる.

(証明) (a) クルルの共通集合定理 E.8 によって,次が成り立つ.

$$\bigcap_{n \in \mathbb{N}} \mathfrak{m}^n = \bigcap_{n \in \mathbb{N}} (\pi^n) = (0).$$

ゆえに,ある $n \in \mathbb{N}$ が存在して,$r \in (\pi^n)$, $r \notin (\pi^{n+1})$ をみたす.したがって,r はある単元 $\epsilon \in R$ によって $r = \epsilon \cdot \pi^n$ という形に表される.

元 π はベキ零元ではない.なぜなら,π がベキ零元であると仮定すると,極大イデアル $\mathfrak{m}$ のすべての元はベキ零となり,$\mathfrak{m}$ が R のただ一つの素イデアルとなる.これは $\dim R = 1$ であるという仮定に矛盾するからである.$s = \eta \cdot \pi^m$ を $R \setminus \{0\}$ の別の元とする(η は単元,$m \in \mathbb{N}$).すると,$rs = \epsilon\eta \cdot \pi^{n+m} \neq 0$ となり,したがって,R は整域である.π は素イデアルを生成するから,π は R の素元である.

単元 $\epsilon_0 \in R$ と $n_0 \in \mathbb{N}$ により,$r = \epsilon_0 \cdot \pi^{n_0}$ と表せば,$n_0 \leq n$ でなければならない.ゆえに,$\epsilon \cdot \pi^{n-n_0} = \epsilon_0$ より,$n = n_0$ でかつ $\epsilon = \epsilon_0$ が得られる.したがって,(a) は証明された.

(b) I の元 $\epsilon \cdot \pi^n$ を n が最小になるように選ぶ($\epsilon \in R$ は単元である).このとき,$\pi^n \in I$ となる.$I \setminus \{0\}$ における他のすべての元は,適当な $\eta \in R$ と適当な $m \geq n$ により,$\eta \cdot \pi^m$ という形をしている.したがって,$I = (\pi^n)$ と

なる.

(c) R は (a) によって整域であるから,(0) は R の素イデアルである.$n > 1$ のとき,イデアル (π^n) は素イデアルではない.したがって,$\operatorname{Spec} R$ は (0) と $\mathfrak{m}$ だけからなる集合である. ∎

K が極大イデアルを $\mathfrak{m} = (\pi)$ とする離散付値環 R の商体ならば,すべての元 $x \in K \setminus \{0\}$ は次の形に一意的に表される.

$$x = \epsilon \cdot \pi^n \qquad (\epsilon \in R \text{ は単元},\ n \in \mathbb{Z}).$$

このとき,$v_R(x) := n$ とおき,n を R に関する x の**値** (value) という.さらに,$v_R(0) := \infty$ とおく.すると,$v_R : K \to \mathbb{Z} \cup \{\infty\}$ は以下の性質をみたす全射的写像である.

(a) $v_R(x) = \infty$ であるための必要十分条件は $x = 0$ である.
(b) すべての $x, y \in K$ に対して,$v_R(x \cdot y) = v_R(x) + v_R(y)$ が成り立つ.
(c) すべての $x, y \in K$ に対して,$v_R(x + y) \geq \min\{v_R(x), v_R(y)\}$ が成り立つ.

一般に,これらの条件をみたす体 K から $\mathbb{Z} \cup \{\infty\}$ への写像 v を K 上の(非自明な)**離散付値** (discrete valuation) といい,$R := \{x \in K \mid v(x) \geq 0\}$ を v に付随した離散付値環という.(自明な付値は K^* のすべての元を 0 に,0 を ∞ に写像する.)$\pi \in R$ が $v(\pi) = 1$ をみたす元ならば,付値の公理から容易に,R のすべてのイデアル $I \neq (0)$ はある $n \in \mathbb{N}$ により $I = (\pi^n)$ と表されることがわかる.特に,R は極大イデアル $\mathfrak{m} = (\pi)$ をもつネーター局所環である.すなわち,定義 E.11 によれば,R は離散付値環である.

離散付値環 R が与えられると,それは自然に v_R に付随した離散付値環である.条件 (c) に付け加えて,すべての離散付値環に対して次の事実が成り立つ.

(c′) $x, y \in R$ に対して $v_R(x) \neq v_R(y)$ ならば,$v_R(x+y) = \min\{v_R(x), v_R(y)\}$ が成り立つ.

次の次元公式はよく用いられる.

定理 E.13. R を極大イデアル $\mathfrak{m}$ をもつ離散付値環とする．R はある体 k を含み，かつ合成写像 $k \hookrightarrow R \to R/\mathfrak{m}$ が全射であると仮定する．このとき，すべての $x \in R$ に対して次が成り立つ．

$$\dim_k R/(x) = v_R(x).$$

（証明）π を R の素元とし，最初に $x \neq 0$ と仮定する．このとき，ある単元 $\epsilon \in R$ によって $x = \epsilon \cdot \pi^{v_R(x)}$ と表される．すると，次のようなイデアルの鎖がある．

$$(x) = (\pi^{v_R(x)}) \subset (\pi^{v_R(x)-1}) \subset \cdots \subset (\pi^2) \subset (\pi) \subset R = (\pi^0).$$

ゆえに，次の式が得られる．

$$\dim_k R/(x) = \sum_{i=0}^{v_R(x)-1} \dim_k (\pi^i)/(\pi^{i+1}). \tag{1}$$

一方，k-線形写像

$$R \longrightarrow (\pi^i)/(\pi^{i+1}), \qquad r \longmapsto r\pi^i + (\pi^{i+1})$$

は全射であり，その核として (π) をもつ．ゆえに，$(\pi^i)/(\pi^{i+1}) \cong R/(\pi) \cong k$ となる．したがって，すべての $i \in \mathbb{N}$ に対して $\dim_k (\pi^i)/(\pi^{i+1}) = 1$ が成り立つ．このとき，(1) から $\dim_k R/(x) = v_R(x)$ が導かれる．

また，$\dim_k (\pi^i)/(\pi^{i+1}) = 1$ より，$\dim_k R = \infty$ であることも得られる．すなわち，定理は $x = 0$ に対しても成り立つ． ■

定理 E.14. すべての離散付値環はその商体の極大な部分環である．

（証明）R を商体として K をもつ離散付値環で，v をそれに付随した付値とする．S が $R \subset S \subset K$ をみたす環で，$R \neq S$ とすると，S は $v(x) < 0$ である元 x を含む．値が $-v(x) - 1$ である元 $r \in R$ をかけることにより，値が -1 である S の元を得ることができることに注意しよう．ベキをとることによって，$\mathbb{Z}$ のすべての値に対して，その値をとる S の元がある．ゆえに，すべての $x \in K \setminus \{0\}$ に対して，$v(x) = v(s)$ をみたす元 $s \in S$ が存在する．このとき，

$v(\frac{x}{s}) = 0$ となる. ゆえに, $\frac{x}{s} \in R$ となり, $x \in S$ が得られる. したがって, $S = K$ が示された. ∎

演習問題

1. 次を証明せよ.

   (a) K を体とするとき, 以下の環
   $$K[X]_{(f)} \quad (f \in K[X] : \text{既約}) \quad \text{と} \quad K[X^{-1}]_{(X^{-1})}$$
   はすべて K を含み, 商体を $K(X)$ とする離散付値環である.

   (b) 環 $\mathbb{Z}_{(p)}$ (p は素数) はすべて商体を $\mathbb{Q}$ とする離散付値環である.

2. R は商体を K とするネーター局所整域とする. すべての $x \in K \setminus \{0\}$ に対して, $x \in R$ であるかまたは, $x^{-1} \in R$ とする. このとき, R は離散付値環であることを証明せよ.

付録 F

環の整拡大

　環の整拡大は体論における有限次拡大に対する類似の理論である．二つの理論は同時に展開させることができるし，おそらく時間的な理由で，基礎的な代数の課程でなされるべきである．この理論の結果により，ヒルベルトの零点定理の簡単な証明が得られる（定理 F.15 とその系 F.16 を参照せよ）．これは代数幾何学の一つの基本的な成果である．

　S を環とし，$R \subset S$ を部分環とする．

定理 F.1. 元 $x \in S$ に対して，次の条件は同値である．

(a) $f(x) = 0$ をみたす次数 $\deg f > 0$ のモニック多項式 $f \in R[X]$ が存在する．
(b) $R[x]$ は有限生成 R-加群である．
(c) S の部分環 S' で，$R[x] \subset S'$ であり，かつ，S' は有限生成 R-加群であるものが存在する．

（証明） (a) $\Rightarrow$ (b)．$f = X^n + r_1 X^{n-1} + \cdots + r_n$ $(r_i \in R, n > 0)$ とする．すべての $g \in R[X]$ は，g を f で割ると，次数 $\leq n-1$ の余りをもつ．すなわち，$g = q \cdot f + r$ $(q, r \in R[X], \deg r \leq n-1)$ と表される．X に x を代入すると $g(x) \in R + Rx + \cdots + Rx^{n-1}$ となる．したがって，次を得る．

$$R[x] = R + Rx + \cdots + Rx^{n-1}.$$

(b) ⇒ (c) は自明である．そこで，以下 (c) ⇒ (a) を示す．$\{w_1, \ldots, w_n\}$ を R-加群として S' の生成系とする．xw_i を次のように

$$xw_i = \sum_{j=1}^{n} \rho_{ij} w_j \qquad (i = 1, \ldots, n;\ \rho_{ij} \in R)$$

と表せば，$\sum_{j=1}^{n}(x\delta_{ij} - \rho_{ij})w_j = 0$ なる式が得られる．すると，クラーメルの公式より，$k = 1, \ldots, n$ に対して $\det(x\delta_{ij} - \rho_{ij})w_k = 0$ となる．$1 \in S'$ は $w_1, \ldots, w_n$ の 1 次結合で表すことができるから，$\det(x\delta_{ij} - \rho_{ij}) = 0$ となる．このとき，$f(X) := \det(X\delta_{ij} - \rho_{ij}) \in R[X]$ は $f(x) = 0$ をみたす次数 n のモニック多項式 f である（乗法写像 $\mu_x : S' \to S'$ の特性多項式である）．∎

定義 F.2.

(a) $x \in$ について，定理 F.1 の条件が満足されるとき，x は R 上整 (integral) であるという．定理 F.1 (a) における方程式 $f(x) = 0$ を，R 上 x の**整従属方程式** (equation of integral dependence)，または**整従属関係式** (integral dependence relation) という．

(b) R 上整である S のすべての元の集合 $\overline{R}$ を S における R の**整閉包** (integral closure) という．

(c) $\overline{R} = S$ であるとき，S を R の**整拡大** (integral extension) という．

(d) $\overline{R} = R$ であるとき，R は S において**整閉** (integraliy closed) であるという．

例 F.3.

(a) S が R-加群として有限生成ならば，定理 F.1 によって，S は R 上整である．

(b) すべての一意分解整域 R はその商体 $Q(R)$ において整閉である．そして，特にこれは $\mathbb{Z}$ に対して，また体 K 上の多項式環 $K[X_1, \ldots, X_n]$，さらに，すべての離散付値環に対しても成り立つ（定理 E.12 参照）．

証明は次のようである．
$x \in Q(R)$ を R 上整であるとし，

$$x^n + r_1 x^{n-1} + \cdots + r_n = 0$$

を x の整従属方程式とする. $x = \frac{r}{s}$, $r, s \in R$ と表したとき,r と s を互いに素であるようにすることができる.これを代入すると次の式が得られる.
$$r^n + r_1 s r^{n-1} + \cdots + r_n s^n = 0.$$
これより,s は r^n の因数であることがわかる.これが起こるのは,s が R の単元になるときだけである.したがって,$x \in R$ となる.

系 F.4. $x_1, \ldots, x_n \in S$ が R 上整ならば,$R[x_1, \ldots, x_n]$ は R-加群として有限生成であり,ゆえに,R 上整である. ∎

系 F.5(整拡大の推移律). $R \subset S \subset T$ を環の拡大とする.T が S 上整でかつ S が R 上整であるならば,T は R 上整である.

(証明) $x \in T$ として,$x^n + s_1 x^{n-1} + \cdots + s_n = 0$ を S 上 x の整従属方程式とする.このとき,系 F.4 より,$R[s_1, \ldots, s_n]$ は有限生成 R-加群であり,$R[s_1, \ldots, s_n, x]$ は $R[s_1, \ldots, s_n]$ 上有限である.ゆえに,$R[s_1, \ldots, s_n, x]$ は R 上でも有限である.このとき,$S' = R[s_1, \ldots, s_n, x]$ として定理 F.1 を用いると,x は R 上整であることがわかる. ∎

系 F.6. S における R の整閉包 $\overline{R}$ は,S において整閉である S の部分環である.

(証明) $x, y \in \overline{R}$ ならば,系 F.4 によって,$R[x, y]$ は有限生成 R-加群である.ゆえに,$x \pm y$ と $x \cdot y$ は R 上整である.したがって,$\overline{R}$ は S の部分環である.$z \in S$ が $\overline{R}$ 上整ならば,系 F.5 により,$z \in \overline{R}$ を得る. ∎

これまでの結果が体論における「代数的」と「代数的閉包」という概念の類似であるのに対して,いま我々は環論に特有のいくつかの事実を考察する.

定理 F.7. R はネーター整域とし,その商体 K において整閉であるとする.L を K の有限次分離拡大体とし,S を L における R の整閉包とする.このと

き，S は R-加群として有限生成であり，特にネーター環である．

（証明） L/K の原始元を x とする．$f \in K[X]$ を K 上 x の最小多項式とする．$K = Q(R)$ であるから，f は次のような形に表される．

$$f = X^n + \frac{r_1}{r}X^{n-1} + \cdots + \frac{r_n}{r} \quad (r, r_i \in R).$$

このとき，rx は最小多項式として

$$X^n + r_1 X^{n-1} + \cdots + r_n r^{n-1} \in R[X]$$

をもち，同様に L/K の原始元である．したがって，$x \in S$ でかつ $r = 1$ と仮定することができる．

次に，$x_1, \ldots, x_n$ を K 上 x のすべての共役元とする，すなわち，f のすべての零点の集合は K の代数的閉包の中にある．$y \in S$ に対して，

$$y = a_1 + a_2 x + \cdots + a_n x^{n-1} \quad (a_i \in K)$$

という表現があり，K 上 y のすべての共役元 y_i は次の方程式によって与えられる．

$$y_i = a_1 + a_2 x_i + \cdots + a_n x_i^{n-1} \quad (i = 1, \ldots, n). \tag{1}$$

x を x_i に移す（y を y_i に）$K(x_1, \ldots, x_n)$ の K-自己同型写像を用いてわかるように，x と y とともに，すべての x_i と y_i は R 上整である．

D を方程式系 (1) の（ヴァンデルモンドの）行列式

$$D := \begin{vmatrix} 1 & x_1 & \cdots & x_1^{n-1} \\ 1 & x_2 & \cdots & x_2^{n-1} \\ \vdots & \vdots & & \vdots \\ 1 & x_n & \cdots & x_n^{n-1} \end{vmatrix}$$

とし，D_i を D の第 i 列を列ベクトル $(y_i)_{i=1,\ldots,n}$ で置き換えて得られる行列式とする．クラーメルの公式により，$a_i D = D_i \ (i = 1, \ldots, n)$ が成り立つ．したがって，$a_i D^2 = D_i D$ を得る．

さて，D と D_i は R 上整である．$D_i D$ と同様，D^2 は $x_1, \ldots, x_n$ の置換によって不変である．ゆえに，$D^2 \in K$ と $D \cdot D_i \in K$ が成り立つ．R は K にお

いて整閉であるから，実際に $D^2 \in R$ でかつ $D_i D \in R$ $(i = 1, \ldots, n)$ でなければならない．$a_i \in \frac{1}{D^2} R$ $(i = 1, \ldots, n)$ より，

$$y \in \frac{1}{D^2}(R + Rx + \cdots + Rx^{n-1})$$

となる．ゆえに，

$$S \subset \frac{1}{D^2}(R + Rx + \cdots + Rx^{n-1})$$

が得られる．S はネーター環 R 上有限生成加群の部分加群であるから，加群に対するヒルベルトの基底定理により，S はそれ自身 R 上有限生成加群である． ∎

定理 F.8. クルル次元 1 のネーター局所整域がその商体において整閉であるならば，離散付値環である．

（証明） R を定理において述べられた環とし，$\mathfrak{m}$ をその極大イデアル，$K := Q(R)$ をその商体とする．$\mathfrak{m}$ が単項イデアル整域であることを示さねばならない（定義 E.11）．

$x \in \mathfrak{m} \setminus \{0\}$ を任意の元とする．$\dim R = 1$ であるから，剰余環 $R/(x)$ はただ一つの素イデアル，すなわち，$\mathfrak{m}/(x)$ をもつ．系 C.12 によって，これはベキ零である．ゆえに，ある $\rho \in \mathbb{N}$ が存在して，$\mathfrak{m}^{\rho+1} \subset (x)$，かつ $\mathfrak{m}^\rho \not\subset (x)$ となる．$\rho = 0$ ならば，証明は完了する．よって，以下において $\rho > 0$ とする．

$y \in \mathfrak{m}^\rho \setminus (x)$ に対して，$\mathfrak{m} \cdot y \subset (x)$ が成り立つ．ゆえに，

$$\mathfrak{m} \cdot \frac{y}{x} \subset R, \qquad \frac{y}{x} \notin R.$$

したがって，R-加群 $\mathfrak{m}^{-1} := \{a \in K \mid \mathfrak{m} \cdot a \subset R\}$ は R より真に大きい．明らかに，$\mathfrak{m} \subset \mathfrak{m} \cdot \mathfrak{m}^{-1} \subset R$ であり，また $\mathfrak{m} \cdot \mathfrak{m}^{-1}$ は R のイデアルである．したがって，以下の二つの可能性がある．

$$(a) \quad \mathfrak{m} \cdot \mathfrak{m}^{-1} = \mathfrak{m},$$

$$(b) \quad \mathfrak{m} \cdot \mathfrak{m}^{-1} = R.$$

(a) は起こりえないことを示す．(a) が成り立つと仮定する．すると，各 $x \in \mathfrak{m}^{-1}$ に対して，$\mathfrak{m} R[x] \subset \mathfrak{m}$ となる．ゆえに，$z \in \mathfrak{m} \setminus \{0\}$ に対して

$zR[x] \subset \mathfrak{m}$ が成り立つ. ヒルベルトの基底定理によって, $R[x]$ は有限生成 R-加群である. すなわち, x は R 上整である. ところが, R は整閉であると仮定しているから, $x \in R$ となる. したがって, このとき $\mathfrak{m}^{-1} = R$ となる. これは上で示されたことに矛盾する. 以上より, (b) の場合のみが起こる.

この場合, $\mathfrak{m}$ は単項イデアルになることを示す. $\mathfrak{m} \cdot \mathfrak{m}^{-1} = R$ であるから, ある元 $x_i \in \mathfrak{m}$ と $y_i \in \mathfrak{m}^{-1}$ によって, $\sum_{i=1}^{m} x_i y_i = 1$ という等式が成り立つ. ここで, $x_i y_i \in R\, (i = 1, \ldots, m)$ である. R は局所環であるから, 少なくとも一つの $i \in \{1, \ldots, m\}$ に対して $x_i y_i$ は R の単元である. このとき, 各 $z \in \mathfrak{m}$ は
$$z = z(x_i y_i)(x_i y_i)^{-1} = x_i (z y_i)(x_i y_i)^{-1}$$
と表される. ここで, $zy_i \in R$ であり, また, $(x_i y_i)^{-1} \in R$ である. 以上より, $\mathfrak{m} = (x_i)$ であることが示された. ∎

補題 F.9. $R \subset S$ を環の整拡大とし, $\mathfrak{P} \in \operatorname{Spec} S$ とする. このとき, $\mathfrak{P} \in \operatorname{Max}(S)$ であるための必要十分条件は $\mathfrak{P} \cap R \in \operatorname{Max}(R)$ となることである.

(証明) $\mathfrak{p} := \mathfrak{P} \cap R$ とおく. すると, $R/\mathfrak{p} \subset S/\mathfrak{P}$ であり, $S/\mathfrak{P}$ は $R/\mathfrak{p}$ 上整である.

$\mathfrak{p} \in \operatorname{Max}(R)$ ならば, $R/\mathfrak{p}$ は体であり, また, $S/\mathfrak{P}$ も体となる. なぜなら, $y \in S/\mathfrak{P} \setminus \{0\}$ について,
$$y^n + \rho_1 y^{n-1} + \cdots + \rho_n = 0 \quad (\rho_i \in R/\mathfrak{p})$$
を $R/\mathfrak{p}$ 上 y の整従属方程式とすれば, $S/\mathfrak{P}$ は整域であるから, $\rho_n \neq 0$ と仮定することができる. 式 $y(y^{n-1} + \rho_1 y^{n-2} + \cdots + \rho_{n-1}) = -\rho_n$ より, y は $S/\mathfrak{P}$ において逆元をもつことがわかる.

さて次に逆を示すために, $S/\mathfrak{P}$ が体であると仮定する. $x \in R/\mathfrak{p} \setminus \{0\}$ に対して, $xy = 1$ をみたす $y \in S/\mathfrak{P}$ が存在する. その整従属方程式に x^n をかけることにより,
$$0 = (xy)^n + x\rho_1(xy)^{n-1} + \cdots + x^n \rho_n = 1 + x(\rho_1 + \rho_2 x + \cdots + \rho_n x^{n-1})$$
が得られ, したがって, x は $R/\mathfrak{p}$ に逆元をもつ. ∎

定理 F.10. $R \subset S$ を二つの整域とする．R をクルル次元 1 のネーター環，S を R-加群として n 個の元により生成されているものとする．このとき，次が成り立つ．

(a) 各 $\mathfrak{p} \in \mathrm{Max}(R)$ に対して，$\mathfrak{P} \cap R = \mathfrak{p}$ をみたす $\mathfrak{P} \in \mathrm{Max}(S)$ が少なくとも一つ，高々 n 個存在する．
(b) 整域 S もまたクルル次元 1 をもつ．

(証明) (a) $\mathfrak{p} \in \mathrm{Max}(R)$ に対して，$S/\mathfrak{p}S$ は体 $R/\mathfrak{p}$ 上次元 $\leq n$ の代数である．補題 D.5 によって，それは高々 n 個の異なる素イデアルをもち，ゆえに，$\mathfrak{p}$ 上にある S の異なる極大イデアルは高々 n 個である．$N := R \setminus \mathfrak{p}$ とおく．$S/\mathfrak{p}S$ が零環ならば，$(S/\mathfrak{p}S)_N = S_N/\mathfrak{p}S_N$ もまた零環になる．しかしながら，S_N は $R_N = R_\mathfrak{p}$ 上有限生成加群である．すると，中山の補題 E.1 によって，$S_N = 0$ となる．ところが，これは，S，そして S_N もまた整域であるという事実に矛盾する．したがって，$S/\mathfrak{p}S$ は零環ではない．

$S/\mathfrak{p}S \neq (0)$ であるから，この環は少なくとも一つの極大イデアルを含んでいる．したがって，S においてもまた $\mathfrak{P} \cap R = \mathfrak{p}$ をみたす $\mathfrak{P} \in \mathrm{Max}(S)$ が少なくとも一つ存在する．

(b) $\mathfrak{P} \in \mathrm{Spec}(S)$ が極大イデアルでないとすると，補題によって，$\mathfrak{P} \cap R$ は R の極大イデアルではない．ゆえに，$\dim R = 1$ であることより $\mathfrak{P} \cap R = (0)$ となる．このとき，$\mathfrak{P} = (0)$ でなければならない．なぜなら，$x \in \mathfrak{P} \setminus \{0\}$ とすると，x は整従属方程式

$$x^n + \rho_1 x^{n-1} + \cdots + \rho_n = 0 \qquad (\rho_i \in R,\ \rho_n \neq 0)$$

をもち，変形すると，$\rho_n = -x(x^{n-1} + \rho_1 x^{n-2} + \cdots + \rho_{n-1}) \in \mathfrak{P} \cap R$ となるからである．したがって，S の素イデアルは，(0) のほかに極大イデアルのみである．すなわち，$\dim S = 1$ である． ∎

定理 F.11. S を商体 L をもつ整域とし，$N \subset S$ を積閉集合とする．このとき，次が成り立つ．

(a) S が L において整閉ならば，S_N もそうである．
(b) S が L において整閉であるための必要十分条件は，すべての $\mathfrak{P} \in \mathrm{Max}(S)$

に対して $S_\mathfrak{P}$ が L において整閉になることである.

(証明)　(a) $x \in L$ が S_N 上整であるとし,
$$x^n + \rho_1 x^{n-1} + \cdots + \rho_n = 0 \qquad (\rho_i \in S_N) \tag{2}$$
を x の整従属方程式とする. このとき, 係数 ρ_i を $s_i \in S$ $(i = 1, \ldots, n)$ と $s \in N$ により, $\rho_i = \frac{s_i}{s}$ と表すことができる. (2) に s^n をかけると, sx は S 上整であることがわかる. したがって, $sx \in S$ となり, $x \in S_N$ であることが得られる.

(b) 各 $\mathfrak{P} \in \mathrm{Max}(S)$ に対して $S_\mathfrak{P}$ は L において整閉であると仮定する. S 上整である L の元 x は $S_\mathfrak{P}$ 上でも整である. したがって,
$$x \in \bigcap_{\mathfrak{P} \in \mathrm{Max}(S)} S_\mathfrak{P}.$$
このとき, (b) の主張は次の補題から得られる. ■

補題 F.12. すべての整域 S に対して次が成り立つ.
$$S = \bigcap_{\mathfrak{P} \in \mathrm{Max}(S)} S_\mathfrak{P}.$$
また, 各イデアル $I \subset S$ に対して次が成り立つ.
$$I = \bigcap_{\mathfrak{P} \in \mathrm{Max}(S)} I_\mathfrak{P}.$$

(証明)　$x \in \bigcap_{\mathfrak{P} \in \mathrm{Max}(S)} S_\mathfrak{P}$ とし, $J := \{s \in S \mid sx \in S\}$ とおく. 明らかに, J は S のイデアルである (これは x の「分母イデアル」ということもある). 各 $\mathfrak{P} \in \mathrm{Max}(S)$ に対し, ある $s_\mathfrak{P} \in S \setminus \mathfrak{P}$ が存在して $s_\mathfrak{P} \cdot x \in S$ をみたす. ゆえに, J は S のどんな極大イデアルにも含まれない. したがって, $J = S$ となる. $1 \in J$ であることより, $x \in S$ であることがわかる. イデアルに対する証明も同様である. ■

定理 F.13. R を極大イデアルを $\mathfrak{m}$, 商体を K とする離散付値環とする. また, L/K を次数 n の有限次分離拡大体とし, S は L における R の整閉包とする. このとき, 次が成り立つ.

(a) 各 $\mathfrak{P} \in \mathrm{Max}(S)$ に対して,$S_{\mathfrak{P}}$ は(商体 L をもつ)離散付値環である.集合 $\mathrm{Max}(S)$ は有限個の元からなる.

(b) $\mathrm{Max}(S) = \{\mathfrak{P}_1, \ldots, \mathfrak{P}_h\}$ とし,$\mathfrak{m} S_{\mathfrak{P}_i} = \mathfrak{P}_i^{e_i} S_{\mathfrak{P}_i}$ とおく.また,$i = 1, \ldots, h$ に対して,$f_i := [S_{\mathfrak{P}_i}/\mathfrak{P}_i S_{\mathfrak{P}_i} : R/\mathfrak{m}]$ とおくと,次の式が成り立つ.
$$n = \sum_{i=1}^{h} e_i f_i \quad (\text{次数公式}).$$

(証明) (a) 定理 F.11 (a) より,環 $S_{\mathfrak{P}}$ は L において整閉である.定理 F.7 より,環 S は有限生成 R-加群である.ゆえに,$S_{\mathfrak{P}}$ はネーター環であり,また定理 F.10 により,$S_{\mathfrak{P}}$ はクルル次元 1 である.したがって,定理 F.8 により,$S_{\mathfrak{P}}$ は離散付値環である.極大スペクトラム $\mathrm{Max}(S)$ は,補題 F.9 と定理 F.10 (a) により有限である.

(b) R は単項イデアル整域であり,S はねじれのない有限生成 R-加群であるから,単項イデアル整域上の加群に対する基本定理によって,S は R 上に基底をもち,必然的に長さ n である.中国式剰余の定理によって,さらに次の式が成り立つ.
$$n = \dim_{R/\mathfrak{m}} S/\mathfrak{m} S = \sum_{i=1}^{h} S_{\mathfrak{P}_i}/\mathfrak{P}_i^{e_i} S_{\mathfrak{P}_i}.$$

次のイデアルの鎖
$$\mathfrak{P}_i^{e_i} S_{\mathfrak{P}_i} \subset \mathfrak{P}_i^{e_i-1} S_{\mathfrak{P}_i} \subset \cdots \subset \mathfrak{P}_i S_{\mathfrak{P}_i} \subset S_{\mathfrak{P}_i}$$
において,すべての剰余イデアル $\mathfrak{P}_i^j S_{\mathfrak{P}_i}/\mathfrak{P}_i^{j+1} S_{\mathfrak{P}_i}$ は $S_{\mathfrak{P}_i}/\mathfrak{P}_i S_{\mathfrak{P}_i}$ に同型である.したがって,次の式が得られる.
$$\dim_{R/\mathfrak{m}} S_{\mathfrak{P}_i}/\mathfrak{P}_i^{e_i} S_{\mathfrak{P}_i} = e_i \cdot [S_{\mathfrak{P}_i}/\mathfrak{P}_i S_{\mathfrak{P}_i} : R/\mathfrak{m}] = e_i f_i. \quad \blacksquare$$

定理 F.14. R を整域とし,その商体 K の中で整閉であると仮定する.L を K の拡大体とし,$a \in L$ を R 上整である元とする.このとき,K 上 a の最小多項式 f に対して,次が成り立つ.
$$f \in R[X].$$

(証明) f を K の代数的閉包 $\overline{K}$ において 1 次因数に分解する.

$$f = (X - a_1) \cdots (X - a_n), \quad a_1 = a.$$

このとき，a を a_i $(i = 1, \ldots, n)$ に移す K-同型写像 $K(a) \xrightarrow{\sim} K(a_i)$ がある. すると，a_i は a とともに R 上整である. ゆえに，f のすべての係数は R 上整である. ところが, それらは K の中にあり, また R は K において整閉である. したがって, $f \in R[X]$ となる. ∎

さてこれから我々はヒルベルトの零点定理の証明を与える. 証明を構成する要素として, 次のような事実が必要である.

(a) 任意の体 K に対して, $K[X]$ は一意分解整域である.
(b) $K[X]$ には無限に多くの既約多項式が存在する.
(c) 系 F.4.

体論に対するヒルベルトの零点定理 F.15. L/K を体拡大とし, 元 $x_1, \ldots, x_n \in L$ が存在して $L = K[x_1, \ldots, x_n]$ （これは環論的な添加である）が成り立つと仮定する. このとき, L/K は代数拡大である.

(証明) n についての帰納法により証明する. $n > 0$ と仮定することができ, 定理は $n-1$ 個の生成系に対してすでに証明されたと仮定する. x_1 は K 上超越的であると仮定する. $K[x_1, \ldots, x_n] = K(x_1)[x_2, \ldots, x_n]$ であるから, 帰納法の仮定より, $L/K(x_1)$ は代数的である. $K(x_1)$ 上 x_i $(i = 2, \ldots, n)$ の最小多項式 f_i は, 共通分母を $u \in K[x_1]$ として次のような形で表される.

$$f_i = X^{n_i} + \frac{a_1^{(i)}}{u} X^{n_i - 1} + \cdots + \frac{a_{n_i}^{(i)}}{u} \quad (a_j^{(i)} \in K[x_1]).$$

系 F.4 を用いると, $L = K[x_1, \ldots, x_n]$ は $K[x_1, \frac{1}{u}]$ 上整であることがわかる. 次に, $p \in K[x_1]$ は u を割りきらない既約多項式とし,

$$\left(\frac{1}{p}\right)^m + \frac{s_1}{u^t}\left(\frac{1}{p}\right)^{m-1} + \cdots + \frac{s_m}{u^t} = 0 \quad (s_i \in K[x_1])$$

を $K[x_1, \frac{1}{u}]$ 上 $\frac{1}{p}$ の整従属方程式とする. ここで, その係数はすべてが同じ分母 u^t をもつように調整されている. 両辺に $p^m u^t$ をかけて, 分母を払うと,

$$u^t + s_1 p + \cdots + s_m p^m = 0$$

を得る.ところが,これは p が u を割りきらないという仮定に矛盾する.これより,定理 F.15 は証明された. ∎

系 F.16. K を体とし,$\overline{K}$ をその代数的閉包とする.このとき,$I \neq K[X_1, \ldots, X_n]$ をみたすすべてのイデアル $I \subset K[X_1, \ldots, X_n]$ は $\overline{K}^n$ に零点をもつ.すなわち,すべての $f \in I$ に対して,$f(\xi_1, \ldots, \xi_n) = 0$ をみたす $(\xi_1, \ldots, \xi_n) \in \overline{K}^n$ が存在する.

(証明) 一般性を失わずに,$I = \mathfrak{M}$ は極大イデアルであると仮定することができる.このとき,$L := K[X_1, \ldots, X_n]/\mathfrak{M}$ は K 上 X_i の剰余類 x_i により生成される.定理 F.15 によって,L/K は代数拡大である.ゆえに,単射 K-準同型写像 $L \to \overline{K}$ があり,したがって,K-準同型写像 $\phi : K[X_1, \ldots, X_n] \to \overline{K}$ があり,その核は $\mathfrak{M}$ である.$\xi_i := \phi(X_i)\,(i = 1, \ldots, n)$ とおけば,$(\xi_1, \ldots, \xi_n)$ は求める $\mathfrak{M}$ の零点である. ∎

演習問題

1. 体 K 上 1 変数の多項式環 $K[X]$ は $K \subset R$,$K \neq R$ をみたすすべての部分環 $R \subset K[X]$ 上で整であることを示せ.また,R は K 上有限生成の代数であり,R はクルル次元 1 をもつことを証明せよ.

2. 系 F.16 から定理 F.15 を導け.

3. 代数的閉体 K 上の多項式環 $K[X_1, \ldots, X_n]$ の極大イデアルは K^n の点と 1 対 1 に対応することを示せ.

付録 G

代数のテンソル積

二つの代数 S_1/R と S_2/R のテンソル積とは，S_1 の像と S_2 の像を含んでいる R-代数で，それらの像はできる限りもとの代数 S_1 と S_2 に忠実になっているようなものである．より正確には次のようである．

定義 G.1. 代数 S_1/R と S_2/R のテンソル積とは，普遍的な性質をもつ三つの組 $(T/R, \alpha_1, \alpha_2)$ のことである．ここで，T/R は代数であり，$\alpha_i : S_i \to T$ は R-代数の準同型写像である $(i = 1, 2)$．また，普遍的な性質とは次のようである．$(U/R, \beta_1, \beta_2)$ を，代数 U/R と準同型写像 $\beta_i : S_i \to U$ $(i = 1, 2)$ からなる任意の三つの組とすれば，R-準同型写像 $h : T \to U$ が存在して，$\beta_i = h \circ \alpha_i$ $(i = 1, 2)$ をみたすものはただ一つである．

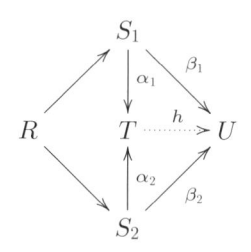

通常のように，テンソル積は，もし存在すれば，標準的な同型写像を除いて一意的である．このとき，$T = S_1 \otimes_R S_2$ と表し，$\alpha_i : S_i \to T$ $(i = 1, 2)$ をこのテンソル積への標準的な準同型写像という．

例 G.2. (a) $S_1 = R[\{X_\lambda\}_{\lambda \in \Lambda}]$ と $S_2 = R[\{Y_\mu\}_{\mu \in M}]$ を二つの多項式代数と

し，$T = R[\{X_\lambda\}_{\lambda \in \Lambda} \cup \{Y_\mu\}_{\mu \in M}]$ を変数 X_λ, Y_μ $(\lambda \in \Lambda, \mu \in M)$ に関する多項式代数とする．$\alpha_i : S_i \to T$ を明らかな写像とする (i=1, 2)．このとき，(T, α_1, α_2) は S_1/R と S_2/R のテンソル積である．

実際に，$\beta_i : S_i \to U$ を R-代数 U への R-準同型写像としたとき，$x_\lambda := \beta_1(X_\lambda), y_\mu := \beta_2(X_\mu)$ とおく．多項式代数の普遍的性質により，$h(X_\lambda) = x_\lambda, h(Y_\mu) = y_\mu$ $(\lambda \in \Lambda, \mu \in M)$ とするただ一つの R-準同型写像 $h : R[\{X_\lambda\} \cup \{Y_\mu\}] \to U$ が存在する．これが，T/R が S_1/R と S_2/R のテンソル積であるために必要とされているすべてである．これを次のように表す．

$$R[\{X_\lambda\}] \otimes_R R[\{Y_\mu\}] = R[\{X_\lambda\} \cup \{Y_\mu\}]. \tag{1}$$

特に，

$$R[X_1, \ldots, X_m] \otimes_R R[Y_1, \ldots, Y_n] = R[X_1, \ldots, X_m, Y_1, \ldots, Y_n]. \tag{1'}$$

(b) S_1/R と S_2/R を $S_1 \otimes_R S_2$ が存在するような代数とし，$I_k \subset S_k$ $(i=1,2)$ をイデアルとする．J を $\alpha_k(I_k)$ $(k=1,2)$ により生成された $S_1 \otimes_R S_2$ のイデアルとする．このとき，$S_1/I_1 \otimes_R S_2/I_2$ が存在し，$S_1/I_1 \otimes_R S_2/I_2 = (S_1 \otimes_R S_2)/J$ が成り立つ．ただし，標準的な準同型写像 $\overline{\alpha}_k : S_k/I_k \to S_1/I_1 \otimes_R S_2/I_2$ は $\alpha_k : S_k \to S_1 \otimes_R S_2$ により剰余環へ誘導されたものである．

実際，$\overline{\beta}_k : S_k/I_k \to U$ を R-代数 U への二つの R-準同型写像とし，$\beta_k : S_k \to U$ を標準的な全射準同型写像 $S_k \to S_k/I_k$ $(k=1,2)$ とそれとの合成写像とする．このとき，$\beta_k = h \circ \alpha_k$ $(k=1,2)$ をみたすただ一つの準同型写像 $h : S_1 \otimes_R S_2 \to U$ が存在する．

$\beta_k(I_k) = 0$ $(k=1,2)$ であるから，$h(J) = 0$ となる．ゆえに，h は $\overline{\beta}_k = \overline{h} \circ \overline{\alpha}_k$ $(k=1,2)$ をみたす準同型写像 $\overline{h} : (S_1 \otimes_R S_2)/J \to U$ を誘導する．このようなものはただ一つである．すなわち，h' をもう一つこのようなものとし，また $\epsilon : S_1 \otimes_R S_2 \to (S_1 \otimes_R S_2)/J$ を標準的な全射準同型写像とすると，$S_1 \otimes_R S_2$ の普遍的性質における一意性の条件より，$\overline{h} \circ \epsilon = h' \circ \epsilon$ が成り立つ．ϵ は全射準同型写像であるから，$h' = \overline{h}$ が得られる．

$J =: I_1 \otimes_R S_2 + S_1 \otimes_R I_2$ と表す．このとき，いま上で証明された主張は以下の公式によって簡潔に表現される．

$$S_1/I_1 \otimes_R S_2/I_2 = (S_1 \otimes_R S_2)/(I_1 \otimes_R S_2 + S_1 \otimes_R I_2). \tag{2}$$

すべての代数は多項式代数の剰余代数として表されるから，例 G.2 (a) と (b) より，「テンソル積の存在」することがただちに得られる．特に，公式 (2) は一般に用いることができる．

定理 G.3. $S_1 \otimes_R S_2$ は環として，$\alpha_1(S_1)$ と $\alpha_2(S_2)$ によって生成される．すなわち，
$$S_1 \otimes_R S_2 = \alpha_1(S_1) \cdot \alpha_2(S_2).$$

（証明）明らかに，$\alpha_1(S_1) \cdot \alpha_2(S_2)$ は $S_1 \otimes_R S_2$ の普遍的な性質を満足する．包含写像 $\alpha_1(S_1) \cdot \alpha_2(S_2) \hookrightarrow S_1 \otimes_R S_2$ は，定義 G.1 における一意性によって，全単射であり，定理の主張はこれからすぐに得られる．■

$$a \otimes 1 := \alpha_1(a) \qquad (a \in S_1),$$
$$1 \otimes b := \alpha_2(b) \qquad (b \in S_2)$$

とし，
$$a \otimes b := (a \otimes 1)(1 \otimes b)$$

とおく．定理 G.3 より，$S_1 \otimes_R S_2$ の任意の元は
$$\sum_{k=1}^n a_k \otimes b_k \qquad (a_k \in S_1,\ b_k \in S_2,\ n \in \mathbb{N})$$

という形で表される．ところが，一般にはこの表現は一意的ではない．$S_1 \otimes_R S_2$ の任意の元を**テンソル** (tensor) または**テンソル積**という．$a \otimes b$ という形のテンソル積は**分解可能** (decomposable) であるという．一般に，すべてのテンソル積が分解可能であるとはいえない．

α_1 と α_2 は R-準同型写像であるから，図式

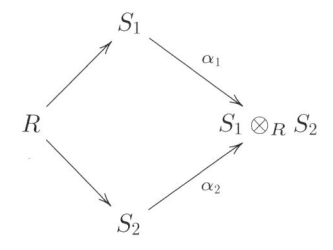

$$\begin{array}{ccc}
 & & S_1 \\
 & \nearrow & \downarrow \alpha_1 \\
R & & S_1 \otimes_R S_2 \\
 & \searrow & \uparrow \alpha_2 \\
 & & S_2
\end{array}$$

は可換である．したがって，

$$r \otimes 1 = 1 \otimes r \ (\forall r \in R), \quad ra \otimes b = a \otimes rb \ (r \in R, a \in S_1, b \in S_2) \quad (3)$$

が成り立つ．

さらに，テンソル積の計算の規則は α_1 と α_2 が環準同型写像であるという事実から得られる．すなわち，$a, b \in S_1$ と $c, d \in S_2$ に対して，次が成り立つ．

$$(a+b) \otimes c = a \otimes c + b \otimes c, \quad a \otimes (c+d) = a \otimes c + a \otimes d,$$
$$(a \otimes c)(b \otimes d) = ab \otimes cd, \quad a \otimes 0 = 0 = 0 \otimes c.$$

さらにまた，$1 \otimes 1 = 1$ は乗法に関する単位元である．

α_2 を構造射としてみれば，$S_1 \otimes_R S_2$ は S_2-代数（同様に，S_1-代数）である．代数 $(S_1 \otimes_R S_2)/S_2$ は**底の変換** (base change) $R \to S_2$ を用いて S_1/R から生じるという．代数の性質が，底の変換によってどのように振る舞うかを考察することはしばしば重要な問題になる．

定理 G.4. S_1/R が基底 $\{b_\lambda\}_{\lambda \in \Lambda}$ をもつと仮定する．このとき，次が成り立つ．

(a) $\{b_\lambda \otimes 1\}_{\lambda \in \Lambda}$ は $(S_1 \otimes_R S_2)/S_2$ の基底である．

(b) $c \in S_2$ が S_2 の零因子でなければ，$1 \otimes c$ は $S_1 \otimes_R S_2$ の零因子ではない．

（証明）（a）S_1 において，以下の関係がある．

$$b_\lambda b_{\lambda'} = \sum r_{\lambda \lambda'}^{\lambda''} b_{\lambda''} \quad (r_{\lambda \lambda'}^{\lambda''} \in R),$$
$$1 = \sum \rho_\lambda b_\lambda \quad (\rho_\lambda \in R).$$

S_1 が可換であるということは，$r_{\lambda \lambda'}^{\lambda''} = r_{\lambda' \lambda}^{\lambda''}$ が成り立つということと同値である．$(b_\lambda b_{\lambda'}) b_{\lambda''}$ と $b_\lambda (b_{\lambda'} b_{\lambda''})$ を基底による元で表し，係数を等しいとおけば，結合律が成り立つことと同値であることを表している $r_{\lambda \lambda'}^{\lambda''}$ に関する公式が得られる．$\sum \rho_\lambda b_\lambda$ が S_1 の単位元であることは，同様にして，ρ_λ と $r_{\lambda \lambda'}^{\lambda''}$ に関する公式の族に同値である．

さて次に，不定元 X_λ $(\lambda \in \Lambda)$ が自由 S_2-加群

$$T := \bigoplus_{\lambda \in \Lambda} S_2 X_\lambda$$

を生成するように代数 T/S_2 を構成しよう．T において公式

$$X_\lambda X_{\lambda'} := \sum r_{\lambda\lambda'}^{\lambda''} X_{\lambda''}$$

により乗法を定義する（基底を構成する元に対して積を定義すれば十分である）．S_1 の結合律と可換性に同値な R における公式は，S_2 における像に対しても成り立つ．よって，T は結合律と可換律が成り立つ S_2-代数である．また，$\sum_{\lambda\in\Lambda}\rho_\lambda X_\lambda$ は T の単元 1_T である．

以下の二つの明らかな R-準同型写像がある．

$$\beta_1 : S_1 \longrightarrow T \quad (\sum r_\lambda b_\lambda \longmapsto \sum r_\lambda X_\lambda,\ r_\lambda \in R),$$

$$\beta_2 : S_2 \longrightarrow T \quad (s \longmapsto s \cdot 1_T,\ s \in S_2).$$

ゆえに，$h(b_\lambda \otimes 1) = X_\lambda\ (\lambda \in \Lambda)$ によって定まる次の R-準同型写像がある．

$$h : S_1 \otimes_R S_2 \longrightarrow T.$$

定理 G.3 を用いれば，S_2-加群として，$\{b_\lambda \otimes 1\}$ は $S_1 \otimes_R S_2$ の生成系であることは明らかである．T における $b_\lambda \otimes 1$ の像たちは S_2 上 1 次独立であるから，$b_\lambda \otimes 1$ たちは S_2 上で 1 次独立である．したがって，$\{b_\lambda \otimes 1\}$ は $(S_1 \otimes_R S_2)/S_2$ に対する基底である．

(b) $x \in S_1 \otimes_R S_2$ に対して，$x(1 \otimes c) = 0$ とする．$x = \sum_\lambda b_\lambda \otimes s_\lambda\ (s_\lambda \in S_2)$ と表す．すると，$x(1 \otimes c) = \sum_\lambda (b_\lambda \otimes 1)(1 \otimes c s_\lambda) = 0$ となり，ゆえに，すべての $\lambda \in \Lambda$ に対して，$1 \otimes c s_\lambda = 0$ となる．$S_2 \to S_1 \otimes_R S_2$ は (a) によって単射であるから，$c s_\lambda = 0$ となる．したがって，すべての $\lambda \in \Lambda$ に対して，$s_\lambda = 0$ を得る． ∎

系 G.5. $\{b_\lambda\}_{\lambda\in\Lambda}$ は S_1/R に対する基底で，かつ $\{c_\mu\}_{\mu\in M}$ が S_2/R に対する基底ならば，$\{b_\lambda \otimes c_\mu\}_{\lambda\in\Lambda,\mu\in M}$ は $(S_1 \otimes_R S_2)/R$ に対する基底である．すなわち，

$$\left(\bigoplus_\lambda Rb_\lambda\right) \otimes \left(\bigoplus_\mu Rc_\mu\right) = \bigoplus_{\lambda,\mu} R(b_\lambda \otimes c_\mu).$$

（証明） 次の環準同型写像を考える．

$$R \longrightarrow S_2 \longrightarrow S_1 \otimes_R S_2.$$

$\{c_\mu\}_{\mu \in M}$ が S_2/R に対する基底であり,また $\{b_\lambda \otimes 1\}_{\lambda \in \Lambda}$ は $(S_1 \otimes_R S_2)/S_2$ に対する基底であるから,$\{(b_\lambda \otimes 1)(1 \otimes c_\mu)\}_{\lambda \in \Lambda, \mu \in M}$ は $(S_1 \otimes_R S_2)/R$ に対する基底である. ∎

テンソル積に対して成り立つ多くの公式のうち,その中から選んで以下のもののみ列挙しておく.

公式 G.6.

(a) 代数 S/R と多項式代数 $R[\{X_\lambda\}]$ に対して,自然なやり方で次が成り立つ.

$$S \otimes_R R[\{X_\lambda\}] = S[\{X_\lambda\}].$$

ただし,$s \otimes \sum r_{\nu_1 \ldots \nu_n} X_{\lambda_1}^{\nu_1} \cdots X_{\lambda_n}^{\nu_n}$ は $\sum (s r_{\nu_1 \ldots \nu_n}) X_{\lambda_1}^{\nu_1} \cdots X_{\lambda_n}^{\nu_n}$ と同一視される.実際,$S[\{X_\lambda\}]$ は $S \otimes_R R[\{X_\lambda\}]$ に対して普遍な性質をもつ.特別な場合として,

$$S \otimes_R R = S = R \otimes_R S \qquad (s \otimes r = sr = r \otimes s)$$

が成り立ち,特に次のものがある.

$$R \otimes_R R = R \qquad (a \otimes b = ab).$$

(b) 代数 S/R とイデアル $I \subset R$ に対して,次が成り立つ.

$$S \otimes_R (R/I) = S/IS.$$

実際,例 G.2 (b) により,$S \otimes_R (R/I) = (S \otimes_R R)/(S \otimes_R I) = S/IS$ が成り立つ.

(c) テンソル積と局所化の可換性.S_k/R を二つの代数とし,$N_k \subset S_k$ を二つの積閉集合とする $(k = 1, 2)$.このとき,自然なやり方で次が成り立つ.

$$S_{1 N_1} \otimes_R S_{2 N_2} = (S_1 \otimes_R S_2)_{N_1 \otimes N_2} \qquad \left(\frac{x}{a} \otimes \frac{y}{b} = \frac{x \otimes y}{a \otimes b}\right).$$

ここで,$N_1 \otimes N_2 := \{a \otimes b \in S_1 \otimes_R S_2 \mid a \in N_1,\ b \in N_2\}$ である.

（証明） $(S_k)_{N_k} \to (S_1 \otimes_R S_2)_{N_1 \otimes N_2}$ により誘導される R-準同型写像
$$\alpha : (S_1)_{N_1} \otimes_R (S_2)_{N_2} \longrightarrow (S_1 \otimes_R S_2)_{N_1 \otimes N_2} \quad \left(\frac{x}{a} \otimes \frac{x}{b} \longmapsto \frac{x \otimes y}{a \otimes b}\right)$$
がある．一方，$S_k \to (S_k)_{N_k} \to (S_1)_{N_1} \otimes_R (S_2)_{N_2}$ から誘導された R-準同型写像 $S_1 \otimes_R S_2 \to (S_1)_{N_1} \otimes_R (S_2)_{N_2}$ $(x \otimes y \mapsto \frac{x}{1} \otimes \frac{y}{1})$ がある．ここで，$N_1 \otimes N_2$ の元は単元に写像され，よって，誘導された R-準同型写像
$$\beta : (S_1 \otimes_R S_2)_{N_1 \otimes N_2} \longrightarrow (S_1)_{N_1} \otimes_R (S_2)_{N_2} \quad \left(\frac{x \otimes y}{a \otimes b} \longmapsto \frac{x}{a} \otimes \frac{y}{b}\right)$$
がある．明らかに，α と β は互いに逆写像である． ∎

(d) $N \subset R$ を積閉集合とするとき，次のような自然な同型がある．
$$(S_1)_N \otimes_{R_N} (S_2)_N = (S_1 \otimes_R S_2)_N.$$
ただし，この公式の右辺の N は集合 $\{a \otimes 1\}_{a \in N} = \{1 \otimes a\}_{a \in N}$ として理解すべきである．

（証明） 証明は (c) と同様である． ∎

(e) S_i/R に加えて，ほかに二つの代数 S_i'/R が与えられていると仮定し，$\gamma_i : S_i \to S_i'$ を R-準同型写像と仮定する $(i = 1, 2)$．このとき，次の標準的な R-準同型写像がある．
$$S_1 \otimes_R S_2 \longrightarrow S_1' \otimes_R S_2' \quad (a \otimes b \longmapsto \gamma_1(a) \otimes \gamma_2(b)).$$
この写像は $\gamma_1 \otimes \gamma_2$ によって表される．

（証明） 準同型写像 $S_1 \xrightarrow{\gamma_1} S_1' \to S_1' \otimes_R S_2'$ は $a \in S_1$ を $\gamma_1(a) \otimes 1$ に写像し，対応している準同型写像 $S_2 \xrightarrow{\gamma_2} S_1' \to S_1' \otimes_R S_2'$ は $b \in S_2$ を $1 \otimes \gamma_2(b)$ に写像する．$S_1 \otimes_R S_2$ の普遍的性質によって，ただちに求める準同型写像 $S_1 \otimes_R S_2 \longrightarrow S_1' \otimes_R S_2'$ が得られる． ∎

(f) テンソル積と直積の可換性．S'/R を R-代数とする．このとき，R-代数の標準的な同型写像がある．
$$(S_1 \times S_2) \otimes_R S' \xrightarrow{\sim} (S_1 \otimes_R S') \times (S_2 \otimes_R S')$$
$$((s_1, s_2) \otimes s' \longmapsto (s_1 \otimes s', s_2 \otimes s')).$$

(証明) 標準的な射影 $p_k : S_1 \times S_2 \to S_k$ $(i = 1, 2)$ は (e) により次の R-全射準同型写像

$$p_k \otimes \mathrm{id}_{S'} : (S_1 \times S_2) \otimes_R S' \longrightarrow S_k \otimes_R S'$$

を与える.したがって,次の R-準同型写像がある.

$$\alpha : (S_1 \times S_2) \otimes_R S' \longrightarrow (S_1 \otimes_R S') \times (S_2 \otimes_R S'),$$
$$(s_1, s_2) \otimes s' \longmapsto (s_1 \otimes s', s_2 \otimes s').$$

α の像は $(s_1 \otimes s', 0)$ と $(0, s_2 \otimes s')$ という形の元を含んでいる.ただし,$s_k \in S_k$ $(k = 1, 2), s' \in S'$ である.これより,α が全射であることがわかる.p_1 の核は $(0, 1)$ により生成される $S_1 \times S_2$ の単項イデアルであるから,$p_1 \otimes \mathrm{id}_{S'}$ の核 I_1 は $(0, 1) \otimes 1$ により生成される.同様にして,$I_2 = ((1, 0) \otimes 1)(S_1 \times S_2) \otimes_R S'$ が成り立つ.さらに,$\ker \alpha = I_1 \cap I_2$ であるが,この共通集合は 0 である.なぜなら,$x, y \in (S_1 \times S_2) \otimes_R S'$ により,$((0, 1) \otimes 1) \cdot x = ((1, 0) \otimes 1) \cdot y$ としたとき,この等式に $(1, 0) \otimes 1$ をかけると,すぐに $(1, 0) \otimes 1) \cdot y = 0$ が得られる.以上より,α は同型写像である. ■

代数 S/R に対して,$S^e := S \otimes_R S$ を S/R の**包絡代数** (enveloping algebra) という.これはある代数のいくつかの不変量を構成するための入り口となる概念である.次の図式を考える.

$$\begin{array}{ccc}
S & & \\
\alpha_1 \downarrow & \searrow^{\mathrm{id}} & \\
S^e & \xrightarrow{\mu} & S \\
\alpha_2 \uparrow & \nearrow_{\mathrm{id}} & \\
S & &
\end{array}$$

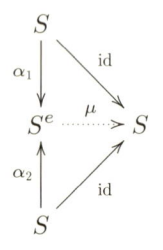

ここで,$\alpha_1(a) = a \otimes 1, \alpha_2(b) = 1 \otimes b$ である.$S \otimes_R S$ の普遍的な性質によって,誘導される次のような全射 R-準同型写像があり,これを**標準的な乗法写像** (canonical multiplication map) という.

$$\mu : S \otimes_R S \longrightarrow S, \qquad \mu(a \otimes b) = a \cdot b \quad (a, b \in S).$$

この写像の核 I を S^e の **対角イデアル** (diagonal) という.

定理 G.7. 以上の記号により,次が成り立つ.

$$I = (\{a \otimes 1 - 1 \otimes a\}_{a \in S}).$$

S が R-代数として $x_1, \ldots, x_n \in S$ によって生成されているならば,次が成り立つ.

$$I = (\{x_i \otimes 1 - 1 \otimes x_i\}_{i=1,\ldots,n}).$$

(証明) $I' := (\{a \otimes 1 - 1 \otimes a\}_{a \in S})$ とおく.明らかに,$I' \subset I$ であり,次の全射準同型写像がある.

$$S \otimes_R S \twoheadrightarrow S \otimes_R S/I' \stackrel{\mu'}{\twoheadrightarrow} S \otimes_R S/I \cong S.$$

$a, b \in S$ に対して,$a \otimes b = (a \otimes 1)(1 \otimes b) = -(a \otimes 1)(b \otimes 1 - 1 \otimes b) + (ab \otimes 1)$ が成り立つ.ゆえに,写像 $S \stackrel{\alpha_1}{\longrightarrow} S \otimes_R S \to S \otimes_R S/I'$ は全射である.この写像と μ' との合成写像は恒等写像である.したがって,μ' は全単射でなければならない.ゆえに,$I' = I$ が成り立つ.

定理の後半の主張は次の公式から容易に導かれる.

$$ab \otimes 1 - 1 \otimes ab = (b \otimes 1)(a \otimes 1 - 1 \otimes a) + (1 \otimes a)(b \otimes 1 - 1 \otimes b). \blacksquare$$

例 G.8. $S = R[X_1, \ldots, X_n]$ を多項式代数としたとき,$S^e = R[X_1, \ldots, X_n, X'_1, \ldots, X'_n]$ は $(1')$ によって「2重の変数」をもつ多項式代数である.ここで,$X_i \otimes 1$ を X_i,また $1 \otimes X_i$ を X'_i と同一視する.$\mu : S^e \to S$ を使えば,S^e におけるすべての多項式は各 X'_i を X_i により置き換えられる.対角イデアル $I := \ker \mu$ は $X_1 - X'_1, \ldots, X_n - X'_n$ により生成される.

さて(一般に),

$$\operatorname{Ann}_{S^e}(I) := \{x \in S^e \mid x \cdot I = 0\}$$

をイデアル I の零化イデアルとする.環 S^e は二つの方法で,すなわち,

$$S \longrightarrow S^e \quad (a \longrightarrow a \otimes 1), \quad \text{と} \quad S \longrightarrow S^e \quad (a \longrightarrow 1 \otimes a)$$

により，S-加群として考えることができる．同様にして，I と $\mathrm{Ann}_{S^e}(I)$ は二つの方法により S-加群となる．しかしながら，$\mathrm{Ann}_{S^e}(I)$ 上では，これらの二つの S-加群の構造は一致する．なぜなら，零化イデアルの定義により，

$$(a \otimes 1 - 1 \otimes a) \cdot \mathrm{Ann}_{S^e}(I) = 0$$

となるからである．したがって，$\mathrm{Ann}_{S^e}(I)$ は一意的に S-加群として考えることができる．

$N \subset S$ を積閉集合とする．公式 G.6 (c) によって，

$$(S_N)^e = S^e_{N \otimes N}$$

が成り立ち，また定理 G.7 により，写像

$$\mu : S_N \otimes_R S_N \longrightarrow S_N$$

の核は $I_{N \otimes N}$ である．

規則 G.9. 対角イデアル I が S^e の有限生成イデアルならば，次が成り立つ．

$$\mathrm{Ann}_{S^e_N}(I_{N \otimes N}) = \mathrm{Ann}_{S^e}(I)_{N \otimes N}.$$

（証明）$\mathrm{Ann}_{S^e_N}(I_{N \otimes N})$ を S_N-加群として考えたとき，この加群は標準的な準同型写像 $\mathrm{Ann}_{S^e}(I) \to \mathrm{Ann}_{S^e}(I)_{N \otimes N}$ の像によって生成される．∎

実際，容易に示すことができるように，有限生成イデアルの零化イデアルの構成は商環をつくる操作と可換である．

注意 G.10.

(a) $\vartheta(S/R) := \mu(\mathrm{Ann}_{S^e}(I))$ は S のイデアルである．これを代数 S/R のネーター差積 (Noether different)，または単に**差積**という．

(b) I と同様に，$\Omega^1_{S/R} := I/I^2$ は二つの方法で S-加群と考えることができる．しかしながら，すべての $a \in S$ に対して

$$(a \otimes 1 - 1 \otimes a) \cdot I \subset I^2$$

が成り立つので，$\Omega^1_{S/R}$ の上でこの二つの構造は一致する．S-加群 $\Omega^1_{S/R}$ を代数 S/R の**ケーラー微分加群** (module of Kähler differentials)，または単に**微分加群** (module of differentials) という．

演習問題において，差積と微分加群の性質を考察する．代数のこれらの不変量の体系的な考察は [Ku$_2$] にある．$\Omega^1_{S/R}$ の構成は「代数的な微分解析」の基礎である．

演習問題

1. S_i/R を代数とする (i=1, 2, 3)．以下の，二つの R-代数の同型写像が存在することを示せ．
$$S_1 \otimes_R S_2 \xrightarrow{\sim} S_2 \otimes_R S_1 \qquad (a \otimes b \longmapsto b \otimes a),$$
$$(S_1 \otimes_R S_2) \otimes_R S_3 \xrightarrow{\sim} S_1 \otimes_R (S_2 \otimes_R S_3) \qquad ((a \otimes b) \otimes c \longmapsto a \otimes (b \otimes c)).$$

2. S/R を，S がモニック多項式 f により $S = R[X]/(f)$ という形に表される代数とする．x を S における X の剰余類とし，f' を f の（形式的）導関数とする．このとき，この代数のネーター差積は次の式で与えられることを示せ．
$$\vartheta(S/R) = (f'(x)).$$

3. $\Omega^1_{S/R} = I/I^2$ を代数 S/R の微分加群とする．ただし，I は $S^e \to S$ ($a \otimes b \mapsto ab$) の核である．このとき，次を示せ．
    (a) $x \in S$ に対して，$dx = x \otimes 1 + I^2 = 1 \otimes x + I^2$ により定義される写像 $d : S \to \Omega^1_{S/R}$ は S/R の導分である．すなわち，d は R-線形で，かつ $d(xy) = xdy + ydx$ $(x, y \in S)$ を満足する．
    (b) $\Omega^1_{S/R}$ は S-加群として，微分 dx $(x \in S)$ により生成される．

4. $S = R[X_1, \ldots, X_n]$ を多項式代数とする．このとき，以下のことを示せ．
    (a) 微分 $dX_1, \ldots, dX_n$ は S-加群として $\Omega^1_{S/R}$ の基底をつくる．
    (b) 演習問題3における写像 d と，すべての $f \in S$ に対して，次が成り立つ．
$$df = \sum_{i=1}^{n} \frac{\partial f}{\partial X_i} dX_i.$$
    （特に，$S = R[X]$ の場合，$df = f'(X)dX$ となる．）

付録 H

トレース

体論において，有限次拡大体に対するトレース写像の概念はよく知られている．ここでは，この概念を有限基底をもつ代数に対して一般化する．この一般化は「高次元留数理論」（第 11-12 章）に対して中心的な重要性をもち，リーマン・ロッホの定理（第 13 章）の証明において一つの役割を果たす．

S/R を代数とする．すべての R-線形形式 $\ell : S \to R$ のつくる R-加群

$$\omega_{S/R} := \operatorname{Hom}_R(S, R)$$

は，次のようなやり方で S-加群と考えることができる．すなわち，$s \in S$ と $\ell \in \omega_{S/R}$ に対して，すべての $x \in S$ について

$$(s\ell)(x) = \ell(sx)$$

と定義する．このとき，$s\ell \in \operatorname{Hom}_R(S, R)$ であり，また $\omega_{S/R}$ は $S \times \omega_{S/R} \to \omega_{S/R}$, $(s, \ell) \mapsto s\ell$ によって S-加群となる．これを代数 S/R の**正準加群** (canonical module)（または**双対化加群** (dualizing module)）という．

たとえば，S/R が体の有限次拡大ならば，$\operatorname{Hom}_R(S, R)$ は S-ベクトル空間である．R-ベクトル空間として，$\operatorname{Hom}_R(S, R)$ は S と同じ次元をもつ．ゆえに，$\operatorname{Hom}_R(S, R)$ は必然的に次元 1 の S-ベクトル空間である．

$$\omega_{S/R} \cong S. \tag{1}$$

以下において，S を自由 R-加群とし，$B = \{s_1, \ldots, s_m\}$ をその基底とする．次に，

$$s_i^*(s_j) = \delta_{ij} \qquad (i,j = 1,\ldots,m)$$

をみたす線形形式 $s_i^* \in \omega_{S/R}$ は R-加群として $\omega_{S/R}$ の基底をつくる．これを B の**双対基底** (dual basis) といい，B^* で表す．

$\omega_{S/R}$ の特別な元として**標準トレース** (canonical trace または，standard trace) $\sigma_{S/R} : S \to R$ がある．これは次のように定義される．すなわち，$x \in S$ に対して，$\sigma_{S/R}(x)$ はホモテティー

$$\mu_x : S \longrightarrow S \qquad (s \longmapsto xs)$$

のトレースである．言い換えると，基底 B を用いて，μ_x を R に係数をもつ $m \times m$ 行列 A により表せば，$\sigma_{S/R}(x)$ は A の主対角線上の元の和である．この和は基底の選び方に依存しないことはよく知られている．

規則 H.1. 代数 S/R の標準トレースは次のように表される．

$$\sigma_{S/R} = \sum_{i=1}^m s_i \cdot s_i^*.$$

(証明) $s_j s_k = \sum_{\ell=1}^m \rho_{jk}^\ell s_\ell$ $(j,k = 1,\ldots,m;\ \rho_{jk}^\ell \in R)$ とする．このとき，トレースの定義により，$\sigma_{S/R}(s_k) = \sum_{i=1}^m \rho_{ik}^i$ である．ところが，一方で次もまた成り立つ．

$$\left(\sum_{i=1}^m s_i \cdot s_i^*\right)(s_k) = \sum_{i=1}^m s_i^*(s_i s_k) = \sum_{i=1}^m s_i^*\left(\sum_{\ell=1}^m \rho_{ik}^\ell s_\ell\right) = \sum_{i=1}^m \rho_{ik}^i. \qquad\blacksquare$$

さて次に，

$$S = S_1 \times \cdots \times S_h$$

を各成分 S_i/R $(i = 1,\ldots,h)$ が有限基底をもつ代数の直積とする．すると，$x = (x_1,\ldots,x_h) \in S_1 \times \cdots \times S_h$ と $\ell = (\ell_1,\ldots,\ell_h) \in \omega_{S_1/R} \times \cdots \times \omega_{S_h/R}$ のスカラー乗積を

$$x \cdot \ell = (x_1 \ell_1, \ldots, x_h \ell_h)$$

として定義すれば，

$$\omega_{S_1/R} \times \cdots \times \omega_{S_h/R}$$

は S-加群となる．

逆に，与えられた $\ell \in \omega_{S/R} = \mathrm{Hom}_R(S, R)$ に対して，$\ell_i : S_i \to R$ を包含写像 $S_i \hookrightarrow S$ と ℓ との合成とする．このとき，以下の規則が成り立つ．

規則 H.2. $\psi : \omega_{S/R} \longrightarrow \omega_{S_1/R} \times \cdots \times \omega_{S_h/R}$ $(\ell \mapsto (\ell_1, \ldots, \ell_h))$ は S-加群の同型写像である．

(証明) 明らかに，ψ は S-線形である．$(\ell_1, \ldots, \ell_h) \in \omega_{S_1/R} \times \cdots \times \omega_{S_h/R}$ に対して，$\ell(x_1, \ldots, x_h) = \sum_{i=1}^{h} \ell_i(x_i)$ により定義される R-線形写像 $\ell : S \to R$ を考える．このとき，$(\ell_1, \ldots, \ell_h) \mapsto \ell$ は ψ の逆写像である． ∎

規則 H.3. 規則 H.2 における記号 ψ を用いて，$\psi(\sigma_{S/R}) = (\sigma_{S_1/R}, \ldots, \sigma_{S_h/R})$ が成り立つ．言い換えると，$x = (x_1, \ldots, x_h) \in S_1 \times \cdots \times S_h = S$ に対して，次が成り立つ．
$$\sigma_{S/R}(x) = \sum_{i=1}^{h} \sigma_{S_i/R}(x_i).$$

(証明) 各 R-加群 S_i に対する基底を B_i とし，$\omega_{S_i/R}$ の対応している双対基底を B_i^* とする．このとき，$B := \bigcup_{i=1}^{h} B_i$ は S の基底であり，$B^* := \bigcup_{i=1}^{h} B_i^*$ は ψ^{-1} によって，$\omega_{S/R}$ における B の双対基底と同一視される．このとき，主張は規則 H.1 から容易に導かれる． ∎

例 H.4. $S = R \times \cdots \times R$ を環 R の k 個の直積とする．このとき，各 $x = (x_1, \ldots, x_h) \in S$ に対して，次が成り立つ．
$$\sigma_{S/R}(x) = \sum_{i=1}^{h} x_i.$$

さて，$\mathfrak{a}$ を R のイデアルとし，
$$\overline{R} := R/\mathfrak{a}, \qquad \overline{S} := R/\mathfrak{a}S$$

とおく．文字の上にバーをつけて，R と S の元の剰余類を表すことにする．このとき，$\overline{B} := \{\overline{s}_1, \ldots, \overline{s}_m\}$ は $\overline{R}$-加群として $\overline{S}$ の基底である．各線型形式 $\ell \in \mathrm{Hom}_R(S, R)$ は $\mathfrak{a}S$ を $\mathfrak{a}$ に写像し，ゆえに，次のような線形形式 $\overline{\ell} \in \mathrm{Hom}_{\overline{R}}(\overline{S}, \overline{R})$ を誘導する．

$$\overline{\ell}(\overline{x}) = \overline{\ell(x)} \qquad (\forall x \in S).$$

その結果,B の双対基底 B^* は $\overline{B}$ の双対基底 $\{\overline{s_1^*}, \ldots, \overline{s_m^*}\}$ に写像される.

定理 H.5. S-線形写像

$$\alpha : \omega_{S/R} \longrightarrow \omega_{\overline{S}/\overline{R}} \qquad (\alpha(\ell) = \overline{\ell}\,)$$

は次の $\overline{S}$-加群の同型写像を誘導する.

$$\omega_{\overline{S}/\overline{R}} \cong \omega_{S/R}/\mathfrak{a}\,\omega_{S/R}.$$

(証明) α は S-線形であることは明らかである.双対基底に関する上の主張は α が全射であることを示している.また,$\mathfrak{a}\,\omega_{S/R}$ は α の核に含まれている.$\sum_{i=1}^{m} r_i s_i^* \in \omega_{S/R}$ として,その像 $\sum_{i=1}^{m} \overline{r_i}\,\overline{s_i^*}$ が 0 ならば,$\overline{r_i} = 0 \ (i=1,\ldots,m)$ となる.したがって,$\sum_{i=1}^{m} r_i s_i^* \in \mathfrak{a}\,\omega_{S/R}$ を得る.$\ker \alpha = \mathfrak{a}\,\omega_{S/R}$ であるから,求める同型は第 1 同型定理より得られる. ■

規則 H.6. 標準トレースに対して,$\sigma_{\overline{S}/\overline{R}} = \alpha(\sigma_{S/R})$ が成り立つ.言い換えると,すべての $x \in S$ に対して,$\sigma_{\overline{S}/\overline{R}}(\overline{x}) = \overline{\sigma_{S/R}(x)}$ が成り立つ.

(証明) これは規則 H.1 からすぐに得られる. ■

我々はときどき別の意味で「トレース」という術語を用いる.

定義 H.7. ある $\sigma \in \omega_{S/R}$ が存在して,

$$\omega_{S/R} = S \cdot \sigma$$

をみたすとき,代数 S/R は**トレース** σ をもつという.

標準トレース $\sigma_{S/R}$ は,一般にはこの意味でのトレースではないことに注意しよう.S/R が体の有限次拡大であるとき,$\sigma_{S/R} \neq 0$ であるための必要十分条件は S/R が分離的であることはよく知られている.また,(1) より

$\omega_{S/R} \cong S$ が成り立つので，分離的な場合に $\sigma_{S/R}$ はまさしくトレースである．上の定義におけるトレースは第11章において構成されるであろう．関連した理論については，[KK] もまた参照せよ．

規則 H.8. σ を代数 S/R のトレースとするとき，次が成り立つ．

(a) $s \in S$ について，$s \cdot \sigma = 0$ ならば，$s = 0$ である．したがって，$\omega_{S/R} = S \cdot \sigma \cong S$ である．すなわち，$\omega_{S/R}$ は $\{\sigma\}$ を基底とする自由 S-加群である．

(b) $\sigma' \in \omega_{S/R}$ が S/R のトレースであるための必要十分条件は，$\sigma' = \epsilon \cdot \sigma$ をみたす単元 $\epsilon \in S$ が存在することである．

（証明）(a) のみ証明すれば十分である．各 $x \in S$ に対して，$0 = (s\sigma)(x) = \sigma(sx) = (x\sigma)(s)$ が成り立つ．ゆえに，各 $\ell \in \omega_{S/R}$ に対して $\ell(s) = 0$ となる．$s = \sum_{i=1}^{m} r_i s_i \, (r_i \in R)$ と表せば，$r_j = s_j^*(\sum r_i s_i) = s_j^*(s) = 0 \, (j = 1, \ldots, m)$ を得る．したがって，$s = 0$ となる． ■

規則 H.9. σ が代数 S/R のトレースならば，σ に関して基底 B に対する S/R の双対基底 $\{s_1', \ldots, s_m'\}$ が存在する．すなわち，

$$\sigma(s_i s_j') = \delta_{ij} \qquad (i, j = 1, \ldots, m)$$

をみたす元 $s_1', \ldots, s_m' \in S$ が存在する．また，次が成り立つ．

$$\sigma_{S/R} = \left(\sum_{i=1}^{m} s_i s_i'\right) \cdot \sigma.$$

（証明）双対基底 B^* の元 s_j^* に対して，$s_j^* = s_j' \cdot \sigma \, (s_j' \in S, j = 1, \ldots, m)$ と表す．このとき，

$$\sigma(s_i s_j') = s_j^*(s_i) = \delta_{ij} \qquad (i, j = 1, \ldots, m)$$

が成り立つ．同型写像 $\omega_{S/R} \cong S$ による s_i^* の像であるから，s_i' は S/R の基底をつくる．規則 H.1 によって，次が得られる．

$$\sigma_{S/R} = \sum_{i=1}^{m} s_i s_i^* = \left(\sum_{i=1}^{m} s_i s_i'\right) \cdot \sigma. \qquad \blacksquare$$

次に，トレースの存在に関する問題を考察する．

規則 H.10. 規則 H.2 の仮定のもとで，
$$\sigma = (\sigma_1, \ldots, \sigma_h) \in \omega_{S_1/R} \times \cdots \times \omega_{S_h/R} = \omega_{S/R}$$
が与えられていると仮定する．このとき，σ が S/R のトレースであるための必要十分条件は，$i = 1, \ldots, h$ に対して σ_i が S_i/R のトレースになることである．特に，S/R がトレースをもつための必要十分条件は，各 S_i/R がトレースをもつことである $(i = 1, \ldots, h)$．

(証明) これは規則 H.2 における同型写像 ψ の表現からただちに得られる．■

規則 H.11. 規則 H.5 の仮定のもとで，$\mathfrak{a}$ が R のすべての極大イデアルの共通集合に含まれていると仮定する．このとき，$\sigma \in \omega_{S/R}$ が S/R のトレースであるための必要十分条件は，$\overline{\sigma} := \alpha(\sigma)$ が $\overline{S}/\overline{R}$ のトレースになることである．特に，S/R がトレースをもつための必要十分条件は $\overline{S}/\overline{R}$ がトレースをもつことである．

(証明) これは規則 H.5 と中山の補題 E.1 から得られる．■

さて，$R = \oplus_{k \in \mathbb{Z}} R_k$ と $S = \oplus_{k \in \mathbb{Z}} S_k$ を次数環とし，構造準同型写像（構造射）$\rho : R \to S$ が斉次形であると仮定する（すなわち，すべての $k \in \mathbb{Z}$ に対して $\rho(R_k) \subset S_k$ が成り立つ）．また，S を基底 $B = \{s_1, \ldots, s_m\}$ をもつ R-加群と仮定する．ただし，s_i は次数 d_i $(i = 1, \ldots, m)$ の斉次形である．このとき，すべての $k \in \mathbb{Z}$ に対して，S_k は R_0-加群の直和 $S_k = \oplus_{i=1}^m R_{k-d_i} s_i$ である．

線形形式 $\ell \in \omega_{S/R}$ は，すべての $k \in \mathbb{Z}$ に対して $\ell(S_k) \subset R_{k+d}$ が成り立つとき，次数 d の**斉次形** (homogeneous) であるという．この条件は $\deg \ell(s_i) = d_i + d$ $(i = 1, \ldots, m)$ と同値である．たとえば，基底 B の双対基底 $B^* = \{s_1^*, \ldots, s_m^*\}$ は
$$\deg s_i^* = -\deg s_i \qquad (i = 1, \ldots, m) \tag{2}$$
をみたす斉次線形形式からなる．$\ell = \sum_{i=1}^m r_i s_i^*$ $(r_i \in R)$ と表せば，ℓ が次数 d の斉次形であるための必要十分条件は，r_i が次数 $d_i + d$ の斉次元になるこ

とである $(i = 1, \ldots, m)$. $(\omega_{S/R})_d$ によって，次数 d のすべての斉次線形形式 $\ell : S \to R$ のつくる R_0-加群を表すことにすると，明らかに

$$\omega_{S/R} = \bigoplus_{d \in \mathbb{Z}} (\omega_{S/R})_d$$

と

$$S_k \cdot (\omega_{S/R})_d \subset (\omega_{S/R})_{k+d} \qquad (k, d \in \mathbb{Z})$$

が成り立つ．したがって，$\omega_{S/R}$ は次数環 S 上の次数加群である．

規則 H.12. 代数 S/R の標準トレース $\sigma_{S/R}$ は次数 0 の斉次形である．

（証明）実際，規則 H.1 により，$\sigma_{S/R} = \sum_{i=1}^{m} s_i s_i^*$ が成り立ち，(2) により $\deg(s_i s_i^*) = 0 \; (i = 1, \ldots, m)$ となるからである． ∎

代数 S/R がトレース σ をもつとする．σ が $\omega_{S/R}$ の斉次元であるとき，σ は**斉次形**であるという．

さて，R が正の次数付けをもつとする．このとき，$\omega_{S/R}$ の次数付けは下に有界である．斉次イデアル $\mathfrak{a} \subset R$ に対して，

$$\overline{R} = R/\mathfrak{a}, \quad \text{と} \quad \overline{S} = S/\mathfrak{a}S$$

は次数環である．このとき，次数加群に対する中山の補題 A.8 は，規則 H.11 に類似の次のような結果を与える．

規則 H.13. $\sigma \in \omega_{S/R}$ を斉次線形形式とする．このとき，σ が S/R のトレースであるための必要十分条件は，誘導された線形形式 $\overline{\sigma} \in \omega_{\overline{S}/\overline{R}}$ が $\overline{S}/\overline{R}$ のトレースになることである． ∎

以下において，$R = K$ を体とする．これは自明な次数付け $R = R_0$ をもつ次数環として考えることができる．$S = G$ を有限次元で，かつ $G_0 = K$ とする正の次数付けをもつ次数 K-代数とする．すなわち，

$$G = \bigoplus_{k=0}^{p} G_k, \qquad G_p \neq \{0\}.$$

G は K-代数として G_1 によって生成されていると仮定する. このとき, イデアル G_+ もまた G_1 により生成される. さらに, G/K は斉次基底をもつことは明らかである. したがって, 上で述べたことはこの状況において用いることができる.

補題 H.14. 代数 G/K がトレースをもつならば, G/K は斉次形のトレースをもつ.

(証明) σ を G/K のトレースとして, $\sigma = \sum \sigma_d$ を σ の次数 d の斉次線形形式 σ_d への分解とする. $a_d \in G$ $(d \in \mathbb{Z})$ によって, $\sigma_d = a_d \cdot \sigma$ と表す. このとき, $\sigma = \sum \sigma_d = (\sum a_d) \cdot \sigma$ より, $\sum a_d = 1$ が得られる. すべての $a_d \in G_+$ という場合はあり得ないので, ある a_δ は $a_\delta \notin G_+$ である. $\kappa \in K^*, u \in G_+$ によって, a_δ は $a_\delta = \kappa \cdot (1-u)$ と表される. $u^{p+1} = 0$ であるから, 以下の式によって a_δ は G の単元であることがわかる. すなわち,

$$\kappa(1-u) \cdot \kappa^{-1} \cdot \sum_{i=0}^{\infty} u^i = 1.$$

したがって, $\sigma_\delta = a_\delta \cdot \sigma$ は代数 G/K の斉次トレースである (規則 H.8 (b) 参照). ∎

補題 H.15. G の底

$$\mathfrak{S}(G) := \{x \in G \mid G_+ \cdot x = \{0\}\}$$

が 1 次元の K-ベクトル空間であると仮定する. このとき, $\mathfrak{S}(G) = G_p$ であり, $i = 0, \ldots, p$ に対して, 乗法

$$G_i \times G_{p-i} \longrightarrow G_p$$

$$(a, b) \longmapsto ab$$

は非退化な双線形形式である.

(証明) $G_p \subset \mathfrak{S}(G)$ であるから, 最初の主張は明らかである. 各 $a \in G_i \setminus \{0\}$ に対して, $a \cdot b \neq 0$ をみたす元 $b \in G_{p-i}$ の存在を示さねばならない. $i = p$ の

場合は，$b = 1$とすることができる．そこで，$k < p$として，$i = k+1$に対しては主張がすでに示されたと仮定する．

このとき，$a \notin \mathfrak{S}(G)$である．ゆえに，$a \cdot G_1 \neq \{0\}$．したがって，$aa' \in G_{k+1} \setminus \{0\}$をみたす元$a' \in G_1$が存在する．帰納法の仮定によって，$aa'b' \neq 0$をみたす元$b' \in G_{p-k-1}$が存在する．そこで，$b := a'b'$とおけばよい． ∎

トレースの存在は多くの場合において，以下の定理によって示すことができる．

定理 H.16. 以上述べた代数S/Rに対して，次が成り立つ．

(a) G/Kが（斉次）トレースをもつための必要十分条件は$\dim_K \mathfrak{S}(G) = 1$が成り立つことである．

(b) この場合，斉次元$\sigma \in \omega_{G/K}$がトレースであるための必要十分条件は$\sigma(\mathfrak{S}(G)) \neq \{0\}$が成り立つことである．このとき，$\deg \sigma = -p$である．

（証明） 次数$-i$の斉次線形形式$\ell: G \to K$は，$k \neq i$に対してG_kを$\{0\}$に写像する．ゆえに，$(\omega_{G/K})_{-i}$は$\mathrm{Hom}_K(G_i, K)$と同一視することができる．したがって，
$$\dim_K (\omega_{G/K})_{-i} = \dim_K G_i \qquad (i = 0, \ldots, p).$$
さて，σをG/Kの斉次トレースとし，$\deg \sigma = -d$とする．すると，次が成り立つ．
$$(\omega_{G/K})_{-i} = G_{d-i} \cdot \sigma \qquad (i = 0, \ldots, p).$$
このとき，必然的に$d = p$でなければならない．ゆえに，
$$\dim_K G_p = \dim_K (\omega_{G/K})_{-p} = \dim_K G_0 = 1$$
を得る．さらに，$\sigma(G_p) \neq \{0\}$であるから，$\sigma(\mathfrak{S}(G)) \neq \{0\}$もまた成り立つ．一方，$k < p$に対して$\sigma(G_k) = 0$である．

次に，$g \in \mathfrak{S}(G)$を次数$< p$である斉次元とする．このとき，$(g\sigma)(G_+) = \sigma(g \cdot G_+) = \{\sigma(0)\} = \{0\}$である．また，$\deg g < p$であるから，$(g\sigma)(G_0) = \sigma(gG_0) = 0$となる．するといま，$g\sigma = 0$より$g = 0$が得られる．

いま，$\mathfrak{S}(G) = G_p$ は1次元であることを証明した．また，G/K の各斉次トレース σ に対して $\sigma(\mathfrak{S}(G)) \neq 0$ であることも示した．

次に，$\sigma \in \omega_{G/K}$ を $\sigma(\mathfrak{S}(G)) \neq \{0\}$ をみたす任意の斉次元とする．ただし，仮定によって $\dim_K \mathfrak{S}(G) = 1$ である．σ が斉次トレースであることを示すためには，$k = 0, \ldots, p$ に対して

$$\dim_K G_k \sigma = \dim_K G_k$$

であることを示せば十分である．このためには，$g \in G_k \setminus \{0\}$ ならば，$g\sigma \neq 0$ となることを示せばよい．補題 H.15 により，$gh \neq 0$ をみたす $h \in G_{p-k}$ が存在する．このとき，$gh \in \mathfrak{S}(G)$ となり，よって，$(g\sigma)(h) = \sigma(gh) \neq 0$ を得る．したがって，$g\sigma \neq 0$ である．∎

次に，$(A/K, \mathcal{F})$ をフィルター代数とする．ただし，K は体とする．対応しているリース代数を A^* によって表し，$G = \mathrm{gr}_{\mathcal{F}} A$ をその付随した次数代数とする．

$$G_0 = K \quad \text{と} \quad \dim_K G < \infty$$

を仮定する．また，G は K-代数として G_1 により生成されており，かつ $\mathcal{F}$ は分離的であると仮定する．

定理 B.5 と定理 H.5 により，次が成り立つ．

注意 H.17. 以上の仮定の下で，次の同型が成り立つ．

$$\omega_{G/K} \cong \omega_{A^*/K[T]} / T \omega_{A^*/K[T]},$$
$$\omega_{A/K} \cong \omega_{A^*/K[T]} / (T-1) \omega_{A^*/K[T]}.$$

系 H.18. $\dim_K \mathfrak{S}(G) = 1$ であるならば，$A^*/K[T]$ は斉次トレースをもち，また A/K はトレースをもつ．

（証明）規則 H.16 により，G/K は斉次トレース σ^0 をもつ．$\sigma^* \in \omega_{A^*/K[T]}$ が σ^0 の斉次である原像ならば，規則 H.13 によって，それは $A^*/K[T]$ のトレースである．$A = A^*/(T-1)$ であるから，$\omega_{A/K}$ における σ^* の像 σ は A/K のトレースである．∎

さて，S/R が基底 $B = \{s_1,\ldots,s_m\}$ をもつ任意の代数の場合に戻って，$S^e = S \otimes_R S$ を S/R の包絡代数とする．付録Gにおけるように，$\mu : S^e \to S$ ($a \otimes b \mapsto ab$) を標準的な乗法写像とし，$I = \ker \mu$ を S^e の対角イデアルとする．S-加群 $\mathrm{Ann}_{S^e}(I)$ は $\omega_{S/R}$ に非常に密接に関係していることをこれから見るであろう．また，S/R のトレースと $\mathrm{Ann}_{S^e}(I)$ の生成元との間には全単射の対応があることがわかる．

次のような R-加群の準同型写像

$$\phi : S \otimes_R S \longrightarrow \mathrm{Hom}_R(\omega_{S/R}, S)$$

がある．ただし，ϕ は元の対応として $s_i \otimes s_j$ ($i,j = 1,\ldots,m$) には，各 $\ell \in \omega_{S/R}$ を $\ell(s_i)s_j$ に移す R-線形写像 $\omega_{S/R} \to S$ を指定する準同型写像である．任意の元 $\sum a_i \otimes b_i \in S \otimes_R S$ と各 $\ell \in \omega_{S/R}$ に対して，次が成り立つことは容易に確かめることができる．

$$\phi\left(\sum a_i \otimes b_i\right)(\ell) = \sum \ell(a_i) b_i. \tag{3}$$

したがって，ϕ は基底 B の選び方には依存しない，$B^* = \{s_1^*,\ldots,s_m^*\}$ が B の双対基底ならば，$\phi(s_i \otimes s_j)(s_k^*) = \delta_{ik} s_j$ ($i,j,k = 1,\ldots,m$) が成り立つ．以上より，ϕ は全単射であることがわかる．

自然なやり方で，$\mathrm{Hom}_S(\omega_{S/R}, S) \subset \mathrm{Hom}_R(\omega_{S/R}, S)$ と考えることができることに注意しよう．

定理 H.19. ϕ は公式 (3) で定義される S-加群の標準的な同型写像

$$\phi : \mathrm{Ann}_{S^e}(I) \xrightarrow{\sim} \mathrm{Hom}_S(\omega_{S/R}, S)$$

を誘導する．S/R がトレースをもてば，$\mathrm{Ann}_{S^e}(I)$ は階数 1 の自由 S-加群であり，ϕ を双対化すると，次の標準的同型写像を得る．

$$\psi : \omega_{S/R} \xrightarrow{\sim} \mathrm{Hom}_S(\mathrm{Ann}_{S^e}(I), S).$$

(証明) $x = \sum a_i \otimes b_i \in \mathrm{Ann}_{S^e}(I)$ と $s \in S$ に対して，$\sum sa_i \otimes b_i = \sum a_i \otimes sb_i$ が成り立つ．ゆえに，各 $\ell \in \omega_{S/R}$ に対して，

$$\phi(x)(s\ell) = \sum \ell(sa_i) b_i = \sum \ell(a_i) s b_i = s \sum \ell(a_i) b_i = s\phi(x)(\ell)$$

が成り立つ．したがって，$\phi(x): \omega_{S/R} \to S$ は S-線形写像である．さらに，$\phi(sx) = s\phi(x)$ が成り立ち，ゆえに ϕ は S-線形写像である．

逆に，$x = \sum a_i \otimes b_i \in S \otimes_R S$ に対して，写像 $\phi(x)$ は S-線形であると仮定するとき，$x_1 := \sum sa_i \otimes b_i, x_2 := \sum a_i \otimes sb_i$ とおけば，任意の $\ell \in \omega_{S/R}$ に対して

$$\phi(x_1)(\ell) = \phi(x)(s\ell) = s\phi(x)(\ell) = \phi(x_2)(\ell)$$

が成り立つ．これより，$x_1 = x_2$ が得られ，ゆえに，$x \in \operatorname{Ann}_{S^e}(I)$ となる．S/R がトレースをもてば，$\omega_{S/R}$ と共に，$\operatorname{Ann}_{S^e}(I)$ は階数 1 の自由 S-加群である．双対加群のほうに移行すると，ϕ から標準的な同型写像 $\psi: \omega_{S/R} \xrightarrow{\sim} \operatorname{Hom}_S(\operatorname{Ann}_{S^e}(I), S)$ が得られる．∎

定理 H.20. S/R がトレースをもつと仮定する．このとき，ϕ は S/R のすべてのトレースの集合と S-加群 $\operatorname{Ann}_{S^e}(I)$ の生成元のすべての集合との間の全単射を誘導する．すなわち，各トレース $\sigma \in \omega_{S/R}$ は $\sum_{i=1}^m \sigma(s_i')s_i = 1$ をみたすただ一つの元 $\Delta_\sigma = \sum_{i=1}^m s_i' \otimes s_i \in \operatorname{Ann}_{S^e}(I)$ に写像される．さらに，以下のことが成り立つ．

(a) Δ_σ は S-加群 $\operatorname{Ann}_{S^e}(I)$ を生成し，$\{s_1', \ldots, s_m'\}$ は σ に関する B の双対基底である．すなわち，

$$\sigma(s_i' s_j) = \delta_{ij} \quad (i, j = 1, \ldots, m).$$

(b) $\sum_{i=1}^m a_i \otimes s_i$ が S-加群 $\operatorname{Ann}_{S^e}(I)$ を生成し，かつ $\sigma \in \omega_{S/R}$ が $\sum_{i=1}^m \sigma(a_i)s_i = 1$ をみたす線形形式ならば，σ は S/R のトレースであり，$\Delta_\sigma = \sum_{i=1}^m a_i \otimes s_i$ が成り立つ．したがって，$\{a_1, \ldots, a_m\}$ は σ に関する B の双対基底である．

(c) S/R の各トレース σ に対して，次が成り立つ．

$$\sigma_{S/R} = \mu(\Delta_\sigma) \cdot \sigma.$$

（証明） 定理 H.19 より，$\omega_{S/R}$ と同様に，$\operatorname{Ann}_{S^e}(I)$ は階数 1 の自由 S-加群であることがわかっている．同型写像 ψ は $\omega_{S/R}$ の基底を構成する元を $\operatorname{Hom}_S(\operatorname{Ann}_{S^e}(I), S)$ の基底を構成する元に写像する．これらは $\operatorname{Ann}_{S^e}(I)$ の

基底を構成する元と 1 対 1 の対応がある．各トレース σ に対して，$\sigma \mapsto 1$ により与えられる線形形式 $\omega_{S/R} \to S$ の ϕ^{-1} による原像 Δ_σ を対応させる．すなわち，$\Delta_\sigma = \sum_{i=1}^m s'_i \otimes s_i \, (s'_i \in S)$ ならば，$\phi(\Delta_\sigma)(\sigma) = \sum_{i=1}^m \sigma(s'_i) s_i = 1$ である．

(a) $s_j = s_j \cdot \phi(\Delta_\sigma)(\sigma) = \phi(\Delta_\sigma)(s_j \sigma) = \sum_{i=1}^m \sigma(s'_i s_j) s_i$ が成り立つ．ゆえに，$\sigma(s'_i s_j) = \delta_{ij}$ を得る．

(b) $x := \sum_{i=1}^m a_i \otimes s_i$ とおく．すると，$\{\phi(x)\}$ は $\mathrm{Hom}_S(\omega_{S/R}, S)$ の基底である．$\phi(x)(\sigma) = \sum_{i=1}^m \sigma(a_i) s_i = 1$ かつ $\omega_{S/R} \cong S$ であるから，これはまた $\{\sigma\}$ が $\omega_{S/R}$ の基底で $x = \Delta_\sigma$ となる場合でなければならない．

(c) $\{s'_1, \ldots, s'_m\}$ を σ に関する B の双対基底とする．規則 H.9 により，求める次の式が成り立つ．

$$\sigma_{S/R} = \Bigl(\sum s_i s'_i\Bigr) \cdot \sigma = \mu\Bigl(\sum s'_i \otimes s_i\Bigr)\sigma = \mu(\Delta_\sigma) \cdot \sigma. \qquad \blacksquare$$

さて，規則 H.11 の後の議論のように，R と S を次数環とし，B を代数 S/R の斉次基底とする．$x \in S^e$ とする．$a_i, b_i \in S$ が斉次元であり，かつすべての i に対して $\deg a_i + \deg b_i = d$ をみたすような元 a_i, b_i によって $x = \sum a_i \otimes b_i$ と表されるとき，x を次数 d の**斉次元**という．これは明らかに S^e 上の次数付けを与え，$\mathrm{Ann}_{S^e}(I)$ は S^e の斉次イデアルであり，ゆえに，次数 S-加群でもある．$\omega_{S/R}$ は次数 S-加群であるから，$\mathrm{Hom}_S(\omega_{S/R}, S)$ もまた次数 S-加群であり，標準的な同型写像 $\phi: \mathrm{Ann}_{S^e}(I) \xrightarrow{\sim} \mathrm{Hom}_S(\omega_{S/R}, S)$ は次数 0 の斉次形であることはすぐにわかる．系 H.20 の状況において，$\omega_{S/R}$ の斉次トレースと $\mathrm{Ann}_{S^e}(I)$ の斉次生成元の間に 1 対 1 の対応がある．

さて，これから基底の変換による $\mathrm{Ann}_{S^e}(I)$ の挙動を考察しよう．R'/R を代数とし，$S' := R' \otimes_R S$，$S'^e := S' \otimes_{R'} S'$ とおく．すると，$1 \otimes B := \{1 \otimes s_1, \ldots, 1 \otimes s_m\}$ は S'/R' の基底である（定理 G.4 参照）．$I^S := \ker(S^e \to S)$ とし，また $I^{S'} := \ker(S'^e \to S')$ とおく．すると，標準的な準同型写像

$$A: S \otimes_R S \longrightarrow S' \otimes_{R'} S' \qquad (a \otimes b \longmapsto (1 \otimes a) \otimes (1 \otimes b))$$

と

$$\alpha: \omega_{S/R} \longrightarrow \omega_{S'/R'}$$

がある．ただし，α は $l \in \omega_{S/R}, r' \in R', x \in S$ に対して，$\alpha(l)(r' \otimes x) = l(x) \cdot r'$ により定義されるものである．$B^* := \{s_1^*, \ldots, s_m^*\}$ を B に双対である $\omega_{S/R}$ の基底とするならば，$1 \otimes B^*$ は $1 \otimes B$ の双対基底である．ゆえに，α は単射であり，$\omega_{S'/R'}$ は S'-加群として $\mathrm{im}\,\alpha$ によって生成される．したがって，σ が S/R のトレースならば，$\alpha(\sigma)$ は S'/R' のトレースである．

定理 G.7 により，

$$I^S = (\{s_i \otimes 1 - 1 \otimes s_i\}_{i=1,\ldots,m}),$$
$$I^{S'} = (\{(1 \otimes s_i) \otimes (1 \otimes 1) - (1 \otimes 1) \otimes (1 \otimes s_i)\}_{i=1,\ldots,m})$$

であり，ゆえに，$I^{S'} = I^S \cdot S'^e$ となる．これより，A は次の S-線形写像を誘導することがわかる．

$$\gamma : \mathrm{Ann}_{S^e}(I^S) \longrightarrow \mathrm{Ann}_{S'^e}(I^{S'}).$$

以下の標準的準同型写像の合成を β によって表す．

$$\mathrm{Hom}_S(\omega_{S/R}, S) \xrightarrow{\phi^{-1}} \mathrm{Ann}_{S^e}(I^S) \xrightarrow{\gamma} \mathrm{Ann}_{S'^e}(I^{S'}) \xrightarrow{\phi'} \mathrm{Hom}_{S'}(\omega_{S'/R'}, S').$$

ただし，ϕ と ϕ' は定理 H.19 における全単射である．

最初に S/R がトレースをもつ場合を調べよう．

補題 H.21. $\Delta \in \mathrm{Ann}_{S^e}(I^S)$ を S/R のトレース σ に対応している元とし，$\Delta' := \gamma(\Delta)$ とおく．このとき，Δ' は S'-加群 $\mathrm{Ann}_{S'^e}(I^{S'})$ を生成する．σ' が Δ' に対応しているトレースならば，$\sigma' = \alpha(\sigma)$ が成り立つ．

（証明）σ に関する B の双対基底を $\{s_1', \ldots, s_m'\}$ とすれば，定理 H.20 によって，$\Delta = \sum_{i=1}^m s_i' \otimes s_i$ と表され，ゆえに，$\Delta' = \sum_{i=1}^m (1 \otimes s_i') \otimes (1 \otimes s_i)$ が成り立つ．$\{1 \otimes s_1', \ldots, 1 \otimes s_m'\}$ は明らかにトレース $\alpha(\sigma)$ に関する $1 \otimes B$ の双対基底であるから，再び定理 H.20 より，Δ' は $\alpha(\sigma)$ に対応している元である．したがって，Δ' は $\mathrm{Ann}_{S'^e}(I^{S'})$ を生成し，$\sigma' = \alpha(\sigma)$ となる． ∎

次に，$R' = R/\mathfrak{a}$ が R の剰余代数である特別な場合を考える．$S' = S/\mathfrak{a}S$ と

すると，α によって，$\omega_{S'/R'} \cong \omega_{S/R}/\mathfrak{a}\omega_{S/R}$ が成り立っている（定理 H.5 を参照せよ）.

補題 H.22. この場合，上で述べた写像

$$\beta : \mathrm{Hom}_S(\omega_{S/R}, S) \longrightarrow \mathrm{Hom}_{S'}(\omega_{S'/R'}, S')$$

は $\mathfrak{a}$ を法として剰余類をとることにより得られる.

（証明） バーをとることにより，$\mathfrak{a}$ を法とする剰余類を表す．$\sum a_i \otimes b_i \in \mathrm{Ann}_{S^e}(I^S)$ に対して，写像 A のもとで対応している元は $\sum \bar{a}_i \otimes \bar{b}_i \in \mathrm{Ann}_{S'^e}(I^{S'})$ である．この元は $\ell' \mapsto \sum \ell'(\bar{a}_i)\bar{b}_i$ によって与えられる $\mathrm{Hom}_{S'}(\omega_{S'/R'}, S')$ の線形形式に対応している．$\bar{\ell} = \ell'$ をみたす $\ell \in \omega_{S/R}$ を選ぶ．このとき，

$$\sum \ell'(\bar{a}_i)\bar{b}_i = \sum \bar{\ell}(\bar{a}_i)\bar{b}_i = \overline{\sum \ell(a_i)b_i}$$

が成り立つ．$\phi(\sum a_i \otimes b_i)$ は $\ell \mapsto \sum \ell(a_i)b_i$ により与えられるのであるから，定理で主張していることはこれより得られる． ∎

補題 H.23. 補題 H.22 の仮定のもとで，σ' を S'/R' のトレースとし，$\Delta' \in \mathrm{Ann}_{S'^e}(I^{S'})$ を σ' に対応している元とする．$\mathfrak{a}$ が R のすべての極大イデアルの共通集合に含まれるか，または，R と S は正の次数付けをもつ環で，$\mathfrak{a}$ は斉次イデアル，また Δ' は斉次元であると仮定する．このとき，次が成り立つ.

(a) $\alpha : \mathrm{Ann}_{S^e}(I^S) \to \mathrm{Ann}_{S'^e}(I^{S'})$ は全射である.

(b) $\Delta \in \mathrm{Ann}_{S^e}(I^S)$ が $\alpha(\Delta) = \Delta'$ をみたす（斉次）元ならば，Δ は S-加群 $\mathrm{Ann}_{S^e}(I^S)$ を生成し，Δ に対応している S/R のトレース σ は，全射準同型写像 $\alpha : \omega_{S/R} \to \omega_{S'/R'}$ による σ' の（斉次形である）原像である.

（証明） 補題 H.22 によれば，次の可換図式において，

$$\begin{array}{ccc} \mathrm{Ann}_{S^e}(I^S) & \xrightarrow{\alpha} & \mathrm{Ann}_{S'^e}(I^{S'}) \\ \phi \downarrow & & \downarrow \phi' \\ \mathrm{Hom}_S(\omega_{S/R}, S) & \xrightarrow{\beta} & \mathrm{Hom}_{S'}(\omega_{S'/R'}, S') \end{array}$$

写像 β は $\mathfrak{a}$ を法として剰余類をとることにより得られることが示された. $\omega_{S'/R'} \cong S'$ であるから, 規則 H.11 と規則 H.13 によって, $\omega_{S/R} \cong S$ であることがわかる. 特に, β は全射であり, ゆえに α も全射である. 中山の補題より, $\mathrm{Ann}_{S^e}(I^S)$ は S-加群として Δ により生成されることがわかる.

$\Delta = \sum_{i=1}^{m} s'_i \otimes s_i$ と表す. このとき, $\Delta' = \sum_{i=1}^{m} \bar{s}'_i \otimes \bar{s}_i$ である. また, $\sigma(s'_i s_j) = \delta_{ij}$ と $\sigma'(\bar{s}'_i \bar{s}_j) = \delta_{ij}$ が成り立つ $(i, j = 1, \ldots, m)$. これらの等式によって, σ と σ' は一意的に定まる. なぜなら, $1 = \sum_{i=1}^{m} r_i s'_i \, (r_i \in R)$ とすれば, $\sigma(s_j) = \sigma(\sum r_i s'_i s_j) = r_j$ であり, また $\sigma'(\bar{s}_j) = \bar{r}_j \, (j = 1, \ldots, m)$ が成り立つからである. 以上より, σ' は実際 $\mathfrak{a}$ を法として剰余類をとることにより得られる. ∎

演習問題

1. 補題 H.21 における S'/R' と α に対して, 次が成り立つことを示せ.

   $$\sigma_{S'/R'} = \alpha(\sigma_{S/R}).$$

2. 体の拡大 L/K を次数 n の有限次分離拡大とし, $\overline{K}$ を K の代数的閉体とする. このとき, 次を示せ.

   (a) $\overline{K} \otimes_K L$ は K-代数 $\overline{K}$ の n 個の同型な体の直積である. 標準的な同型写像 $L \to \overline{K} \otimes_K L$ は各 $x \in L$ を x の共役の n-個の列 $(x_1, \ldots, x_n)$ に移す.

   (b) 各 $x \in L$ に対して, $\sigma_{L/K}(x) = \sum_{i=1}^{n} x_i$ が成り立つ.

3. A を体 K 上有限次元の代数とし, $x \in A$ をベキ零元とする. このとき, $\sigma_{A/K}(x) = 0$ であることを示せ.

4. A/K を演習問題 3 におけるものとする. さらに付け加えて, A は極大イデアルを $\mathfrak{m}$ とする局所環とする. A の底は次のように定義される.

   $$\mathfrak{S}(A) := \{x \in A \mid \mathfrak{m} \cdot x = \{0\}\}.$$

   このとき, 次を示せ.

   (a) $\mathfrak{S}(A)$ は A のイデアルであり, $\mathfrak{S}(A) \neq \{0\}$ が成り立つ.

   (b) A/K がトレース σ をもてば, $\sigma(\mathfrak{S}(A)) \neq \{0\}$ が成り立つ.

_# 付録 I
イデアル商

付録Hの最後において，トレースが存在するために，ある零化イデアルが単項イデアルでなければならないということが示された．ここでは，どのような条件のもとでその場合になるかを考察する（定理I.5を参照せよ）．

I と J を環 R の二つのイデアルとする．

定義 I.1. イデアル商 $I:J$ は次の式で定義される．

$$I:J := \{x \in R \mid xJ \subset I\}.$$

明らかに，$I:J$ は $I \subset I:J$ をみたす R のイデアルである．

補題 I.2. $\mathfrak{a}$ は R のイデアルで $\mathfrak{a} \subset I \cap J$ をみたしているものとする．R のイデアルの剰余環 $\overline{R} := R/\mathfrak{a}$ における像は，そのイデアルを表す記号の上にバーを付けて表される．このとき，$\overline{R}$ において，次が成り立つ．

$$\overline{I} : \overline{J} = \overline{I:J}.$$

（証明）$\overline{x}$ を $x \in R$ の剰余類とする．$\overline{x} \cdot \overline{J} \subset \overline{I}$ から，$xJ \subset I$ が得られる．ゆえに，$\overline{x} \in \overline{I:J}$ である．逆に，$x \in I:J$ ならば，当然 $\overline{x} \in \overline{I}:\overline{J}$ となる． ∎

系 I.3. $I \subset J$ で，かつ $\mathfrak{a} = I$ とする．このとき，次が成り立つ．

$$\overline{I:J} = (0):\overline{J} = \mathrm{Ann}_{\overline{R}}(\overline{J}).\qquad\blacksquare$$

これは次のように用いられる．すなわち，剰余環において零化イデアルを計算するかわりに，しばしばもとの環においてイデアル商を求めるほうが賢明であることがある．

さて，ここで

$$J = (a_1, a_2), \qquad I = (b_1, b_2) \qquad (a_i, b_i \in R)$$

とし，また $I \subset J$ とする．このとき，$r_{ij} \in R$ として

$$\begin{aligned} b_1 &= r_{11}a_1 + r_{12}a_2 \\ b_2 &= r_{21}a_1 + r_{22}a_2 \end{aligned} \qquad(1)$$

と表し，$\Delta := \det(r_{ij})$ とおく．クラーメルの公式より，$a_i\Delta \in (b_1, b_2)$ が成り立つ．ゆえに，

$$\Delta \in I : J.$$

補題 I.4. b_1 は $R/(b_2)$ 上で非零因子であり，かつ b_2 は $R/(b_1)$ 上で非零因子であると仮定する．このとき，$R/(b_1, b_2)$ における Δ の像は，等式 (1) における係数 r_{ij} の選び方には依存しない．

(証明)　$b_2 = r'_{21}a_1 + r'_{22}a_2\,(r'_{2i} \in R)$ と表し，クラーメルの公式を次の連立方程式に適用する．

$$\begin{aligned} b_1 &= r_{11}a_1 + r_{12}a_2, \\ 0 &= (r_{21} - r'_{21})a_1 + (r_{22} - r'_{22})a_2. \end{aligned}$$

$\Delta' := \det\begin{pmatrix} r_{11} & r_{12} \\ r'_{21} & r'_{22} \end{pmatrix}$ とおけば，

$$(a_1, a_2) \cdot (\Delta - \Delta') \subset (b_1)$$

が得られる．特に，

$$b_2(\Delta - \Delta') \in (b_1) \subset (b_1, b_2).$$

したがって，b_2 が (b_1) を法として零因子ではないので，
$$\Delta - \Delta' \in (b_1) \subset (b_1, b_2)$$
を得る．対称性により，b_1 のほかの代表元を選択しても $R/(b_1, b_2)$ における Δ の像には影響を与えない． ∎

定理 I.5. 上で与えられた元 $a_1, a_2, b_1, b_2 \in R$ に対して，以下の条件が満足されていると仮定する．

(a) a_1 と b_1 は $R/(b_2)$ 上で非零因子である．
(b) a_2 は $R/(a_1)$ 上で非零因子である．

このとき，次が成り立つ．
$$(b_1, b_2) : (a_1, a_2) = (\Delta, b_1, b_2).$$
$\widetilde{R} := R/(b_1, b_2)$, $\widetilde{J} := J/(b_1, b_2)$ とすれば，
$$\mathrm{Ann}_{\widetilde{R}}(\widetilde{J}) = (\widetilde{\Delta})$$
が成り立つ．ただし，$\widetilde{\Delta}$ は $\widetilde{R}$ における Δ の像である．

(証明) 以下において，すべての計算は剰余環 $\overline{R} := R/(b_2)$ においてなされる．R の元の $\overline{R}$ における剰余類はバーを付けて表す．(1) より等式
$$\overline{r}_{21}\overline{a}_1 + \overline{r}_{22}\overline{a}_2 = 0 \tag{2}$$
が成り立ち，またクラーメルの公式を用いると，(1) より次の式が得られる．
$$\overline{a}_1\overline{\Delta} = \overline{b}_1\overline{r}_{22}. \tag{3}$$
補題 I.2 より，次の公式を証明すれば十分である．
$$(\overline{\Delta}, \overline{b}_1) = (\overline{b}_1) : (\overline{a}_1, \overline{a}_2).$$
$\overline{a}_1$ をかける乗法は $\overline{R}$ において単射であるから，したがって，次の等式を証明すれば十分である．
$$\overline{a}_1 \cdot ((\overline{b}_1) : (\overline{a}_1, \overline{a}_2)) = (\overline{a}_1\overline{\Delta}, \overline{a}_1\overline{b}_1) \stackrel{(3)}{=} (\overline{b}_1\overline{r}_{22}, \overline{a}_1\overline{b}_1). \tag{4}$$

まず最初に次を示す.
$$(\overline{r}_{22}, \overline{a}_1) = (\overline{a}_1) : (\overline{a}_1, \overline{a}_2). \tag{5}$$
実際, 式 (2) によって, $(\overline{r}_{22}, \overline{a}_1) \subset (\overline{a}_1) : (\overline{a}_1, \overline{a}_2)$ は明らかである. 逆に, $x \in R$ に対して, 条件
$$\overline{xa_2} \in (\overline{a}_1)$$
が満足されていると仮定する. このとき, R において次の等式がある.
$$xa_2 = c_1 a_1 + c_2 b_2 = c_1 a_1 + c_2 r_{21} a_1 + c_2 r_{22} a_2.$$
a_2 は $R/(a_1)$ において非零因子であるから, 次が成り立つ.
$$\overline{x} \in (\overline{r}_{22}, \overline{a}_1).$$
したがって, 等式 (5) が証明された.

次に, 等式 (5) に $\overline{b}_1$ をかけることによって, 次の式を得る.
$$(\overline{b}_1 \overline{r}_{22}, \overline{a}_1 \overline{b}_1) = \overline{b}_1 \cdot ((\overline{a}_1) : (\overline{a}_1, \overline{a}_2)).$$
よって, 式 (4) のかわりに, いま次の等式を証明すればよいことがわかる.
$$\overline{a}_1 \cdot ((\overline{b}_1) : (\overline{a}_1, \overline{a}_2)) = \overline{b}_1 \cdot ((\overline{a}_1) : (\overline{a}_1, \overline{a}_2)). \tag{6}$$
$\overline{xa_i} \in (\overline{b}_1)\,(i=1,2)$ をみたす $x \in R$ に対して, $\overline{a}_1 \overline{x} = \overline{y} \overline{b}_1$ をみたす $y \in R$ が存在する. $\overline{b}_1$ は $\overline{R}$ 上で非零因子であるから, 式 $\overline{y} \overline{b}_1 \overline{a}_i = \overline{a}_1 \overline{x} \overline{a}_i \in (\overline{a}_1 \overline{b}_1)\,(i=1,2)$ より, $\overline{y} \in (\overline{a}_1) : (\overline{a}_1, \overline{a}_2)$ が得られる. したがって,
$$\overline{a}_1 \overline{x} \in \overline{b}_1 \cdot ((\overline{a}_1) : (\overline{a}_1, \overline{a}_2))$$
が得られた. すなわち, 等式 (6) の左辺は右辺に含まれる.

さて次に, $y \in R$ は $\overline{ya_i} \in (\overline{a}_1)\,(i=1,2)$ をみたす元とする. このとき, $\overline{b}_1 \overline{ya_i} \in (\overline{a}_1 \overline{b}_1)\,(i=1,2)$ となる. 特に, $\overline{b}_1^2 \overline{y} \in (\overline{a}_1 \overline{b}_1)$ であり, ゆえに $\overline{b}_1 \overline{y} \in (\overline{a}_1)$ を得る. $\overline{b}_1 \overline{y} = \overline{a}_1 \overline{x}$ と表し, $\overline{a}_1 \overline{x} \overline{a}_i \in (\overline{a}_1 \overline{b}_1)$ を使えば, $\overline{x} \in (\overline{b}_1) : (\overline{a}_1, \overline{a}_2)$ であることがわかる. なぜなら, $\overline{a}_1$ は $\overline{R}$ 上で非零因子だからである. したがって,
$$\overline{b}_1 \overline{y} \in \overline{a}_1 \cdot ((\overline{b}_1) : (\overline{a}_1, \overline{a}_2)). \qquad \blacksquare$$

ここで行った考察は, n 個の元からなる生成系をもつイデアルに一般化される (たとえば, [Ku$_2$] や付録 E を参照せよ).

付録 K

完備環と完備化

ここでは I-進フィルターをもつ環に話を限定する．この理論はより一般的に展開されている．たとえば，Bourbaki [B] や Greco-Salmon [GS]，松村 [M] を参照せよ．フィルター環の完備化は，有理数から実数への移行—数論においては—整数から p-進数への移行に対応している．局所環の完備化は，代数曲線の特異点を研究するための重要な道具の一つである．

R を環とし，$I \subset R$ をイデアル，そして，$(a_n)_{n \in \mathbb{N}}$ を元 $a_n \in R$ の列とする．

定義 K.1.

(a) 列 $(a_n)_{n \in \mathbb{N}}$ が $a \in R$ に**収束する** (converge) （または極限値 a をもつ）とは，任意の自然数 $\epsilon \in \mathbb{N}$ に対してある自然数 $n_0 \in \mathbb{N}$ が存在して，すべての $n \geq n_0$ に対して $a_n - a \in I^\epsilon$ が成り立つことである．このとき，$a = \lim_{n \to \infty} a_n$ と表す．

(b) 0 に収束する列は**零列** (zero sequence) という．

(c) 無限級数 $\sum_{n \in \mathbb{N}} a_n$ が $a \in R$ に収束するとは，部分和の列 $(\sum_{n=0}^{k} a_n)_{k \in \mathbb{N}}$ が a に収束することである．このとき，$a = \sum a_n$ と表す．

(d) 列 $(a_n)_{n \in \mathbb{N}}$ が**コーシー列** (Cauchy sequence) であるとは，任意の自然数 $\epsilon \in \mathbb{N}$ に対してある自然数 $n_0 \in \mathbb{N}$ が存在して，すべての $m, n \geq n_0$ に対して $a_m - a_n \in I^\epsilon$ が成り立つことである．

注意 K.2.

(a) R 上の I-進フィルターが分離的ならば,収束列の極限値はただ一つである.なぜなら,$a = \lim_{n\to\infty} a_n = a'$ とすると,$a - a' \in \bigcap_{\epsilon \in \mathbb{N}} I^\epsilon = (0)$ となり,ゆえに $a' = a$ を得る.

(b) 収束する列はコーシー列である.

(c) コーシー列($a \in R$ に収束する列)のすべての部分列はコーシー列(a に収束する列)である.

(d) 列 (a_n) がコーシー列であるための必要十分条件は,$(a_{n+1} - a_n)_{n \in \mathbb{N}}$ が零列になることである.

(e) 列 (a_n) がコーシー列であるならば,部分列に移行することによって,

$$a_{n+1} - a_n \in I^n \qquad (\forall n \in \mathbb{N})$$

と仮定することができる.

(f) $\sum_{n \in \mathbb{N}} a_n$ が収束すれば,(a_n) は零列である.

(g) $a = \sum a_n$ と $b = \sum b_n$ が R において収束するならば,$\sum(a_n + b_n)$ は $a + b$ に収束し,コーシー積級数 $\sum_n (\sum_{\rho + \sigma = n} a_\rho \cdot b_\sigma)$ は ab に収束する.

以上考察したように,解析学で成り立つほかの多くの命題も,ここでの我々の状況において翻訳することができる.いくつかのものは解析学よりも簡単でさえある.

定義 K.3. 環 R が I-進完備(I-adically complete)であるとは,すべてのコーシー列(I に関する)が R においてある極限に収束することである.

規則 K.4.

(a) 完備環において級数 $\sum a_n$ が収束するための必要十分条件は,(a_n) が零列になることである.(これはもちろん解析学とは異なる.)

なぜなら，(a_n) が零列ならば，任意の $\epsilon \in \mathbb{N}$ に対してある $n_0 \in \mathbb{N}$ が存在して，すべての $n \geq n_0$ に対して $a_n \in I^\epsilon$ が成り立つ．このとき，$m \geq n \geq n_0$ に対して $\sum_{i=n}^m a_i \in I^\epsilon$ も成り立つ．すなわち，$(\sum_{i=0}^n a_i)_{n \in \mathbb{N}}$ はコーシー列である．R は完備であるから，$\sum_{n \in \mathbb{N}} a_n$ は存在する．

(b) R が I-進完備であるための必要十分条件は，R におけるすべての零列 (a_n) に対して，無限級数 $\sum a_n$ が収束することである．

(a) より必要条件であることはわかるので，十分条件を示す．(b_n) を任意のコーシー列とすると，$(b_{n+1} - b_n)$ は零列である．級数 $a = \sum_{n \in \mathbb{N}} (b_{n+1} - b_n)$ の k 次の部分和は $\sum_{n=0}^k (b_{n+1} - b_n) = b_{k+1} - b_0$ である．したがって，(b_n) は $a + b_0$ に収束する．

(c) $k \in \mathbb{N}$ とする．R が I-進完備で，(a_n) をコーシー列で，ほとんどすべての $n \in \mathbb{N}$ に対して $a_n \in I^k$ をみたすものとする．このとき，$\lim_{n \to \infty} a_n \in I^k$ となる．（I^k は極限をとる操作に関して閉じている．）

なぜなら，$a := \lim_{n \to \infty} a_n$ ならば，十分大きな n に対して $a - a_{n+1} \in I^k$ となる．また，十分大きな n に対して $a_n \in I^k$ でもあるから，$a \in I^k$ が成り立つ．

(d) $J \subset R$ をもう一つのイデアルとする．ある自然数 $\rho, \sigma \in \mathbb{N}$ が存在して，$J^\rho \subset I$ と $I^\sigma \subset J$ が成り立つと仮定する．このとき，R が I-進完備であるための必要十分条件は，R が J-進完備になることである．

(a_n) が I に関してコーシー列であるための必要十分条件は，(a_n) が J に関してコーシー列になることである，ということは容易にわかる．同様な命題は極限に対しても成り立つ．

(e) R は I-進完備とし，$\mathfrak{a} \subset R$ をイデアルとする．このとき，$\overline{R} := R/\mathfrak{a}$ は $\overline{I} := (I + \mathfrak{a})/\mathfrak{a}$ に関して完備である．

$\overline{R}$ におけるすべての零列 $(\overline{a}_n)$ は R におけるある零列 (a_n) から生じることは容易に示すことができる．$a = \sum a_n$ とすると，R における a の剰余類 $\overline{a}$ は $\sum_{n \in \mathbb{N}} \overline{a}_n$ の極限である．そこで，(b) を使う．

完備環のもっとも重要な性質の一つは，中山の補題の次のような変形した定理である．

定理 K.5. R は I-進完備とし，M は R-加群で $\bigcap_{k\in\mathbb{N}} I^k M = (0)$ をみたしていると仮定する．$x_1,\ldots,x_n \in M$ を $M = Rx_1 + \cdots + Rx_n + IM$ をみたす元とする．このとき，$M = Rx_1 + \cdots + Rx_n$ が成り立つ．言い換えると，M が I-進分離的 R-加群であり，剰余加群 M/IM が有限生成ならば，M は有限生成である．

(証明) すべての $m \in M$ は次のような表現をもつ．
$$m = \sum_{i=1}^{n} r_i^{(0)} x_i + m' \qquad (r_i^{(0)} \in R,\ m' \in IM). \tag{1}$$
$m' = \sum s_k m_k$ ($s_k \in I$, $m_k \in M$) と表し，各 m_k をまた表現 (1) で表す．このとき，m に対して
$$m = \sum_{i=1}^{n} (r_i^{(0)} + r_i^{(1)}) x_i + m'' \qquad (r_i^{(1)} \in I,\ m'' \in I^2 M)$$
によって与えられる新しい表現がある．帰納法によって，すべての $k \in \mathbb{N}$ に対して次の表現が得られる．
$$m = \sum_{i=1}^{n} \left(\sum_{j=0}^{k} r_i^{(j)} \right) x_i + m^{(k+1)} \qquad (r_i^{(j)} \in I^j,\ m^{(k+1)} \in I^{k+1} M).$$
$r_i := \sum_{j\in\mathbb{N}} r_i^{(j)}$ ($i = 1,\ldots,n$) とおく．この級数は規則 K.4 (a) により収束する．なぜなら，その項は零列をつくり，R は完備だからである．さらに，規則 K.4 (c) によって，$\sum_{j=k+1}^{\infty} r_i^{(j)} \in I^{k+1}$ である．ゆえに，すべての $k \in \mathbb{N}$ に対して
$$m - \sum_{i=1}^{n} r_i x_i = m^{(k+1)} - \sum_{i=1}^{n} \left(\sum_{j=k+1}^{\infty} r_i^{(j)} \right) x_i \in I^{k+1} M$$
が成り立ち，$\bigcap I^{k+1} M = (0)$ より，$m = \sum_{i=1}^{n} r_i x_i$ が得られる． ∎

例 K.6. 環 P 上の不定元 $X_1,\ldots,X_n$ に関するすべての形式的ベキ級数のつくる環 $R = P[[X_1,\ldots,X_n]]$ は $I = (X_1,\ldots,X_n)$ に関して完備であり，かつ分離的である．以下において，これを調べてみよう．

$\alpha = (\alpha_1, \ldots, \alpha_n) \in \mathbb{N}^n$ に対して $X^\alpha := X_1^{\alpha_1} \cdots X_n^{\alpha_n}$ と表す. (f_k) を R における零列とすると,$\lim_{k \to \infty} (\mathrm{ord}_I f_k) = -\infty$ である. $f_k = \sum_\alpha a_\alpha^{(k)} X^\alpha$ ($a_\alpha^{(k)} \in P$) とすれば,このとき

$$f := \sum_\alpha \left(\sum_k a_\alpha^{(k)} \right) X^\alpha$$

は矛盾なく定義される.なぜなら,各 α に対する $\sum_k a_\alpha^{(k)}$ において,零でない項は有限個しかないからである.このとき,明らかに $f = \sum_{k \in \mathbb{N}} f_k$ である.規則 K.4 (b) より,R は I-進完備である.I-進フィルターが分離的であることは,いずれにしても明らかである.

ベキ級数環に対するヒルベルトの基底定理 K.7. P がネーター環ならば,P 上の形式的ベキ級数環 $P[[X_1, \ldots, X_n]]$ もネーター環である.

(証明) $R := P[[X_1, \ldots, X_n]]$ とし,また $I := (X_1, \ldots, X_n)$ とおく.明らかに,$\mathrm{gr}_I R \cong P[X_1, \ldots, X_n]$ が成り立つ.ただし,$\deg X_i = -1$ ($i = 1, \ldots, n$) である.多項式環に対するヒルベルトの基底定理によって,$\mathrm{gr}_I R$ におけるすべてのイデアルは有限生成である.特に,$\mathfrak{a}$ を R のイデアルとすれば,$\mathrm{gr}_I \mathfrak{a}$ もまた有限生成である.

任意のこのようなイデアル $\mathfrak{a}$ に対して,

$$\mathrm{gr}_I \mathfrak{a} = (L_I f_1, \ldots, L_I f_m), \qquad f_1, \ldots, f_m \in \mathfrak{a}$$

と仮定する.このとき,次を証明する.

$$\mathfrak{a} = (f_1, \ldots, f_m).$$

$f \in \mathfrak{a}$ を任意の元とするとき,

$$L_I f = \sum_{j=1}^m g_j^{(0)} L_I f_j$$

と表される.ただし,$g_j^{(0)} \in P[X_1, \ldots, X_n]$ は斉次元であり,$\deg g_j^{(0)} = \mathrm{ord}_I f - \mathrm{ord}_I f_j$ である.すると,$f^{(1)} := f - \sum g_j^{(0)} f_j \in \mathfrak{a}$ で,かつ $\mathrm{ord}_I f^{(1)} < \mathrm{ord}_I f$ が成り立つ.次に,

$$L_I f^{(1)} = \sum_{j=1}^m g_j^{(1)} L_I f_j$$

と表す. ここで, $g_j^{(1)} \in P[X_1, \ldots, X_n]$ は斉次元であり, $\deg g_j^{(1)} = \operatorname{ord}_I f^{(1)} - \operatorname{ord}_I f_j$ である. すると,

$$f^{(2)} := f^{(1)} - \sum_{j=1}^{m} g_j^{(1)} f_j = f - \sum_{j=1}^{m} \left(g_j^{(0)} + g_j^{(1)} \right) f_j \in \mathfrak{a}$$

が得られ, $\operatorname{ord}_I f^{(2)} < \operatorname{ord}_I f^{(1)} < \operatorname{ord}_I f$ をみたす. 帰納法によって,

$$f^{(k)} := f - \sum_{j=1}^{m} \left(\sum_{i=1}^{k-1} g_j^{(i)} \right) f_j \in \mathfrak{a}, \qquad \operatorname{ord}_I f^{(k)} < (\operatorname{ord}_I f) - k$$

をみたす零列 $(f^{(k)})_{k \in \mathbb{N}}$ をつくることができ, $(g_j^{(i)})_{i \in \mathbb{N}}$ もまた $P[[X_1, \ldots, X_n]]$ において零列である. したがって,

$$f = \sum_{j=1}^{m} g_j f_j, \qquad g_j := \sum_{i=0}^{\infty} g_j^{(i)} \qquad (j = 1, \ldots, m)$$

が得られる. ∎

我々は次に, 完備環は多くの場合にベキ級数環の準同型像になるということを示そう.

定理 K.8. R を I-進完備な環とし, $\rho : P \to R$ を環準同型写像とする. さらに, $x_1, \ldots, x_n \in I$ とし, $\bigcap_{k \in \mathbb{N}} I^k = (0)$ と仮定する. このとき, 次が成り立つ.

(a) 次のような P-代数準同型写像 (代入準同型写像という) がただ一つ存在する.

$$\epsilon : P[[X_1, \ldots, X_n]] \longrightarrow R, \qquad \epsilon(X_i) = x_i \quad (i = 1, \ldots, n).$$

(b) $I = (x_1, \ldots, x_n)$ とし, 標準全射 $R \to R/I$ と ρ の合成写像が全単射ならば, ϵ は全射である. この場合, P がネーター環ならば, R もまたネーター環である.

(証明) (a) 任意のベキ級数 $\sum a_\alpha X^\alpha \in P[[X_1, \ldots, X_n]]$ について, 級数 $\sum_n \sum_{|\alpha|=n} \rho(a_\alpha) x^\alpha$ は R において収束する. なぜなら, この級数はその項が

零列をつくるからである．注意 K.2 (g) によって，$\sum_\alpha a_\alpha X^\alpha \mapsto \sum \rho(a_\alpha)x^\alpha$ なる対応は，$\epsilon(X_k) = x_k$ とする P-準同型写像 ϵ を定義することが容易にわかる．連続性の基礎に基づき，このような ϵ はただ一つである．

(b) R を $P[[X_1, \ldots, X_n]]$ 上の加群と考え，$J := (X_1, \ldots, X_n)$ とおく．仮定によって，ϵ は $P = P[[X_1, \ldots, X_n]]/J$ から R/I の上への全単射を誘導する．すなわち，R/JR は $P[[X_1, \ldots, X_n]]$-加群として，R の単位元の像により生成される．すると，定理 K.5 の仮定は満足される（例 K.6 参照）．したがって，R は $P[[X_1, \ldots, X_n]]$-加群として 1 によって生成される．すなわち，ϵ は全射である．このとき，(b) の最後の主張はヒルベルトの基底定理 K.7 より得られる． ∎

系 K.9. R は極大イデアルを $\mathfrak{m} = (x_1, \ldots, x_n)$ とするネーター局所環とする．R は体 K を含み，K は標準全射 $R \to R/\mathfrak{m}$ により $R/\mathfrak{m}$ の上に全単射に写像されると仮定する．R が $\mathfrak{m}$-進完備ならば，次のような K-全射準同型写像がただ一つ存在する．

$$K[[X_1, \ldots, X_n]] \longrightarrow R \qquad (X_i \longmapsto x_i).$$

(証明) クルルの共通集合定理の系 E.8 より，$\bigcap \mathfrak{m}^k = (0)$ であることがわかっている．すると，定理 K.8 を適用することができる． ∎

系 K.10. 系 K.9 の仮定のもとで，R を完備離散局所環とし，$\mathfrak{m} = (t)$ とする．このとき，次のような K-同型写像がただ一つ存在する．

$$K[[T]] \xrightarrow{\sim} R \qquad (T \longmapsto t).$$

(証明) 系 K.9 によって，$\epsilon(T) = t$ とするただ一つの K-全射準同型写像

$$K[[T]] \longrightarrow R$$

がある．$\ker \epsilon \neq (0)$ と仮定すると，ある $n \in \mathbb{N}$ によって $T^n \in \ker \epsilon$ となる．ゆえに，$t^n = 0$ を得る．これは，矛盾である．したがって，ϵ は全単射である． ∎

系 K.10 の状況において環 R と $K[[T]]$ を同一視し，ν を R に属している離散付値とすれば，すべての $r \in R \setminus \{0\}$ に対して，値 $\nu(r)$ は r を表している $K[[T]]$ のベキ級数の位数である．

以下において，完備局所環を議論するとき，それらはつねにそれらの極大イデアルに関して完備であることを意味しているものとし，さらにそれらは分離的であるものとする．

中国式剰余の定理の次の変形版がある．

定理 K.11. R は極大イデアルを $\mathfrak{m}$ とする完備ネーター局所環とし，S は R-加群として有限生成である R-代数とする．$\mathfrak{M}_1, \ldots, \mathfrak{M}_h$ は S のすべての極大イデアルであると仮定する．このとき，標準的な環準同型写像

$$\alpha : S \longrightarrow S_{\mathfrak{M}_1} \times \cdots \times S_{\mathfrak{M}_h}$$

は同型写像である．さらに，S は $\mathfrak{m}S$-進完備であり，$S_{\mathfrak{M}_i}$ は完備ネーター局所環である $(i = 1, \ldots, h)$．

（証明）$S_{\mathfrak{M}_1} \times \cdots \times S_{\mathfrak{M}_h}$ を R-加群として考える．$\mathfrak{M}_i$ は R における原像として $\mathfrak{m}$ をもち（補題 F.9 参照），また $S_{\mathfrak{M}_i}$ はネーター環であるから，クルルの共通集合定理の系 E.7 により $\bigcap_{k \in \mathbb{N}} \mathfrak{m}^k (S_{\mathfrak{M}_1} \times \cdots \times S_{\mathfrak{M}_h}) = (0)$ である．$\overline{S} := S/\mathfrak{m}S$, $\overline{\mathfrak{M}}_i := \mathfrak{M}_i/\mathfrak{m}S$ $(i = 1, \ldots, h)$ とおく．このとき，$\overline{S}$ は有限生成 $R/\mathfrak{m}$-代数であり，$\overline{S}$ の素イデアルは $\overline{\mathfrak{M}}_i$ $(i = 1, \ldots, h)$ だけである．中国式剰余の定理によって（定理 D.3 参照），次の標準的同型写像がある．

$$\overline{S} \cong \overline{S}_{\overline{\mathfrak{M}}_1} \times \cdots \times \overline{S}_{\overline{\mathfrak{M}}_h} \cong S_{\mathfrak{M}_1}/\mathfrak{m}S_{\mathfrak{M}_1} \times \cdots \times S_{\mathfrak{M}_h}/\mathfrak{m}S_{\mathfrak{M}_h}$$
$$\cong S_{\mathfrak{M}_1} \times \cdots \times S_{\mathfrak{M}_h}/\mathfrak{m}(S_{\mathfrak{M}_1} \times \cdots \times S_{\mathfrak{M}_h}).$$

元 $x_1, \ldots, x_n \in S$ を，$\overline{S}_{\overline{\mathfrak{M}}_1} \times \cdots \times \overline{S}_{\overline{\mathfrak{M}}_h}$ におけるその像が R-加群としてこの環を生成しているように選ぶ．定理 K.5 によって，

$$S_{\mathfrak{M}_1} \times \cdots \times S_{\mathfrak{M}_h} = R \cdot \alpha(x_1) + \cdots + R \cdot \alpha(x_n)$$

が成り立つ．したがって，α は全射である．

さらに，$\alpha_i : S \to S_{\mathfrak{M}_i}$ を標準的準同型写像とすると，$\ker \alpha = \bigcap_{i=1}^h \ker \alpha_i$ が成り立つ．当然，$\ker \alpha_i = \{s \in S \mid \exists t \in S \setminus \mathfrak{M}_i, \ ts = 0\}$ である．ゆえに，

各 $s \in \ker \alpha$ について, $i = 1, \ldots, h$ に対して $\operatorname{Ann}(s) \not\subset \mathfrak{M}_i$ が成り立つ. すなわち, $\operatorname{Ann}(s) = S$ である. したがって, $s = 0$ を得る. これは α が全単射であることを示している.

さて, (a_n) を $I = \mathfrak{m}S$-進位相に関する S の零列とし, $\{s_1, \ldots, s_m\}$ を R-加群として S の生成系とする. 各 a_n を
$$a_n = r_1^{(n)} s_1 + \cdots + r_m^{(n)} s_m$$
という形に表すことができる. ただし, $j = 1, \ldots, m$ に対して, $(r_j^{(n)})_{n \in \mathbb{N}}$ は R において零列である. $r_j := \sum r_j^{(n)}$ が R に存在するから, S において明らかに $\sum a_n$ は $\sum_{j=1}^m r_j s_j$ に収束する. このとき, 規則 K.4 (b) によって, S は $\mathfrak{m}S$-進完備である.

$S_{\mathfrak{M}_i}$ は S の準同型像であるから, 規則 K.4 (e) により, 各 $S_{\mathfrak{M}_i}$ は $\mathfrak{m}S_{\mathfrak{M}_i}$-進完備環である. また, $\mathfrak{M}_i^{\rho_i} S_{\mathfrak{M}_i} \subset \mathfrak{m}S_{\mathfrak{M}_i}$ をみたす $\rho_i \in \mathbb{N}$ が存在する (系 C.12 参照). したがって, 規則 K.4 (d) により, 各 $S_{\mathfrak{M}_i}$ もまたその極大イデアル $\mathfrak{M}_i S_{\mathfrak{M}_i}$ に関して完備である. ∎

さて, 再び R を I-進フィルターをもつ任意の環とし, $\mathfrak{a} \subset R$ をそのイデアルとする. $\mathfrak{a}$ の**閉包** (closure) $\overline{\mathfrak{a}}$ は, すべての $k \in \mathbb{N}$ に対して $a_k \in \mathfrak{a}$ をみたす収束列 $(a_k)_{k \in \mathbb{N}}$ のすべての極限値の集合である.

定理 K.12. R を I-進フィルターをもつ環とする.

(a) R のイデアル $\mathfrak{a}$ に対して, つねに次が成り立つ.
$$\overline{\mathfrak{a}} = \bigcap_{k \in \mathbb{N}} (\mathfrak{a} + I^k), \qquad \overline{\overline{\mathfrak{a}}} = \overline{\mathfrak{a}}.$$

(b) R が I-進位相に関して完備でかつ分離的であるネーター環ならば, すべてのイデアル $\mathfrak{a} \subset R$ に対して $\overline{\mathfrak{a}} = \mathfrak{a}$ が成り立つ.

(証明) (a) $a = \lim_{k \to \infty} a_k$ とする. ただし, すべての $k \in \mathbb{N}$ に対して $a_k \in \mathfrak{a}$ である. 部分列に移行することにより, すべての $k \in \mathbb{N}$ に対して $a - a_k \in I^k$ と仮定することができるので, $a \in \bigcap_{k \in \mathbb{N}} (\mathfrak{a} + I^k)$ である.

逆に, $a \in \bigcap_{k \in \mathbb{N}} (\mathfrak{a} + I^k)$ が与えられたとする. このとき, 各 $k \in \mathbb{N}$ に対して $a_k \in \mathfrak{a}, b_k \in I^k$ とする表現 $a = a_k + b_k$ がある. ゆえに, (b_k) は零列であ

り，したがって，$a = \lim_{k\to\infty} a_k$ が存在する．これより，(a) の最初の公式は証明され，後半はただちに得られる．

(b) $\mathfrak{a} = (f_1, \ldots, f_m)$ とし，$a \in \overline{\mathfrak{a}}$ とすれば，$a = \lim_{k\to\infty} a_k \, (a_k \in \mathfrak{a})$ と表される．すべての $k \in \mathbb{N}$ に対して $a - a_k \in I^k$ と仮定することができるので，
$$a_{k+1} - a_k \in \mathfrak{a} \cap I^k \qquad (k \in \mathbb{N})$$
が成り立つ．アルティン・リースの補題 E.5 によって，ある $n_0 \in \mathbb{N}$ が存在して，次が成り立つ．
$$\mathfrak{a} \cap I^{k+k_0} = I^k \cdot (\mathfrak{a} \cap I^{k_0}) \qquad (\forall k \in \mathbb{N}).$$
次に，$a_{k_0} \in \mathfrak{a}$ を
$$a_{k_0} = \sum_{j=1}^m r_j^{(0)} f_j \qquad (r_j^{(0)} \in R)$$
と表せば，$t > k_0$ に対して
$$a_t - a_{t-1} = \sum_{j=1}^m r_j^{(t-k_0)} f_j \qquad (r_j^{(t-k_0)} \in I^{t-k_0-1})$$
が成り立つ．このとき，
$$a_t = \sum_{j=1}^m \left(\sum_{s=0}^{t-k_0} r_j^{(s)} \right) f_j$$
と表され，$r_j := \sum_{s=0}^\infty r_j^{(s)}$ とすれば，$a = \sum_{j=1}^m r_j f_j$ となることがわかる．∎

これまでで，完備環の良い性質のいくつかを学んだので，これらの性質を利用するために，I-進フィルターをもつ任意の環を完備環のなかに埋め込むことを考える．そこで，R のイデアル I は有限生成であると仮定する．この仮定なしには，完備化の理論は単なる I-進フィルター環のままに放置される．

定義 K.13. (R, I) の（分離的）**完備化** (completion) とは，以下の条件をみたす環 $\widehat{R}$ と，R から $\widehat{R}$ への準同型写像 $i : R \to \widehat{R}$ の組 $(\widehat{R}, i)$ のことである．

(a) $\widehat{R}$ は $I\widehat{R}$ を含んでいるイデアル $\widehat{I}$ に関して，$\widehat{I}$-進完備であり，かつ分離的である．

(b) S を IS を含んでいるイデアル J に関して完備かつ分離的である環とする．このとき，$j : R \to S$ を任意の環準同型写像とすれば，$h(\widehat{I}) \subset J$ と $j = h \circ i$ をみたす環準同型写像 $h : \widehat{R} \to S$ がただ一つ存在する．

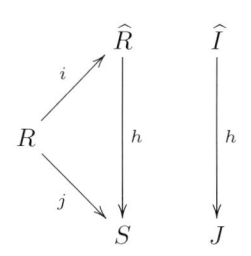

$$\begin{array}{ccc} & \widehat{R} & \widehat{I} \\ {}^{i}\nearrow & \downarrow h & \downarrow h \\ R & & \\ {}_{j}\searrow & \downarrow & \downarrow \\ & S & J \end{array}$$

$(\widehat{R}, i)$ が存在すれば，普遍的な性質により定義されるすべての対象とともに，同型を除いて一意的に定まる．このとき，$\widehat{R}$ もまた (R, I) の完備化といい，$i : R \to \widehat{R}$ をその完備化への標準的準同型写像という．

さて，ここで，$I = (a_1, \ldots, a_n)$ が有限の生成系をもつという仮定のもとで，(R, I) の完備化はつねに存在する．以下において，これを証明しよう．

例 K.6 により，R 上 $X_1, \ldots, X_n$ に関する形式的ベキ級数のつくる環 $R[[X_1, \ldots, X_n]]$ はイデアル $\mathfrak{M} := (X_1, \ldots, X_n)$ に関して完備であり，かつ分離的である．$\mathfrak{a} = (X_1 - a_1, \ldots, X_n - a_n)$ として，

$$\overline{\mathfrak{a}} = \bigcap_{k \in \mathbb{N}} (\mathfrak{a} + \mathfrak{M}^k)$$

を $\mathfrak{a}$ の閉包とする（定理 K.12 (a) 参照）．このとき，

$$\widehat{R} := R[[X_1, \ldots, X_n]]/\overline{\mathfrak{a}}$$

は，規則 K.4 (e) によって，

$$\widehat{I} := (\mathfrak{M} + \overline{\mathfrak{a}})/\overline{\mathfrak{a}}$$

に関して完備である．また，明らかに $\widehat{R}$ の $\widehat{I}$-進フィルターは分離的である．なぜなら，$z \in \bigcap_{k \in \mathbb{N}} \widehat{I}^k$ として，$y \in R[[X_1, \ldots, X_n]]$ を z の原像とすれば，すべての $k \in \mathbb{N}$ に対して $y \in \overline{\mathfrak{a}} + \mathfrak{M}^k$ が成り立つ．ゆえに，$y \in \overline{\overline{\mathfrak{a}}} = \overline{\mathfrak{a}}$ となり，$z = 0$ が得られるからである．

$i: R \to \widehat{R}$ を標準的埋込み $R \to R[[X_1,\ldots,X_n]]$ と標準全射

$$R[[X_1,\ldots,X_n]] \to R[[X_1,\ldots,X_n]]/\overline{\mathfrak{a}}$$

との合成写像とする．$X_k - a_k \in \overline{\mathfrak{a}}$ であるから，$i(a_k)$ は $\widehat{R}$ における X_k の剰余類 x_k に等しい $(k=1,\ldots,n)$．したがって，

$$\widehat{I} = (i(a_1),\ldots,i(a_n)) = I\widehat{R}.$$

以上で，定義 K.13 の条件 (a) が満足されていることが示された．

次に，$j: R \to S$ を定義 K.13 (b) で与えられたものとする．ベキ級数環の普遍的性質により（定理 K.8 (a) 参照），j は次の環準同型写像に拡張できる．

$$H: R[[X_1,\ldots,X_n]] \to S, \qquad H(X_k) = j(a_k) \quad (k=1,\ldots,n).$$

a_k と X_k は S において同じ像をもつので，$\mathfrak{a} \subset \ker H$ となり，S は J に関して分離的であるから，さらに $\overline{\mathfrak{a}} \subset \ker H$ が成り立つ．以上より，次の誘導された準同型写像がある．

$$h: R[[X_1,\ldots,X_n]]/\overline{\mathfrak{a}} \longrightarrow S.$$

h のつくり方より，明らかに $j = h \circ i$ と $h(\widehat{I}) \subset J$ が成り立つ．

このような準同型写像 h はただ一つ存在する．任意の準同型写像が標準的な全射準同型写像 $R[[X_1,\ldots,X_n]] \to \widehat{R}$ と合成されるならば，R 上で j に一致し，X_k を $j(a_k)$ $(i=1,\ldots,n)$ に写像する準同型写像 $H: R[[X_1,\ldots,X_n]] \to S$ を得る．これらの条件のもとで，H は一意的に定まり，ゆえに写像 h もまた H により誘導される．

注意 K.14. 次の公式は上の完備化の存在証明から得られる．

$$\widehat{R} = R[[X_1,\ldots,X_n]]/\bigcap_{k\in\mathbb{N}}((X_1-a_1,\ldots,X_n-a_n)+(X_1,\ldots,X_n)^k),$$
$$\widehat{I} = I\widehat{R}. \qquad \blacksquare$$

ベキ級数環に対するヒルベルトの基底定理 K.7 と，定理 K.12 (b) を適用すると，次の定理が得られる．

定理 K.15. R がネーター環ならば，$I = (a_1, \ldots, a_n)$ として，(R, I) の完備化 $\overline{R}$ は
$$\widehat{R} = R[[X_1, \ldots, X_n]]/(X_1 - a_1, \ldots, X_n - a_n)$$
と表され，$\widehat{R}$ もまたネーター環である． ∎

次に，我々は R の剰余環の完備化に興味がある．定義 K.13 の仮定のもとで，$\mathfrak{a} \subset R$ をイデアルとし，$\widehat{R/\mathfrak{a}}$ を $(I + \mathfrak{a})/\mathfrak{a}$ に関する $R/\mathfrak{a}$ の完備化，また $j : R/\mathfrak{a} \to \widehat{R/\mathfrak{a}}$ をその完備化への標準写像とする．定義 K.13 (b) によって，次の可換図式がある．

$$\begin{array}{ccc} R & \longrightarrow & R/\mathfrak{a} \\ {\scriptstyle i}\downarrow & & \downarrow{\scriptstyle j} \\ \widehat{R} & \stackrel{h}{\longrightarrow} & \widehat{R/\mathfrak{a}} \end{array}$$

定理 K.16（完備化と剰余類をとる操作の可換性）． R がネーター環ならば，h は次の同型写像を誘導する．
$$\widehat{R}/\mathfrak{a}\widehat{R} \stackrel{\sim}{\longrightarrow} \widehat{R/\mathfrak{a}}.$$

（証明） $I = (a_1, \ldots, a_n)$ とし，$\overline{a}_k \in R/\mathfrak{a}$ を a_k $(i = 1, \ldots, n)$ の剰余類とする．定理 K.15 を用いると，次の同型があることがわかる．

$$\begin{aligned} \widehat{R/\mathfrak{a}} &\cong (R/\mathfrak{a})[[X_1, \ldots, X_n]]/(X_1 - \overline{a}_1, \ldots, X_n - \overline{a}_n) \\ &\cong R[[X_1, \ldots, X_n]]/\mathfrak{a}R[[X_1, \ldots, X_n]] + (X_1 - a_1, \ldots, X_n - a_n) \\ &\cong \widehat{R}/\mathfrak{a}\widehat{R}. \end{aligned}$$
∎

例 K.17.

(a) $R = P[X_1, \ldots, X_n]$ を環 P 上の多項式環とし，$I = (X_1, \ldots, X_n)$ とする．このとき，R の I-進完備化は
$$\widehat{R} = P[[X_1, \ldots, X_n]]$$
であり，$i : R \to \widehat{R}$ は多項式環からそのベキ級数環への標準的な埋込みである．

実際,定義 K.13 の条件は i に対して定理 K.8 (a) より満足される.

(b) 次に,$P = K[[u_1, \ldots, u_m]]$ 自身を体 K 上のベキ級数環とし,$\mathfrak{m} = (u_1, \ldots, u_m)$ をその極大イデアルとする.このとき,$P[X_1, \ldots, X_n]$ において,$\mathfrak{M} := (\mathfrak{m}, X_1, \ldots, X_n)$ は極大イデアルである.局所化の普遍的性質により,次の標準的な埋込みがある.

$$i : P[X_1, \ldots, X_n]_{\mathfrak{M}} \longrightarrow P[[X_1, \ldots, X_n]].$$

P 上のベキ級数環 $P[[X_1, \ldots, X_n]] = K[[u_1, \ldots, u_m, X_1, \ldots, X_n]]$ は局所環 $P[X_1, \ldots, X_n]_{\mathfrak{M}}$ の極大イデアルに関する完備化であることを容易に示すことができる.

一般に,定理 K.16 より,

$$R = P[X_1, \ldots, X_n]_{\mathfrak{M}}/(f_1, \ldots, f_t) \qquad (f_i \in P[X_1, \ldots, X_n])$$

という形の局所環に対して次が成り立つ.

$$\widehat{R} = P[[X_1, \ldots, X_n]]/(f_1, \ldots, f_t) \cdot P[[X_1, \ldots, X_n]].$$

さて,ここで我々は体 K 上の形式的ベキ級数環 $R = K[[X_1, \ldots, X_n]]$ のいくつかの性質に興味がある ($n > 0$).明らかに,R は極大イデアルを $\mathfrak{m} = (X_1, \ldots, X_n)$ とする局所整域である.すなわち,R の単元の全体は定数項が零でないベキ級数の全体である.例 K.6 により,R は $\mathfrak{m}$ に関して分離的であり,かつ完備である.ベキ級数に対するヒルベルトの基底定理 K.7 により,R はネーター環であり,ゆえに,すべての有限生成 R-代数もまたネーター環である.特に,R のすべての剰余環はネーター環である.ここで,我々は主要な結果,すなわち,R は一意分解整域であるという事実にたどり着いた.これをワイエルシュトラスの準備定理を用いて証明しよう.

定義 K.18. ベキ級数 $f \in K[[X_1, \ldots, X_n]]$ は,

$$f(0, \ldots, 0, X_n) = \sum_{\nu=0}^{\infty} a_\nu X_n^{m+\nu}, a_\nu \in K, a_0 \neq 0$$

をみたすとき,X_n に関する位数 m の**一般形** (X_n-general) であるという.

別の表現をすると，f に現れる X_n^m の係数は $\neq 0$ であり，f に現れる $i < m$ に対して X_n^i の係数はすべて零である．

定理 K.19（ワイエルシュトラスの準備定理）．　ベキ級数 $f \in K[[X_1,\ldots,X_n]]$ を X_n に関する位数 m の一般形として，$S := K[[X_1,\ldots,X_n]]/(f)$ とおき，x_n を S における X_n の剰余類を表す．このとき，$\{1, x_n, \ldots, x_n^{m-1}\}$ は $K[[X_1,\ldots,X_{n-1}]]$-加群として S の基底である．言い換えると，各 $g \in K[[X_1,\ldots,X_n]]$ に対して，一意的に定まるベキ級数 $q \in K[[X_1,\ldots,X_n]]$ と $\deg_{X_n} r < m$ をみたす $r \in K[[X_1,\ldots,X_{n-1}]][X_n]$ が存在して，g は次のように表される．
$$g = q \cdot f + r.$$

（証明）　f が単元ならば（$m = 0$），証明することは何もない．よって，f は単元ではないと仮定する．このとき，次の K-準同型写像（定理 K.8 (a) 参照）がある．
$$K[[X_1,\ldots,X_{n-1},Y]] \longrightarrow K[[X_1,\ldots,X_n]] \qquad (X_i \longmapsto X_i,\ Y \longmapsto f).$$
$\mathfrak{n} := (X_1,\ldots,X_{n-1},Y)$ を $P := K[[X_1,\ldots,X_{n-1},Y]]$ の極大イデアルとし，$R := K[[X_1,\ldots,X_n]]$ とおく．すると，次が成り立つ．
$$R/\mathfrak{n}R \cong K[[X_n]]/(f(0,\ldots,0,X_n)) = K[[X_n]]/(X_n^m).$$
以上より，元 $1, X_n, \ldots, X_n^{m-1}$ の $R/\mathfrak{n}R$ における像は $R/\mathfrak{n}R$ の K-基底をつくる．R はその極大イデアルに関して分離的であるから，$\bigcap_{k \in \mathbb{N}} \mathfrak{n}^k R = 0$ であり，ゆえに，定理 K.5 を適用できる．したがって，$\{1, X_n, \ldots, X_n^{m-1}\}$ は P-加群として R の生成系である．このとき，$\{1, x_n, \ldots, x_n^{m-1}\}$ もまた $P/(Y) = K[[X_1,\ldots,X_{n-1}]]$ 上の加群として $S = R/(f)$ の生成系である．

n についての帰納法によって，$\{1, x_n, \ldots, x_n^{m-1}\}$ は $S/K[[X_1,\ldots,X_{n-1}]]$ の基底であることを示そう．$n = 1$ については，何も示すことはないので，$n > 1$ として，$n - 1$ 個の変数に対してすでに主張が成り立つことを仮定する．

次の関係式を考える．
$$\sum_{i=0}^{m-1} \rho_i x_n^i = 0 \qquad (\rho_i \in K[[X_1,\ldots,X_{n-1}]]).$$

$S/X_1S \cong K[[X_2,\ldots,X_n]]/(f(0,X_2,\ldots,X_n))$ であり，$f(0,X_2,\ldots,X_n)$ は X_n に関する位数 m の一般形であるから，帰納法の仮定を上の関係に適用すると，すべての ρ_i は X_1 で割り切れる．R において，次の関係

$$\sum_{i=0}^{m-1} \rho_i X_n^i = q \cdot f \qquad (q \in R)$$

が成立し，また X_1 は R の素元である．f は X_1 によって割り切れないので，q は X_1 で割り切れなければならない．$\rho_i = X_1 \sigma_i$ $(i=0,\ldots,m-1)$ と表す．すると，次が成り立つ．

$$\sum_{i=0}^{m-1} \sigma_i x_n^i = 0.$$

再び，すべての σ_i は X_1 によって割り切れなければならない．帰納法の仮定によって，$\rho_i \in \bigcap_{k \in \mathbb{N}} X_1^k R = 0$ $(i=1,\ldots,m-1)$ が得られる．

以上により，準備定理の最初の部分は証明された．表現 $g = qf + r$ の存在と，r の一意性はただちに得られる．すると，R は整域であるから，q もまた一意的であることがわかる． ∎

系 K.20. 定理におけるような各 f に対して，

$$\widetilde{f} = X_n^m + \sum_{i=0}^{m-1} \alpha_i X_n^i \qquad (\alpha_i \in (X_1,\ldots,X_{n-1}))$$

という形で表される $\widetilde{f} \in K[[X_1,\ldots,X_{n-1}]][X_n]$ と

$$f = \epsilon \cdot \widetilde{f}$$

をみたす単元 $\epsilon \in K[[X_1,\ldots,X_n]]$ が一意的に存在する． ∎

(証明) 定理より，$S = R/(f)$ において次の等式が成り立つ．

$$x_n^m = -\sum_{i=0}^{m-1} \alpha_i x_n^i \quad (\alpha_i \in K[[X_1,\ldots,X_{n-1}]]).$$

$\widetilde{f} := X_n^m + \sum_{i=0}^{m-1} \alpha_i X_n^i$ とおく．このとき，ある $q \in K[[X_1,\ldots,X_n]]$ により，$\widetilde{f} = q \cdot f$ と表される．この等式において，$X_1 = \cdots = X_{n-1} = 0$ とする．ここで，X_n に関する係数を比較すると，すべての α_i は $(X_1,\ldots,X_{n-1})$

に属することがわかり，q は 0 でない定数項をもつ．よって，q は単元である．$\epsilon := q^{-1}$ とおけば，$f = \epsilon \cdot \tilde{f}$ を得る．

$\tilde{f}$ の一意性は明らかである．というのは，$\{1, x_n, \ldots, x_n^{m-1}\}$ は $S/K[[X_1, \ldots, X_{n-1}]]$ の基底だからである． ∎

系 K.20 の中の多項式 $\tilde{f}$ をベキ級数 f のワイエルシュトラス多項式 (Weierstraß polynomial) という．ベキ級数 f と g が X_n に関する一般形で，それぞれのワイエルシュトラス多項式を $\tilde{f}$ と $\tilde{g}$ とすれば，$\tilde{f} \cdot \tilde{g}$ は $f \cdot g$ のワイエルシュトラス多項式である．これは系 K.20 における一意性より得られる．

補題 K.21. $f_1, \ldots, f_r \in K[[X_1, \ldots, X_n]] \setminus \{0\}$ を与えられたものとする．このとき，$K[[X_1, \ldots, X_n]]$ の K-自己同型写像 α が存在して，$\alpha(f_1), \ldots, \alpha(f_r)$ は X_n に関する一般形である．

（証明） K が無限体である場合にのみこれを証明する．この自己同型写像 α は，適当な $\rho_j \in K$ を選び

$$X_j \longmapsto X_j + \rho_j X_n \quad (j = 1, \ldots, n-1), \qquad X_n \longmapsto X_n$$

と置き換えることにより得られる．$L(f_i)$ を $(X_1, \ldots, X_n)$-フィルターに関する f_i の先導形式とし，$d_i := \deg L(f_i)$, $\lambda := \prod_{i=1}^{r} L(f_i)$ とおく．適当な ρ_j を選べば，λ に上記の代入をすることにより，X_n に関して次数 $\sum_{i=1}^{r} d_i$ の多項式が得られる．このとき，すべての $L(f_i)$ は X_n に関して次数 d_i をもち，すべての f_i は X_n に関する位数 d_i $(i = 1, \ldots, r)$ の一般形である． ∎

定理 K.22. 体 K 上のベキ級数環 $K[[X_1, \ldots, X_n]]$ は一意分解整域である．

（証明） $R := K[[X_1, \ldots, X_n]]$ はネーター環であるから，すべての既約元 $f \in R$ が素イデアルを生成することを示せば十分である．補題 K.21 によって，f が X_n に関する位数 m の一般形であると仮定することができる．$\tilde{f}$ を f のワイエルシュトラス多項式とすると，

$$R/(f) \cong K[[X_1, \ldots, X_{n-1}]][X_n]/(\tilde{f})$$

が成り立つので，$\tilde{f} \in K[[X_1,\ldots,X_{n-1}]][X_n]$ が素イデアルを生成することを示せば十分である．

$K[[X_1,\ldots,X_{n-1}]]$ がすでに一意分解整域であることが証明されたと仮定する．すると，$P := K[[X_1,\ldots,X_{n-1}]][X_n]$ もそうであるから，$\tilde{f}$ がこの環において既約であることを示せば十分である．

$\tilde{f}$ が可約であるならば，$\deg_{X_n} g < m$, $\deg_{X_n} h < m$ をみたし，X_n に関してモニックな多項式 $g, h \in P$ が存在して $\tilde{f} = g \cdot h$ と表される．すると，適当な単元 $\epsilon \in R$ によって，$f = \epsilon g h$ と表される．g と h が二つとも非単元ならば，このことは f が既約であることに矛盾する．そこで，たとえば h が R において単元であるとすれば，ワイエルシュトラス多項式の一意性に矛盾することを得る．したがって，いずれにしても $\tilde{f}$ は P において既約でなければならない．■

演習問題

定義 K.13 の仮定が満足されていると仮定する．

1. $i(R)$ は $\widehat{R}$ において「稠密」であること，すなわち，すべての元 $x \in \widehat{R}$ は $r_k \in R$ とするコーシー列 $(i(r_k))_{k \in \mathbb{N}}$ の極限値であることを示せ．また，すべての $x \in \widehat{R}$ は R の零列 $(r_k)_{k \in \mathbb{N}}$ によって次のような無限級数として表される．

$$x = \sum_{k \in \mathbb{N}} i(r_k).$$

2. 標準写像 $i: R \to \widehat{R}$ により誘導される準同型写像

$$R/I^k \longrightarrow \widehat{R}/\widehat{I}^k \qquad (k \in \mathbb{N})$$

は同型写像であることを示せ．これより，次のことを結論として導け．

$$\ker(i) = \bigcap_{k \in \mathbb{N}} I^k.$$

R が I-進分離的ならば，$i: R \to \widehat{R}$ は単射である．

付録 L
リーマン・ロッホの定理の証明のための道具

　この付録Lは，[Sch]においてF. K. Schmidtによって与えられたリーマン・ロッホの定理の証明の中に現れる，線形代数からのいくつかの事実を含んでいる．F. K. Schmidtの考え方はここで付録Bと付録Hの術語で定式化されるであろう．このとき，リーマン・ロッホの定理の実際の証明はむしろ短く，「特異点の場合」の証明としてすぐに終わるという結果になる（第13章を参照せよ）．

　Kを任意の体とし，L/Kを1変数の代数関数体とする．これはK上超越的な元$x \in L$が存在して，Lは$K(x)$上有限次代数拡大であることを意味している．以下において，KはLにおいて代数的に閉じていると仮定し，L/Kの超越元xを固定する．$n := [L : K(x)]$, $R := K[x]$とし，$R_\infty := K[x^{-1}]_{(x^{-1})}$を極大イデアル$(x^{-1})$に関する多項式環$K[x^{-1}]$の局所化とする．

　環R_∞は$K(x)$の離散付値環である（定義E.11参照）．ν_∞がそれに対応している離散付値ならば，$\frac{f}{g} \in K(x)$ ($f \in K[x], g \in K[x] \setminus \{0\}$) に対して，容易にわかるように，次の公式が成り立つ．

$$\nu_\infty\left(\frac{f}{g}\right) = \deg g - \deg f. \tag{1}$$

S_∞により，LにおけるR_∞の整閉包を表す．

注意 L.1. S_∞は階数nの自由R_∞-加群である．

$L/K(x)$ が分離的ならば，定理 F.7 より，S_∞ は R_∞-加群として有限生成であることがわかる．この注意は一般の場合にも成り立つ．しかし，ここでは K が完全体である場合にのみ証明する．我々が実際に興味があるのはこの場合だけである．

$p := \operatorname{Char} K$ とする．ゆえに，$K = K^p = K^{p^2} = \cdots$ となり，L' を L における $K(x)$ の分離閉包とし，S' を L' における R_∞ の整閉包とする．このとき，S' は R_∞-加群として有限生成である（定理 F.7 参照）．さらに，$L^{p^e} \subset L'$ をみたす $e \in \mathbb{N}$ が存在する．ゆえに，$S_\infty^{p^e} \subset S'$ となる．このとき，$R_\infty^{p^e} = K[x^{-p^e}]_{(x^{-p^e})} \subset S_\infty^{p^e}$ である．明らかに，R_∞ は $K[x^{-p^e}]_{(x^{-p^e})}$ 上有限生成である．このとき，S' もまた $K[x^{-p^e}]_{(x^{-p^e})}$ 上有限生成であり，よって当然，$S_\infty^{p^e}$ もまた有限生成となる．ところが，フロベニウス写像によって，S_∞/R_∞ は $S_\infty^{p^e}/R_\infty^{p^e}$ と同型になる．したがって，S_∞ は R_∞ 上有限生成となる．

S_∞ はねじれのない R_∞-加群であるから，単項イデアル整域上の加群に対する基本定理によって，S_∞ は自由加群である．L の各元は S_∞ の元を分子，R_∞ の元を分母とする分数として表される．ゆえに，S_∞ のすべての R_∞-基底は L の $K(x)$-基底でもあり，よって S_∞ は L が $K(x)$ 上にもつ階数，すなわち n と同じ階数を R_∞ 上でもつ．

さて次に，$Q(A) = L$ をみたす $R = K[x]$ の拡大環 A を考察しよう．ただし，A は有限生成 R-加群であると仮定する．

いま，A は L において R の整閉包としてとることもできる（しかし，ここでこのことは使わない）．なぜなら，注意 L.1 を導いた同じ議論によって，L における R の整閉包は R-加群として有限生成であることを証明することができるからである．ちょうど S_∞ が R_∞ 上自由であると同様に，A は階数 n の自由 R-加群であることもまた真である．さらに，次が成り立つ．

注意 L.2. 上記の記号を用いて，$A \cap S_\infty = K$ が成り立つ．

（証明）$y \in A \cap S_\infty$ とし，$f \in K(x)[T]$ を y の $K(x)$ 上の最小多項式とする．y は R 上整であり，R は $K(x)$ で整閉であるから，f のすべての係数は R に含まれる（定理 F.14 参照）．同じ理由により，f のすべての係数は R_∞ に含まれるから，$R_\infty \cap R = K$ に含まれる．したがって，y は K 上代数的であるから，

$y \in K$ となる. なぜなら, K は L で代数的閉包だからである. ∎

　これらの準備の後で, 主要な問題を考察することにしよう. $\alpha \in \mathbb{Z}$ に対して, $\mathcal{F}_\alpha := x^\alpha S_\infty$ とする. $x^{-1} \in S_\infty$ であるから, $\mathcal{F}_\alpha = x^\alpha S_\infty = x^{-1} x^{\alpha+1} S_\infty = x^{-1} \mathcal{F}_{\alpha+1} \subset \mathcal{F}_{\alpha+1}$ が成り立つ. $\mathcal{F} := \{\mathcal{F}_\alpha\}_{\alpha \in \mathbb{Z}}$ は R_∞-代数 L の分離的フィルターであることはすぐにわかる（定義 B.1 参照）. 付随した次数環については次が成り立つ.

$$\mathrm{gr}_{\mathcal{F}} L = \bigoplus_{\alpha \in \mathbb{Z}} \mathcal{F}_\alpha / \mathcal{F}_{\alpha-1} = \bigoplus_{\alpha \in \mathbb{Z}} x^\alpha S_\infty / x^{\alpha-1} S_\infty = S_\infty / (x^{-1})[T, T^{-1}]. \quad (2)$$

すなわち, $\mathrm{gr}_{\mathcal{F}} L$ は $S_\infty/(x^{-1})$ 上 T に関するローラン多項式のつくる環である. ただし, T は x の先導形式 $L_{\mathcal{F}} x = x + S_\infty$ に対応し, T^{-1} は x^{-1} の先導形式 $L_{\mathcal{F}} x^{-1} = x^{-1} + x^{-2} S_\infty$ に対応している. $a \in L^*$ に対して以下のことを思い出しておこう.

$$\mathrm{ord}_{\mathcal{F}} a = \mathrm{Min}\{\alpha \in \mathbb{Z} \mid a \in \mathcal{F}_\alpha\}, \quad (3)$$
$$L_{\mathcal{F}} a = a + \mathcal{F}_{\mathrm{ord}\, a - 1} \in S_\infty/(x^{-1}) \cdot T^{\mathrm{ord}\, a}.$$

$b \in S_\infty$ として $a = x^{\mathrm{ord}\, a} \cdot b$ と表せば,

$$L_{\mathcal{F}} a = \bar{b} \cdot T^{\mathrm{ord}\, a} \quad (4)$$

が成り立つ. ただし, $\bar{b}$ は $S_\infty/(x^{-1})$ における b の剰余類である.

　R_∞ の極大イデアルを $\mathfrak{m}_\infty$ とすれば, $\mathcal{F}$ を R_∞ へ制限したものは R_∞ の $\mathfrak{m}_\infty$-進フィルターであり, R_∞ 上の $\mathrm{ord}_{\mathcal{F}}$ を $-\nu_\infty$ と同一視することができる. なぜなら, 以下の式が成り立つからである.

$$\mathcal{F}_\alpha \cap R_\infty = x^\alpha S_\infty \cap R_\infty = x^\alpha R_\infty \cap R_\infty = \begin{cases} R_\infty, & \alpha \geq 0, \\ x^\alpha R_\infty & \alpha < 0. \end{cases}$$

一方, $\mathcal{F}$ の R への制限したものは多項式環 $R = K[x]$ の次数フィルター $\mathcal{G}$ である. というのは, (1) によって

$$\mathcal{F}_\alpha \cap K[x] = x^\alpha S_\infty \cap K[x] = x^\alpha K[x^{-1}]_{(x^{-1})} \cap K[x]$$

は次数 $\leq \alpha$ の多項式のつくる K-ベクトル空間 $\mathcal{G}_\alpha$ だからである.

$$\mathrm{gr}_{\mathcal{F}} L = S_\infty/(x^{-1})[T, T^{-1}]$$

において，$\mathrm{gr}_{\mathcal{F}} R_{\infty}$ と $K[T^{-1}]$ を，また $\mathrm{gr}_{\mathcal{F}} R$ と $K[T]$ を同一視する．

さて，有限生成 A-加群 $I \subset L$, $I \neq \{0\}$ を考える．このとき，I もまた階数 n の自由 R-加群でもある．なぜなら，I は A に同型な部分加群を含んでいるからである．F. K. Schmidt の基本的なアイデアは，簡単なやり方で R_{∞} 上 S_{∞} の基底に変換することのできる I の R-基底を構成することである．

$\mathcal{F}'_{\beta} := \mathcal{F}_{\beta} \cap I$ ($\beta \in \mathbb{Z}$) とし，

$$\mathrm{gr}_{\mathcal{F}} I := \bigoplus_{\beta \in \mathbb{Z}} \mathcal{F}'_{\beta}/\mathcal{F}'_{\beta-1}$$

とする．ただし，$\mathrm{gr}_{\mathcal{F}} I$ は最初に次数付き K-ベクトル空間として考えていたものである．

$$\mathcal{G}_{\alpha} \cdot \mathcal{F}'_{\beta} = (\mathcal{F}_{\alpha} \cap K[x]) \cdot (\mathcal{F}_{\beta} \cap I) \subset \mathcal{F}_{\alpha+\beta} \cap I = \mathcal{F}'_{\alpha+\beta}$$

であるから，明らかに $\mathrm{gr}_{\mathcal{F}} I$ は次数環 $\mathrm{gr}_{\mathcal{G}} K[x] = K[T]$ 上の次数加群である．標準写像

$$\mathcal{F}_{\beta} \cap I / \mathcal{F}_{\beta-1} \cap I \longrightarrow \mathcal{F}_{\beta}/\mathcal{F}_{\beta-1}$$

は単射である．したがって，$\mathrm{gr}_{\mathcal{F}} I$ は $\mathrm{gr}_{\mathcal{F}} L$ の $K[T]$-部分加群として考えることができる．

補題 L.3. $\mathrm{gr}_{\mathcal{F}} I$ 上の次数付けは下に有界である．

（証明）I は有限生成 A-加群でかつ $Q(A) = L$ であるから，$fI \subset A$ をみたす $f \in L \setminus \{0\}$ が存在する．$A \cap \mathcal{F}_0 = A \cap S_{\infty} = K$ であり（注意 L.2 参照），$A \cap \mathcal{F}_{-1} = (0)$ であるから，すべての $a \in A$ に対して $\mathrm{ord}_{\mathcal{F}} a \geq 0$ が成り立つ．ゆえに，$x \in I$ に対して（規則 B.2 (b) 参照），

$$0 \leq \mathrm{ord}_{\mathcal{F}}(fz) \leq \mathrm{ord}_{\mathcal{F}}(f) + \mathrm{ord}_{\mathcal{F}}(z)$$

が成り立つ．したがって，$\mathrm{ord}_{\mathcal{F}}(z) \geq -\mathrm{ord}_{\mathcal{F}}(f)$ を得る． ∎

$\mathrm{gr}_{\mathcal{F}}^{\alpha_0} I$ を $\mathrm{gr}_{\mathcal{F}} I$ の最小次数の斉次成分とする．このとき，$\mathrm{ord}_{\mathcal{F}} a_i = \alpha_0$ ($i = 1, \ldots, \nu_1$) をみたす元 $a_1, \ldots, a_{\nu_1} \in I$ が存在し，$\{L_{\mathcal{F}} a_1, \ldots, L_{\mathcal{F}} a_{\nu_1}\}$ が $\mathrm{gr}_{\mathcal{F}}^{\alpha_0} I$ の K-基底となる．$b_i \in S_{\infty}$ により，$a_i = x^{\alpha_0} b_i$ と表せば，公式 (4) によって $L_{\mathcal{F}} a_i = \overline{b}_i \cdot T^{\alpha_0} \in (S_{\infty}/(x^{-1})) \cdot T^{\alpha_0}$ ($i = 1, \ldots, \nu_1$) が成り立つ．ただし，$\overline{b}_i$

は $S_\infty/(x^{-1})$ における b_i の剰余類である.

$a_{\nu_1+1}, \ldots, a_{\nu_2} \in I$ を選び, $\{L_\mathcal{F} a_{\nu_1+1} \cdot T, \ldots, L_\mathcal{F} a_{\nu_2} \cdot T\}$ を付け加え $\{L_\mathcal{F} a_1 \cdot T, \ldots, L_\mathcal{F} a_{\nu_1} \cdot T\}$ を拡張して $\{L_\mathcal{F} a_1, \ldots, L_\mathcal{F} a_{\nu_2}\}$ が $\operatorname{gr}_\mathcal{F}^{\alpha_0+1} I$ の K-基底となるようにすることができる. 上と同様にして, $L_\mathcal{F} a_j = \bar{b}_j \cdot T^{\alpha_0+1}, b_j \in S_\infty$ $(j = \nu_1+1, \ldots, \nu_2)$ と表す. このとき, 明らかに $\{\bar{b}_1, \ldots, \bar{b}_{\nu_2}\}$ は $S_\infty/(x^{-1})$ の K-線形独立な元である.

この方法を繰り返せば, 先導形式 $L_\mathcal{F} a_i$ $(i = 1, \ldots, m)$ が $K[T]$-加群 $\operatorname{gr}_\mathcal{F} I$ の生成系となるように $a_1, \ldots, a_m \in I$ を求めることができる. ここで, $b_i := a_i x^{-\operatorname{ord} a_i} \in S_\infty$ とおけば

$$L_\mathcal{F} a_i = \bar{b}_i \cdot T^{\operatorname{ord} a_i}$$

と表される. ただし, $\bar{b}_i$ は $S_\infty/(x^{-1})$ における b_i の剰余類である $(i = 1, \ldots, m)$. さらに, $\{\bar{b}_1, \ldots, \bar{b}_m\}$ は K-線形独立であり, したがって, $m \leq n$ を得る.

定理 L.4. 上記の記号を用いて, 以下のことが成り立つ.

(a) $m = n$ であり, $\{a_1, \ldots, a_n\}$ は I の R-基底である.
(b) $\{a_1 x^{-\operatorname{ord} a_1}, \ldots, a_n x^{-\operatorname{ord} a_n}\}$ は S_∞ の R_∞-基底である.

(証明) (a) $a \in I \setminus \{0\}$ に対して, 先導形式 $L_\mathcal{F} a$ は

$$L_\mathcal{F} a = \sum_{i=1}^m \kappa_i T^{\mu_i} \cdot L_\mathcal{F} a_i \ (\kappa_i \in K, \ \mu_i + \operatorname{ord}_\mathcal{F} a_i = \operatorname{ord}_\mathcal{F} a, \ i = 1, \ldots, m)$$

という形に表される. このとき, 次が成り立つ.

$$\operatorname{ord}_\mathcal{F} \left(a - \sum_{i=1}^m \kappa_i x^{\mu_i} a_i \right) < \operatorname{ord}_\mathcal{F} a.$$

I の元の位数は下に有界であるから (補題 L.3 参照), 帰納法によって, $a \in K[x]a_1 + \cdots + K[x]a_m$ であることがわかる (定理 B.9 参照). したがって, $\{a_1, \ldots, a_n\}$ は R-加群 I に対する生成系である. I は R 上階数 n の自由加群であり, かつ $m \leq n$ であるから, $m = n$ でなければならない. ゆえに, $\{a_1, \ldots, a_n\}$ は I の R-基底である.

(b) $\dim_K S_\infty/(x^{-1}) = n$ であるから, (a) より, $\{\bar{b}_1, \ldots, \bar{b}_n\}$ は $S_\infty/(x^{-1})$ の K-基底である. $b_i = a_i x^{-\operatorname{ord} a_i}$ $(i = 1, \ldots, n)$ であるから, 中山の補題 E.1

を用いると，$\{a_1 x^{-\operatorname{ord} a_1}, \ldots, a_n x^{-\operatorname{ord} a_n}\}$ は S_∞ の R_∞-基底であることがわかる． ∎

定義 L.5. I の R-基底 $\{a_1, \ldots, a_n\}$ は，整数 $\alpha_1, \ldots, \alpha_n \in \mathbb{Z}$ が存在して $\{a_1 x^{-\alpha_1}, \ldots, a_n x^{-\alpha_n}\}$ が S_∞ の R_∞-基底になるとき，I の**標準基底** (standard basis) という．

標準基底の存在は定理 L.4 において示された．定義 L.5 のような基底が与えられたとき，$a_i \in x^{\alpha_i} S_\infty$ であるが，$a_i \notin x^{\alpha_i - 1} S_\infty$ である．なぜなら，$a_i x^{-\alpha_i} \notin (x^{-1}) S_\infty$ だからである．したがって，$\alpha_i = \operatorname{ord}_{\mathcal{F}} a_i$ となる $(i = 1, \ldots, n)$．

定理 L.6. 上記の記号を用いて，以下のことが成り立つ．

(a) $I \cap S_\infty$ は K 上有限次元のベクトル空間である．
(b) $\{a_1, \ldots, a_n\}$ が I の標準基底ならば，次が成り立つ．

$$\dim_K (I \cap S_\infty) = \sum_{\operatorname{ord}_{\mathcal{F}} a_i \leq 0} (-\operatorname{ord}_{\mathcal{F}} a_i + 1).$$

（証明）　最初に，次が成り立つ．

$$I \cap S_\infty = \bigoplus_{i=1}^n K[x] a_i \cap \bigoplus_{i=1}^n x^{-\operatorname{ord} a_i} K[x^{-1}]_{(x^{-1})} a_i = \bigoplus_{i=1}^n \mathcal{G}_{-\operatorname{ord} a_i} \cdot a_i.$$

$\alpha < 0$ のとき $\mathcal{G}_\alpha = 0$，$\alpha \geq 0$ のとき $\dim_K \mathcal{G}_\alpha = \alpha + 1$ であるから，求める次元公式を得る． ∎

さて次に，A' を $Q(A') = L$ をみたす L における R のもう一つの拡大環とし，A' を R-加群として有限生成であるとする．さらに，$I' \neq \{0\}$ を $I' \subset L$ をみたす有限生成 A'-加群とする．このとき，I' もまた標準基底 $\{a'_1, \ldots, a'_n\}$ をもつ．$I \subset I'$ でかつ $\{a_1, \ldots, a_n\}$ が I の標準基底ならば，このとき次のような関係式が成り立つ．

$$a_i = \sum_{j=1}^n \rho_{ij} a'_j \qquad (i = 1, \ldots, n;\ \rho_{ij} \in R). \tag{5}$$

この変換の行列式 $\Delta := \det(\rho_{ij})$ は $R = K[x]$ における多項式である．$\deg \Delta$ をこの多項式の次数とする．このとき，次が成り立つ．

定理 L.7.
$$\dim_K I'/I = \sum_{i=1}^n \mathrm{ord}_{\mathcal{F}} a_i - \sum_{i=1}^n \mathrm{ord}_{\mathcal{F}} a'_i = \deg \Delta.$$

（証明）$\alpha_i := \mathrm{ord}_{\mathcal{F}} a_i$, $\alpha'_i := \mathrm{ord}_{\mathcal{F}} a'_i$ $(i = 1, \ldots, n)$ とする．このとき，
$$\{a_1 x^{-\alpha_1}, \ldots, a_n x^{-\alpha_n}\} \quad \text{と} \quad \{a'_1 x^{-\alpha'_1}, \ldots, a'_n x^{-\alpha'_n}\}$$
は S_∞ の二つの R_∞-基底である（定理 L.4 参照）．式 (5) より，次の式が得られる．
$$a_i x^{-\alpha_i} = \sum_{j=1}^n (x^{\alpha'_j - \alpha_i} \rho_{ij})(a'_j x^{-\alpha'_j}).$$
$\delta := \sum_{i=1}^n (\alpha'_i - \alpha_i)$ とおく．このとき，$x^\delta \cdot \Delta$ はこの方程式系の行列式であり，よって，R_∞ において単元である．すなわち，
$$\nu_\infty(x^\delta \Delta) = \sum_{i=1}^n (\alpha_i - \alpha'_i) + \nu_\infty(\Delta) = \sum_{i=1}^n (\alpha_i - \alpha'_i) - \deg \Delta = 0$$
が成り立ち，したがって，次の式を得る．
$$\sum_{i=1}^n (\alpha_i - \alpha'_i) = \deg \Delta.$$

単項イデアル環上の加群に対する基本定理によって，R-加群 I' の基底 $\{c_1, \ldots, c_n\}$ と多項式 $e_1, \ldots, e_n \in R$ が存在して，$\{e_1 c_1, \ldots, e_n c_n\}$ が I の R-基底となる．このとき，$I'/I \cong R/(e_1) \oplus \cdots \oplus R/(e_n)$ であり，したがって，$\dim_K I'/I = \sum_{i=1}^n \deg e_i = \deg \prod_{i=1}^n e_i$ が成り立つ．$\{a'_1, \ldots, a'_n\}$ から $\{c_1, \ldots, c_n\}$ への変換の行列式は R の単元であり，ゆえに K^* の元である．同じことが，$\{e_1 c_1, \ldots, e_n c_n\}$ から $\{a_1, \ldots, a_n\}$ への変換の行列式に対して成り立つ．このことより，$\deg \Delta = \deg \prod e_i = \dim_K I'/I$ が得られる． ∎

さて F.K. Schmidt に従って，付録 H の意味における $L/K(x)$ のトレース σ に関する双対化を考える．選ばれたトレース σ を固定して，
$$\omega_{L/K(x)} = \mathrm{Hom}_{K(x)}(L, K(x)) = L \cdot \sigma$$

とする．$L/K(x)$ が分離的ならば，もちろん標準トレース $\sigma_{L/K(x)}$ を選ぶことができ，このとき標準的な双対化が成り立つ．

A と I を上で与えられたものとすると，I と $\mathrm{Hom}_R(I, R)$ もまた有限生成 A-加群であり，R-加群として自由である．標準写像

$$\mathrm{Hom}_R(I, R) \to \mathrm{Hom}_{K(x)}(L, K(x))$$

は単射である．$\mathrm{Hom}_R(I, R)$ を $L \cdot \sigma$ における像と同一視する．このとき，次が成り立つ．

$$\mathrm{Hom}_R(I, R) = I^* \cdot \sigma.$$

ここで，$I^* \subset L$ は $I^* \neq \{0\}$ をみたす有限生成 A-加群である．たとえば，有限生成 A-加群 $\mathfrak{C}_{A/R}$ によって次が成り立つ．

$$\mathrm{Hom}_R(A, R) = \mathfrak{C}_{A/R} \cdot \sigma.$$

この A-加群 $\mathfrak{C}_{A/R}$ を A/R の（σ に関するデデキントの）**相補加群** (complementary module) という．同様にして，有限生成 S_∞-加群 $\mathfrak{C}_{S_\infty/R_\infty}$ によって，$\mathrm{Hom}_{R_\infty}(S_\infty, R_\infty) = \mathfrak{C}_{S_\infty/R_\infty} \cdot \sigma$ が成り立つ．この S_∞-加群 $\mathfrak{C}_{S_\infty/R_\infty}$ を S_∞/R_∞ の相補加群という．一般に，次が成り立つ．

$$I^* = \{z \in L \mid \sigma(za) \in R,\ \forall a \in I\}. \tag{6}$$

特に，

$$\mathfrak{C}_{A/R} = \{z \in L \mid \sigma(za) \in R,\ \forall a \in A\} \tag{7}$$

が成り立ち，また同様にして次も成り立つ．

$$\mathfrak{C}_{S_\infty/R_\infty} = \{z \in L \mid \sigma(zb) \in R_\infty,\ \forall b \in S_\infty\}. \tag{8}$$

$B = \{a_1, \ldots, a_n\}$ を I の標準基底とする．$\mathrm{Hom}_R(I, R)$ における B の双対基底の元 $a_i^\vee$ は $a_i^\vee = a_i^* \cdot \sigma\, (a_i^* \in I^*)$ という形で表され，このとき $B^* := \{a_1^*, \ldots, a_n^*\}$ は I^* の R-基底であり，これは σ に関する B の双対基底である（規則 H.9 参照）．これらに対して，

$$\sigma(a_i a_j^*) = \delta_{ij} \qquad (i, j = 1, \ldots, n)$$

が成り立つ.

$$\sigma(a_i x^{-\operatorname{ord} a_i} \cdot x^{\operatorname{ord} a_j} a_j^*) = x^{\operatorname{ord} a_j - \operatorname{ord} a_i} \delta_{ij} = \delta_{ij}$$

より, $\mathfrak{C}_{S_\infty/R_\infty}$ の R_∞-基底は $b_j^* := x^{\operatorname{ord} a_j} a_j^*$ $(j = 1, \ldots, n)$ として $\{b_1^*, \ldots, b_n^*\}$ によって与えられることがわかる. $\{b_1^*, \ldots, b_n^*\}$ は S_∞/R_∞ の基底 $\{b_1, \ldots, b_n\}$ の双対基底である. ただし, $b_i := a_i x^{-\operatorname{ord} a_i}$ である.

定理 L.8. 上記の記号を用いて次が成り立つ.

$$\dim_K(I^* \cap x^{-2}\mathfrak{C}_{S_\infty/R_\infty}) = \sum_{\operatorname{ord}_\mathcal{F} a_i \geq 1}(\operatorname{ord}_\mathcal{F} a_i - 1).$$

(証明)

$$I^* = \bigoplus_{i=1}^n K[x]a_i^*$$

と

$$x^{-2}\mathfrak{C}_{S_\infty/R_\infty} = \bigoplus_{i=1}^n x^{\operatorname{ord} a_i - 2} K[x^{-1}]_{(x^{-1})} a_i^*$$

が成り立つ. 定理 L.6 の証明におけるようにして, この定理の主張における公式はただちに得られる. ∎

$\chi(I) := \dim_K(I \cap S_\infty) - \dim_K(I^* \cap x^{-2}\mathfrak{C}_{S_\infty/R_\infty})$ とおけば, 定理 L.6 と定理 L.8 から次の系が得られる.

系 L.9. $\chi(I)$ は次の式によって与えられる.

$$\chi(I) = n - \sum_{i=1}^n \operatorname{ord}_\mathcal{F} a_i.$$ ∎

さらに, この系と定理 L.7 より次の系が得られる.

系 L.10. 定理 L.7 の仮定のもとで, 次が成り立つ.

$$\chi(I') - \chi(I) = \dim_K(I'/I).$$ ∎

この公式を因子と関数の術語で説明することが必要であるが，これはすでに本質的にリーマン・ロッホの定理である．

$\{a_1, \ldots, a_n\}$ を A の標準基底とすると，系 L.9 によって次が成り立つ．

$$\chi(A) = \dim_K(A \cap S_\infty) - \dim_K(\mathfrak{C}_{A/R} \cap x^{-2}\mathfrak{C}_{S_\infty/R_\infty}) = n - \sum_{i=1}^{n} \mathrm{ord}_\mathcal{F}\, a_i.$$

$A \cap S_\infty = K$ であるから（注意 L.2 参照），次の系が得られる．

系 L.11.

$$\dim_K(\mathfrak{C}_{A/R} \cap x^{-2}\mathfrak{C}_{S_\infty/R_\infty}) = \sum_{i=1}^{n} \mathrm{ord}_\mathcal{F}\, a_i - n + 1. \qquad \blacksquare$$

ヒント． この公式は微分の言葉によって説明できるが，ここではそれを用いない．$L/K(x)$ が分離的で，σ がその標準トレースである場合，微分加群 $\Omega^1_{L/K}$ のなかで共通集合 $\mathfrak{C}_{A/R}dx \cap x^{-2}\mathfrak{C}_{S_\infty/R_\infty}dx$ を考えることができる（注意 G.10 参照）．$x^{-2}dx = -dx^{-1}$ であるから，系 L.11 を用いて次の公式を得る．

$$\dim_K(\mathfrak{C}_{A/K[x]}dx \cap \mathfrak{C}_{S_\infty/K[x^{-1}]_{(x^{-1})}}dx^{-1}) = \sum_{i=1}^{n} \mathrm{ord}_\mathcal{F}\, a_i - n + 1.$$

以前の公式からの不思議な因子 x^{-2} はここでは消えている．ベクトル空間 $\mathfrak{C}_{A/K(x)}dx \cap \mathfrak{C}_{S_\infty/K[x^{-1}]_{(x^{-1})}}dx^{-1}$ を A に関する「大域的正則微分」のつくるベクトル空間という．

定理 L.12. I の σ に関する双対加群 I^* に対して次の公式が成り立つ．

$$I^* = \mathfrak{C}_{A/R} :_L I := \{f \in L \mid f \cdot I \subset \mathfrak{C}_{A/R}\},$$

$$(I^*)^* = I.$$

（証明）I^* と $\mathfrak{C}_{A/R}$ の定義によって（式 (6) と (7) を参照せよ），次が成り立つ．

$$I^* = \{z \in L \mid \sigma(zb) \in R,\ \forall b \in I\},$$

$$\mathfrak{C}_{A/R} = \{u \in L \mid \sigma(ua) \in R,\ \forall a \in A\}.$$

$z \in \mathfrak{C}_{A/R} :_L I$ と任意の $b \in I$ に対して，$\sigma(zb) \in \sigma(\mathfrak{C}_{A/R}) \subset R$ が成り立つ．ゆえに，$\mathfrak{C}_{A/R} :_L I \subset I^*$ となる．逆に，$z \in I^*$ かつ $b \in I$ ならば，任意の $a \in A$ に対して，$ba \in I$ であるから，$\sigma(zba) \in R$ が成り立つ．したがって，$zb \in \mathfrak{C}_{A/R}$ となり，$I^* \subset \mathfrak{C}_{A/R} :_L I$ が得られる．

上の記号を用いて，B は I^* の R-基底 B^* に対する双対基底である．すなわち，$(I^*)^* = I$ が成り立つ． ∎

I^* に加えて，次の加群もまたしばしば考察することがある．

$$I' := \{z \in L \mid zI \subset A\} = A :_L I. \tag{9}$$

これもまた有限生成 A-加群 $\neq 0$ である．$z \in L^*$ について，次の公式が成り立つ．

$$(z \cdot I)' = z^{-1} \cdot I'. \tag{10}$$

$\mathfrak{C}_{A/R}$ が A-加群として z により生成されるならば，定理 L.12 によって，次が成り立つ．

$$I^* = \mathfrak{C}_{A/R} : I = (z \cdot A) : I = zI'. \tag{11}$$

この結果として，定理 L.12 の 2 番目の式により，次の系が得られる．

系 L.13. $\mathfrak{C}_{A/R}$ が A-加群として 1 個の元により生成されているならば，次が成り立つ．

$$(I')' = I. \qquad ∎$$

引用文献

[AM]   Abhyankar, S.S. and Moh, T.T. Newton-Puiseux expansion and generalized Tschirnhausen transformations I, II. *J. reine. angew. Math.* 260 (1973), 47-83 and 261 (1973), 29-54.

[An]   Angermüller, G. Die Werthalbgruppe einer ebenen irreduziblen algebroiden Kurve. *Math. Z.* 153 (1977), 267-282.

[Ap]   Apéry, R. Sur les branches superlinéaires des courbes algébriques, *C. R. Acad. Sci. Paris* 222 (1946), 1198-1200.

[Az]   Azevedo, A. The Jacobian ideal of a plane algebroid curve. Thesis. Purdue Univ. 1967.

[BDF] Barucci, V., Dobbs, D.E., Fontana, M. Maximality properties in numerical semigroups and applications to one-dimensional analytically irreducible local domains. *Memoirs Am. Math. Soc.* 598 (1997).

[BDFr$_1$] Barucci, V., D'Anna, M., Fröberg, R. On plane algebroid curves. *Commutative ring theory and applications* (Fez 2001), 37-50, Lect. Notes Pure Appl. Math., 231, Dekker, New York, 2003.

[BDFr$_2$] ———, The Apéry algorithm for a plane singularity with two branches. *Beiträge Algebra und Geometrie* (to appear).

[B]   Bourbaki, N. *Commutaive Algebra.* Sprimger 1991.

[BC]   Bertin, J. and P. Carbonne. Semi-groupe d'entiers et application aux branches. *J. Algebra* 49 (1977), 81-95.

[BK]   Brieskorn, E. and H. Knörrer. *Plane Algebraic Curves.* Birkhäuser 1986.

[CDK] Campillo, A., Delgado, F., Kiyek, K. Gorenstein property and symmetry for one-dimensional local Cohen-Macaulay rings. *Manuscripta Math.* 83 (1994), 405-423.

[C] Chevalley, C. *Introduction to the Theory of Algebraic Functions of One Variable.* Math. Surveys VI. Am. Math. Soc. New York 1951.

[De] Delgado, F. The semigroup of values of a curve singularity with several branches. *Manuscripta Math.* 59 (1987), 347-374.

[E] Eisenbud, D. *Commutative Algebra with a View Towards Algebraic Geometry,* Springer 1995.

[EH] Eisenbud, D. and J. Harris. Existence, decomposition, and limits of certain Weierstrass points. *Invent. Math.* 87 (1987), 495-515.

[Fa] Faltings, G. Entlichkeitssätze für abelsche Varietäten über Zahlkörpern. *Invent. Math.* 73 (1983), 349-366.

[F] Fischer, G. *Plane Algebraic Curves,* AMS student math. library, Vol. 15 (2001).

[Fo] Foster, O. *Lectures on Riemann Surfaces.* Springer 1999.

[Fu] Fulton, W. *Algebraic Curves,* Benjamin, New York 1969.

[Ga] Garcia, A. Semigroups associated to singular points of plane curves. *J. reine angew. Math.* 336 (1982), 165-184.

[GSt] Garcia, A. and K.O. Stöhr. On semigroups of irreducible plane curves. *Comm. Algebra* 15 (1987), 2185-2192.

[Go] Gorenstein, D. An arithmetic theory of adjoint plane curves. *Trans. AMS* 72 (1952), 414-436.

[GS] Greco, S. and P. Salmon. *Topics in $\mathfrak{m}$-adic Topologies,* Springer 1971.

[GH] Griffiths, P. and J. Harris, *Principles of Algebraic Geometry,* Wiley, New York, 1978.

[H] Hartshorne, R. *Residues and Duality,* Springer Lecture Notes in Math. 20 (1966).

[Hü] Hübl, R. Residues of regular and meromorphic differential forms. *Math. Ann.* 300 (1994), 605-628.

[HK]   Hübl, R. and E. Kunz, On the intersection of algebraic curves and hypersurfaces. *Math. Z.* 227 (1998), 263-278.

[Hu]   Humbert, G. Application géométrique d'un théorème de Jacobi. *J. Math.* (4) 1 (1885), 347-356.

[Hus] Husemöller, D. *Elliptic Curves,* Springer 1986.

[J]   Jacobi, K.G. Teoremata nova algebraica circa systema duarum aequationem inter duas variabilis propositarum. *J. reine. angew. Math.* 14 (1835), 281-288.

[K]   Koblitz, N. *Algebraic Aspects of Cryptography,* Springer 1998.

[KK]   Kreuzer, M. and E. Kunz. Traces in strict Frobenius algebras and strict complete intersections. *J. reine. angew. Math.* 381 (1987), 181-204.

[KR]   Kreuzer, M. and L. Robbiano. *Computational Commutative Algebra I.* Springer 2000.

[Ku$_1$] Kunz, E. *Introduction to Commutative Algebra and Algebraic Geometry,* Birkhäuser 1985.

[Ku$_2$] ———, *Kähler Differentials,* Advanced Lectures in Math. Vieweg, Braunschweig 1986.

[Ku$_3$] ———, Über den n-dimensionalen Residuensatz. *Jahresber. deutsche Math. -Verein.* 94 (1992), 170-188.

[Ku$_4$] ———, Geometric applications of the residue theorem on algebraic curves. In: *Algebra, Arithmetic and Geometry with Applications.* Papers from Shreeram S. Abhyankar's 70th Birthday Conference. C. Christensen, G. Sundaram, A. Sathaye, C. Bajaj, editors. (2003), 565-589.

[KW]   Kunz, E. and R. Waldi. Deformations of zero dimensional intersection schemes and residues. *Note di Mat.* 11 (1991), 247-259.

[L]   Lang, S. *Elliptic Functions,* Springer 1987.

[Li$_1$] Lipman, J. Dualizing sheaves, differentials and residues on algebraic varieties. *Astérisque* 117 (1984).

[Li$_2$] ———, Residues and traces of differential forms via Hochschild homology. *Contemporary Math.* 61 (1987).

[M]   Matsumura, H. *Commutative Algebra*, Benjamin, New York 1980.

[Mo]   Moh, T.T. On characteristic pairs of algebroid plane curves for characteristic p. *Bull. Inst. Math. Acad. Sincia 1* (1973), 75-91.

[P]   Pretzel, O. *Codes and Algebraic Curves*, Oxford Science Publishers. Oxford 1998.

[Q]   Quarg, G. Über Durchmesser, Mittelpunkte and Krümmung projektiver algebraischer varietäten. Thesis. Regensburg 2001.

[R]   Roquette, P. Über den Riemann-Rochschen Satz in Funktionenkörpern vom Transzendenzgrad 1. *Math. Nachr.* 19 (1958), 375-404.

[SS_1] Scheja, G. and U. Storch. Über Spurfunktionen bei vollständigen Durchschnitten. *J. reine angew. Math.* 278/279 (1975), 174-190.

[SS_2] ——, Residuen bei vollständigen Durchschnitten. *Math. Nachr.* 91 (1979), 157-170.

[Sch] Schmidt, F.K. Zur arithmetischen Theorie der algebraischen Funktionen I. Beweis der Riemann-Rochschen Satzes für algebraische Funktionen mit beliebigem Konstantenkörper. *Math. Z.* 41 (1936), 415-438.

[Se]   Segre, B. Sui theoremi di Bézout, Jacobi e Reiss. *Ann. di Mat.* (4) 26 (1947), 1-16.

[S_1] Silverman, J. *The Arithmetic of Elliptic Curves*, Springer 1994.

[S_2] ——, *Advanced Topics in the Arithmetic of Elliptic Curves*, Springer 1999.

[Si]   Singh, S. *Fermat's Last Theorem. The Story of a Riddle That Confounded the World's Greatest Minds for 358 Years*, Fourth Estate, London (1997).

[St]   Stichtenoth, H. *Algebraic Function Fields and Codes*, Universitext. Springer 1993.

[TW]   Taylor, R. and A. Wiles, Ring theoretic properties of certain Hecke algebras. *Annals of Math.* 141 (1995), 533-572.

[W]   Washington, L. *Elliptic Curves, Number Theory and Cryptography*, Chapman and Hall 2003.

[Wa_1] Waldi, R. Äquivariante Deformationen monomialer Kurven. *Re-*

gensburger Math. Schriften 4 (1980).

[Wa$_2$] ———, On the equivalence of plane curve singularities. *Comm. Algera* 28 (2000), 4389-4401.

[Wi] Wiles, A. Modular elliptic curves and Fermat's Last Theorem. *Annals of Math.* 141 (1995), 443-551.

訳者あとがき

 本書は E. Kunz の著わしたドイツ語版「*Ebene algebraische Kurven*」の R. G. Belshoff による英語翻訳版「*Introduction to plane algebraic curves*」を翻訳したものである．ドイツ語版は 1991 年，英語版は 2005 年に出版されている．

 可換代数という分野があるが，これは代数幾何学の基礎の一つの部分を担っている．代数幾何学を学ぶためにはその前に可換代数を知らないと読めないとよく言われる．しかし，実際には可換代数を勉強してから代数幾何学に入ろうとすると，相当な速さで進めないと難しい．少し前までは，アティヤー・マクドナルドの『可換代数入門』を読んで，あるいは平行してハーツ・ホーンの『代数幾何学』を読み進めるというのが一つの方法であった．しかし，それでは抽象的で無味乾燥な議論になってしまうので，具体的な図で表わされる平面代数曲線が例として取り上げられ，抽象的な概念や術語の意味が解説されることが多い．そして，代数曲線というのは代数幾何学で扱う代数多様体の次元が 1 の場合である．しかし，次元が 1 だからといって簡単かというとそうとは限らない．

 本書では平面上の曲線を考察し，可換代数を道具として，どのように使えば代数幾何学のさまざまな性質を証明できるかということに主眼がおかれている．本書の序文において，「可換代数を紹介する最良の方法は，可換代数を用いて代数幾何学におけるいくつかの応用を示すことである」と述べられている．そのことを達成するために，本書は 2 部構成になっている．第 I 部は平面曲線論であり，第 II 部は平面曲線論を展開するために必要な可換代数の事実や定理を準備している．

第 I 部の本論のほうでは，最初によく知られた曲線（楕円や，双曲線，デカルトの葉線，レムニスケートなど）を図示し，その後の交叉理論において具体的にそれらの重複度を考察している．そして，ケイリー・バカラックの定理などを用意して，楕円曲線が群構造をもつことを幾何的に丁寧に証明している．

　また，M. ネーターの定理をもとにパスカルの定理を説明しているが，ほかにも射影幾何学においてよく知られている定理の説明があり，このあたりは非常に興味のあるところである．その後，入門の本としては珍しい留数理論を展開して，その応用を考察しているが，これは本書の特色の一つであろう．さらに，リーマン・ロッホの定理を証明し，最後は特異点の入り口で終わっている．

　次に，第 II 部の付録のほうでは，本論で必要となる可換代数を網羅している．可換代数の部分でも学部で通常の課程では扱われないテーマ，次数環や比較的新しいフィルター代数によるリース環の概念などを含めている．また，ここではよく知られた一般的な定理でも，適用する対象に沿った形で証明されている．たとえば，中山の補題も一般的な形の証明だけでなく，I-進位相を入れた形での中山の定理が証明されている．ほかにも，可換代数のよく知られた定理を少し変わった証明でなされているものが多い．そういう意味でも本書はおもしろいと思う．

　E. Kunz 先生は代数幾何学，そして特に可換代数が専門であり，論文も多数あるが，著書は難しいことで定評がある．少し前に，先生の著書の一つ『可換環と代数幾何入門』が邦訳されている．私事で恐縮であるが，E. Kunz 先生は 1990 年の京都での数学者国際会議でお見かけしたことがある．あのときは，名古屋で松村先生がいらっしゃって可換代数の集まりがあり，その後バスで奈良を経由し，途中 "室生寺" で五重塔を見学するという予定だったのであるが，そのとき，E. Kunz 先生夫妻は上まで登るのをあきらめていたのを覚えている．本書の献辞に「我が友 Hans-Joachim Nastold と我が師 Friedrich Karl Schmidt の思い出に」とあり，Nastold 氏のほうは代数幾何学者で私も学生のときに氏の論文を見たことがある．また，Schmidt 氏はかの有名な「完全体 k 上有限生成拡大体は分離生成である」という定理に必ず付いていた名前で学生のときから覚えていた．Schmidt 氏が Kunz 先生の恩師であることを知ってずいぶん身近に感じられた．

　最後に，本書の出版に際して，共立出版（株）の吉村修司さんと國井和郎さんにお世話になりました．感謝します．

以下，いくつか洋書を含めて関連のある本をあげておこう．

[1] W. J. Walker「*Algebraic Curves*」，Dover, 1950年.
[2] W. Fulton「*Algebraic Curves*」，Benjamin, 1969年.
[3] 飯高茂，上野健爾，浪川幸彦『デカルトの精神と代数幾何』，日本評論社, 1993年.
[4] J. W. S. Cassels『楕円曲線入門』，徳永浩雄 訳，岩波書店，1996年.
[5] 山田浩『代数曲線のはなし』，日本評論社，1996年.
[6] 硲文夫『代数幾何学』，森北出版，1999年.
[7] 飯高茂『平面曲線の幾何』，共立出版，2001年.
[8] 小木曽啓示『代数曲線論』，朝倉書店，2002年.
[9] 梶原健『代数曲線入門』，日本評論社，2004年.
[10] 安藤哲哉『代数曲線・代数曲面入門』，数学書房，2007年.
[11] E. Kunz『可換環と代数幾何入門』，織田進，佐藤淳郎 訳，共立出版，2009年.
[12] M. F. Atiyah, I. G. MacDonald『可換代数入門』，新妻弘訳，共立出版，2006年.

[1]は古くからの代数曲線の本で，今では少し古いかもしれないが，昔の代数曲線論がどのようなものであるか概観するのにはいいかもしれない．[2]は最初から読めば，あまり予備知識がなくても読める本で今でも非常に良い本である．原著のほうでも[Fu]として引用文献にある．[5]と[6]は初心者向けの易しい本である．[7]は本書とほぼ同じ平面代数曲線を扱っている．しかし，本書は代数学から見た曲線論であり，飯高先生の本は代数幾何学の本である．[3]は代数幾何学の本であるが，曲線論の部分もあり，代数幾何学の歴史や各章の後のコメントが参考になる．それ以外の文献は概して読むのは容易ではない．また，E. Kunz先生の邦訳があるので，それをあげておこう[11]．この本はやはり可換代数から見た代数幾何学の本である．最後に可換代数の標準的な教科書[12]があるので付け加えておく．

記号索引

Spec R, ix
Max R, ix
Min R, ix
$\dim_K S$, ix
$\deg f$, ix
$\deg_{X_i} f$, ix
$\mathbb{A}^2(K)$, 3
$\mathcal{V}(f)$, 3
$\mathcal{I}(\Gamma)$, 10
$K[\Gamma]$, 11
$\mathrm{Supp}(D)$, 14
$\mathcal{I}(D)$, 15
$K[D]$, 15
$\mathbb{P}^2(K)$, 17
$\mathbb{P}^n(K)$, 18
$\mathcal{V}_+(F)$, 18
$\mathcal{I}_+(\Delta)$, 24
$\deg D$, 27
$\mathrm{Supp}(D)$, 27
$K[F]$, 29
$K[F \cap G]$, 31
$K[f \cap g]$, 32
$\mathfrak{S}(B)$, 36
Cl, 40
$\mathcal{R}(\mathbb{P}^2)$, 40
$\mathcal{O}_P$, 40
$\mathcal{R}(F)$, 42

$\mathcal{O}_{F_1 \cap \cdots \cap F_m, P}$, 50
$\mu_P(F_1, F_2)$, 52
$\deg Z$, 53
$F_1 \star F_2$, 53
$m_P(F)$, 65
$\mathrm{Sing}(F)$, 68
$\mathrm{Reg}(F)$, 68
$\mathfrak{X}(F)$, 73
(r), 77
π_P, 107
H_F, 111
$j(\lambda)$, 125
$j(E)$, 125
$\Delta^{F,G}_{x_1, x_2}$, 133
$\tau^{x,y}_{f,g}$, 135
$\int \begin{bmatrix} \omega \\ f, g \end{bmatrix}$, 142
$\mathrm{Res}_P \begin{bmatrix} \omega \\ f, g \end{bmatrix}$, 142
$a_P(f, g)$, 155
$\sum (f \cap g)$, 158
$\mathrm{Supp}\, D$, 170
(r), 170
$(r)_0$, 170
$(r)_\infty$, 170
$D \equiv D'$, 171
$\mathrm{Cl}(\mathfrak{X})$, 171

$\mathcal{L}(D)$, 171
$\mathrm{Div}^F(\mathfrak{X})$, 172
$\mathcal{L}^F(D)$, 172
$D \equiv_F D'$, 172
$\mathfrak{X}^f$, 175
$\mathfrak{X}^\infty$, 175
$\ell_*^F(D)$, 179
g^F, 180
$\ell^F(D)$, 180
$\chi^F(D)$, 180
g^L, 182
$\delta(P)$, 191
$\delta(F)$, 192
H_P^F, 201
d_P, 202
e_P, 203
$\delta(Z)$, 218
$\mu(\Gamma_1, \Gamma_2)$, 220
$\mathcal{F}_{S/R}$, 227
$\mathcal{F}_P$, 228
$c(P)$, 229
H_P, 237
H_Z, 237
$\chi_M(k)$, 253
$\mathcal{F}$, 257
$\mathrm{ord}_\mathcal{F} f$, 258
$\mathcal{R}_\mathcal{F} S$, 259
$\mathrm{gr}_\mathcal{F} S$, 259
f^*, 260
$L_\mathcal{F} f$, 260
I^*, 265

$\mathrm{gr}_\mathcal{F} I$, 265
R_S, 269
$Q(R)$, 273
$Q(R)$, 274
$R_\mathfrak{p}$, 274
R_f, 274
I_S, 274
$G_{(S)}$, 277
$G_{(\mathfrak{p})}$, 277
$\mathcal{R}_I S$, 278
$\mathrm{gr}_I S$, 278
$\mu(M)$, 288
$\mathrm{edim}\, R$, 289
$\dim R$, 291
v_R, 293
$S_1 \otimes_R S_2$, 309
S^e, 316
$\vartheta(S/R)$, 318
$\Omega^1_{S/R}$, 318
$\omega_{S/R}$, 321
$\sigma_{S/R}$, 322
μ_x, 322
$\mathfrak{S}(G)$, 328
$I : J$, 337
$\lim_{n \to \infty} a_n$, 341
$\sum a_n$, 341
$\widehat{R}$, 350
$(\widehat{R}, i)$, 350
$\mathfrak{C}_{A/R}$, 366
$\chi(I)$, 367

五十音索引

【ア行】

I-進完備　342
I-進フィルター　259, 261
値　237, 293
値半群　237
アフィン曲線　27
アフィン座標　20
アフィン座標環　32
アフィン代数　62
アフィン代数曲線　3
Apéry　239
アルティン・リースの補題　289
位数　76, 170, 258
1変数代数関数体　45
一般形　354
イデアル　50
因子　14, 172
因子群　14, 27, 77
因子類群　40, 77
埋込み次元　289
オイラー・ポアンカレ標数　183
オイラーの公式　248
横断的　52
横断的に交わる　52, 84
重み　27

【カ行】

角　155

加法　118
完備　342
完備化　350
完備化と剰余環の可換性　353
完備化と導手の適合性　233
基底定理　345
既約　11, 25, 212
既約成分　13
共通集合定理　290
極　76
極因子　39, 170
極小　288
局所化　274
局所環　40, 50, 274
極線　108
クルル次元　291
クルルの共通集合定理　290
グロタンディーク留数記号　143
ケーラー微分加群　319
Cayley-Bacharachの定理　59
交叉サイクル　53
交叉スキーム　50
交叉重複度　52, 220
コーシー列　341
Gorenstein　231

【サ行】

鎖　291

サイクル 53, 62
サイクロイド 104
最小多項式 11, 18
差積 318
差積因子 202
差積指数 202
差積定理 203
座標環 11, 15
座標変換 19, 95
サポート 14, 27
3次曲線 5
次数 11, 14, 18, 27, 53
次数加群 250
次数加群に対する中山の補題 252
次数形式 260
次数代数 247
次数付き加群 250
次数付き代数 247
次数付け 247, 249, 251
次数フィルター 258, 260
次数部分加群 250
下に有界 252
志村-谷山の定理 7
自明なフィルター 259
射影空間 18
射影座標環 29, 31
射影代数曲線 18
射影直線 18
射影2次曲線 28
射影閉包 20
主因子 40, 77, 170
重心 62, 159
収束する 341
μ-重点 52
2重点の分類 216
重複点 68
種数 182
商環 269, 270
商体 273
剰余フィルター 265

助変数表示 101, 218
真のイデアル 281
随伴 240
strange 115
整 212, 298
正因子 14
整拡大 298
整拡大の推移律 299
正規交叉 236
斉次イデアル 250
斉次化 20, 260, 265
斉次局所化 277
斉次形 247, 326, 327
斉次元 247, 333
斉次座標系 17
斉次成分 247
斉次素イデアル 26
斉次部分加群 250
整従属関係式 298
整従属方程式 298
正準加群 321
正則 212
正則点 68
正則点における接線 70
正則判定定理 72
正の次数付け 251
成分 27
整閉 298
整閉包 298
積分 142
積分の変換公式 146
積閉集合 269
セグレの公式 165
接錐 67
接線 66, 215
漸近線 157
線形系 86
線形同値 171, 172
全商環 274
先導形式 260

全分岐数　204
双対化加群　321
双対基底　322
相補加群　366
相補基底　206
双有理同値　46
底　36

【タ行】

台　14, 27, 170
大域的正則微分　182
対角イデアル　317
対称的　239
代数型曲線　220
楕円曲線　117
互いに素　281
短縮不可能　288
単純点　68
中国式剰余の定理　282
抽象リーマン面　73
中心　96
中心射影　96
稠密　42
超楕円関数体　189
超楕円曲線　189
重複度　65, 211
調和中心　62
直線　4
直径　62
通常特異点　221
定義域　95
定義されている　4, 27
定義される　18
定義方程式　4
底の変換　312
デデキント環　178
テンソル　311
テンソル積　311
導手　227, 228, 238
導手因子　229
導手次数　229

導手の積公式　230
特異次数　192, 218
特異点　68
特殊因子　183
トレース　324

【ナ行】

長さ　291
中山の補題　252, 287
滑らか　68
2次曲線　5
ニュートンの定理　62
ネーター差積　318
M.ネーターの基本定理　57

【ハ行】

倍元のベクトル空間　171
パスカルの定理　58
パスカルの定理の逆　63
非斉次化　22
ピタゴラス数　15
非特異　68
被覆　107
微分加群　319
被約　212
被約多項式　11
標準因子　198
標準因子類　198
標準基底　364
標準写像　270
標準的な乗法写像　316
標準トレース　322
ヒルベルト関数　253
ヒルベルト級数　255
ヒルベルトの基底定理　345
ヒルベルトの零点定理　306
フィルター　257
フィルター代数　257
フェルマー曲線　6
不確定点　42, 95
付随した次数イデアル　265

付随した次数代数　259
不相応な分数　271
部分スキーム　56, 61
普遍的性質　269
不変量　125
フルヴィッツの公式　203
フロベニウス数　238
分解可能　311
分岐指数　203
分枝　211
分数の相等　273
分離的　258
閉包　349
平面射影モデル　46
ベズーの定理　53
ヘッセ曲線　111
ヘッセの行列式　111
変曲接線　110
変曲点　110
方程式　4
包絡代数　316
補間問題　56

【マ行】

マクローリンの定理　62
無限遠直線　20
無限遠点　20, 21
モーデル・ヴェイユ予想　7

【ヤ行】

ヤコビ判定定理　69
有限の距離　20

有効因子　14, 27, 170
有理関数環　42, 44
有理関数体　39, 41
有理写像　95
有理的　46, 185
有理点　18

【ラ行】

ライスの公式　166
離散付値　293
離散付値環　73, 291
リース代数　259
リーマン・ロッホの定理　182
リーマンの定理　199
留数　142
留数定理　147
留数の定理　153
留数の変換公式　146
零因子　39, 170
零化イデアル　10, 15, 24
零点　18, 76
零点集合　3, 18
零列　341
連鎖律　144

【ワ行】

ワイエルシュトラス空隙　201
ワイエルシュトラス空隙定理　201
ワイエルシュトラス多項式　357
ワイエルシュトラスの準備定理　355
ワイエルシュトラス半群　201

〈訳 者〉

新妻 弘（にいつま ひろし）
1946 年　茨城県に生まれる
1970 年　東京理科大学大学院理学研究科修士課程修了
現　在　東京理科大学理学部数学科教授・理学博士
著訳書　『詳解 線形代数の基礎』（共立出版，共著）
　　　　『群・環・体入門』（共立出版，共著）
　　　　『演習 群・環・体入門』（共立出版，著）
　　　　『代数学の基本定理』（共立出版，共訳）
　　　　『代数方程式のガロアの理論』（共立出版，訳）
　　　　『Atiyah-MacDonald 可換代数入門』（共立出版，訳）
　　　　『Northcott イデアル論入門』（共立出版，訳）
　　　　『オイラーの定数 ガンマ ―γ で旅する数字の世界―』（共立出版，共訳）
　　　　『Northcott ホモロジー代数入門』（共立出版，訳）

平面代数曲線入門	訳　者　新　妻　　　弘　Ⓒ 2011
（原題：*Introduction to Plane Algebraic Curves*）	原著者　Ernst Kunz
	発行者　南　條　光　章
2011 年 7 月 25 日　初版 1 刷発行	発行所　**共立出版株式会社**
	東京都文京区小日向 4-6-19
	電話　03-3947-2511（代表）
	郵便番号　112-8700
	振替口座　00110-2-57035
	URL http://www.kyoritsu-pub.co.jp/
	印　刷　啓文堂
	製　本　中條製本
検印廃止	社団法人
NDC411.8	自然科学書協会
ISBN 978-4-320-01970-6	会員　Printed in Japan

|JCOPY| <(社)出版者著作権管理機構委託出版物>
本書の無断複写は著作権法上での例外を除き禁じられています．複写される場合は，そのつど事前に，(社)出版者著作権管理機構（電話 03-3513-6969，FAX 03-3513-6979，e-mail: info@jcopy.or.jp）の許諾を得てください．

■数学関連書（代数・幾何／代数学／幾何学／位相／整数論／微分積分学） 共立出版

数学小辞典 第2版 ………………………… 矢野健太郎編	立体イリュージョンの数理 …………………… 杉原厚吉著
数学英和・和英辞典 ……………………… 小松勇作編	可積分系の世界 ……………………………… 高崎金久著
数学公式ハンドブック …………………… 柳谷 晃監訳	ツイスターの世界 …………………………… 高崎金久著
曲線の事典 性質・歴史・作図法 ……… 礒田正美他編	幾何学的測度論 ……………………………… 儀我美一監訳
高校数学+α：基礎と論理の物語 ……… 宮腰 忠著	ユークリッド原論 追補版 ……… 中村幸四郎他訳・解説
大学新入生のための数学入門 増補版 … 石村園子著	基礎 解析幾何学 …………………………… 井川俊彦著
やさしく学べる基礎数学 —線形代数・微分積分— 石村園子著	じっくり学ぶ曲線と曲面 …………………… 中内伸光著
Ability 大学生の数学リテラシー ……… 飯島徹穂編著	カー・ブラックホールの幾何学 …………… 井川俊彦訳
ベクトル・行列がビジュアルにわかる線形代数と幾何 … 江見圭司他著	微分幾何学とトポロジー ……………………… 三村 護訳
数列・関数・微分積分がビジュアルにわかる基礎数学のⅠⅡⅢ … 江見圭司他著	基準課程 図 学 ……………………………… 井野 智他著
集合・確率統計・幾何がビジュアルにわかる基礎数学のABC … 江見圭司他著	理工系 図 学 ………………………………… 関谷 壮他著
高校数学+α：なっとくの線形代数 …… 宮腰 忠著	直観トポロジー ……………………………… 前原 濶著
初級線形代数 ……………………………… 泉屋周一著	応用特異点論 ……………………………… 泉屋周一他著
現代線形代数 ……………………………… 池辺八洲彦他著	集合・位相 …………………………………… 佐久間一浩著
はじめて学ぶ線形代数 …………………… 丸本嘉彦他著	論証・集合・位相入門 ……………………… 奥山晃弘著
基礎から学ぶ線形代数 …………………… 黒木哲徳他著	数論入門講義 ………………………………… 織田 進訳
線形代数入門 ……………………………… 松本和一郎著	初等整数論講義 第2版 ……………………… 高木貞治著
線形の理論 ………………………………… 田中 仁著	大学新入生のための微分積分入門 ………… 石村園子著
Ability 数学 線形代数 …………………… 飯島徹穂編著	関数・微分方程式がビジュアルにわかる微分積分の展開 … 江見圭司他著
線形代数学講義 …………………………… 対馬龍司著	徹底攻略 微分積分 …………………………… 真貝寿明著
クイックマスター 線形代数 改訂版 …… 小寺平治著	Ability 数学 微分積分 ……………………… 飯島徹穂著
テキスト線形代数 ………………………… 小寺平治著	力のつく微分積分 …………………………… 桂田祐史他著
明解演習 線形代数 ……………………… 小寺平治著	力のつく微分積分 Ⅱ ………………………… 桂田祐史他著
やさしく学べる線形代数 ………………… 石村園子著	初歩からの微分積分 ………………………… 小島政利他著
詳解 線形代数演習 ……………………… 鈴木七緒他著	テキスト微分積分 …………………………… 小寺平治著
詳解 線形代数の基礎 …………………… 川原雄作他著	クイックマスター 微分積分 ………………… 小寺平治著
線形代数の基礎 …………………………… 川原雄作他著	工学・理学を学ぶための微分積分学 ……… 三好哲彦他著
理工系の線形代数入門 …………………… 阪井 章著	大学教養わかりやすい微分積分 …………… 渡辺昌昭著
行列と連立一次方程式 …………………… 泉屋周一他著	微分積分エッセンシアル ……………………… 大平武司他著
線形写像と固有値 ………………………… 石川剛郎他著	基礎微分積分学 Ⅰ・Ⅱ ……………………… 中村哲男他著
可換環と代数幾何入門 …………………… 織田 進他著	微分積分学 Ⅰ・Ⅱ …………………………… 宮島静雄著
Atiyah-MacDonald 可換代数入門 ……… 新妻 弘訳	明解演習 微分積分 …………………………… 小寺平治著
方程式が織りなす代数学 ………………… 三宅克哉著	やさしく学べる微分積分 …………………… 石村園子著
代数学の基本定理 ………………………… 新妻 弘他著	理工系―般教育微分・積分教科書 ………… 占部 実編
平面代数曲線入門 ………………………… 新妻 弘他著	理工系わかりやすい微分積分 ……………… 渡辺昌昭著
代数学講義 改訂新版 …………………… 高木貞治著	わかって使える微分・積分 ………………… 竹之内 脩監修
スマリヤン先生のブール代数入門 ……… 川辺治之訳	薬学系学生のための微分積分 ……………… 中川弘一他著
群・環・体 入門 ………………………… 新妻 弘他著	はじめて学ぶ微分 …………………………… 丸本嘉彦他著
演習 群・環・体入門 …………………… 新妻 弘著	詳解 微積分演習 Ⅰ・Ⅱ …………………… 福田安藏他編
リー群論 ……………………………………… 杉浦光夫著	新課程 微積分 ……………………………… 石原 繁他著
Northcott ホモロジー代数入門 ………… 新妻 弘訳	微積分学 ……………………………………… 中島日出雄他著
Northcott イデアル論入門 ……………… 新妻 弘訳	はじめて学ぶ積分 …………………………… 丸本嘉彦他著
なわばりの数理モデル …………………… 杉原厚吉著	ルベーグ積分超入門 ………………………… 森 真著